Python

数据科学零基础一本通

下册

洪锦魁◎著

清华大学出版社
北京

内容简介

这是一本专为没有编程基础的读者编写的 Python 入门书籍，全书包含 800 多个程序实例及 200 多道实践习题，一步一步详细讲解 Python 语法的基础知识，同时也将应用范围拓展至图形界面设计、影像处理、图表绘制、文字识别、词云、股市资料摘取与图表制作、线性代数、基础统计以及与数据科学相关的 Numpy、Scipy、Pandas。Python 是一门非常灵活的编程语言，本书特色在于对 Python 的基础知识与应用辅以大量实例进行讲解，读者可以通过这些程序实例事半功倍地学会 Python。

图书在版编目（CIP）数据

Python数据科学零基础一本通 / 洪锦魁著. —北京：清华大学出版社，2020.2
ISBN 978-7-302-54539-2

Ⅰ. ①P… Ⅱ. ①洪… Ⅲ. ①软件工具—程序设计 Ⅳ. ①TP311.561

中国版本图书馆 CIP 数据核字（2019）第 290377 号

责任编辑： 张 敏 薛 阳
封面设计： 杨玉兰
责任校对： 徐俊伟
责任印制： 丛怀宇

出版发行： 清华大学出版社
网　　址： http://www.tup.com.cn，http://www.wqbook.com
地　　址： 北京清华大学学研大厦 A 座　　**邮　　编：** 100084
社 总 机： 010-62770175　　**邮　　购：** 010-62786544
投稿与读者服务： 010-62776969，c-service@tup.tsinghua.edu.cn
质 量 反 馈： 010-62772015，zhiliang@tup.tsinghua.edu.cn
印 装 者： 三河市铭诚印务有限公司
经　　销： 全国新华书店
开　　本： 170mm×240mm　　**印　　张：** 48.75　　**字　　数：** 1278 千字
版　　次： 2020 年 4 月第 1 版　　**印　　次：** 2020 年 4 月第 1 次印刷
定　　价： 129.00 元（上、下册）

产品编号：085277-01

目　录

第 21 章 JSON 资料

第 22 章 使用 Python 处理 CSV 文件

第23章 Numpy 模块

第24章 Scipy 模块

第25章 Pandas 模块

15

第 1 5 章

程序除错与异常处理

本章摘要

15-1 程序异常

有时也可以将**程序错误**（error）称作**程序异常**（exception），每一个写程序的人都会碰上程序错误，过去碰上这类情况程序将终止执行，同时出现错误消息，错误消息的内容通常是显示Traceback，然后列出异常报告。Python 提供了可以**捕捉异常**和**撰写异常处理程序**的功能，当发生异常被我们捕捉时会去执行异常处理程序，然后程序就可以继续执行。

15-1-1 一个除数为 0 的错误

本节将以一个除数为 0 的错误开始说明。

程序实例 ch15_1.py：建立一个除法运算的函数，这个函数将接收两个参数，然后用第一个参数除以第二个参数。

```
1  # ch15_1.py
2  def division(x, y):
3      return x / y
4
5  print(division(10, 2))        # 列出10/2
6  print(division(5, 0))         # 列出5/0
7  print(division(6, 3))         # 列出6/3
```

执行结果

```
===================== RESTART: D:\Python\ch15\ch15_1.py =====================
5.0
Traceback (most recent call last):
  File "D:\Python\ch15\ch15_1.py", line 6, in <module>
    print(division(5, 0))         # 列出5/0
  File "D:\Python\ch15\ch15_1.py", line 3, in division
    return x / y
ZeroDivisionError: division by zero
```

上述程序在执行第 5 行时，一切还都正常。但是到了执行第 6 行时，因为第 2 个参数是 0，导致发生 ZeroDivisionError: division by zero 的错误，所以整个程序就执行终止了。其实对于上述程序而言，若是程序可以执行第 7 行，是可以正常得到执行结果的，可是程序第 6 行已经造成程序终止了，所以无法执行第 7 行。

15-1-2 撰写异常处理程序 try - except

这一节将讲解如何捕捉异常与设计异常处理程序，发生异常被捕捉时程序会执行异常处理程序，然后跳开异常位置，再继续往下执行。这时要使用 try – except 指令，语法格式如下。

```
try:
    指令              # 预先设想可能引发错误异常的指令
except 异常对象：     # 若以 ch15_1.py 而言，异常对象就是指 ZeroDivisionError
    异常处理程序      # 通常是指出异常原因，方便修改
```

上述语句会执行 try: 下面的**指令**，如果正常则跳离 except 部分，如果**指令**有异常，则检查此异常是否是**异常对象**所指的错误，如果是代表异常被捕捉了，则执行此**异常对象**下面的异常处理程序。

程序实例 ch15_2.py：重新设计 ch15_1.py，增加异常处理程序。

```
1  # ch15_2.py
2  def division(x, y):
3      try:                          # try - except指令
4          return x / y
5      except ZeroDivisionError:     # 除数为0时执行
6          print("除数不可为0")
7
8  print(division(10, 2))            # 列出10/2
9  print(division(5, 0))             # 列出5/0
10 print(division(6, 3))             # 列出6/3
```

执行结果

```
==================== RESTART: D:\Python\ch15\ch15_2.py ====================
5.0
除数不可为0
None
2.0
>>>
```

上述程序执行第 8 行时，会将参数（10, 2）带入 division( ) 函数，由于执行 try 的指令的“x / y”没有问题，所以可以执行“return x / y”，这时 Python 将跳过 except 指令。当程序执行第 9 行时，会将参数（5, 0）带入 division( ) 函数，由于执行 try 的指令的“x / y”产生了除数为 0 的 ZeroDivisionError 异常，这时 Python 会查找是否有处理这类异常的 except ZeroDivisionError 存在，如果有就表示此异常被捕捉，就去执行相关的错误处理程序，此例是执行第 6 行，打印出“除数不可为 0”的错误。函数回返然后打印出结果 None。None 是一个对象，表示结果不存在，最后返回程序第 10 行，继续执行相关指令。

从上述可以看到，程序增加了 try – except 后，若是异常被 except 捕捉，出现的异常消息就比较友善了，同时不会有程序中断的情况发生。

特别需留意的是，在 try – except 的使用中，如果在 try: 后面的**指令**产生异常时，这个异常不是我们设计的 except **异常对象**，表示异常没被捕捉到，这时程序依旧会像 ch15_1.py 一样，直接出现错误消息，然后程序终止。

程序实例 ch15_2_1.py：重新设计 ch15_2.py，但是程序第 9 行使用字符调用除法运算，造成程序异常。

```
1  # ch15_2_1.py
2  def division(x, y):
3      try:                          # try - except指令
4          return x / y
5      except ZeroDivisionError:     # 除数为0时执行
6          print("除数不可为0")
7
8  print(division(10, 2))            # 列出10/2
9  print(division('a', 'b'))         # 列出'a' / 'b'
10 print(division(6, 3))             # 列出6/3
```

执行结果

```
=================== RESTART: D:/Python/ch15/ch15_2_1.py ===================
5.0
Traceback (most recent call last):
  File "D:/Python/ch15/ch15_2_1.py", line 9, in <module>
    print(division('a', 'b'))        # 列出'a' / 'b'
  File "D:/Python/ch15/ch15_2_1.py", line 4, in division
    return x / y
TypeError: unsupported operand type(s) for /: 'str' and 'str'
>>>
```

由上述执行结果可以看到异常原因是 TypeError，由于我们在程序中没有设计 except TypeError 的异常处理程序，所以程序会终止执行。更多相关处理将在 15-2 节说明。

15-1-3 try – except – else

Python 在 try – except 中又增加了 else 指令，这个指令存放的主要目的是 try 内的**指令**正确时，可以执行 else 内的指令区块，我们可以将这部分指令区块称为**正确处理程序**，这样可以增加程序的可读性。此时语法格式如下。

```
try:
    指令                # 预先设想可能引发异常的指令
except 异常对象：       # 若以 ch15_1.py 而言，异常对象就是指 ZeroDivisionError
    异常处理程序        # 通常是指出异常原因，方便修改
  else:
  正确处理程序          # 如果指令正确时执行此区块指令
```

程序实例 ch15_3.py：使用 try – except – else 重新设计 ch15_2.py。

```
1  # ch15_3.py
2  def division(x, y):
3      try:                          # try - except指令
4          ans =  x / y
5      except ZeroDivisionError:     # 除数为0时执行
6          print("除数不可为0")
7      else:
8          return ans                # 返回正确的执行结果
9
10 print(division(10, 2))            # 列出10/2
11 print(division(5, 0))             # 列出5/0
12 print(division(6, 3))             # 列出6/3
```

执行结果 与 ch15_2.py 相同。

15-1-4 找不到文件的错误 FileNotFoundError

程序设计时另一个常常发生的异常是打开文件时找不到该文件，这时会产生 FileNotFoundError 异常。

程序实例 ch15_4.py：打开一个不存在的文件 ch15_4.txt 产生异常的实例，这个程序会有一个异常处理程序，列出文件不存在。如果文件存在则打印文件内容。

```
1  # ch15_4.py
2
3  fn = 'ch15_4.txt'                  # 设置要打开的文件
4  try:
5      with open(fn) as file_Obj:     # 用默认mode=r打开文件,返回调用对象file_Obj
6          data = file_Obj.read()     # 读取文件到变量data
7  except FileNotFoundError:
8      print("找不到 %s 文件" % fn)
9  else:
10     print(data)                    # 输出变量data相当于输出文件
```

执行结果

```
==================== RESTART: D:\Python\ch15\ch15_4.py ====================
找不到 ch15_4.txt文件
>>>
```

本文件夹 ch15 内有 ch15_5.txt，相同的程序只是第 3 行打开的文件不同，将可以获得打印出 ch15_5.txt。

程序实例 ch15_5.txt：与 ch15_4.txt 内容基本上相同，只是打开的文件不同。

```
3   fn = 'ch15_5.txt'                   # 设置要打开的文件
```

执行结果

```
==================== RESTART: D:\Python\ch15\ch15_5.py ====================
DeepMind Co.
I like DeepMind
Deep Learning

>>>
```

15-1-5　分析单一文件的字数

有时候在读一篇文章时，可能会想知道这篇文章的字数，这时可以采用下列方式分析。在正式分析前，可以先来看一个简单的程序应用。如果忘记 split( ) 方法，可复习 6-9-6 节。

程序实例 ch15_6.py：分析一个文件内有多少个单字。

```
1   # ch15_6.py
2
3   fn = 'ch15_6.txt'                              # 设置要打开的文件
4   try:
5       with open(fn) as file_Obj:                 # 用默认mode=r打开文件,返回调用对象file_Obj
6           data = file_Obj.read()                 # 读取文件到变量data
7   except FileNotFoundError:
8       print("找不到 %s 文件" % fn)
9   else:
10      wordList = data.split()                    # 将文章转成列表
11      print(fn, " 文章的字数是 ", len(wordList))    # 打印文章字数
```

执行结果

```
==================== RESTART: D:\Python\ch15\ch15_6.py ====================
ch15_6.txt  文章的字数是  43
>>>
```

如果程序设计时需要计算某篇文章的字数，可以考虑将上述计算文章的字数处理成一个函数，这个函数的参数是文章的文件名，然后函数直接打印出文章的字数。

程序实例 ch15_7.py：设计一个计算文章字数的函数 wordsNum，只要传递文章文件名，就可以获得此篇文章的字数。

```
1  # ch15_7.py
2  def wordsNum(fn):
3      """适用英文文件，输入文章的文件名,可以计算此文章的字数"""
4      try:
5          with open(fn) as file_Obj:                    # 用默认"r"返回调用对象file_Obj
6              data = file_Obj.read()                    # 读取文件到变量data
7      except FileNotFoundError:
8          print("找不到 %s 文件" % fn)
9      else:
10         wordList = data.split()                       # 将文章转成列表
11         print(fn, " 文章的字数是 ", len(wordList))    # 打印文章字数
12
13 file = 'ch15_6.txt'                                   # 设置要打开的文件
14 wordsNum(file)
```

执行结果 与 ch15_6.py 相同。

15-1-6 分析多个文件的字数

程序设计时可能需设计读取许多文件做分析，部分文件可能存在，部分文件可能不存在，这时就可以使用本节的概念做设计了。在接下来的程序实例分析中，笔者将要读取的文件名放在列表内，然后使用循环将文件分次传给程序实例 ch15_7.py 建立的 wordsNum 函数，如果文件存在将打印出字数，如果文件不存在将列出找不到此文件。

程序实例 ch15_8.py：分析 data1.txt、data2.txt、data3.txt 这 3 个文件的字数，同时笔者在 ch15 文件夹下没有放置 data2.txt，所以程序遇到分析此文件时，将列出找不到此文件。

```
1  # ch15_8.py
2  def wordsNum(fn):
3      """适用英文文件，输入文章的文件名,可以计算此文章的字数"""
4      try:
5          with open(fn) as file_Obj:                    # 用默认"r"返回调用对象file_Obj
6              data = file_Obj.read()                    # 读取文件到变量data
7      except FileNotFoundError:
8          print("找不到 %s 文件" % fn)
9      else:
10         wordList = data.split()                       # 将文章转成列表
11         print(fn, " 文章的字数是 ", len(wordList))    # 打印文章字数
12
13 files = ['data1.txt', 'data2.txt', 'data3.txt']       # 文件列表
14 for file in files:
15     wordsNum(file)
```

执行结果

```
==================== RESTART: D:\Python\ch15\ch15_8.py ====================
data1.txt  文章的字数是  43
找不到 data2.txt 文件
data3.txt  文章的字数是  39
>>>
```

15-2 设计多组异常处理程序

在程序实例 ch15_1.py、ch15_2.py 和 ch15_2_1.py 中，我们很清楚地了解了程序设计中有太多各种不可预期的异常发生，所以需要了解设计程序时可能需要同时设计多个异常处理程序。

15-2-1　常见的异常对象

异常对象名称	说明
AttributeError	通常是指对象没有这个属性
Exception	一般错误都可使用
FileNotFoundError	找不到 open( ) 打开的文件
IOError	在输入或输出时发生错误
IndexError	索引超出范围区间
KeyError	在映射中没有这个键
MemoryError	需求内存空间超出范围
NameError	对象名称未声明
SyntaxError	语法错误
SystemError	直译器的系统错误
TypeError	数据类型错误
ValueError	传入无效参数
ZeroDivisionError	除数为 0

在 ch15_2_1.py 的程序应用中可以发现，异常发生时如果 except 设置的异常对象不是发生的异常，相当于 except 没有捕捉到异常，所设计的异常处理程序变成无效的异常处理程序。Python 提供了一个通用型的异常对象 Exception，它可以捕捉各式的基础异常。

程序实例 ch15_9.py：重新设计 ch15_2_1.py，异常对象设为 Exception。

```
1  # ch15_9.py
2  def division(x, y):
3      try:                        # try - except指令
4          return x / y
5      except Exception:           # 通用错误使用
6          print("通用错误发生")
7
8  print(division(10, 2))         # 列出10/2
9  print(division(5, 0))          # 列出5/0
10 print(division('a', 'b'))      # 列出'a' / 'b'
11 print(division(6, 3))          # 列出6/3
```

执行结果

```
==================== RESTART: D:\Python\ch15\ch15_9.py ====================
5.0
通用错误发生
None
通用错误发生
None
2.0
>>>
```

从上述可以看到，第 9 行**除数为 0** 或是第 10 行**字符相除**所产生的异常都可以使用 except Exception 予以捕捉，然后执行异常处理程序。甚至这个通用型的异常对象也可以应用于取代 FileNotFoundError 异常对象。

程序实例 ch15_10.py：使用 Exception 取代 FileNotFoundError，重新设计 ch15_8.py。

```
7      except Exception:
8          print("Exception找不到 %s 文件" % fn)
```

执行结果

```
==================== RESTART: D:\Python\ch15\ch15_10.py ====================
data1.txt 文章的字数是 43
Exception找不到 data2.txt 文件
data3.txt 文章的字数是 39
>>>
```

15-2-2 设计捕捉多个异常

在 try- except 的使用中，可以设计多个 except 捕捉多种异常，语法如下。

```
try:
    指令                    # 预先设想可能引发错误异常的指令
except 异常对象 1:           # 如果指令发生异常对象 1 执行
    异常处理程序 1
except 异常对象 2:           # 如果指令发生异常对象 2 执行
    异常处理程序 2
```

当然也可以视情况设计更多异常处理程序。

程序实例 ch15_11.py：重新设计 ch15_9.py 捕捉两个异常对象，可参考第 5 和 7 行。

```
1  # ch15_11.py
2  def division(x, y):
3      try:                            # try - except指令
4          return x / y
5      except ZeroDivisionError:       # 除数为0使用
6          print("除数为0发生")
7      except TypeError:               # 数据类型错误
8          print("使用字符做除法运算异常")
9
10 print(division(10, 2))              # 列出10/2
11 print(division(5, 0))               # 列出5/0
12 print(division('a', 'b'))           # 列出'a' / 'b'
13 print(division(6, 3))               # 列出6/3
```

执行结果 与 ch15_9.py 相同。

15-2-3 使用一个 except 捕捉多个异常

Python 也允许设计一个 except 捕捉多个异常，语法如下。

```
try:
    指令                                    # 预先设想可能引发错误异常的指令
except (异常对象 1, 异常对象 2, … ):        # 指令发生其中所列异常对象执行
    异常处理程序
```

程序实例 ch15_12.py：重新设计 ch15_11.py，用一个 except 捕捉两个异常对象，下列程序读者需留意第 5 行的 except 的写法。

```
h15_12.py
 division(x, y):
 try:                                        # try - except指令
     return x / y
 except (ZeroDivisionError, TypeError):      # 两个异常
     print("除数为0发生 或 使用字符做除法运算异常")

nt(division(10, 2))                          # 列出10/2
nt(division(5, 0))                           # 列出5/0
nt(division('a', 'b'))                       # 列出'a' / 'b'
nt(division(6, 3))                           # 列出6/3
```

执行结果

```
==================== RESTART: D:\Python\ch15\ch15_12.py ====================
5.0
除数为0发生 或 使用字符做除法运算异常
None
除数为0发生 或 使用字符做除法运算异常
None
2.0
>>>
```

15-2-4 处理异常但是使用 Python 内建的错误消息

在先前所有实例中，当发生异常同时被捕捉时都是使用我们自建的异常处理程序，Python 也支持发生异常时使用系统内建的异常处理消息，语法格式如下。

```
try:
    指令                          # 预先设想可能引发错误异常的指令
except 异常对象 as e:             # 使用 as e
    print(e)                      # 输出 e
```

上述 e 是**系统内建**的异常处理消息，可以是任意字符，笔者此处使用 e 是因为可代表 error 的内涵。当然上述 except 语法也接收同时处理多个异常对象，可参考下列程序实例第 5 行。

程序实例 ch15_13.py：重新设计 ch15_12.py，使用 Python 内建的错误消息。

```
1  # ch15_13.py
2  def division(x, y):
3      try:                                          # try - except指令
4          return x / y
5      except (ZeroDivisionError, TypeError) as e:   #两个异常
6          print(e)
7
8  print(division(10, 2))                            # 列出10/2
9  print(division(5, 0))                             # 列出5/0
10 print(division('a', 'b'))                         # 列出'a' / 'b'
11 print(division(6, 3))                             # 列出6/3
```

执行结果

```
==================== RESTART: D:\Python\ch15\ch15_13.py ====================
5.0
division by zero
None
unsupported operand type(s) for /: 'str' and 'str'
None
2.0
```

上述执行结果的错误消息都是 Python 内部的错误消息。

15-2-5 捕捉所有异常

程序设计中许多异常是我们不可预期的，很难一次设想周到，Python 也提供了语法让我们可以一次捕捉所有异常，如下。

```
try:
    指令                          # 预先设想可能引发错误异常的指令
except:                           # 捕捉所有异常
    异常处理程序                  # 通常是 print 输出异常说明
```

程序实例 ch15_14.py：一次捕捉所有异常的设计。

```
1  # ch15_14.py
2  def division(x, y):
3      try:                         # try - except指令
4          return x / y
5      except:                      # 捕捉所有异常
6          print("异常发生")
7
8  print(division(10, 2))           # 列出10/2
9  print(division(5, 0))            # 列出5/0
10 print(division('a', 'b'))        # 列出'a' / 'b'
11 print(division(6, 3))            # 列出6/3
```

执行结果

```
==================== RESTART: D:\Python\ch15\ch15_14.py ====================
5.0
异常发生
None
异常发生
None
2.0
>>>
```

15-3 丢出异常

前面所介绍的异常都是 Python 直译器发现异常时，自行丢出异常对象，如果我们不处理程序就终止执行，使用 try – except 处理程序可以在异常中恢复执行。这一节要探讨的是，设计程序时如果发生某些状况，我们自己将它定义为异常然后丢出异常消息，程序停止正常往下执行，同时让程序跳到自己设计的 except 去执行。它的语法如下：

```
raise Exception('msg')                  # 调用 Exception,msg 是传递错误消息
...
...
try:
    指令
except Exception as err:                # err 是任意取的变量名称，内容是 msg
    print("message", + str(err))        # 打印错误消息
```

程序实例 ch15_15.py：目前有些金融机构在客户建立网络账号时，会要求密码长度必须为 5 ～ 8 个字符，接下来设计一个程序，这个程序内有 passWord( ) 函数，这个函数会检查密码长度，如果长度小于 5 或是长度大于 8 都抛出异常。在第 11 行会有一系列密码供测试，然后以循环方式执行检查。

```
1  # ch15_15.py
2  def passWord(pwd):
3      """检查密码长度必须是5到8个字符"""
4      pwdlen = len(pwd)                           # 密码长度
5      if pwdlen < 5:                              # 密码长度不足
6          raise Exception('密码长度不足')
7      if pwdlen > 8:                              # 密码长度太长
8          raise Exception('密码长度太长')
9      print('密码长度正确')
10
11 for pwd in ('aaabbbccc', 'aaa', 'aaabbb'):  # 测试系列密码值
12     try:
13         passWord(pwd)
14     except Exception as err:
15         print("密码长度检查异常发生: ", str(err))
```

执行结果

```
=================== RESTART: D:\Python\ch15\ch15_15.py ===================
密码长度检查异常发生:  密码长度太长
密码长度检查异常发生:  密码长度不足
密码长度正确
>>>
```

上述语句当密码长度不足或密码长度太长时，都会抛出异常，这时 passWord( ) 函数返回的是 Exception 对象（第 6 和 8 行），原先 Exception( ) 内的字符串（'密码长度不足' 或 '密码长度太长'）会通过第 14 行传给 err 变量，然后执行第 15 行内容。

15-4 记录 Traceback 字符串

相信读者学习至今，已经经历了许多程序设计的错误，每次出错误屏幕上都会出现 Traceback 字符串，在这个字符串中指出程序错误的原因。例如，请参考程序实例 ch15_2_1.py 的执行结果，该程序使用 Traceback 列出了错误。

如果导入 traceback 模块，就可以使用 traceback.format_exc( ) 记录这个 Traceback 字符串。

程序实例 ch15_16.py：重新设计程序实例 ch15_15.py，增加记录 Traceback 字符串，这个记录将被记录在 errch15_16.txt 内。

```
1  # ch15_16.py
2  import traceback                              # 导入traceback
3
4  def passWord(pwd):
5      """检查密码长度必须是5到8个字符"""
6      pwdlen = len(pwd)                         # 密码长度
7      if pwdlen < 5:                            # 密码长度不足
8          raise Exception('The length of pwd is too short')
9      if pwdlen > 8:                            # 密码长度太长
10         raise Exception('The length of pwd is too long')
11     print('密码长度正确')
12
13 for pwd in ('aaabbbccc', 'aaa', 'aaabbb'):   # 测试系列密码值
14     try:
15         passWord(pwd)
16     except Exception as err:
17         errlog = open('errch15_16.txt', 'a')   # 打开错误文件
18         errlog.write(traceback.format_exc())   # 写入错误文件
19         errlog.close()                         # 关闭错误文件
20         print("将Traceback写入错误文件errch15_16.txt完成")
21         print("密码长度检查异常发生: ", str(err))
```

执行结果

```
=================== RESTART: D:/Python/ch15/ch15_16.py ===================
将Traceback写入错误文件errch15_16.txt完成
密码长度检查异常发生:  The length of pwd is too long
将Traceback写入错误文件errch15_16.txt完成
密码长度检查异常发生:  The length of pwd is too short
密码长度正确
>>>
```

如果使用记事本打开 errch15_16.txt，可以得到下列结果。

```
Traceback (most recent call last):
  File "D:/Python/ch15/ch15_16.py", line 15, in <module>
    passWord(pwd)
  File "D:/Python/ch15/ch15_16.py", line 10, in passWord
    raise Exception('密码长度太长')
Exception: 密码长度太长
Traceback (most recent call last):
  File "D:/Python/ch15/ch15_16.py", line 15, in <module>
    passWord(pwd)
  File "D:/Python/ch15/ch15_16.py", line 8, in passWord
    raise Exception('密码长度不足')
Exception: 密码长度不足
```

上述程序第 17 行使用 'a' 附加文件方式打开文件，主要是程序执行期间可能有多个错误，为了记录所有错误所以使用这种方式打开文件。上述程序最关键的地方是第 17 ～ 19 行，在这里打开了记录错误的 errch15_16.txt 文件，然后将错误写入此文件，最后关闭此文件。这个程序纪录的错误是我们抛出的异常错误，其实在 15-1 节和 15-2 节中就设计了异常处理程序，避免错误造成程序中断，实际上 Python 还是有记录错误，可参考下一个实例。

程序实例 ch15_17.py：重新设计 ch15_14.py，主要是将程序异常的消息保存在 errch15_17.txt 文件内，本程序的重点是第 8 ～ 10 行。

```
1  # ch15_17.py
2  import traceback
3
4  def division(x, y):
5      try:                                         # try - except指令
6          return x / y
7      except:                                      # 捕捉所有异常
8          errlog = open('errch15_17.txt', 'a')     # 打开错误文件
9          errlog.write(traceback.format_exc())     # 写入错误文件
10         errlog.close()                           # 关闭错误文件
11         print("将Traceback写入错误文件errch15_17.txt完成")
12         print("异常发生")
13
14 print(division(10, 2))                           # 列出10/2
15 print(division(5, 0))                            # 列出5/0
16 print(division('a', 'b'))                        # 列出'a' / 'b'
17 print(division(6, 3))                            # 列出6/3
```

执行结果

```
==================== RESTART: D:\Python\ch15\ch15_17.py ====================
5.0
将Traceback写入错误文件errch15_17.txt完成
异常发生
None
将Traceback写入错误文件errch15_17.txt完成
异常发生
None
2.0
>>>
```

如果使用记事本打开 errch15_17.txt，可以得到下列结果。

```
errch15_17 - 记事本
档案(F) 编辑(E) 格式(O) 检视(V) 说明(H)
Traceback (most recent call last):
  File "D:/Python/ch15/ch15_17.py", line 6, in division
    return x / y
ZeroDivisionError: division by zero
Traceback (most recent call last):
  File "D:/Python/ch15/ch15_17.py", line 6, in division
    return x / y
TypeError: unsupported operand type(s) for /: 'str' and 'str'
```

15-5 finally

Python 的关键词 finally 是和 try 配合使用的，在 try 之后可以有 except 或 else，这个 finally 关键词必须放在 except 和 else 之后，同时不论是否有异常发生一定会执行这个 finally 内的程序代码。其功能主要是用在 Python 程序与数据库连接时，输出连接相关信息。

程序实例 ch15_18.py：重新设计 ch15_14.py，增加 finally 关键词。

```
1  # ch15_18.py
2  def division(x, y):
3      try:                                # try - except指令
4          return x / y
5      except:                             # 捕捉所有异常
6          print("异常发生")
7      finally:                            # 离开函数前先执行此程序代码
8          print("阶段任务完成")
9
10 print(division(10, 2),"\n")             # 列出10/2
11 print(division(5, 0),"\n")              # 列出5/0
12 print(division('a', 'b'),"\n")          # 列出'a' / 'b'
13 print(division(6, 3),"\n")              # 列出6/3
```

执行结果

```
================== RESTART: D:\Python\ch15\ch15_18.py ==================
阶段任务完成
5.0

异常发生
阶段任务完成
None

异常发生
阶段任务完成
None

阶段任务完成
2.0

>>>
```

上述程序执行时，如果没有发生异常，程序会先输出字符串“**阶段任务完成**”，然后返回主程序，输出 division( ) 的返回值。如果程序有异常会先输出字符串“**异常发生**”，再执行 finally 的程序代码输出字符串“**阶段任务完成**”，然后返回主程序，输出“None”。

15-6 程序断言 assert

15-6-1 设计断言

Python 的 assert 关键词主要功能是协助程序设计师在程序设计阶段，对整个程序的执行状态做一个全面性的安全检查，以确保程序不会发生语意上的错误。例如，在第 12 章设计银行的存款程序时，没有考虑到存款或提款是负值的问题，也没有考虑到如果提款金额大于存款金额的情况。

程序实例 ch15_19.py：重新设计 ch12_4.py，这个程序主要是将第 22 行的存款金额改为 −300 和第 24 行取款金额大于存款金额，接着观察执行结果。

```
1  # ch15_19.py
2  class Banks():
3      # 定义银行类
4      title = 'Taipei Bank'                          # 定义属性
5      def __init__(self, uname, money):              # 初始化方法
6          self.name = uname                          # 设置存款者名字
7          self.balance = money                       # 设置所存的钱
8
9      def save_money(self, money):                   # 设计存款方法
10         self.balance += money                      # 执行存款
11         print("存款 ", money, " 完成")              # 打印存款完成
12
13     def withdraw_money(self, money):               # 设计取款方法
14         self.balance -= money                      # 执行取款
15         print("取款 ", money, " 完成")              # 打印取款完成
16
17     def get_balance(self):                         # 获得存款余额
18         print(self.name.title(), " 目前余额: ", self.balance)
19
20 hungbank = Banks('hung', 100)                      # 定义对象hungbank
21 hungbank.get_balance()                             # 获得存款余额
22 hungbank.save_money(-300)                          # 存款-300元
23 hungbank.get_balance()                             # 获得存款余额
24 hungbank.withdraw_money(700)                       # 取款700元
25 hungbank.get_balance()                             # 获得存款余额
```

执行结果

```
==================== RESTART: D:\Python\ch15\ch15_19.py ====================
Hung  目前余额:  100
存款  -300  完成
Hung  目前余额:  -200
取款  700  完成
Hung  目前余额:  -900
>>>
```

上述程序语法上是没有错误，但是犯了两个程序语意上的设计错误，分别是存款金额出现了负值和取款金额大于存款金额的问题。所以我们发现存款余额出现了负值 -200 和 -900 的情况。接下来将讲解如何解决上述问题。

断言（assert）主要功能是确保程序执行的某个阶段，必须符合一定的条件，如果不符合这个条件时程序将主动**抛出异常**，让**程序终止**，同时程序主动打印出异常原因，以方便程序设计师排错。它的语法格式如下：

```
assert 条件, '字符串'
```

上述语法的意义是程序执行至此阶段时测试**条件**，如果条件响应是 True，程序不理会逗号“,”右边的**字符串**正常往下执行。如果条件响应是 False，程序终止同时将逗号“,”右边的**字符串**输出到 Traceback 的字符串内。对上述程序 ch15_19.py 而言，很明显重新设计 ch15_20.py 时必须让 assert 关键词做下列两件事。

（1）确保存款与取款金额是正值，否则输出错误，可参考第 10 和 15 行。

（2）确保取款金额小于等于存款金额，否则输出错误，可参考第 16 行。

程序实例 ch15_20.py：重新设计 ch15_19.py，在这个程序第 27 行先测试存款金额小于 0 的状况。

```
1  # ch15_20.py
2  class Banks():
3      # 定义银行类别
4      title = 'Taipei Bank'                  # 定义属性
5      def __init__(self, uname, money):      # 初始化方法
6          self.name = uname                  # 设置存款者名字
7          self.balance = money               # 设置所存的钱
8
9      def save_money(self, money):           # 设计存款方法
10         assert money > 0, '存款money必须大于0'
11         self.balance += money              # 执行存款
12         print("存款 ", money, " 完成")      # 打印存款完成
13
14     def withdraw_money(self, money):       # 设计取款方法
15         assert money > 0, '取款money必须大于0'
16         assert money <= self.balance, '存款金额不足'
17         self.balance -= money              # 执行取款
18         print("取款 ", money, " 完成")      # 打印取款完成
19
20     def get_balance(self):                 # 获得存款余额
21         print(self.name.title(), " 目前余额: ", self.balance)
22
23 hungbank = Banks('hung', 100)              # 定义对象hungbank
24 hungbank.get_balance()                     # 获得存款余额
25 hungbank.save_money(300)                   # 存款300元
26 hungbank.get_balance()                     # 获得存款余额
27 hungbank.save_money(-300)                  # 存款-300元
28 hungbank.get_balance()                     # 获得存款余额
```

执行结果

```
==================== RESTART: D:\Python\ch15\ch15_20.py ====================
Hung  目前余额:  100
存款  300  完成
Hung  目前余额:  400
Traceback (most recent call last):
  File "D:\Python\ch15\ch15_20.py", line 27, in <module>
    hungbank.save_money(-300)                  # 存款-300元
  File "D:\Python\ch15\ch15_20.py", line 10, in save_money
    assert money > 0, '存款money必须大于0'
AssertionError: 存款money必须大于0
>>>
```

上述执行结果很清楚，程序第 27 行将存款金额设为负值 -300 时，调用 save_money( ) 方法，结果在第 10 行的 assert 断言处出现 False，所以设置的错误消息 **'存款必须大于 0'** 的字符串被打印出来，这种设计方便我们在真实的环境做最后的程序语意检查。

程序实例 ch15_21.py：重新设计 ch15_20.py，这个程序测试了当取款金额大于存款金额的状况，可参考第 27 行，下面只列出主程序内容。

```
23 hungbank = Banks('hung', 100)              # 定义对象hungbank
24 hungbank.get_balance()                     # 获得存款余额
25 hungbank.save_money(300)                   # 存款300元
26 hungbank.get_balance()                     # 获得存款余额
27 hungbank.withdraw_money(700)               # 取款700元
28 hungbank.get_balance()                     # 获得存款余额
```

执行结果

```
==================== RESTART: D:\Python\ch15\ch15_21.py ====================
Hung  目前余额:  100
存款  300  完成
Hung  目前余额:  400
Traceback (most recent call last):
  File "D:\Python\ch15\ch15_21.py", line 27, in <module>
    hungbank.withdraw_money(700)               # 取款700元
  File "D:\Python\ch15\ch15_21.py", line 16, in withdraw_money
    assert money <= self.balance, '存款金额不足'
AssertionError: 存款金额不足
>>>
```

上述当取款金额大于存款金额时，这个程序将造成第 16 行的 assert 断言条件是 False，所以触发了打印‘**存款金额不足**’的消息。由上述的执行结果，我们就可以依据需要修正程序的内容。

15-6-2 停用断言

断言 assert 一般是用在程序开发阶段，如果整个程序设计好了以后，想要停用断言 assert，可以在 Windows 的命令提示环境（可参考附录 B-2-1），执行程序时使用“-O”选项停用断言。笔者在 Windows 8 操作系统上安装的 Python 3.62 版，在这个版本的 Python 安装路径 ~\Python\Python36-32 内有 python.exe 可以执行所设计的 Python 程序，以 ch15_21.py 为实例，如果要停用断言可以使用下列指令。

```
~\python.exe -O D:\Python\ch15\ch15_21.py
```

上述“~”代表安装 Python 的路径，若是以 ch15_21.py 为例，采用停用断言选项“-O”后，执行结果将看到不再有 Traceback 错误消息产生，因为断言被停用了。

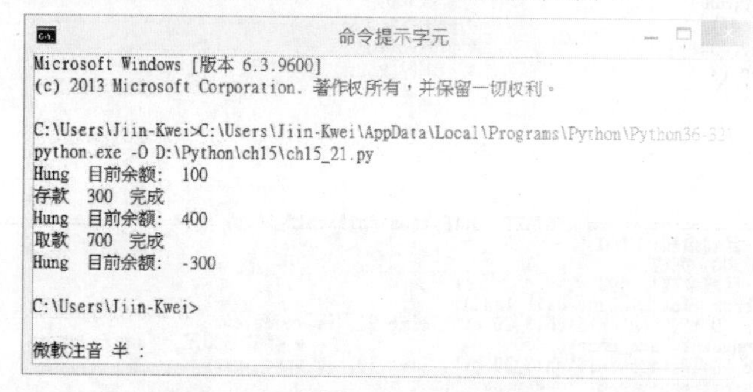

15-7 程序日志模块 logging

程序设计阶段难免会有错误产生，没有得到预期的结果，在产生错误期间到底发生了什么事情？程序代码执行顺序是否有误或是变量值如何变化？这些都是程序设计师想知道的事情。笔者过去碰上这方面的问题，常常是在程序代码几个重要节点增加 print( ) 函数输出关键变量，以了解程序的变化，程序修订完成后再将这几个 print( ) 删除，坦白地说是有一点儿麻烦。

Python 有**程序日志** logging 功能，这个功能可以协助我们执行程序的除错，有了这个功能我们可以自行设置关键变量在每一个程序阶段的变化，由这个关键变量的变化可方便我们执行程序的除错，同时未来不想要显示这些关键变量数据时，可以不用删除，只要适度加上指令就可隐藏它们，这将是本节的主题。

15-7-1 logging 模块

Python 内有提供 logging 模块，这个模块有提供方法可以让我们使用**程序日志** logging 功能，在使用前须先使用 import 导入此模块。

```
import logging
```

15-7-2　logging 的等级

logging 模块共分为 5 个等级，从最低到最高等级顺序如下。

1. DEBUG 等级

使用 logging.debug( ) 显示程序日志内容，所显示的内容是程序的小细节，最低层级的内容，感觉程序有问题时可使用它追踪关键变量的变化过程。

2. INFO 等级

使用 logging.info( ) 显示程序日志内容，所显示的内容是记录程序一般发生的事件。

3. WARNING 等级

使用 logging.warning( ) 显示程序日志内容，所显示的内容虽然不会影响程序的执行，但是未来可能导致问题的发生。

4. ERROR 等级

使用 logging.error( ) 显示程序日志内容，通常显示程序在某些状态将引发错误的缘由。

5. CRITICAL 等级

使用 logging.critical( ) 显示程序日志内容，这是最重要的等级，通常是显示将让整个系统 Down 掉或中断的错误。

程序设计时，可以使用下列函数设置显示信息的等级。

```
logging.basicConfig(level=logging.DEBUG)     # 假设是设置 DEBUG 等级
```

当设置 logging 为某一等级时，未来只有此等级或更高等级的 logging 会被显示。

程序实例 ch15_22.py：显示所有等级的 logging 消息。

```
1  # ch15_22.py
2  import logging
3
4  logging.basicConfig(level=logging.DEBUG)      # 等级是DEBUG
5  logging.debug('logging message, DEBUG')
6  logging.info('logging message, INFO')
7  logging.warning('logging message, WARNING')
8  logging.error('logging message, ERROR')
9  logging.critical('logging message, CRITICAL')
```

执行结果

```
==================== RESTART: D:/Python/ch15/ch15_22.py ====================
DEBUG:root:logging message, DEBUG
INFO:root:logging message, INFO
WARNING:root:logging message, WARNING
ERROR:root:logging message, ERROR
CRITICAL:root:logging message, CRITICAL
>>>
```

上述每一个输出前方有 DEBUG:root:（其他以此类推）前导消息，这是该 logging 输出模式默认的输出消息注明输出 logging 模式。

程序实例 ch15_23.py：显示 WARNING 等级或更高等级的输出。

```
1  # ch15_23.py
2  import logging
3
4  logging.basicConfig(level=logging.WARNING)      # 等级是WARNING
5  logging.debug('logging message, DEBUG')
6  logging.info('logging message, INFO')
7  logging.warning('logging message, WARNING')
8  logging.error('logging message, ERROR')
9  logging.critical('logging message, CRITICAL')
```

执行结果

```
==================== RESTART: D:/Python/ch15/ch15_23.py ====================
WARNING:root:logging message, WARNING
ERROR:root:logging message, ERROR
CRITICAL:root:logging message, CRITICAL
>>>
```

当我们设置 logging 的输出等级是 WARNING 时，较低等级的 logging 输出就被隐藏了。当了解了上述 logging 输出等级的特性后，笔者通常在设计大型程序时，程序设计初期阶段会将 logging 等级设为 DEBUG，如果确定程序大致没问题后，就将 logging 等级设为 WARNING，最后再设为 CRITICAL。这样就可以不用再像过去一样在程序设计初期使用 print( ) 记录关键变量的变化，当程序确定完成后，需要一个一个检查 print( ) 然后将它删除。

15-7-3　格式化 logging 消息输出 format

从 ch15_22.py 和 ch15_23.py 可以看到输出消息前方有前导输出消息，我们可以使用在 logging.basicConfig( ) 方法内增加 format 格式化输出消息为**空字符串** '' 方式，取消显示前导输出消息。

```
logging.basicConfig(level=logging.DEBUG, format = ' ')
```

程序实例 ch15_24.py：重新设计 ch15_22.py，取消显示 logging 的前导输出消息。

```
1  # ch15_24.py
2  import logging
3
4  logging.basicConfig(level=logging.DEBUG, format='')
5  logging.debug('logging message, DEBUG')
6  logging.info('logging message, INFO')
7  logging.warning('logging message, WARNING')
8  logging.error('logging message, ERROR')
9  logging.critical('logging message, CRITICAL')
```

执行结果

```
==================== RESTART: D:/Python/ch15/ch15_24.py ====================
logging message, DEBUG
logging message, INFO
logging message, WARNING
logging message, ERROR
logging message, CRITICAL
>>>
```

上述执行结果很明显，模式前导的输出消息没有了。

15-7-4　时间信息 asctime

我们可以在 format 内配合 asctime 列出系统时间，这样可以列出每一重要阶段关键变量发生的时间。

程序实例 ch15_25.py：列出每一个 logging 输出时的时间。

```
1  # ch15_25.py
2  import logging
3
4  logging.basicConfig(level=logging.DEBUG, format='%(asctime)s')
5  logging.debug('logging message, DEBUG')
6  logging.info('logging message, INFO')
7  logging.warning('logging message, WARNING')
8  logging.error('logging message, ERROR')
9  logging.critical('logging message, CRITICAL')
```

执行结果

```
==================== RESTART: D:\Python\ch15\ch15_25.py ====================
2017-10-07 00:46:15,030
2017-10-07 00:46:15,030
2017-10-07 00:46:15,046
2017-10-07 00:46:15,046
2017-10-07 00:46:15,046
>>>
```

我们的确获得了每一个 logging 的输出时间，但是经过 format 处理后，原先 logging.xxx( ) 内的输出信息却没有了，这是因为我们在 format 内只有保留时间字符串消息。

15-7-5　format 内的 message

如果想要输出原先 logging.xxx( ) 的输出消息，必须在 format 内增加 message。

程序实例 ch15_26.py：增加 logging.xxx( ) 的输出消息。

```
1  # ch15_26.py
2  import logging
3
4  logging.basicConfig(level=logging.DEBUG, format='%(asctime)s : %(message)s')
5  logging.debug('logging message, DEBUG')
6  logging.info('logging message, INFO')
7  logging.warning('logging message, WARNING')
8  logging.error('logging message, ERROR')
9  logging.critical('logging message, CRITICAL')
```

执行结果

```
==================== RESTART: D:/Python/ch15/ch15_26.py ====================
2017-10-07 00:55:47,378 : logging message, DEBUG
2017-10-07 00:55:47,378 : logging message, INFO
2017-10-07 00:55:47,394 : logging message, WARNING
2017-10-07 00:55:47,394 : logging message, ERROR
2017-10-07 00:55:47,394 : logging message, CRITICAL
>>>
```

15-7-6　列出 levelname

levelname 属性是记载目前 logging 的显示层级是哪一个等级。

程序实例 ch15_27.py：列出目前 level 所设置的等级。

```
1  # ch15_27.py
2  import logging
3
4  logging.basicConfig(level=logging.DEBUG,
5                      format='%(asctime)s - %(levelname)s : %(message)s')
6  logging.debug('logging message.')
7  logging.info('logging message.')
8  logging.warning('logging message')
9  logging.error('logging message')
10 logging.critical('logging message')
```

执行结果

```
==================== RESTART: D:/Python/ch15/ch15_27.py ====================
2017-10-07 01:07:23,543 - DEBUG : logging message.
2017-10-07 01:07:23,543 - INFO : logging message.
2017-10-07 01:07:23,558 - WARNING : logging message
2017-10-07 01:07:23,558 - ERROR : logging message
2017-10-07 01:07:23,558 - CRITICAL : logging message
>>>
```

15-7-7 使用 logging 列出变量变化的应用

这一节开始将正式使用 logging 追踪变量的变化，下面是简单追踪索引值变化的程序。

程序实例 ch15_28.py：追踪索引值变化的实例。

```
1  # ch15_28.py
2  import logging
3
4  logging.basicConfig(level=logging.DEBUG,
5                      format='%(asctime)s - %(levelname)s : %(message)s')
6  logging.debug('程序开始')
7  for i in range(5):
8      logging.debug('目前索引 %s ' % i)
9  logging.debug('程序结束')
```

执行结果

```
==================== RESTART: D:\Python\ch15\ch15_28.py ====================
2017-12-16 12:46:29,765 - DEBUG : 程序开始
2017-12-16 12:46:29,765 - DEBUG : 目前索引 0
2017-12-16 12:46:29,765 - DEBUG : 目前索引 1
2017-12-16 12:46:29,765 - DEBUG : 目前索引 2
2017-12-16 12:46:29,780 - DEBUG : 目前索引 3
2017-12-16 12:46:29,780 - DEBUG : 目前索引 4
2017-12-16 12:46:29,780 - DEBUG : 程序结束
>>>
```

上述程序记录了整个索引值的变化过程，读者需留意第 8 行的输出，它的输出结果是在 %（message）s 定义的。

15-7-8 正式追踪 factorial 数值的应用

在程序 ch11_26.py 中曾经使用递归函数计算阶乘 factorial，接下来笔者想用一般循环方式追踪阶乘计算的过程。

程序实例 ch15_29.py：使用 logging 追踪 factorial 阶乘计算的过程。

```
1  # ch15_29.py
2  import logging
3
4  logging.basicConfig(level=logging.DEBUG,
5                      format='%(asctime)s - %(levelname)s : %(message)s')
6  logging.debug('程序开始')
7
8  def factorial(n):
9      logging.debug('factorial %s 计算开始' % n)
10     ans = 1
11     for i in range(n + 1):
12         ans *= i
13         logging.debug('i = ' + str(i) + ', ans = ' + str(ans))
14     logging.debug('factorial %s 计算结束' % n)
15     return ans
16
17 num = 5
18 print("factorial(%d) = %d" % (num, factorial(num)))
19 logging.debug('程序结束')
```

执行结果

```
==================== RESTART: D:\Python\ch15\ch15_29.py ====================
2017-12-16 12:49:30,468 - DEBUG : 程序开始
2017-12-16 12:49:30,468 - DEBUG : factorial 5 计算开始
2017-12-16 12:49:30,468 - DEBUG : i = 0, ans = 0
2017-12-16 12:49:30,468 - DEBUG : i = 1, ans = 0
2017-12-16 12:49:30,484 - DEBUG : i = 2, ans = 0
2017-12-16 12:49:30,484 - DEBUG : i = 3, ans = 0
2017-12-16 12:49:30,484 - DEBUG : i = 4, ans = 0
2017-12-16 12:49:30,484 - DEBUG : i = 5, ans = 0
2017-12-16 12:49:30,484 - DEBUG : factorial 5 计算结束
factorial(5) = 0
2017-12-16 12:49:30,500 - DEBUG : 程序结束
>>>
```

在上述语句使用 logging 的 DEBUG 过程中可以发现阶乘数从 0 开始，造成所有阶段的执行结果都是 0。在下列程序第 11 行，笔者更改此项设置为从 1 开始。

程序实例 ch15_30.py：修改 ch15_29.py 的错误，让阶乘从 1 开始。

```
1  # ch15_30.py
2  import logging
3
4  logging.basicConfig(level=logging.DEBUG,
5                      format='%(asctime)s - %(levelname)s : %(message)s')
6  logging.debug('程序开始')
7
8  def factorial(n):
9      logging.debug('factorial %s 计算开始' % n)
10     ans = 1
11     for i in range(1, n + 1):
12         ans *= i
13         logging.debug('i = ' + str(i) + ', ans = ' + str(ans))
14     logging.debug('factorial %s 计算结束' % n)
15     return ans
16
17 num = 5
18 print("factorial(%d) = %d" % (num, factorial(num)))
19 logging.debug('程序结束')
```

执行结果

```
==================== RESTART: D:\Python\ch15\ch15_30.py ====================
2017-12-16 12:52:39,994 - DEBUG : 程序开始
2017-12-16 12:52:39,994 - DEBUG : factorial 5 计算开始
2017-12-16 12:52:39,994 - DEBUG : i = 1, ans = 1
2017-12-16 12:52:40,009 - DEBUG : i = 2, ans = 2
2017-12-16 12:52:40,009 - DEBUG : i = 3, ans = 6
2017-12-16 12:52:40,009 - DEBUG : i = 4, ans = 24
2017-12-16 12:52:40,009 - DEBUG : i = 5, ans = 120
2017-12-16 12:52:40,009 - DEBUG : factorial 5 计算结束
factorial(5) = 120
2017-12-16 12:52:40,025 - DEBUG : 程序结束
>>>
```

15-7-9　将程序日志 logging 输出到文件

程序很长时，若将 logging 输出到屏幕，其实不太方便逐一核对关键变量值的变化，此时可以考虑将 logging 输出到文件，方法是在 logging.basicConfig( ) 中增加 filename=" 文件名 "，这样就可以将 logging 输出到指定的文件内。

程序实例 ch15_31.py：将程序实例的 logging 输出到 out15_31.txt。

```
4  logging.basicConfig(filename='out15_31.txt', level=logging.DEBUG,
5                      format='%(asctime)s - %(levelname)s : %(message)s')
```

执行结果

```
=================== RESTART: D:/Python/ch15/ch15_31.py ===================
factorial(5) = 120
>>>
```

这时在目前工作文件夹可以看到 out15_31.txt，打开后可以得到下列结果。

```
2019-06-03 00:27:59,482 - DEBUG : Program start
2019-06-03 00:27:59,483 - DEBUG : factorial 5 counting be
2019-06-03 00:27:59,483 - DEBUG : i = 1, ans = 1
2019-06-03 00:27:59,483 - DEBUG : i = 2, ans = 2
2019-06-03 00:27:59,484 - DEBUG : i = 3, ans = 6
2019-06-03 00:27:59,484 - DEBUG : i = 4, ans = 24
2019-06-03 00:27:59,484 - DEBUG : i = 5, ans = 120
2019-06-03 00:27:59,484 - DEBUG : factorial 5 end of coun
2019-06-03 00:27:59,497 - DEBUG : End of Program
```

15-7-10 隐藏程序日志 logging 的 DEBUG 等级使用 CRITICAL

先前有说明 logging 有许多等级，只要设置高等级，Python 就会忽略低等级的输出，所以如果程序设计完成，也确定没有错误，其实可以将 logging 等级设为最高等级，所有较低等级的输出将被隐藏。

程序实例 ch15_32.py：重新设计 ch15_30.py，将程序内 DEBUG 等级的 logging 隐藏。

```
4   logging.basicConfig(level=logging.CRITICAL,
5                       format='%(asctime)s - %(levelname)s : %(message)s')
```

执行结果

```
==================== RESTART: D:/Python/ch15/ch15_32.py ====================
factorial(5) = 120
>>>
```

15-7-11 停用程序日志 logging

可以使用下列方法停用日志 logging。

logging.disable(level)　　　　　# level 是停用 logging 的等级

上述语句可以停用该程序代码后指定等级以下的所有等级，如果想停用全部参数可以使用 logging.CRITICAL 等级，这个方法一般是放在 import 下方，这样就可以停用所有的 logging。

程序实例 ch15_33.py：重新设计 ch15_30.py，这个程序只是在原先第 3 行空白行加上下列程序代码。

```
3   logging.disable(logging.CRITICAL)          # 停用所有logging
```

执行结果 与 ch15_32.py 相同。

15-8 程序除错的典故

通常又将程序除错称为 Debug，De 是除去的意思，bug 是指小虫，其实这是有典故的。1944 年，IBM 和哈佛大学联合开发了 Mark I 计算机，此计算机重 5 吨，约有 2.4 米高，15.5 米长，内部线路总长是 800 多米，没有中断地使用了 15 年，下列是此计算机图片。

本图片转载自 http://www.computersciencelab.com

在当时有一位女性程序设计师 Grace Hopper，发现了第一个计算机虫（bug）——一只死的蛾（moth）的双翅卡在继电器（relay）中，导致数据读取失败。下列是当时 Grace Hopper 记录此事件的数据。

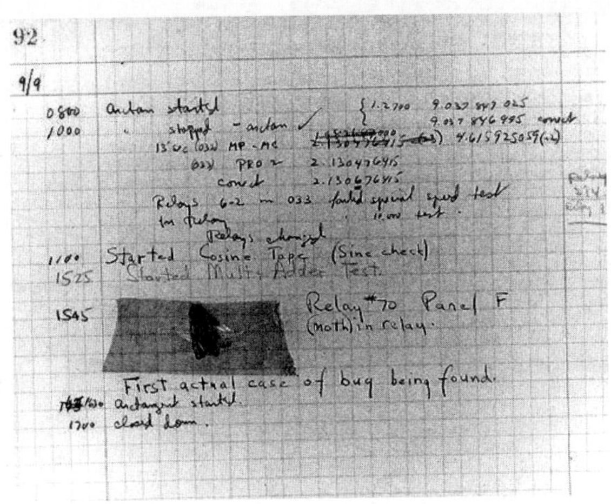

本图片转载自 http://www.computersciencelab.com

当时 Grace Hopper 写下了下列两句话。

```
Relay #70 Panel F (moth) in relay.
First actual case of bug being found.
```

大意是编号 70 的继电器出现问题（因为蛾），这是真实计算机上所发现的第一只虫。自此，计算机界认定用 debug 描述找出及删除程序错误应归功于 Grace Hopper。

习题

1. 请将程序实例 ch15_6.py 改为由屏幕输入文字，然后将输入的文字存入 in15_6.txt，再予以分析。(15-1 节)

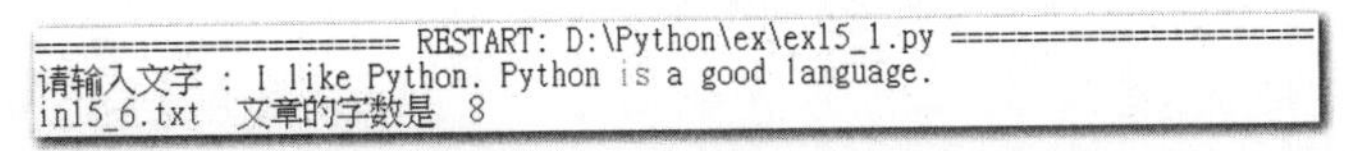

2. 请将程序实例 ch15_8.py 第 13 行的 3 个文件改为 5 个文件，同时这 5 个文件的文件名（d1.txt, d2.txt, d3.txt, d4.txt, d5.txt）是由屏幕输入，内容如下。(15-1 节)

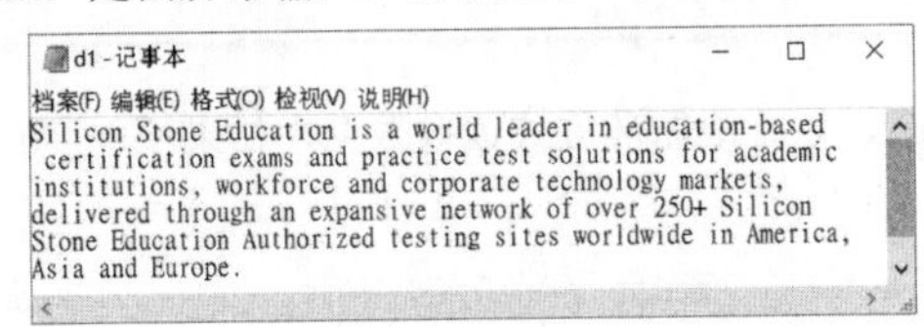

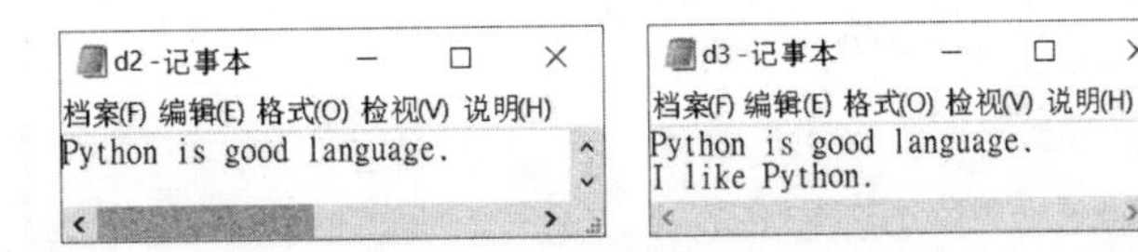

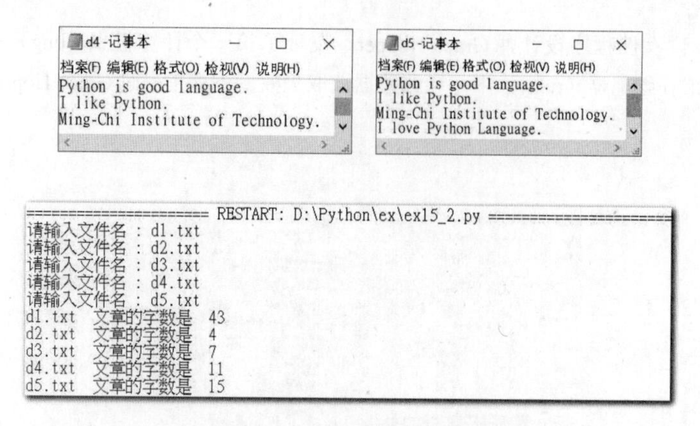

3. 请重新设计 ch15_11.py，但是将除数与被除数改为由屏幕输入。提示：使用 input( ) 读取输入时，所读取的是字符串，需使用 int( ) 将字符串转为整数数据类型，如果所输入的是非数字将产生 ValueError。（15-2 节）

```
===================== RESTART: D:\Python\ex\ex15_3.py =====================
请输入第1个数字 : 10
请输入第2个数字 : 2
5.0
>>>
===================== RESTART: D:\Python\ex\ex15_3.py =====================
请输入第1个数字 : 10
请输入第2个数字 : a
除法数据型态不符
None
>>>
===================== RESTART: D:\Python\ex\ex15_3.py =====================
请输入第1个数字 : 10
请输入第2个数字 : 0
除数不可为0
None
```

4. 请重新设计习题 3，但是只能有一个 except，可以捕捉所有错误，捕捉到错误时一律输出“数据输入错误”。（15-2 节）

```
===================== RESTART: D:\Python\ex\ex15_4.py =====================
请输入第1个数字 : 10
请输入第2个数字 : 2
5.0
>>>
===================== RESTART: D:\Python\ex\ex15_4.py =====================
请输入第1个数字 : 10
请输入第2个数字 : a
数据输入错误
None
>>>
===================== RESTART: D:\Python\ex\ex15_4.py =====================
请输入第1个数字 : 10
请输入第2个数字 : 0
数据输入错误
None
```

5. 请重新设计 ex15_4.py，以无限循环方式读取数据，如果输入‘q’或‘Q’代表程序结束。（15-2 节）

```
===================== RESTART: D:\Python\ex\ex15_5.py =====================
请输入第1个数字 : 10
请输入第2个数字 : 2
5.0
是否继续(y/n), 输入n或N代表不继续 ? y
请输入第1个数字 : 10
请输入第2个数字 : a
数据输入错误
None
是否继续(y/n), 输入n或N代表不继续 ? n
```

6. 请重新设计程序实例 ch15_15.py，将程序改为读取文件，请使用 ex15_2.py 的 5 个文件测试，如果文件长度超过 35 个字或小于 10 个字则出现异常。(15-3 节)

```
==================== RESTART: D:\Python\ex\ex15_6.py ====================
d1.txt  文章的字数是  43
文件长度检查异常发生:  文件长度太长
d2.txt  文章的字数是  4
文件长度检查异常发生:  文件长度不足
d3.txt  文章的字数是  7
文件长度检查异常发生:  文件长度不足
d4.txt  文章的字数是  11
文件长度正确
d5.txt  文章的字数是  15
文件长度正确
```

7. 请重新设计 ex15_6.py，当异常发生时，请将异常结果存入 errdata.txt 内，列出执行结果，同时列出 errdata.txt。(15-4 节)

```
==================== RESTART: D:\Python\ex\ex15_7.py ====================
d1.txt  文章的字数是  43
将Traceback写入错误文件errdata.txt完成
文件长度检查异常发生:  文件长度太长
d2.txt  文章的字数是  4
将Traceback写入错误文件errdata.txt完成
文件长度检查异常发生:  文件长度不足
d3.txt  文章的字数是  7
将Traceback写入错误文件errdata.txt完成
文件长度检查异常发生:  文件长度不足
d4.txt  文章的字数是  11
文件长度正确
d5.txt  文章的字数是  15
文件长度正确
```

下列是 errdata.txt 文件。

```
Traceback (most recent call last):
  File "D:/Python/ex/ex15_7.py", line 27, in <module>
    lenWord(file)
  File "D:/Python/ex/ex15_7.py", line 22, in lenWord
    raise Exception('文件长度太长')
Exception: 文件长度太长
Traceback (most recent call last):
  File "D:/Python/ex/ex15_7.py", line 27, in <module>
    lenWord(file)
  File "D:/Python/ex/ex15_7.py", line 20, in lenWord
    raise Exception('文件长度不足')
Exception: 文件长度不足
Traceback (most recent call last):
  File "D:/Python/ex/ex15_7.py", line 27, in <module>
    lenWord(file)
  File "D:/Python/ex/ex15_7.py", line 20, in lenWord
    raise Exception('文件长度不足')
Exception: 文件长度不足
```

8. 请重新设计 ch15_20.py，增加 __init__( )，需具有确定开户时金额在 100 元（含）以上的断言 assert。原程序第 27、28 行改为类似 23、24 行，但是使用新的变量名称。(15-7 节)

```
==================== RESTART: D:\Python\ex\ex15_8.py ====================
Hung  目前余额:  100
存款  300  完成
Hung  目前余额:  400
Traceback (most recent call last):
  File "D:\Python\ex\ex15_8.py", line 28, in <module>
    chenbank = Banks('chen', -100)
  File "D:\Python\ex\ex15_8.py", line 7, in __init__
    assert money >= 100, '开户金额必须大于或等于100'
AssertionError: 开户金额必须大于或等于100
```

9. 请参考程序实例 ch15_30.py，将 factorial(n) 函数改为 sumrange(n)，这个函数可以累计 1+2+ … + n 的总和。(15-7 节)

```
==================== RESTART: D:\Python\ex\ex15_9.py ====================
2019-06-03 01:46:01,762 - DEBUG : 程序开始
2019-06-03 01:46:01,795 - DEBUG : sumrange 5 计算开始
2019-06-03 01:46:01,801 - DEBUG : i = 1, ans = 1
2019-06-03 01:46:01,810 - DEBUG : i = 2, ans = 3
2019-06-03 01:46:01,817 - DEBUG : i = 3, ans = 6
2019-06-03 01:46:01,823 - DEBUG : i = 4, ans = 10
2019-06-03 01:46:01,830 - DEBUG : i = 5, ans = 15
2019-06-03 01:46:01,837 - DEBUG : sumrange 5 计算结束
sumrange(5) = 15
2019-06-03 01:46:01,854 - DEBUG : 程序结束
```

16

第 1 6 章

正则表达式

本章摘要

正则表达式（Regular Expression）主要功能是执行模式的比对与查找，甚至 Word 文件也可以使用正则表达式处理**查找**（search）与**替换**（replace）功能。本章首先会介绍如果没用正则表达式，如何处理查找文字功能，再介绍使用正则表达式处理这类问题，读者会发现整个工作变得更简洁容易。

16-1 使用 Python 硬功夫查找文字

如果现在打开手机的联络信息可以看到，台湾地区手机号码的格式如下：

0952-282-020　　　　　# 可以表示为 xxxx-xxx-xxx，每个 x 代表一个 0 ～ 9 数字

可以发现手机号码格式是 4 个数字，1 个连字符号，3 个数字，1 个连字符号，3 个数字所组成。

程序实例 ch16_1.py：用传统知识设计一个程序，然后判断字符串是否有含台湾地区的手机号码格式。

```
1  # ch16_1.py
2  def taiwanPhoneNum(string):
3      """检查是否有含手机联络信息的台湾地区手机号码格式"""
4      if len(string) != 12:         # 如果长度不是12
5          return False              # 返回非手机号码格式
6
7      for i in range(0, 4):         # 如果前4个字出现非数字字符
8          if string[i].isdecimal() == False:
9              return False          # 返回非手机号码格式
10
11     if string[4] != '-':          # 如果不是'-'字符
12         return False              # 返回非手机号码格式
13
14     for i in range(5, 8):         # 如果中间3个字出现非数字字符
15         if string[i].isdecimal() == False:
16             return False          # 返回非手机号码格式
17
18     if string[8] != '-':          # 如果不是'-'字符
19         return False              # 返回非手机号码格式
20
21     for i in range(9, 12):        # 如果最后3个字出现非数字字符
22         if string[i].isdecimal() == False:
23             return False          # 返回非手机号码格式
24     return True                   # 通过以上测试
25
26 print("I love Ming-Chi: 是台湾地区手机号码", taiwanPhoneNum('I love Ming-Chi'))
27 print("0932-999-199:    是台湾地区手机号码", taiwanPhoneNum('0932-999-199'))
```

执行结果

```
================== RESTART: D:\Python\ch16\ch16_1.py ==================
I love Ming-Chi: 是台湾地区手机号码 False
0932-999-199:    是台湾地区手机号码 True
>>>
```

上述程序第 4 和 5 行是判断字符串长度是否为 12，如果不是则表示这不是手机号码格式。程序第 7 ～ 9 行是判断字符串前 4 个码是不是数字，如果不是则表示这不是手机号码格式，注：如果是数字字符 isdecimal( ) 会返回 True。程序第 11、12 行是判断这个字符是不是 ‘-’，如果不是则表示这不是手机号码格式。程序第 14 ～ 16 行是判断字符串索引 [5][6][7] 码是不是数字，如果不是则表示这不是手机号码格式。程序第 18、19 行是判断这个字符是不是 ‘-’，如果不是则表示这不是手机号码格式。程序第 21 ～ 23 行是判断字符串索引 [9][10][11] 码是不是数字，如果不是则表示这不是手机号码格式。如果通过了以上所有测试，表示这是手机号码格式，程序第 24 行返回 True。

在真实的环境应用中，我们可能需面临一段文字，这段文字内穿插一些数字，然后我们必须将手机号码从这段文字抽离出来。

程序实例 ch16_2.py：将电话号码从一段文字抽离出来。

```
1  # ch16_2.py
2  def taiwanPhoneNum(string):
3      """检查是否有含手机联络信息的台湾地区手机号码格式"""
4      if len(string) != 12:           # 如果长度不是12
5          return False                # 返回非手机号码格式
6
7      for i in range(0, 4):           # 如果前4个字出现非数字字符
8          if string[i].isdecimal() == False:
9              return False            # 返回非手机号码格式
10
11     if string[4] != '-':            # 如果不是'-'字符
12         return False                # 返回非手机号码格式
13
14     for i in range(5, 8):           # 如果中间3个字出现非数字字符
15         if string[i].isdecimal() == False:
16             return False            # 返回非手机号码格式
17
18     if string[8] != '-':            # 如果不是'-'字符
19         return False                # 返回非手机号码格式
20
21     for i in range(9, 12):          # 如果最后3个字出现非数字字符
22         if string[i].isdecimal() == False:
23             return False            # 返回非手机号码格式
24     return True                     # 通过以上测试
25
26 def parseString(string):
27     """解析字符串是否含有电话号码"""
28     notFoundSignal = True           # 注记没有找到电话号码为True
29     for i in range(len(string)):    # 用循环逐步抽取12个字符做测试
30         msg = string[i:i+12]
31         if taiwanPhoneNum(msg):
32             print("电话号码是: %s" % msg)
33             notFoundSignal = False
34     if notFoundSignal:              # 如果没有找到电话号码则打印
35         print("%s 字符串不含电话号码" % string)
36
37 msg1 = 'Please call my secretary using 0930-919-919 or 0952-001-001'
38 msg2 = '请明天17:30和我一起参加明志科大教师节晚餐'
39 msg3 = '请明天17:30和我一起参加明志科大教师节晚餐，可用0933-080-080联络我'
40 parseString(msg1)
41 parseString(msg2)
42 parseString(msg3)
```

执行结果

```
====================== RESTART: D:\Python\ch16\ch16_2.py ======================
电话号码是: 0930-919-919
电话号码是: 0952-001-001
请明天17:30和我一起参加明志科大教师节晚餐 字符串不含电话号码
电话号码是: 0933-080-080
>>>
```

从上述执行结果可以得到，我们成功地对一个字符串分析，然后将电话号码分析出来了。分析方式的重点是程序第 26 ～ 35 行的 parseString 函数，这个函数重点是第 29 ～ 33 行，这个循环会逐步抽取字符串的 12 个字符做比对，将比对字符串放在 msg 字符串变量内。下列是各循环次序的 msg 字符串变量内容。

```
msg = 'Please call '   # 第 1 次 [0:12]
msg = 'lease call m'   # 第 2 次 [1:13]
msg = 'ease call my'   # 第 3 次 [2:14]
…
```

```
msg = '0930-939-939'            # 第 31 次 [30:42]
…
msg = '0952-001-001'            # 第 48 次 [47:59]
```

程序第 28 行将没有找到电话号码 notFoundSignal 设为 True，如果找到电话号码，程序 33 行将 notFoundSignal 标识为 False，当 parseString( ) 函数执行完，notFoundSignal 仍是 True，表示没找到电话号码，所以第 35 行打印"**字符串不含电话号码**"。

上述使用所学的 Python 硬功夫虽然解决了我们的问题，但是若是将电话号码改成中国大陆手机号（xxx-xxxx-xxxx）、美国手机号（xxx-xxx-xxxx）或是一般公司的电话，整个号码格式不一样，要重新设计可能需要一些时间。不过不用担心，接下来将讲解 Python 的正则表达式，可以轻松解决上述困扰。

16-2　正则表达式的基础

Python 有关正则表达式的方法是在 re 模块内，所以使用正则表达式需要导入 re 模块。

```
import  re                         # 导入 re 模块
```

16-2-1　建立查找字符串模式

在 16-1 节使用 isdecimal( ) 方法判断字符是否为 0 ～ 9 的数字。

正则表达式是一种文本模式的表达方法，在这个方法中，使用 \d 表示 0 ～ 9 的数字字符，采用这个概念可以将 16-1 节的手机号码 xxxx-xxx-xxx 改用下列正则表达方式表示。

```
'\d\d\d\d-\d\d\d-\d\d\d'
```

由转义字符的概念可知，将上述表达式当字符串放入函数内需增加 '\'，所以整个正则表达式的使用方式如下。

```
'\\d\\d\\d\\d-\\d\\d\\d-\\d\\d\\d'
```

在 3-4-9 节有介绍字符串前加 r 可以防止字符串内的转义字符被转义，所以又可以将上述正则表达式简化为下列格式。

```
r'\d\d\d\d-\d\d\d-\d\d\d'
```

16-2-2　使用 re.compile( ) 建立 Regex 对象

Regex 是 Regular expression 的简称，在 re 模块内有 compile( ) 方法，可以将 16-2-1 节的要查找字符串的正则表达式当作字符串参数放在此方法内，然后会返回一个 Regex 对象，如下所示。

```
phoneRule = re.compile(r'\d\d\d\d-\d\d\d-\d\d\d')  # 建立 phoneRule 对象
```

16-2-3　查找对象

在 Regex 对象内有 search( ) 方法，可以由 Regex 对象启用，然后将要查找的字符串放在这个方法内，沿用上述概念程序片段如下。

```
phoneNum = phoneRule.search(msg)                # msg 是要查找的字符串
```

如果找不到比对相符的字符串会返回 None，如果找到比对相符的字符串会将结果返回所设置的 phoneNum 变量对象，这个对象在 Python 中称为 MatchObject 对象，将在 16-6 节完整解说。现在将介绍实用性较高的部分，处理此对象主要是将查找结果返回，可以用 group( ) 方法将结果返回，不过 search( ) 将只返回第一个比对相符的字符串。

程序实例 ch16_3.py：使用正则表达式重新设计 ch16_2.py。

```
1  # ch16_3.py
2  import re
3
4  msg1 = 'Please call my secretary using 0930-919-919 or 0952-001-001'
5  msg2 = '请明天17:30和我一起参加明志科大教师节晚餐'
6  msg3 = '请明天17:30和我一起参加明志科大教师节晚餐，可用0933-080-080联络我'
7
8  def parseString(string):
9      """解析字符串是否含有电话号码"""
10     phoneRule = re.compile(r'\d\d\d\d-\d\d\d-\d\d\d')
11     phoneNum = phoneRule.search(string)
12     if phoneNum != None:           # 检查phoneNum内容
13         print("电话号码是: %s" % phoneNum.group())
14     else:
15         print("%s 字符串不含电话号码" % string)
16
17 parseString(msg1)
18 parseString(msg2)
19 parseString(msg3)
```

执行结果

```
==================== RESTART: D:\Python\ch16\ch16_3.py ====================
电话号码是: 0930-919-919
请明天17:30和我一起参加明志科大教师节晚餐 字符串不含电话号码
电话号码是: 0933-080-080
>>>
```

在程序实例 ch16_2.py 中使用了约 21 行做字符串解析，当我们使用 Python 的正则表达式时，只用第 10 和 11 行共两行就解析了字符串是否含手机号码了，整个程序变得简单许多。不过上述 msg1 字符串内含两组手机号码，使用 search( ) 只返回第一个发现的号码，16-2-4 节将改进此方法。

16-2-4 findall( )

从方法的名字就可以知道，这个方法可以返回所有找到的手机号码。这个方法会将查找到的手机号码用列表方式返回，这样就不会有只显示第一个查找到手机号码的缺点。如果没有比对相符的号码就返回 [ ] 空列表。要使用这个方法的关键指令如下。

```
phoneRule = re.compile(r'\d\d\d\d-\d\d\d-\d\d\d')   # 建立 phoneRule 对象
    phoneNum = phoneRule.findall(string)          # string 是要查找的字符串
```

findall( ) 函数由 phoneRule 对象启用，最后会将查找结果的列表传给 phoneNum，只要打印 phoneNum 就可以得到执行结果。

程序实例 ch16_4.py：使用 findall( ) 查找字符串，第 10 行定义正则表达式，程序会打印结果。

```
1  # ch16_4.py
2  import re
3
4  msg1 = 'Please call my secretary using 0930-919-919 or 0952-001-001'
5  msg2 = '请明天17:30和我一起参加明志科大教师节晚餐'
6  msg3 = '请明天17:30和我一起参加明志科大教师节晚餐，可用0933-080-080联络我'
7
8  def parseString(string):
9      """解析字符串是否含有电话号码"""
10     phoneRule = re.compile(r'\d\d\d\d-\d\d\d-\d\d\d')
11     phoneNum = phoneRule.findall(string)      # 用列表返回查找结果
12     print("电话号码是: %s" % phoneNum)         # 列表方式显示电话号码
13
14 parseString(msg1)
15 parseString(msg2)
16 parseString(msg3)
```

执行结果

```
==================== RESTART: D:\Python\ch16\ch16_4.py ====================
电话号码是: ['0930-919-919', '0952-001-001']
电话号码是: []
电话号码是: ['0933-080-080']
>>>
```

16-2-5　再看 re 模块

其实 Python 语言的 re 模块对于 search( ) 和 findall( ) 有提供更强的功能，可以省略使用 re.compile( ) 直接将比对模式放在各自的参数内，语法格式如下。

```
re.search(pattern, string, flags)
re.findall(pattern, string, flags)
```

上述 pattern 是要查找的正则表达方式，string 是所查找的字符串，flags 可以省略，未来会介绍几个 flags 常用相关参数的应用。

程序实例 ch16_5.py：使用 re.search( ) 重新设计 ch16_3.py，由于省略了 re.compile( )，所以读者需留意第 11 行内容的写法。

```
1  # ch16_5.py
2  import re
3
4  msg1 = 'Please call my secretary using 0930-919-919 or 0952-001-001'
5  msg2 = '请明天17:30和我一起参加明志科大教师节晚餐'
6  msg3 = '请明天17:30和我一起参加明志科大教师节晚餐，可用0933-080-080联络我'
7
8  def parseString(string):
9      """解析字符串是否含有电话号码"""
10     pattern = r'\d\d\d\d-\d\d\d-\d\d\d'
11     phoneNum = re.search(pattern, string)
12     if phoneNum != None:          # 如果phoneNum不是None表示取得号码
13         print("电话号码是: %s" % phoneNum.group())
14     else:
15         print("%s 字符串不含电话号码" % string)
16
17 parseString(msg1)
18 parseString(msg2)
19 parseString(msg3)
```

执行结果　与 ch16_3.py 相同。

程序实例 ch16_6.py：使用 re.findall( ) 重新设计 ch16_4.py，由于省略了 re.compile( )，所以读者需留

意第 11 行内容的写法。

```
1   # ch16_6.py
2   import re
3
4   msg1 = 'Please call my secretary using 0930-919-919 or 0952-001-001'
5   msg2 = '请明天17:30和我一起参加明志科大教师节晚餐'
6   msg3 = '请明天17:30和我一起参加明志科大教师节晚餐，可用0933-080-080联络我'
7
8   def parseString(string):
9       """解析字符串是否含有电话号码"""
10      pattern = r'\d\d\d\d-\d\d\d-\d\d\d'
11      phoneNum = re.findall(pattern, string)    # 用列表返回查找结果
12      print("电话号码是: %s" % phoneNum)         # 列表方式显示电话号码
13
14  parseString(msg1)
15  parseString(msg2)
16  parseString(msg3)
```

执行结果 与 ch16_4.py 相同。

16-2-6 再看正则表达式

下面是我们目前的正则表达式所查找的字符串模式。

r'\d\d\d\d-\d\d\d-\d\d\d'

其中可以看到 \d 重复出现，对于重复出现的字符串可以用大括号内部加上重复次数的方式表达，所以上述可以用下列方式表达。

r'\d{4}-\d{3}-\d{3}'

程序实例 ch16_7.py：使用本节概念重新设计 ch16_6.py，下面只列出不一样的程序内容。

```
10      pattern = r'\d{4}-\d{3}-\d{3}'
```

执行结果 与 ch16_4.py 相同。

16-3 更多查找比对模式

先前所用的实例是手机号码，试想想看如果改用市区电话号码的比对，中国台北市的电话号码如下。

02-28350000　　　　　　# 可用 xx-xxxxxxxx 表达

下面将以上述电话号码模式说明。

16-3-1 使用小括号分组

依照 16-2 节的概念，可以用下列正则表示法表达上述市区电话号码。

r'\d\d-\d\d\d\d\d\d\d\d'

所谓括号分组是以**连字符“-”**区别，然后用小括号隔开群组，可以用下列方式重新规划上述表达式。

r'(\d\d)-(\d\d\d\d\d\d\d\d')

也可简化为：

r'(\d{2})-(\d{8})'

当使用 re.search( ) 执行比对时，未来可以使用 group( ) 返回比对符合的不同分组，例如，group( ) 或 group(0) 返回第一个比对相符的文字，与 ch16_3.py 概念相同。group(1) 则返回括号的第一组文字，group(2) 则返回括号的第二组文字。

程序实例 ch16_8.py：使用小括号分组的概念，将个分组内容输出。

```
1  # ch16_8.py
2  import re
3
4  msg = 'Please call my secretary using 02-26669999'
5  pattern = r'(\d{2})-(\d{8})'
6  phoneNum = re.search(pattern, msg)           # 返回查找结果
7
8  print("完整号码是: %s" % phoneNum.group())   # 显示完整号码
9  print("完整号码是: %s" % phoneNum.group(0))  # 显示完整号码
10 print("区域号码是: %s" % phoneNum.group(1))  # 显示区域号码
11 print("电话号码是: %s" % phoneNum.group(2))  # 显示电话号码
```

执行结果

```
==================== RESTART: D:\Python\ch16\ch16_8.py ====================
完整号码是: 02-26669999
完整号码是: 02-26669999
区域号码是: 02
电话号码是: 26669999
>>>
```

如果所查找比对的正则表达式字符串有用小括号分组时，若是使用 findall( ) 方法处理，会返回元组（tuple）的列表（list），元组内的每个元素就是查找的分组内容。

程序实例 ch16_9.py：使用 findall( ) 重新设计 ch16_8.py，这个实例会多增加一组电话号码。

```
1  # ch16_9.py
2  import re
3
4  msg = 'Please call my secretary using 02-26669999 or 02-11112222'
5  pattern = r'(\d{2})-(\d{8})'
6  phoneNum = re.findall(pattern, msg)           # 返回查找结果
7  print(phoneNum)
```

执行结果

```
===================== RESTART: D:\Python\ch16\ch16_9.py =====================
[('02', '26669999'), ('02', '11112222')]
```

16-3-2 groups( )

注意这是 groups( )，在 group 后面加上了 s，当我们使用 re.search( ) 查找字符串时，可以使用这个方法取得分组的内容。这时还可以使用 2-9 节的多重指定的概念，例如，若以 ch16_8.py 为例，在第 7 行可以使用下列多重指定获得区域号码和当地电话号码。

```
areaNum, localNum = phoneNum.groups( )          # 多重指定
```

程序实例 ch16_10.py：重新设计 ch16_8.py，分别列出区域号码与电话号码。

```
1  # ch16_10.py
2  import re
3
4  msg = 'Please call my secretary using 02-26669999'
5  pattern = r'(\d{2})-(\d{8})'
6  phoneNum = re.search(pattern, msg)          # 返回查找结果
7  areaNum, localNum = phoneNum.groups()   # 留意是groups()
8  print("区域号码是: %s" % areaNum)          # 显示区域号码
9  print("电话号码是: %s" % localNum)         # 显示电话号码
```

执行结果

```
==================== RESTART: D:\Python\ch16\ch16_10.py ====================
区域号码是: 02
电话号码是: 26669999
>>>
```

16-3-3 区域号码是在小括号内

在一般电话号码的使用中，常看到区域号码是用小括号括起来，如下所示。

(02)-26669999

在处理小括号时，方式是 \(和 \)，可参考下列实例。

程序实例 ch16_11.py：重新设计 ch16_10.py，第 4 行的区域号码是（02），读者需留意第 4 行和第 5 行的设计。

```
1  # ch16_11.py
2  import re
3
4  msg = 'Please call my secretary using (02)-26669999'
5  pattern = r'(\(\d{2}\))-(\d{8})'
6  phoneNum = re.search(pattern, msg)          # 返回查找结果
7  areaNum, localNum = phoneNum.groups()   # 留意是groups()
8  print("区域号码是: %s" % areaNum)          # 显示区域号码
9  print("电话号码是: %s" % localNum)         # 显示电话号码
```

执行结果

```
==================== RESTART: D:\Python\ch16\ch16_11.py ====================
区域号码是: (02)
电话号码是: 26669999
>>>
```

16-3-4 使用管道 |

|（pipe）在正则表示法中称为**管道**，使用管道时可以同时查找比对多个字符串，例如，如果想要查找 Mary 和 Tom 字符串，可以使用下列表示方法。

```
pattern = 'Mary|Tom'              # 注意单引号 ' 或 | 旁不可留空白
```

程序实例 ch16_12.py：管道查找多个字符串的实例。

```
1  # ch16_12.py
2  import re
3
4  msg = 'John and Tom will attend my party tonight. John is my best friend.'
5  pattern = 'John|Tom'                    # 查找John和Tom
6  txt = re.findall(pattern, msg)          # 返回查找结果
7  print(txt)
8  pattern = 'Mary|Tom'                    # 查找Mary和Tom
9  txt = re.findall(pattern, msg)          # 返回查找结果
10 print(txt)
```

执行结果

```
===================== RESTART: D:\Python\ch16\ch16_12.py =====================
['John', 'Tom', 'John']
['Tom']
```

16-3-5　多个分组的管道查找

假设有一个字符串内容如下：

`Johnson, Johnnason and Johnnathan will attend my party tonight.`

由上述可知如果想要查找字符串比对 John 后面可以是 son、nason、nathan 任一个字符串的组合，可以使用下列正则表达式格式。

`pattern = 'John(son|nason|nathan)'`

程序实例 ch16_13.py：查找 Johnson、Johnnason 或 Johnnathan 任一字符串，然后列出结果，这个程序将列出第一个查找比对到的字符串。

```
1  # ch16_13.py
2  import re
3
4  msg = 'Johnson, Johnnason and Johnnathan will attend my party tonight.'
5  pattern = 'John(son|nason|nathan)'
6  txt = re.search(pattern,msg)     # 返回查找结果
7  print(txt.group())               # 打印第一个查找结果
8  print(txt.group(1))              # 打印第一个分组
```

执行结果

```
===================== RESTART: D:\Python\ch16\ch16_13.py =====================
Johnson
son
```

同样的正则表达式若是使用 findall( ) 方法处理，将只返回各分组查找到的字符串，如果要列出完整的内容，可以用循环同时为每个分组字符串加上前导字符串 John。

程序实例 ch16_14.py：使用 findall( ) 重新设计 ch16_13.py。

```
1  # ch16_14.py
2  import re
3
4  msg = 'Johnson, Johnnason and Johnnathan will attend my party tonight.'
5  pattern = 'John(son|nason|nathan)'
6  txts = re.findall(pattern,msg)        # 返回查找结果
7  print(txts)
8  for txt in txts:                      # 将查找到内容加上John
9      print('John'+txt)
```

执行结果

```
===================== RESTART: D:\Python\ch16\ch16_14.py =====================
['son', 'nason', 'nathan']
Johnson
Johnnason
Johnnathan
```

16-3-6 使用？做查找

在正则表达式中若是某些括号内的字符串或正则表达式可有可无，执行查找时都算成功，例如，na 字符串可有可无，表达方式是（na）?。

程序实例 ch16_15.py：使用？查找的实例，这个程序会测试两次。

```
1  # ch16_15.py
2  import re
3  # 测试1
4  msg = 'Johnson will attend my party tonight.'
5  pattern = 'John((na)?son)'
6  txt = re.search(pattern,msg)          # 返回查找结果
7  print(txt.group())
8  # 测试2
9  msg = 'Johnnason will attend my party tonight.'
10 pattern = 'John((na)?son)'
11 txt = re.search(pattern,msg)          # 返回查找结果
12 print(txt.group())
```

执行结果

```
===================== RESTART: D:\Python\ch16\ch16_15.py =====================
Johnson
Johnnason
```

有时候如果居住在同一个城市，在留电话号码时，可能不会留区域号码，这时就可以使用本功能了。请参考下列实例第 11 行。

程序实例 ch16_16.py：这个程序在查找电话号码时，如果省略区域号码程序也可以查找到此号码，然后打印出来，正则表达式格式请留意第 6 行。

```
1  # ch16_16.py
2  import re
3
4  # 测试1
5  msg = 'Please call my secretary using 02-26669999'
6  pattern = r'(\d\d-)?(\d{8})'                # 增加?号
7  phoneNum = re.search(pattern, msg)          # 返回查找结果
8  print("完整号码是: %s" % phoneNum.group())    # 显示完整号码
9
10 # 测试2
11 msg = 'Please call my secretary using 26669999'
12 pattern = r'(\d\d-)?(\d{8})'                # 增加?号
13 phoneNum = re.search(pattern, msg)          # 返回查找结果
14 print("完整号码是: %s" % phoneNum.group())    # 显示完整号码
```

执行结果

```
===================== RESTART: D:\Python\ch16\ch16_16.py =====================
完整号码是: 02-26669999
完整号码是: 26669999
>>>
```

16-3-7 使用 * 号做查找

在正则表达式中若是某些字符串或正则表达式可为 0 到多次，执行查找时都算成功，例如，na

字符串可为 0 到多次，表达方式是（na）*。

程序实例 ch16_17.py：这个程序的重点是第 5 行的正则表达式，其中，字符串 na 的出现次数可以是 0 次到多次。

```
1  # ch16_17.py
2  import re
3  # 测试1
4  msg = 'Johnson will attend my party tonight.'
5  pattern = 'John((na)*son)'          # 字符串na可以为0到多次
6  txt = re.search(pattern,msg)        # 返回查找结果
7  print(txt.group())
8  # 测试2
9  msg = 'Johnnason will attend my party tonight.'
10 pattern = 'John((na)*son)'          # 字符串na可以为0到多次
11 txt = re.search(pattern,msg)        # 返回查找结果
12 print(txt.group())
13 # 测试3
14 msg = 'Johnnananason will attend my party tonight.'
15 pattern = 'John((na)*son)'          # 字符串na可以为0到多次
16 txt = re.search(pattern,msg)        # 返回查找结果
17 print(txt.group())
```

执行结果

```
===================== RESTART: D:\Python\ch16\ch16_17.py =====================
Johnson
Johnnason
Johnnananason
```

16-3-8 使用 + 号做查找

在正则表达式中若是某些字符串或正则表达式可为 1 到多次，执行查找时都算成功，例如，na 字符串可为 1 到多次，表达方式是（na）+。

程序实例 ch16_18.py：这个程序的重点是第 5 行的正则表达式，其中，字符串 na 的出现次数可以是 1 次到多次。

```
1  # ch16_18.py
2  import re
3  # 测试1
4  msg = 'Johnson will attend my party tonight.'
5  pattern = 'John((na)+son)'          # 字符串na可以为1到多次
6  txt = re.search(pattern,msg)        # 返回查找结果
7  print(txt)                          # 请注意是直接打印对象
8  # 测试2
9  msg = 'Johnnason will attend my party tonight.'
10 pattern = 'John((na)+son)'          # 字符串na可以为1到多次
11 txt = re.search(pattern,msg)        # 返回查找结果
12 print(txt.group())
13 # 测试3
14 msg = 'Johnnananason will attend my party tonight.'
15 pattern = 'John((na)+son)'          # 字符串na可以为1到多次
16 txt = re.search(pattern,msg)        # 返回查找结果
17 print(txt.group())
```

执行结果

```
===================== RESTART: D:\Python\ch16\ch16_18.py =====================
None
Johnnason
Johnnananason
```

16-3-9 查找时忽略大小写

查找时若是在 search( ) 或 findall( ) 内增加第三个参数 re.I 或 re.IGNORECASE，查找时就会忽略大小写，至于打印输出时将以原字符串的格式显示。

程序实例 ch16_19.py：以忽略大小写方式执行查找相符字符串。

```
1  # ch16_19.py
2  import re
3
4  msg = 'john and TOM will attend my party tonight. JOHN is my best friend.'
5  pattern = 'John|Tom'                          # 查找John和Tom
6  txt = re.findall(pattern, msg, re.I)          # 返回查找忽略大小写的结果
7  print(txt)
8  pattern = 'Mary|tom'                          # 查找Mary和tom
9  txt = re.findall(pattern, msg, re.I)          # 返回查找忽略大小写的结果
10 print(txt)
```

执行结果

```
====================== RESTART: D:\Python\ch16\ch16_19.py ======================
['john', 'TOM', 'JOHN']
['TOM']
```

16-4 贪婪与非贪婪查找

16-4-1 查找时使用大括号设置比对次数

在 16-2-6 节有使用过大括号，当时讲解 \d{4} 代表重复 4 次，也就是大括号中的数字是设置重复次数。可以将这个概念应用在查找一般字符串，例如，(son) {3} 代表所查找的字符串是 'sonsonson'，如果有一字符串是 'sonson'，则查找结果是不符。大括号除了可以设置重复次数，也可以设置指定范围，例如，(son) {3,5} 代表所查找的字符串如果是 'sonsonson' 'sonsonsonson' 或 'sonsonsonsonson' 都算是相符合的字符串。(son) {3,5} 正则表达式相当于下列表达式：

```
((son)(son)(son))|((son)(son)(son)(son))|((son)(son)(son)(son)(son))
```

程序实例 ch16_20.py：设置查找 son 字符串重复 3 ～ 5 次都算查找成功。

```
1  # ch16_20.py
2  import re
3
4  def searchStr(pattern, msg):
5      txt = re.search(pattern, msg)
6      if txt == None:               # 查找失败
7          print("查找失败 ",txt)
8      else:                         # 查找成功
9          print("查找成功 ",txt.group())
10
11 msg1 = 'son'
12 msg2 = 'sonson'
13 msg3 = 'sonsonson'
14 msg4 = 'sonsonsonson'
15 msg5 = 'sonsonsonsonson'
16 pattern = '(son){3,5}'
17 searchStr(pattern,msg1)
18 searchStr(pattern,msg2)
19 searchStr(pattern,msg3)
20 searchStr(pattern,msg4)
21 searchStr(pattern,msg5)
```

执行结果

```
===================== RESTART: D:\Python\ch16\ch16_20.py =====================
查找失败  None
查找失败  None
查找成功  sonsonson
查找成功  sonsonsonson
查找成功  sonsonsonsonson
```

使用大括号时，也可以省略第一个或第二个数字，这相当于不设置最小或最大重复次数。例如，（son）{3,} 代表重复 3 次以上都符合，（son）{,10} 代表重复 10 次以下都符合。有关这方面的实践，将留给读者练习，可参考习题 3。

16-4-2　贪婪与非贪婪查找

在讲解贪婪与非贪婪查找前，笔者先简化程序实例 ch16_20.py，使用相同的查找模式‘（son）{3,5}’，查找字符串‘sonsonsonsonson’，看看结果。

程序实例 ch16_21.py：使用查找模式‘（son）{3,5}’查找字符串‘sonsonsonsonson’。

```
1  # ch16_21.py
2  import re
3
4  def searchStr(pattern, msg):
5      txt = re.search(pattern, msg)
6      if txt == None:          # 查找失败
7          print("查找失败 ",txt)
8      else:                    # 查找成功
9          print("查找成功 ",txt.group())
10
11 msg = 'sonsonsonsonson'
12 pattern = '(son){3,5}'
13 searchStr(pattern,msg)
```

执行结果

```
===================== RESTART: D:\Python\ch16\ch16_21.py =====================
查找成功  sonsonsonsonson
```

其实由上述程序所设置的查找模式可知，3、4 或 5 个 son 重复就算找到了，可是 Python 执行结果是列出重复最多的字符串，5 次重复，这是 Python 的默认模式，这种模式又称为贪婪（greedy）模式。

另一种是列出重复最少的字符串，以这个实例而言是重复 3 次，这称为非贪婪模式，方法是在正则表达式的查找模式右边增加 ? 符号。

程序实例 ch16_22.py：以非贪婪模式重新设计 ch16_21.py，请读者留意第 12 行的正则表达式的查找模式最右边的 ? 符号。

```
12  pattern = '(son){3,5}?'       # 非贪婪模式
```

执行结果

```
===================== RESTART: D:\Python\ch16\ch16_22.py =====================
查找成功  sonsonson
>>>
```

16-5 正则表达式的特殊字符

为了不在一开始学习正则表达式就太复杂，在前面 4 节只介绍了 \d，同时穿插介绍了一些字符串的查找。我们知道，\d 代表的是数字字符，也就是 0 ～ 9 的阿拉伯数字，如果使用管道 |，\d 相当于下列正则表达式。

(0|1|2|3|4|5|6|7|8|9)

这一节将针对正则表达式的特殊字符做一个完整的说明。

16-5-1 特殊字符表

字符	使用说明
\d	0 ～ 9 的整数
\D	除了 0 ～ 9 的整数以外的其他字符
\s	空白、定位、Tab 键、换行、换页字符
\S	除了空白、定位、Tab 键、换行、换页字符以外的其他字符
\w	数字、字母和下画线 _ 字符，[A-Za-z0-9_]
\W	除了数字、字母和下画线 _ 字符，[a-Za-Z0-9_] 以外的其他字符

下面是一些使用上述特殊字符的正则表达式的实例说明。

程序实例 ch16_23.py：将一段英文句子的单词分离，同时将英文单词前 4 个字母是"John"的单词分离。笔者设置如下：

```
pattern = '\w+'         # 意义是不限长度的数字、字母和下画线字符当作符合查找
pattern = 'John\w*'     # John 开头后面接 0 到多个数字、字母和下画线字符
```

```
1  # ch16_23.py
2  import re
3  # 测试1将字符串从句子分离
4  msg = 'John, Johnson, Johnnason and Johnnathan will attend my party tonight.'
5  pattern = '\w+'                          # 不限长度的单词
6  txt = re.findall(pattern,msg)            # 返回查找结果
7  print(txt)
8  # 测试2将John开始的字符串分离
9  msg = 'John, Johnson, Johnnason and Johnnathan will attend my party tonight.'
10 pattern = 'John\w*'                      # John开头的单词
11 txt = re.findall(pattern,msg)            # 返回查找结果
12 print(txt)
```

执行结果

```
==================== RESTART: D:\Python\ch16\ch16_23.py ====================
['John', 'Johnson', 'Johnnason', 'and', 'Johnnathan', 'will', 'attend', 'my', 'p
arty', 'tonight']
['John', 'Johnson', 'Johnnason', 'Johnnathan']
```

程序实例 ch16_24.py：正则表达式的应用，下列程序重点是第 5 行。

\d+：表示不限长度的数字。

\s：表示空格。

\w+：表示不限长度的数字、字母和下画线字符连续字符。

```
1  # ch16_24.py
2  import re
3
4  msg = '1 cat, 2 dogs, 3 pigs, 4 swans'
5  pattern = '\d+\s\w+'
6  txt = re.findall(pattern,msg)        # 返回查找结果
7  print(txt)
```

执行结果

```
===================== RESTART: D:\Python\ch16\ch16_24.py =====================
['1 cat', '2 dogs', '3 pigs', '4 swans']
```

16-5-2　字符分类

Python 可以使用中括号来设置字符，可参考下列范例。

[a-z]：代表 a ～ z 的小写字符。

[A-Z]：代表 A ～ Z 的大写字符。

[aeiouAEIOU]：代表英文发音的元音字符。

[2-5]：代表 2 ～ 5 的数字。

在字符分类中，中括号内可以不用放上正则表示法的反斜杠 \ 执行，".、?、*、(、) 等字符的转译。例如，[2-5.] 会查找 2 ～ 5 的数字和句点，这个语法不用写成 [2-5\.]。

程序实例 ch16_25.py：查找字符的应用，这个程序首先查找 [aeiouAEIOU]，然后查找 [2-5.]。

```
1  # ch16_25.py
2  import re
3  # 测试1查找[aeiouAEIOU]字符
4  msg = 'John, Johnson, Johnnason and Johnnathan will attend my party tonight.'
5  pattern = '[aeiouAEIOU]'
6  txt = re.findall(pattern,msg)        # 返回查找结果
7  print(txt)
8  # 测试2查找[2-5.]字符
9  msg = '1. cat, 2. dogs, 3. pigs, 4. swans'
10 pattern = '[2-5.]'
11 txt = re.findall(pattern,msg)        # 返回查找结果
12 print(txt)
```

执行结果

```
===================== RESTART: D:\Python\ch16\ch16_25.py =====================
['o', 'o', 'o', 'o', 'a', 'o', 'a', 'o', 'a', 'a', 'i', 'a', 'e', 'a', 'o', 'i']
['.', '2', '.', '3', '.', '4', '.']
```

16-5-3　字符分类的 ^ 字符

在 16-5-2 节字符的处理中，如果在中括号内的左方加上 ^ 字符，意义是查找不在这些字符内的所有字符。

程序实例 ch16_26.py：使用字符分类的 ^ 字符重新设计 ch16_25.py。

```
1  # ch16_26.py
2  import re
3  # 测试1查找不在[aeiouAEIOU]的字符
4  msg = 'John, Johnson, Johnnason and Johnnathan will attend my party tonight.'
5  pattern = '[^aeiouAEIOU]'
6  txt = re.findall(pattern,msg)        # 返回查找结果
7  print(txt)
8  # 测试2查找不在[2-5.]的字符
9  msg = '1. cat, 2. dogs, 3. pigs, 4. swans'
10 pattern = '[^2-5.]'
11 txt = re.findall(pattern,msg)        # 返回查找结果
12 print(txt)
```

执行结果

```
===================== RESTART: D:\Python\ch16\ch16_26.py =====================
['J', 'h', 'n', ',', ' ', 'J', 'h', 'n', 's', 'n', ',', ' ', 'J', 'h', 'n', 'n',
 's', 'n', ' ', 'n', 'd', ' ', 'J', 'h', 'n', 'n', 't', 'h', 'n', ' ', 'w', 'l',
 'l', ' ', 't', 't', 'n', 'd', ' ', 'm', 'y', ' ', 'p', 'r', 't', 'y', ' ', 't',
 'n', 'g', 'h', 't', '.']
['1', ' ', 'c', 'a', 't', ',', ' ', ' ', 'd', 'o', 'g', 's', ',', ' ', ' ', 'p',
 'i', 'g', 's', ',', ' ', ' ', 's', 'w', 'a', 'n', 's']
```

上述第一个测试结果不会出现 [aeiouAEIOU] 字符，第二个测试结果不会出现 [2-5.] 字符。

16-5-4　正则表示法的 ^ 字符

这个 ^ 字符与 16-5-3 节的 ^ 字符完全相同，但是用在不一样的地方，意义不同。在正则表示法中起始位置加上 ^ 字符，表示是正则表示法的字符串必须出现在被查找字符串的起始位置，如果查找成功才算成功。

程序实例 ch16_27.py：正则表示法 ^ 字符的应用，测试 1 字符串 John 是在最前面所以可以得到查找结果，测试 2 字符串 John 不是在最前面，结果查找失败返回空字符串。

```
1  # ch16_27.py
2  import re
3  # 测试1查找John字符串在最前面
4  msg = 'John will attend my party tonight.'
5  pattern = '^John'
6  txt = re.findall(pattern,msg)        # 返回查找结果
7  print(txt)
8  # 测试2查找John字符串不是在最前面
9  msg = 'My best friend is John'
10 pattern = '^John'
11 txt = re.findall(pattern,msg)        # 返回查找结果
12 print(txt)
```

执行结果

```
===================== RESTART: D:\Python\ch16\ch16_27.py =====================
['John']
[]
```

16-5-5　正则表示法的 $ 字符

正则表示法的末端放置 $ 字符时，表示是正则表示法的字符串必须出现在被查找字符串的最后位置，如果查找成功才算成功。

程序实例 ch16_28.py：正则表示法 $ 字符的应用，测试 1 是查找字符串结尾是非英文字符、数字和下画线字符，由于结尾字符是“.”，所以返回所查找到的字符。测试 2 是查找字符串结尾是非英文字符、数字和下画线字符，由于结尾字符是“8”，所以返回查找结果是空字符串。测试 3 是查找字符串结尾是数字字符，由于结尾字符是“8”，所以返回查找结果“8”。测试 4 是查找字符串结尾是数字字符，由于结尾字符是“.”，所以返回查找结果是空字符串。

```
1  # ch16_28.py
2  import re
3  # 测试1查找最后字符是非英文字母数字和下画线字符
4  msg = 'John will attend my party 28 tonight.'
5  pattern = '\W$'
6  txt = re.findall(pattern,msg)       # 返回查找结果
7  print(txt)
8  # 测试2查找最后字符是非英文字母数字和下画线字符
9  msg = 'I am 28'
10 pattern = '\W$'
11 txt = re.findall(pattern,msg)       # 返回查找结果
12 print(txt)
13 # 测试3查找最后字符是数字
14 msg = 'I am 28'
15 pattern = '\d$'
16 txt = re.findall(pattern,msg)       # 返回查找结果
17 print(txt)
18 # 测试4查找最后字符是数字
19 msg = 'I am 28 year old.'
20 pattern = '\d$'
21 txt = re.findall(pattern,msg)       # 返回查找结果
22 print(txt)
```

执行结果

```
==================== RESTART: D:\Python\ch16\ch16_28.py ====================
['.']
[]
['8']
[]
```

也可以将 16-5-4 节的 ^ 字符和 $ 字符混合使用，这时如果既要符合开始字符串也要符合结束字符串，所以被查找的句子一定要只有一个字符串。

程序实例 ch16_29.py：查找开始到结束都是数字的字符串，字符串内容只要有非数字字符就算查找失败。测试 2 中由于中间有非数字字符，所以查找失败。读者应留意程序第 5 行的正则表达式的写法。

```
1  # ch16_29.py
2  import re
3  # 测试1查找开始到结尾皆是数字的字符串
4  msg = '09282028222'
5  pattern = '^\d+$'
6  txt = re.findall(pattern,msg)       # 返回查找结果
7  print(txt)
8  # 测试2查找开始到结尾皆是数字的字符串
9  msg = '0928tuyr990'
10 pattern = '^\d+$'
11 txt = re.findall(pattern,msg)       # 返回查找结果
12 print(txt)
```

执行结果

```
==================== RESTART: D:\Python\ch16\ch16_29.py ====================
['09282028222']
[]
```

16-5-6 单一字符使用通配符“.”

通配符（wildcard）“.”表示可以查找除了换行字符以外的所有字符，但是只限定一个字符。

程序实例 ch16_30.py：通配符的应用。查找一个通配符加上 at，在下列输出中第 4 个结果，由于 at 符合，Python 自动加上空格符。第 6 个结果由于只能加上一个字符，所以查找结果是 lat。

```
1  # ch16_30.py
2  import re
3  msg = 'cat hat sat at matter flat'
4  pattern = '.at'
5  txt = re.findall(pattern,msg)        # 返回查找结果
6  print(txt)
```

执行结果

```
===================== RESTART: D:\Python\ch16\ch16_30.py =====================
['cat', 'hat', 'sat', ' at', 'mat', 'lat']
```

如果查找的是真正的“.”字符，必须使用反斜杠“\.”。

16-5-7 所有字符使用通配符“.*”

若是将 16-3-7 节所介绍的“.”字符与“*”组合，可以查找所有字符，意义是查找 0 到多个通配符（换行字符除外）。

程序实例 ch16_31.py：查找所有字符“.*”的组合应用。

```
1  # ch16_31.py
2  import re
3
4  msg = 'Name: Jiin-Kwei Hung Address: 8F, Nan-Jing E. Rd, Taipei'
5  pattern = 'Name: (.*) Address: (.*)'
6  txt = re.search(pattern,msg)        # 返回查找结果
7  Name, Address = txt.groups()
8  print("Name:    ", Name)
9  print("Address: ", Address)
```

执行结果

```
===================== RESTART: D:\Python\ch16\ch16_31.py =====================
Name:     Jiin-Kwei Hung
Address:  8F, Nan-Jing E. Rd, Taipei
```

16-5-8 换行字符的处理

使用 16-5-7 节的概念用“.*”查找时碰上换行字符，查找就停止。Python 的 re 模块提供参数 re.DOTALL，功能是查找时包括换行字符，可以将此参数放在 search( )、findall( ) 或 compile( )。

程序实例 ch16_32.py：测试 1 是查找换行字符以外的字符，测试 2 是查找含换行字符的所有字符。由于测试 2 包含换行字符，所以输出时，换行字符主导分两行输出。

```
1  # ch16_32.py
2  import re
3  #测试1查找除了换行字符以外的字符
4  msg = 'Name: Jiin-Kwei Hung \nAddress: 8F, Nan-Jing E. Rd, Taipei'
5  pattern = '.*'
6  txt = re.search(pattern,msg)           # 返回查找不含换行字符结果
7  print("测试1输出: ", txt.group())
8  #测试2查找包括换行字符
9  msg = 'Name: Jiin-Kwei Hung \nAddress: 8F, Nan-Jing E. Rd, Taipei'
10 pattern = '.*'
11 txt = re.search(pattern,msg,re.DOTALL) # 返回查找含换行字符结果
12 print("测试2输出: ", txt.group())
```

执行结果

```
==================== RESTART: D:\Python\ch16\ch16_32.py ====================
测试1输出:  Name: Jiin-Kwei Hung
测试2输出:  Name: Jiin-Kwei Hung
Address: 8F, Nan-Jing E. Rd, Taipei
>>>
```

16-6 MatchObject 对象

16-2 节已经讲解使用 re.search( ) 查找字符串，查找成功时可以产生 MatchObject 对象，这里将先介绍另一个查找对象的方法 re.match( )，这个方法查找成功后也将产生 MatchObject 对象。接着本节会分成几小节，再讲解 MatchObject 对象的几个重要的方法（method）。

16-6-1 re.match( )

这本书已经讲解了查找字符串中最重要的两个方法 re.search( ) 和 re.findall( )。re 模块的另一个方法是 re.match( )，这个方法其实和 re.search( ) 相同，差异是 re.match( ) 是只查找比对字符串开始的字，如果失败就算失败。re.search( ) 则是查找整个字符串。至于 re.match( ) 查找成功会返回 MatchObject 对象，若是查找失败会返回 None，这部分与 re.search( ) 相同。

程序实例 ch16_33.py：re.match( ) 的应用。测试 1 是将 John 放在被查找字符串的最前面，测试 2 没有将 John 放在被查找字符串的最前面。

```
1  # ch16_33.py
2  import re
3  #测试1查找使用re.match()
4  msg = 'John will attend my party tonight.'  # John是第一个字符串
5  pattern = 'John'
6  txt = re.match(pattern,msg)                 # 返回查找结果
7  if txt != None:
8      print("测试1输出: ", txt.group())
9  else:
10     print("测试1查找失败")
11 #测试2查找使用re.match()
12 msg = 'My best friend is John.'             # John不是第一个字符串
13 txt = re.match(pattern,msg,re.DOTALL)       # 返回查找结果
14 if txt != None:
15     print("测试2输出: ", txt.group())
16 else:
17     print("测试2查找失败")
```

执行结果

```
================= RESTART: D:\Python\ch16\ch16_33.py =================
测试1输出:  John
测试2查找失败
>>>
```

16-6-2 MatchObject几个重要的方法

当使用 re.search( ) 或 re.match( ) 查找成功时，会产生 MatchObject 对象。

程序实例 ch16_34.py：看看 MatchObject 对象是什么。

```
1  # ch16_34.py
2  import re
3  #测试1查找使用re.match()
4  msg = 'John will attend my party tonight.'
5  pattern = 'John'
6  txt = re.match(pattern,msg)                    # re.match()
7  if txt != None:
8      print("使用re.match()输出MatchObject对象:  ", txt)
9  else:
10     print("测试1查找失败")
11 #测试1查找使用re.search()
12 txt = re.search(pattern,msg)                   # re.search()
13 if txt != None:
14     print("使用re.search()输出MatchObject对象: ", txt)
15 else:
16     print("测试1查找失败")
```

执行结果

```
================= RESTART: D:\Python\ch16\ch16_34.py =================
使用re.match()输出MatchObject对象:   <_sre.SRE_Match object; span=(0, 4), match='John'>
使用re.search()输出MatchObject对象:  <_sre.SRE_Match object; span=(0, 4), match='John'>
>>>
```

从上述可知，当使用 re.match( ) 和 re.search( ) 都查找成功时，二者的 MatchObject 对象内容是相同的。span 是注明成功查找字符串的起始位置和结束位置，从此处可以知道起始索引位置是 0，结束索引位置是 4。match 则是注明成功查找的字符串内容。

Python 提供下列取得 MatchObject 对象内容的重要方法。

方法	说明
group( )	可返回查找到的字符串，本章已有许多实例说明
end( )	可返回查找到字符串的结束位置
start( )	可返回查找到字符串的起始位置
span( )	可返回查找到字符串的（起始，结束）位置

程序实例 ch16_35.py：分别使用 re.match( ) 和 re.search( ) 查找字符串 John，获得成功查找字符串时，分别用 start( )、end( ) 和 span( ) 方法列出字符串出现的位置。

```
1  # ch16_35.py
2  import re
3  #测试1查找使用re.match()
4  msg = 'John will attend my party tonight.'
5  pattern = 'John'
6  txt = re.match(pattern,msg)                # re.match()
7  if txt != None:
8      print("查找成功字符串的起始索引位置 :  ", txt.start())
9      print("查找成功字符串的结束索引位置 :  ", txt.end())
10     print("查找成功字符串的结束索引位置 :  ", txt.span())
11 #测试2查找使用re.search()
12 msg = 'My best friend is John.'
13 txt = re.search(pattern,msg)               # re.search()
14 if txt != None:
15     print("查找成功字符串的起始索引位置 :  ", txt.start())
16     print("查找成功字符串的结束索引位置 :  ", txt.end())
17     print("查找成功字符串的结束索引位置 :  ", txt.span())
```

执行结果

```
==================== RESTART: D:\Python\ch16\ch16_35.py ====================
查找成功字符串的起始索引位置 :   0
查找成功字符串的结束索引位置 :   4
查找成功字符串的结束索引位置 :   (0, 4)
查找成功字符串的起始索引位置 :   18
查找成功字符串的结束索引位置 :   22
查找成功字符串的结束索引位置 :   (18, 22)
>>>
```

16-7 抢救 CIA 情报员——sub( ) 方法

Python re 模块内的 sub( ) 方法可以用新的字符串取代原本字符串的内容。

16-7-1 一般的应用

sub( ) 方法的基本使用语法如下：

`result = re.sub(pattern, newstr, msg)`　　# msg 是整个要处理的字符串或句子

pattern 是要查找的字符串，如果查找成功则用 newstr 取代，同时成功取代的结果返回给 result 变量，如果查找到多个相同字符串，这些字符串将全部被取代，需留意原先 msg 内容将不会改变。如果查找失败则将 msg 内容返回给 result 变量，当然 msg 内容也不会改变。

程序实例 ch16_36.py：这是字符串取代的应用，测试 1 是发现两个字符串被成功取代（Eli Nan 被 Kevin Thomson 取代），同时列出取代结果。测试 2 是取代失败，所以 txt 与原 msg 内容相同。

```
1  # ch16_36.py
2  import re
3  #测试1取代使用re.sub()结果成功
4  msg = 'Eli Nan will attend my party tonight. My best friend is Eli Nan'
5  pattern = 'Eli Nan'                    # 要查找字符串
6  newstr = 'Kevin Thomson'               # 新字符串
7  txt = re.sub(pattern,newstr,msg)       # 如果找到则取代
8  if txt != msg:                         # 如果txt与msg内容不同表示取代成功
9      print("取代成功: ", txt)            # 列出成功取代结果
10 else:
11     print("取代失败: ", txt)            # 列出失败取代结果
12 #测试2取代使用re.sub()结果失败
13 pattern = 'Eli Thomson'                # 要查找字符串
14 txt = re.sub(pattern,newstr,msg)       # 如果找到则取代
15 if txt != msg:                         # 如果txt与msg内容不同表示取代成功
16     print("取代成功: ", txt)            # 列出成功取代结果
17 else:
18     print("取代失败: ", txt)            # 列出失败取代结果
```

执行结果

```
==================== RESTART: D:\Python\ch16\ch16_36.py ====================
取代成功:  Kevin Thomson will attend my party tonight. My best friend is Kevin Thomson
取代失败:  Eli Nan will attend my party tonight. My best friend is Eli Nan
```

16-7-2 抢救 CIA 情报员

社会上有太多需要保护当事人隐私权利的场合，例如，情报机构在内部文件中不可直接将情报员的名字列出来，历史上太多这类实例造成情报员的牺牲，这时可以使用 *** 代替**姓名**。使用 Python 的正则表示法，可以轻松协助我们完成这方面的工作。这一节将先给出程序代码，然后解析此程序。

程序实例 ch16_37.py：将 CIA 情报员的名字，用名字的第一个字母和 *** 取代。

```
1  # ch16_37.py
2  import re
3  # 使用隐藏文字执行取代
4  msg = 'CIA Mark told CIA Linda that secret USB had given to CIA Peter.'
5  pattern = r'CIA (\w)\w*'                # 要查找CIA + 空一格后的名字
6  newstr = r'\1***'                       # 新字符串使用隐藏文字
7  txt = re.sub(pattern,newstr,msg)        # 执行取代
8  print("取代成功: ", txt)                 # 列出取代结果
```

执行结果

```
===================== RESTART: D:\Python\ch16\ch16_37.py =====================
取代成功:  M*** told L*** that secret USB had given to P***.
```

上述程序第一个关键是第 5 行，这一行将查找 CIA 字符串外加空一格后出现不限长度的字符串（可以是英文大小写或数字或下画线所组成）。括号内的（\w）代表必须只有一个字符，同时小括号代表这是一个分组（group），由于整行只有一个括号所以知道这是第一个分组，同时只有一个分组，括号外的 \w* 表示可以有 0 到多个字符。所以（\w）\w* 相当于是 1 到多个字符组成的单词，同时存在分组 1。

上述程序第 6 行的 \1 代表用分组 1 找到的第 1 个字母当作字符串开头，后面 *** 则是接在第 1 个字母后的字符。对 CIA Mark 而言，所找到的第一个字母是 M，所以取代的结果是 M***。对 CIA Linda 而言，所找到的第一个字母是 L，所以取代的结果是 L***。对 CIA Peter 而言，所找到的第一个字母是 P，所以取代的结果是 P***。

16-8 处理比较复杂的正则表示法

有一个正则表示法内容如下：

```
pattern = r((\d{2}|\(\d{2}\))?(\s|-)?\d{8}(\s*(ext|x|ext.)\s*\d{3,5})?)
```

其实相信大部分读者看到上述正则表示法，就想放弃了，坦白地说它的确是复杂的，不过不用担心，下面将一步一步解析让它变简单。

16-8-1　将正则表达式拆成多行字符串

在 3-4-2 节有介绍可以使用 3 个单引号（或是双引号）将过长的字符串拆成多行表达，这个概念也可以应用于正则表达式，当我们适当拆解后，可以为每一行加上注释，整个正则表达式就变得简单了。若是将上述 pattern 拆解成下列表示法，就变得简单了。

```
pattern = r'''(
    (\d{2}|\(\d{2}\))?              # 区域号码
    (\s|-)?                         # 区域号码与电话号码的分隔符号
    \d{8}                           # 电话号码
    (\s*(ext|ext.)\s*\d{2,4})?      # 2~4位数的分机号码
    )'''
```

接下来笔者分别解释相信读者就可以了解了。第 1 行区域号码是两位数，可以接收有括号的区域号码，也可以接收没有括号的区域号码，例如，02 或（02）都可以。第 2 行是设置区域号码与电话号码间的字符，可以接收空格符或 – 字符当作分隔符。第 3 行是设置 8 位数数字的电话号码。第 4 行是分机号码，分机号码可以用 ext 或 ext. 当作起始字符，空一定格数，然后接收 2 ～ 4 位数的分机号码。

16-8-2　re.VERBOSE

使用 Python 时，如果想在正则表达式中加上注释，可参考 16-8-1 节，必须配合使用 re.VERBOSE 参数，然后将此参数放在 search( )、findall( ) 或 compile( ) 中。

程序实例 ch16_38.py：查找市区电话号码的应用，这个程序可以查找下列格式的电话号码。

```
12345678                      # 没有区域号码
02 12345678                   # 区域号码与电话号码间没有空格
02-12345678                   # 区域号码与电话号码间使用 - 分隔
(02)-12345678                 # 区域号码有小括号
02-12345678 ext 123           # 有分机号
02-12345678 ext. 123          # 有分机号 ,ext. 右边有 .
```

```
1  # ch16_38.py
2  import re
3
4  msg = '''02-88223349, (02)-26669999, 02-29998888 ext 123,
5           12345678, 02 33887766 ext. 12222'''
6  pattern = r'''(
7      (\d{2}|\(\d{2}\))?                               # 区域号码
8      (\s|-)?                                          # 区域号码与电话号码的分隔符
9      \d{8}                                            # 电话号码
10     (\s*(ext|ext.)\s*\d{2,4})?                       # 2~4位数的分机号码
11     )'''
12 phoneNum = re.findall(pattern, msg, re.VERBOSE)      # 返回查找结果
13 print(phoneNum)
```

执行结果

```
==================== RESTART: D:\Python\ch16\ch16_38.py ====================
[('02-88223349', '02', '-', '', ''), ('(02)-26669999', '(02)', '-', '', ''), ('0
2-29998888 ext 123', '02', '-', ' ext 123', 'ext'), (' 12345678', '', ' ', '', '
'), ('02 33887766 ext. 1222', '02', ' ', ' ext. 1222', 'ext.')]
```

16-8-3 电子邮件地址的查找

在字处理过程中，必须在文件内将电子邮件地址解析出来也很常见，下面是这方面的应用。下列是 pattern 内容。

```
pattern = r'''(
    [a-zA-Z0-9_.]+                    # 使用者账号
    @                                 # @符号
    [a-zA-Z0-9-.]+                    # 主机域名domain
    [\.]                              # .符号
    [a-zA-Z]{2,4}                     # 可能是com或edu或其他
    ([\.])?                           # .符号，也可能无，特别是美国
    ([a-zA-Z]{2,4})?                  # 国别
    )'''
```

第 1 行用户账号常用的有 a ～ z 字符、A ～ Z 字符、0 ～ 9 数字、下画线 _、点 .。第 2 行是 @ 符号。第 3 行是主机域名，常用的有 a ～ z 字符、A ～ Z 字符、0 ～ 9 数字、分隔符 -、点 .。第 4 行是点 . 符号。第 5 行最常见的是 com 或 edu，也可能是 cc 或其他，通常由 2 ～ 4 个字符组成，常用的有 a ～ z 字符、A ～ Z 字符。第 6 行是点 . 符号，在美国通常只要前 5 行就够了，但是在其他国家则常常需要此字段，所以此字段后面是 ? 字符。第 7 行通常是国别，例如，中国是 cn、日本是 ja，常用的有 a ～ z 字符、A ～ Z 字符。

程序实例 ch16_39.py：电子邮件地址的查找。

```
1  # ch16_39.py
2  import re
3
4  msg = '''txt@deepstone.com.tw kkk@gmail.com'''
5  pattern = r'''(
6      [a-zA-Z0-9_.]+                        # 使用者账号
7      @                                     # @符号
8      [a-zA-Z0-9-.]+                        # 主机域名domain
9      [\.]                                  # .符号
10     [a-zA-Z]{2,4}                         # 可能是com或edu或其他
11     ([\.])?                               # .符号，也可能无，特别是美国
12     ([a-zA-Z]{2,4})?                      # 国别
13     )'''
14 eMail = re.findall(pattern, msg, re.VERBOSE)  # 返回查找结果
15 print(eMail)
```

执行结果

```
==================== RESTART: D:\Python\ch16\ch16_39.py ====================
[('txt@deepstone.com.tw', '', ''), ('kkk@gmail.com', '', '')]
```

16-8-4 re.IGNORECASE/re.DOTALL/re.VERBOSE

在 16-3-9 节介绍了 re.IGNORECASE 参数，在 16-5-8 节介绍了 re.DOTALL 参数，在 16-8-2 节介绍了 re.VERBOSE 参数，可以分别在 re.search( )、re.findall( )、re.match( ) 或是 re.compile( ) 方法内使用它们，可是一次只能放置一个参数，如果想要一次放置多个参数，应如何处理？方法是使用 16-3-4 节的管道 |，例如，可以使用下列方式。

```
datastr = re.search(pattern, msg, re.IGNORECASE|re.DOTALL|re.VERBOSE)
```

其实这一章已经讲解了相当多的正则表达式的知识了，未来读者在写论文、做研究或职场上相

信会有帮助。如果读者仍觉不足，可以自行到 Python 官网获得更多正则表达式的知识。

习题

1. 中国大陆手机号码格式是 xxx-xxxx-xxxx，x 代表数字，请重新设计 ch16_1.py，判断号码是否为中国大陆手机号码。除了原先有两组测试数据外，需另增加一组号码 133-1234-1234 做测试。（16-1 节）

```
===================== RESTART: D:\Python\ex\ex16_1.py =====================
I love Ming-Chi: 是中国大陆手机号码 False
0932-999-199:    是中国大陆手机号码 False
133-1234-1234:   是中国大陆手机号码 True
```

2. 请建立下列文件 ex16_2.txt，内容如下。

```
我喜欢看小龙女与杨过，不仅因为小龙女美丽，杨过在戏中
所扮演的角色更是让我喜欢。
```

请读者参考 ch16_2.py 设计查找字符串**小龙女**，**杨过**，同时列出这个字符串出现的次数。这个程序应该采取交互式设计，程序执行时要求输入要查找的字符串，然后列出查找结果，接着询问是否继续查找，是（y 或 Y）则继续，输入其他字符就是否，则程序结束。

其实如果使用上述语句分析一部小说各个人物出现的次数，就可以知道哪些人物是主角，哪些人物是配角。（16-1 节）

```
===================== RESTART: D:\Python\ex\ex16_2.py =====================
请输入与查找字符串 : 杨过
所查找字符串 杨过 共出现 2 次

是否继续,输入Y或y则程序继续
= y
请输入与查找字符串 : 小龙女
所查找字符串 小龙女 共出现 2 次

是否继续,输入Y或y则程序继续
= y
请输入与查找字符串 : 洪锦魁
所查找字符串 洪锦魁 共出现 0 次

是否继续,输入Y或y则程序继续
= n
```

3. 请重新设计 ch16_20.py，使用下列 pattern 做测试。（16-4 节）

（1）'（son）{2,}'

（2）'（son）{,5}'

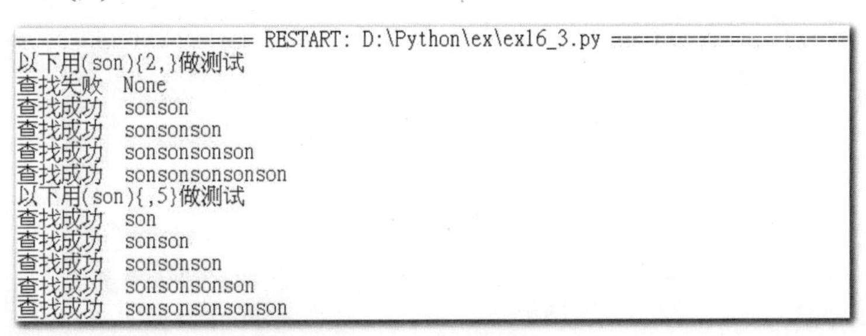

```
===================== RESTART: D:\Python\ex\ex16_3.py =====================
以下用(son){2,}做测试
查找失败  None
查找成功  sonson
查找成功  sonsonson
查找成功  sonsonsonson
查找成功  sonsonsonsonson
以下用(son){,5}做测试
查找成功  son
查找成功  sonson
查找成功  sonsonson
查找成功  sonsonsonson
查找成功  sonsonsonsonson
```

4. 请进入本书 ch14 目录，将扩展名是 txt 的文件打印出来，将 ch14_10 .py ～ ch14_19.py 等 10 个文件的文件名打印出来。(16-5 节)

```
===================== RESTART: D:\Python\ex\ex16_4.py =====================
打印*.txt
['ansi14_44.txt', 'ch14_15.txt', 'ch14_20.txt', 'ch14_51.txt', 'data36.txt', 'de
st.txt', 'out14_26.txt', 'out14_27.txt', 'out14_28.txt', 'out14_29.txt', 'out14_
30.txt', 'out14_31.txt', 'out35.txt', 'source.txt', 'sse.txt', 'utf14_45.txt', '
utf14_49.txt', 'zenofPython.txt']
打印ch14_10.py - ch14_19.py
['ch14_10.py', 'ch14_11.py', 'ch14_12.py', 'ch14_13.py', 'ch14_14.py', 'ch14_15.
py', 'ch14_16.py', 'ch14_17.py', 'ch14_18.py', 'ch14_19.py']
```

5. 台湾地区有些地方的电话号码是区域号码 2 位数，电话号码是 7 位数，请修改 ch16_38.py，可以接收 7 位数或 8 位数的电话号码，下列是测试数据。(16-8 节)

```
msg = '''02-88223349, (02)-26669999, 02-29998888 ext 123,
        12345678, 02 33887766 ext. 12222,
        02-1234567, 02-2345X789, 23-123456'''
```

你的结果只需列出通过测试的电话号码。

```
===================== RESTART: D:/Python/ex/ex16_5.py =====================
02-88223349
(02)-26669999
02-29998888 ext 123
 12345678
02 33887766 ext. 1222
02-1234567
```

6. 重新设计 ch16_39.py，请在第 4 行内加上你的电子邮件地址，另外再加上其他两个邮件地址，及一个不符合规定的邮件地址，请将输出结果由列表内的元组元素分离出来，处理成下列方式，下列是测试地址字符串。(16-8 节)

```
msg = '''txt@deepstone.com.tw kkk@gmail.com
abc@me.com mymail@qq.com abc@abc@abc'''
```

下列是执行结果。

```
===================== RESTART: D:/Python/ex/ex16_6.py =====================
txt@deepstone.com.tw
kkk@gmail.com
abc@me.com
mymail@qq.com
```

17

第 1 7 章

用 Python 处理图像文件

本章摘要

在 2020 年，高画质的手机将成为个人标准配备，也许你可以使用许多影像软件处理手机所拍摄的相片，本章将介绍如何用 Python 处理这些照片。本章将使用 Pillow 模块，所以请先导入此模块。

```
pip install pillow
```

注意，在程序设计中需导入的是 PIL 模块，主要原因是要向旧版 Python Image Library 兼容，如下所示。

```
from PIL import ImageColor
```

17-1 认识 Pillow 模块的 RGBA

在 Pillow 模块中 RGBA 分别代表红色（Red）、绿色（Green）、蓝色（Blue）和透明度（Alpha），这 4 个与颜色有关的数值组成**元组**（tuple），每个数值为 0 ~ 255。如果 Alpha 的值是 255，代表完全不透明，值越小透明度越高。其实它的色彩使用方式与 HTML 相同，其他有关颜色的细节可参考附录 D。

17-1-1 getrgb( )

这个函数可以将颜色符号或字符串转为元组，在这里可以使用英文名称，例如“red”；色彩数值，例如 #00ff00；rgb 函数，例如 rgb（0, 255,0）；或以百分比代表颜色的 rgb 函数，例如 rgb（0%,100%,0%）。这个函数在使用时，如果字符串无法被解析判别，将造成 ValueError 异常。这个函数的使用格式如下。

```
(r, g, b) = getrgb(color)                # 返回色彩元组
```

程序实例 ch17_1.py：使用 getrgb( ) 方法返回色彩的元组。

```
1   # ch17_1.py
2   from PIL import ImageColor
3
4   print(ImageColor.getrgb("#0000ff"))
5   print(ImageColor.getrgb("rgb(0, 0, 255)"))
6   print(ImageColor.getrgb("rgb(0%, 0%, 100%)"))
7   print(ImageColor.getrgb("Blue"))
8   print(ImageColor.getrgb("blue"))
```

执行结果

```
================== RESTART: D:/Python/ch17/ch17_1.py ==================
(0, 0, 255)
(0, 0, 255)
(0, 0, 255)
(0, 0, 255)
(0, 0, 255)
>>>
```

17-1-2 getcolor( )

getcolor( ) 的功能基本上与 getrgb( ) 相同，它的使用格式如下。

```
(r, g, b) = getcolor(color, "mode")          # 返回色彩元组
(r, g, b, a) = getcolor(color, "mode")       # 返回色彩元组
```

mode 若是填写 "RGBA" 则可返回 RGBA 元组，如果填写 "RGB" 则返回 RGB 元组。

程序实例 ch17_2.py：测试使用 getcolor( ) 函数，了解返回值。

```
1  # ch17_2.py
2  from PIL import ImageColor
3
4  print(ImageColor.getcolor("#0000ff", "RGB"))
5  print(ImageColor.getcolor("rgb(0, 0, 255)", "RGB"))
6  print(ImageColor.getcolor("Blue", "RGB"))
7  print(ImageColor.getcolor("#0000ff", "RGBA"))
8  print(ImageColor.getcolor("rgb(0, 0, 255)", "RGBA"))
9  print(ImageColor.getcolor("Blue", "RGBA"))
```

执行结果

```
==================== RESTART: D:\Python\ch17\ch17_2.py ====================
(0, 0, 255)
(0, 0, 255)
(0, 0, 255)
(0, 0, 255, 255)
(0, 0, 255, 255)
(0, 0, 255, 255)
>>>
```

17-2　Pillow 模块的盒子元组

17-2-1　基本概念

下图是 Pillow 模块的图像坐标的概念。

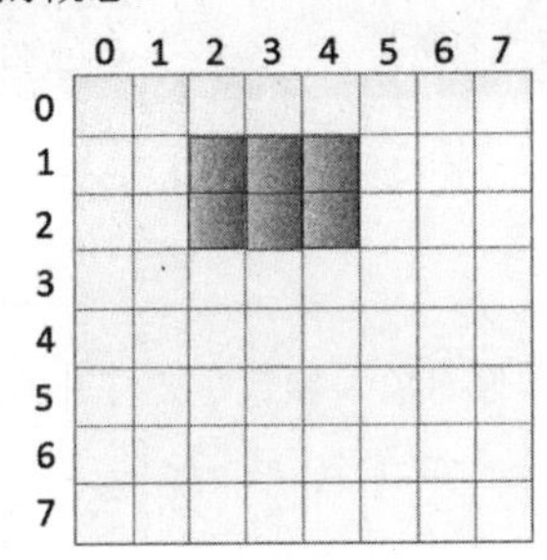

最左上角的像素（x,y）是（0,0），x 轴像素值往右递增，y 轴像素值往下递增。盒子元组的参数是（left, top, right, bottom），意义如下。

left：盒子左上角的 x 轴坐标。

top：盒子左上角的 y 轴坐标。

right：盒子右下角的 x 轴坐标。

bottom：盒子右下角的 y 轴坐标。

若上图是一张图片，则可以用（2, 1, 4, 2）表示它的盒子元组（box tuple），也就是它的图像坐标。

17-2-2 计算机眼中的图像

上述图像坐标格子的列数和行数称为分辨率（resolution）。例如，我们说某个图像的分辨率是1280×720，表示宽度的格子数有1280个，高度的格子数有720个。

图像坐标的每一个像素可以用颜色值代表，如果是灰阶色彩，可以用0～255的数字表示，0是最暗的黑色，255代表白色。也就是说我们可以用一个矩阵（matirix）代表一个灰阶的图。

如果是彩色的图，每个像素是用（R,G,B）代表，R是Red、G是Green、B是Blue，每个颜色也是0～255，我们所看到的色彩其实就是由这3个原色所组成。如果矩阵每个位置可以存放3个元素的元组，我们可以用含3个颜色值（R, G, B）的元组代表这个像素，这时可以只用一个数组（matrix）代表此彩色图像。如果我们坚持一个数组只放一个颜色值，可以用3个矩阵（matrix）代表此彩色图像。

在人工智能的图像识别中，很重要的是找出图像特征，所使用的卷积运算就是使用这些图像的矩阵数字，执行更进一步的运算。

17-3 图像的基本操作

本节使用的图像文件是rushmore.jpg，在ch17文件夹中可以找到，此图片内容如下。

17-3-1 打开图像对象

可以使用open( )方法打开一个图像对象，参数是要打开的图像文件名。

17-3-2 图像大小属性

可以使用size属性获得图像大小，这个属性可返回图像的宽（width）和高（height）。

程序实例ch17_3.py：在ch17文件夹中有rushmore.jpg文件，这个程序会列出此图像文件的宽和高。

```
1  # ch17_3.py
2  from PIL import Image
3  
4  rushMore = Image.open("rushmore.jpg")          # 建立Pillow对象
5  print("列出对象类型 : ", type(rushMore))
6  width, height = rushMore.size                  # 获得图像宽度和高度
7  print("宽度 = ", width)
8  print("高度 = ", height)
```

执行结果

```
===================== RESTART: D:\Python\ch17\ch17_3.py =====================
列出对象类型 :  <class 'PIL.JpegImagePlugin.JpegImageFile'>
宽度 =  270
高度 =  161
```

17-3-3　取得图像对象文件名

可以使用 filename 属性获得图像的源文件名称。

程序实例 ch17_4.py：获得图像对象的文件名。

```
1  # ch17_4.py
2  from PIL import Image
3
4  rushMore = Image.open("rushmore.jpg")        # 建立Pillow对象
5  print("列出对象文件名 : ", rushMore.filename)
```

执行结果

```
===================== RESTART: D:\Python\ch17\ch17_4.py =====================
列出对象文件名 :  rushmore.jpg
```

17-3-4　取得图像对象的文件格式

可以使用 format 属性获得图像文件格式（可想成图像文件的**扩展名**），此外，可以使用 format_description 属性获得更详细的**文件格式描述**。

程序实例 ch17_5.py：获得图像对象的扩展名与描述。

```
1  # ch17_5.py
2  from PIL import Image
3
4  rushMore = Image.open("rushmore.jpg")        # 建立Pillow对象
5  print("列出对象扩展名 : ", rushMore.format)
6  print("列出对象描述   : ", rushMore.format_description)
```

执行结果

```
===================== RESTART: D:\Python\ch17\ch17_5.py =====================
列出对象扩展名 :  JPEG
列出对象描述   :  JPEG (ISO 10918)
```

17-3-5　存储文件

可以使用 save( ) 方法存储文件，也可以将 jpg 文件转存成 png 或 gif 文件，反之亦可，这些都是图像文件但是以不同格式存储。

程序实例 ch17_6.py：将 rushmore.jpg 转存成 out17_6.png。

```
1  # ch17_6.py
2  from PIL import Image
3
4  rushMore = Image.open("rushmore.jpg")          # 建立Pillow对象
5  rushMore.save("out17_6.png")
```

执行结果 在 ch17 文件夹将可以看到所建的 out17_6.png。

17-3-6 屏幕显示图像

可以使用 show( ) 方法直接显示图像，在 Windows 操作系统下可以使用此方法调用 Windows 照片查看器显示图像。

程序实例 ch17_6_1.py：在屏幕上显示 rushmore.jpg 图像。

```
1  # ch17_6_1.py
2  from PIL import Image
3
4  rushMore = Image.open("rushmore.jpg")          # 建立Pillow对象
5  rushMore.show()
```

执行结果

17-3-7 建立新的图像对象

可以使用 new( ) 方法建立新的图像对象，它的语法格式如下。

```
new(mode, size, color=0)
```

mode 可以有多种设置，一般建议用 "RGBA"（建立 png 文件）或 "RGB"（建立 jpg 文件）即可。size 参数是一个**元组**（tuple），可以设置新图像的**宽度**和**高度**。color 默认是**黑色**，不过可以参考附录 D 建立不同的颜色。

程序实例 ch17_7.py：建立一个水蓝色（aqua）的图像文件 out17_7.jpg。

```
1  # ch17_7.py
2  from PIL import Image
3
4  pictObj = Image.new("RGB", (300, 180), "aqua")  # 建立aqua颜色图像
5  pictObj.save("out17_7.jpg")
```

执行结果 在 ch17 文件夹可以看到下列 out17_7.jpg 文件。

程序实例 ch17_8.py：建立一个透明的黑色的图像文件 out17_8.png。

```
1  # ch17_8.py
2  from PIL import Image
3
4  pictObj = Image.new("RGBA", (300, 180))      # 建立完全透明图像
5  pictObj.save("out17_8.png")
```

执行结果 文件打开后因为透明，看不出任何效果。

17-4 图像的编辑

17-4-1 更改图像大小

Pillow 模块提供 resize( ) 方法可以调整图像大小，它的使用语法如下。

resize ((width, heigh), Image.BILINEAR)) # 双线取样法，也可以省略

第一个参数是新图像的宽与高，以元组表示，是整数。第二个参数主要是设置更改图像所使用的方法，常见的除上述方法外，也可以设置 Image.NEAREST（最低质量）、Image.ANTIALIAS（最高质量）、Image.BISCUBIC（三次方取样法），一般可以省略。

程序实例 ch17_9.py：分别将图片的宽度与高度增加为原先的 2 倍。

```
1  # ch17_9.py
2  from PIL import Image
3
4  pict = Image.open("rushmore.jpg")              # 建立Pillow对象
5  width, height = pict.size
6  newPict1 = pict.resize((width*2, height))      # 宽度是2倍
7  newPict1.save("out17_9_1.jpg")
8  newPict2 = pict.resize((width, height*2))      # 高度是2倍
9  newPict2.save("out17_9_2.jpg")
```

执行结果 下列分别是 out17_9_1.jpg（左）与 out17_9_2.jpg（右）的执行结果。

17-4-2 图像的旋转

Pillow 模块提供 rotate( ) 方法可以逆时针旋转图像，如果旋转 90° 或 270°，图像的宽度与高度会有变化，但图像本身比例不变，多的部分以黑色图像替代，如果是其他角度则图像维持不变。

程序实例 ch17_10.py：将图像分别旋转 90°、180° 和 270°。

```
1  # ch17_10.py
2  from PIL import Image
3
4  pict = Image.open("rushmore.jpg")              # 建立Pillow对象
5  pict.rotate(90).save("out17_10_1.jpg")         # 旋转90°
6  pict.rotate(180).save("out17_10_2.jpg")        # 旋转180°
7  pict.rotate(270).save("out17_10_3.jpg")        # 旋转270°
```

执行结果 下列分别是旋转 90°、180°、270° 的结果。

在使用 rotate( ) 方法时也可以增加第 2 个参数 expand=True，如果有这个参数会放大图像，让

整个图像显示，多余部分用黑色填满。

程序实例 ch17_11.py：没有使用 expand=True 参数与使用此参数的比较。

```
1  # ch17_11.py
2  from PIL import Image
3
4  pict = Image.open("rushmore.jpg")                        # 建立Pillow对象
5  pict.rotate(45).save("out17_11_1.jpg")                   # 旋转45°
6  pict.rotate(45, expand=True).save("out17_11_2.jpg")      # 旋转45° 图像扩充
```

执行结果 下列分别是 out17_11_1.jpg 与 out17_11_2.jpg 的图像内容。

17-4-3 图像的翻转

可以使用 transpose( ) 让图像翻转，这个方法使用语法如下。

```
transpose(Image.FLIP_LEFT_RIGHT)     # 图像左右翻转
transpose(Image.FLIP_TOP_BOTTOM)     # 图像上下翻转
```

程序实例 ch17_12.py：图像左右翻转与上下翻转的实例。

```
1  # ch17_12.py
2  from PIL import Image
3
4  pict = Image.open("rushmore.jpg")                                # 建立Pillow对象
5  pict.transpose(Image.FLIP_LEFT_RIGHT).save("out17_12_1.jpg")     # 左右
6  pict.transpose(Image.FLIP_TOP_BOTTOM).save("out17_12_2.jpg")     # 上下
```

执行结果 下列分别是左右翻转与上下翻转的结果。

17-4-4 图像像素的编辑

Pillow 模块的 getpixel( ) 方法可以取得图像某一位置像素（pixel）的色彩。

```
getpixel((x,y))          # 参数是元组 (x,y)，这是像素位置
```

程序实例 ch17_13.py：先建立一个图像，大小是（300,100），色彩是 Yellow，然后列出图像中心点的色彩。最后将图像存储至 out17_13.png。

```
1  # ch17_13.py
2  from PIL import Image
3
4  newImage = Image.new('RGBA', (300, 100), "Yellow")
5  print(newImage.getpixel((150, 50)))        # 打印中心点的色彩
6  newImage.save("out17_13.png")
```

执行结果 下列是执行结果与 out17_13.png 内容。

```
==================== RESTART: D:\Python\ch17\ch17_13.py ====================
(255, 255, 0, 255)
>>>
```

Pillow 模块的 putpixel( ) 方法可以在图像的某一个位置填入色彩，常用的语法如下。

```
putpixel((x,y), (r, g, b, a))                    # 两个参数分别是位置与色彩元组
```

上述色彩元组的值是 0 ～ 255，若省略 a 代表不透明。另外也可以用 17-1-2 节的 getcolor( ) 当作第 2 个参数，用这种方法可以直接用附录 D 的色彩名称填入指定像素位置，例如，下列是填入蓝色（Blue）的方法。

```
putpixel((x,y), ImageColor.getcolor("Blue", "RGBA"))  # 需先导入 ImageColor
```

程序实例 ch17_14.py：建立一个 300×300 的图像，底色是黄色（Yellow），然后 (50, 50, 250, 150) 是填入青色（Cyan），此时将上述执行结果存入 out17_14_1.png。然后将蓝色（Blue）填入 (50, 151, 250, 250)，最后将结果存入 out17_14_2.png。

```
1  # ch17_14.py
2  from PIL import Image
3  from PIL import ImageColor
4
5  newImage = Image.new('RGBA', (300, 300), "Yellow")
6  for x in range(50, 251):                              # x轴区间在50~250
7      for y in range(50, 151):                          # y轴区间在50~150
8          newImage.putpixel((x, y), (0, 255, 255, 255))  # 填青色
9  newImage.save("out17_14_1.png")                       # 第一阶段存档
10 for x in range(50, 251):                              # x轴区间在50~250
11     for y in range(151, 251):                         # y轴区间在151~250
12         newImage.putpixel((x, y), ImageColor.getcolor("Blue", "RGBA"))
13 newImage.save("out17_14_2.png")                       # 第一阶段存档
```

执行结果 下列分别是第一阶段与第二阶段的执行结果。

17-5 裁切、复制与图像合成

17-5-1 裁切图像

Pillow 模块有提供 crop( ) 方法可以裁切图像，其中参数是一个元组，元组内容是（左 , 上 , 右 , 下）的区间坐标。

程序实例 ch17_15.py：裁切（80, 30, 150, 100）区间。

```
1  # ch17_15.py
2  from PIL import Image
3
4  pict = Image.open("rushmore.jpg")           # 建立Pillow对象
5  cropPict = pict.crop((80, 30, 150, 100))    # 裁切区间
6  cropPict.save("out17_15.jpg")
```

执行结果　下列是 out17_15.jpg 的裁切结果。

17-5-2 复制图像

假设想要执行图像合成处理，为了不破坏原图像内容，建议先保存图像，再执行合成动作。Pillow 模块有提供 copy( ) 方法可以复制图像。

程序实例 ch17_16.py：复制图像，再将所复制的图像存储。

```
1  # ch17_16.py
2  from PIL import Image
3
4  pict = Image.open("rushmore.jpg")           # 建立Pillow对象
5  copyPict = pict.copy()                      # 复制
6  copyPict.save("out17_16.jpg")
```

执行结果 下列是 out17_16.jpg 的执行结果。

17-5-3 图像合成

Pillow 模块有提供 paste( ) 方法可以合成图像，它的语法如下：

底图图像 .paste(插入图像 , (x,y))　　　　　　　# (x,y) 元组是插入位置

程序实例 ch17_17.py：使用 rushmore.jpg 图像，为这个图像复制一份 copyPict，裁切一份 cropPict，将 cropPict 合成至 copyPict 内两次，将结果存入 out17_17.jpg。

```
1  # ch17_17.py
2  from PIL import Image
3
4  pict = Image.open("rushmore.jpg")                # 建立Pillow对象
5  copyPict = pict.copy()                           # 复制
6  cropPict = copyPict.crop((80, 30, 150, 100))     # 裁切区间
7  copyPict.paste(cropPict, (20, 20))               # 第一次合成
8  copyPict.paste(cropPict, (20, 100))              # 第二次合成
9  copyPict.save("out17_17.jpg")                    # 存储
```

执行结果

17-5-4 将裁切图片填满图像区间

在 Windows 操作系统使用中常看到图片填满某一区间，其实可以用双层循环完成这个工作。

程序实例 ch17_18.py：将一个裁切的图片填满某一个图像区间，最后存储此图像，在这个图像设计中，笔者也设置了留白区间，这个区间是图像建立时的颜色。

```
1  # ch17_18.py
2  from PIL import Image
3
4  pict = Image.open("rushmore.jpg")                # 建立Pillow对象
5  copyPict = pict.copy()                           # 复制
6  cropPict = copyPict.crop((80, 30, 150, 100))     # 裁切区间
7  cropWidth, cropHeight = cropPict.size            # 获得裁切区间的宽与高
8
9  width, height = 600, 320                         # 新图像宽与高
10 newImage = Image.new('RGB', (width, height), "Yellow")  # 建立新图像
11 for x in range(20, width-20, cropWidth):          # 双层循环合成
12     for y in range(20, height-20, cropHeight):
13         newImage.paste(cropPict, (x, y))         # 合成
14
15 newImage.save("out17_18.jpg")                    # 存储
```

执行结果

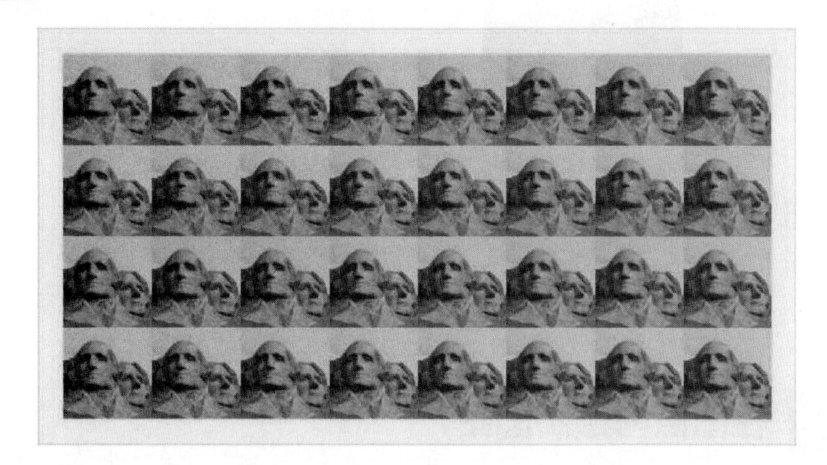

17-6 图像滤镜

Pillow 模块内有 ImageFilter 模块，使用此模块可以增加 filter( ) 方法为图片加上滤镜效果。此方法的参数意义如下。

BLUR：模糊。

CONTOUR：轮廓。

DETAIL：细节增强。

EDGE_ENHANCE：边缘增强。

EDGE_ENHANCE_MORE：深度边缘增强。

EMBOSS：浮雕效果。

FIND_EDGES：边缘信息。

SMOOTH：平滑效果。

SMOOTH_MORE：深度平滑效果。

SHARPEN：锐利化效果。

程序实例 ch17_19.py：使用滤镜处理图片。

```
1  # ch17_19.py
2  from PIL import Image
3  from PIL import ImageFilter
4  rushMore = Image.open("rushmore.jpg")         # 建立Pillow对象
5  filterPict = rushMore.filter(ImageFilter.BLUR)
6  filterPict.save("out17_19_BLUR.jpg")
7  filterPict = rushMore.filter(ImageFilter.CONTOUR)
8  filterPict.save("out17_19_CONTOUR.jpg")
9  filterPict = rushMore.filter(ImageFilter.EMBOSS)
10 filterPict.save("out17_19_EMBOSS.jpg")
11 filterPict = rushMore.filter(ImageFilter.FIND_EDGES)
12 filterPict.save("out17_19_FIND_EDGES.jpg")
```

执行结果

BLUR

CONTOUR

EMBOSS

FIND_EDGES

17-7 在图像内绘制图案

Pillow 模块内有一个 ImageDraw 模块，可以利用此模块绘制**点**（Points）、**线**（Lines）、**矩形**（Rectangles）、**椭圆**（Ellipses）、**多边形**（Polygons）。

在图像内建立图案对象方式如下。

```
from PIL import Image, ImageDraw
newImage = Image.new('RGBA', (300, 300), "Yellow")  # 建立300×300黄色底的图像
drawObj = ImageDraw.Draw(newImage)
```

17-7-1 绘制点

ImageDraw 模块的 point( ) 方法可以绘制点，语法如下。

```
point([(x1,y1), … (xn,yn)], fill)            # fill 是设置颜色
```

第一个参数是由元组（tuple）组成的列表，(x,y) 是要绘制的点坐标。fill 可以是 RGBA( ) 或是直接指定颜色。

17-7-2 绘制线条

ImageDraw 模块的 line( ) 方法可以绘制线条，语法如下。

line([(x1,y1), … (xn,yn)], width, fill)　　# width 是宽度，默认是 1

第一个参数是由元组（tuple）组成的列表，（x,y）是要绘制线条的点坐标，如果多于两个点，则这些点会串接起来。fill 可以是 RGBA( ) 或是直接指定颜色。

程序实例 ch17_20.py：绘制点和线条的应用。

```
1  # ch17_20.py
2  from PIL import Image, ImageDraw
3
4  newImage = Image.new('RGBA', (300, 300), "Yellow")  # 建立300×300黄色底的图像
5  drawObj = ImageDraw.Draw(newImage)
6
7  # 绘制点
8  for x in range(100, 200, 3):
9      for y in range(100, 200, 3):
10         drawObj.point([(x,y)], fill='Green')
11
12 # 绘制线条，绘外框线
13 drawObj.line([(0,0), (299,0), (299,299), (0,299), (0,0)], fill="Black")
14 # 绘制右上角美工线
15 for x in range(150, 300, 10):
16     drawObj.line([(x,0), (300,x-150)], fill="Blue")
17 # 绘制左下角美工线
18 for y in range(150, 300, 10):
19     drawObj.line([(0,y), (y-150,300)], fill="Blue")
20 newImage.save("out17_20.png")
```

执行结果

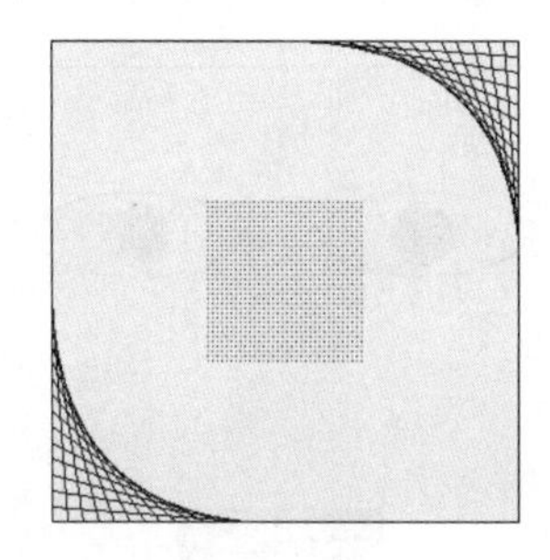

17-7-3　绘制圆或椭圆

ImageDraw 模块的 ellipse( ) 方法可以绘制圆或椭圆，语法如下。

ellipse((left,top,right,bottom), fill, outline)　　# outline 是外框颜色

第一个参数是由元组（tuple）组成的，（left,top,right,bottom）是包住圆或椭圆的矩形左上角与右下角的坐标。fill 可以是 RGBA( ) 或是直接指定颜色，outline 可选择是否加上。

17-7-4　绘制矩形

ImageDraw 模块的 rectangle( ) 方法可以绘制矩形，语法如下。

rectangle((left,top,right,bottom), fill, outline) # outline 是外框颜色

第一个参数是由元组（tuple）组成的，（left,top,right,bottom）是矩形左上角与右下角的坐标。

fill 可以是 RGBA( ) 或是直接指定颜色，outline 可选择是否加上。

17-7-5 绘制多边形

ImageDraw 模块的 polygon( ) 方法可以绘制多边形，语法如下。

polygon([(x1,y1), … (xn,yn)], fill, outline)　　# outline 是外框颜色

第一个参数是由元组（tuple）组成的列表，（x,y）是要绘制多边形的点坐标，在此填上多边形各端点坐标。fill 可以是 RGBA( ) 或是直接指定颜色，outline 可选择是否加上。

程序实例 ch17_21.py：设计一个图案。

```
1  # ch17_21.py
2  from PIL import Image, ImageDraw
3
4  newImage = Image.new('RGBA', (300, 300), 'Yellow')  # 建立300×300黄色底的图像
5  drawObj = ImageDraw.Draw(newImage)
6
7  drawObj.rectangle((0,0,299,299), outline='Black')    # 图像外框线
8  drawObj.ellipse((30,60,130,100),outline='Black')     # 左眼外框
9  drawObj.ellipse((65,65,95,95),fill='Blue')           # 左眼
10 drawObj.ellipse((170,60,270,100),outline='Black')    # 右眼外框
11 drawObj.ellipse((205,65,235,95),fill='Blue')         # 右眼
12 drawObj.polygon([(150,120),(180,180),(120,180),(150,120)],fill='Aqua') # 鼻子
13 drawObj.rectangle((100,210,200,240), fill='Red')     # 嘴
14 newImage.save("out17_21.png")
```

执行结果

17-8 在图像内填写文字

ImageDraw 模块也可以用于在图像内填写英文或中文，所使用的函数是 text( )，语法如下。

text((x,y), text, fill, font)　　# text 是想要写入的文字

如果要使用默认方式填写文字，可以省略 font 参数，可以参考 ch17_22.py 第 8 行。如果想要使用其他字体填写文字，需调用 ImageFont.truetype( ) 方法选用字体，同时设置字号。在使用 ImageFont.truetype( ) 方法前需在程序前方导入 ImageFont 模块，可参考 ch17_22.py 第 2 行，这个方法的语法如下。

text（字体路径，字号）

在 Windows 系统中字体是放在 C:\Windows\Fonts 文件夹内，在此可以选择想要的字体。

在选定的字体文件上单击**鼠标右键**，选择“**属性**”命令，再选择“**安全**”选项卡可以看到此字体的文件名。下列是选择 Old English Text 的示范输出。

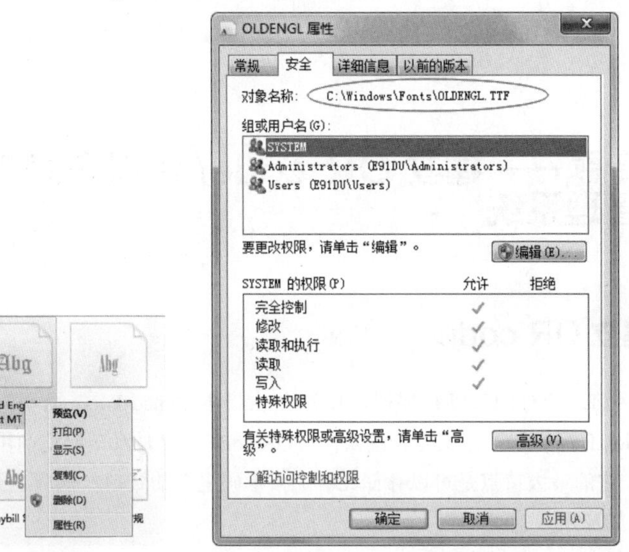

读者可以用复制的方式获得字体的路径。有了字体路径后，就可以轻松地在图像内输出各种字体了。

程序实例 ch17_22.py：在图像内填写文字，第 8、9 行是使用默认字体，执行英文字符串 Ming-Chi Institute of Technology 的输出。第 10、11 行是设置字体为 Old English Text，字号是 36，输出相同的字符串。第 13 ～ 15 行是设置字体为华康新综艺体，字号是 48，输出中文字符串“明志科技大学”。

注　如果你的计算机**没有华康新综艺体**，执行这个程序会有**错误**，所以这里附有一个 ch17_22_1.py 是使用 Microsoft 的**新细明体**，读者可以自行体会中文的输出。

```
1  # ch17_22.py
2  from PIL import Image, ImageDraw, ImageFont
3
4  newImage = Image.new('RGBA', (600, 300), 'Yellow')  # 建立300×300黄色底的图像
5  drawObj = ImageDraw.Draw(newImage)
6
7  strText = 'Ming-Chi Institute of Technology'          # 设置要打印英文字符串
8  drawObj.text((50,50), strText, fill='Blue')           # 使用默认字体与字号
9  # 使用古老英文字体，字号是36
10 fontInfo = ImageFont.truetype('C:\Windows\Fonts\OLDENGL.TTF', 36)
11 drawObj.text((50,100), strText, fill='Blue', font=fontInfo)
12 # 处理中文字体
13 strCtext = '明志科技大学'                              # 设置要打印中文字符串
14 fontInfo = ImageFont.truetype('C:\Windows\Fonts\DFZongYiStd-W9.otf', 48)
15 drawObj.text((50,180), strCtext, fill='Blue', font=fontInfo)
16 newImage.save("out17_22.png")
```

执行结果

17-9 专题——建立 QR code/ 辨识车牌与建立停车场管理系统

17-9-1 建立 QR code

QR code 是目前最流行的**二维扫描码**，1994 年由日本 Denso-Wave 公司发明。英文字中 QR 所代表的意义是 Quick Response，意义是快速反应。QR code 最早是汽车制造商用于追踪零件，目前已应用于各行各业。它的最大特点是可以存储比普通条形码更多的资料，同时也无须对准扫描仪。

1. QR code 的应用

下列是常见的 QR code 应用：

❑ 显示网址信息

使用手机扫描可以进入此 QR code 的网址。

❑ 移动支付

消费者扫描店家的 QR code 即可完成支付。或是店家扫描消费者手机的 QR code 也可以完成支付。部分地区的停车场，也是采用司机扫描出口的 QR code 完成停车费用支付。

❑ 电子票券

参展票、高铁票、电影票等消费者购买的票券信息，都可以使用 QR code 传输给消费者的手机，只要出示此 QR code，就可以进场了。

- 文字信息

QR code 可以存储的信息很多，常看到有的人名片上有 QR code，当扫描后就可以获得该名片主人的信息，如姓名、电话号码、地址、电子邮箱等。

2. QR code 的结构

QR code 由边框区和数据区所组成，数据区由定位标记、校正图块、版本信息、原始信息、容错信息所组成，这些信息经过编码后产生二进制字符串，白色格子代表 0，黑色格子代表 1，这些格子一般又称作模块。其实经过编码后，还会使用屏蔽（masking）方法将原始二进制字符串与屏蔽图案（Mask Pattern）做 XOR 运算，产生实际的编码，经过处理后的 QR code 辨识率将更高。QR code 基本外观如下：

- 边框区

也可以称为非数据区，主要是避免 QR code 周围的图像影响辨识。

- 定位标记

在上述图片中，左上、左下、右上是定位标记，外型类似“回”字，在使用 QR code 扫描时我们可以发现不用完全对准也可以，主要是这 3 个定位标记在帮助扫描定位。

- 校正图块

主要用于校正辨识。

- 容错修功能

QR code 有容错功能，所以如果 QR code 有破损，有时仍然可以读取，一般 QR code 的面积越大，容错能力越强。

级别	容错率
L 等级	7% 的字码可以修正
M 等级	15% 的字码可以修正
Q 等级	25% 的字码可以修正
H 等级	30% 的字码可以修正

3. QR code 的容量

QR code 目前有 40 个不同版本，版本 1 是 21×21 个模块。模块是 QR code 最小的单位，每增加一个版本，长宽各增加 4 个模块，所以版本 40 是由 177×177 个模块组成，下列是以版本 40 为例做容量解说。

资料类型	数据容量
数字	最多 7 089 个字符
字母	最多 4 296 个字符
二进制数	最多 2 953 个字符
日文汉字 / 片假名	最多 1 817 个字符（采用 Shift JIS）
中文汉字	最多 984 个字符（utf-8），最多 1800 个字符（big5/gb2312）

4. 建立 QR code 的基本知识

使用前需安装模块：

```
pip install qrcode
```

常用的几个方法如下：

```
img = qrcode.make("网址数据")              # 产生网址数据的 QR code 对象 img
img.save("filename")                       # filename 是储存 QR code 的文件名
```

程序实例 ch17_23.py：建立 http://www.deepstone.com.tw 的 QR code，这个程序会先列出 img 对象的数据形态，同时将此对象存入 out17_23.jpg 内。

```
1  # ch17_23.py
2  import qrcode
3
4  codeText = 'http://www.deepstone.com.tw'
5  img = qrcode.make(codeText)                    # 建立QR code 对象
6  print("文件格式", type(img))
7  img.save("out17_23.jpg")
```

执行结果 下列分别是执行结果与 out17_23.jpg 的 QR code 结果。

```
==================== RESTART: D:\Python\ch17\ch17_23.py ====================
文件格式 <class 'qrcode.image.pil.PilImage'>
```

程序实例 ch17_23_1.py：建立“Python 王者归来”字符串的 QR code。

```
1  # ch17_23_1.py
2  import qrcode
3
4  codeText = 'Python王者归来'
5  img = qrcode.make(codeText)                    # 建立QR code 对象
6  print("文件格式", type(img))
7  img.save("out17_23_1.jpg")
```

执行结果 扫描后可以得到下方右图的字符串。

已扫描到以下内容

Python王者归来

5. 细看 qrcode.make( ) 方法

上述我们使用 qrcode.make( ) 方法建立 QR code，这是使用预设方法建立 QR code，实际 qrcode.make( ) 方法内含 3 个子方法，整个方法原始码如下：

```
def make(data=None, **kwargs):
    qr =qrcode. QRCode(**kwargs)               # 设置条形码格式
    qr.add_data(data)                          # 设置条形码内容
    return qr.make_image( )                    # 建立条形码图片
```

- 设置条形码格式

它的内容如下：

qr = qrcode.QRCode(version, error_correction, box_size, border, image_factory,mask_pattern)

下列是此参数解说：

version：QR code 的版次，可以设置 1 ～ 40 的版次。

error_correction：容错率，可选 7%、15%、25%、30%，参数如下：

qrcode.constants.ERROR_CORRECT_L：7%

qrcode.constants.ERROR_CORRECT_M：15%（预设）

qrcode.constants.ERROR_CORRECT_Q：25%

qrcode.constants.ERROR_CORRECT_H：30%

box_size：每个模块的像素个数。

border：边框区的厚度，预设是 4。

image_factory：图片格式，默认是 PIL。

mask_pattern：mask_pattern 参数是 0 ～ 7，如果省略会自行使用最适当的方法。

- 设置条形码内容

qr.add_data(data)　　　　　　　　# data 是所设置的条形码内容

- 建立条形码图片

img = qr.make_image([fill_color], [back_color], [image_factory])

预设前景是黑色，背景是白色，可以使用 fill_color 和 back_color 分别更改前景和背景颜色，最后建立 qrcode.image.pil.PilImage。

程序实例 ch17_23_2.py：建立“明志科技大学”黄底蓝字的 QR code。

```
1  # ch17_23_2.py
2  import qrcode
3
4  qr = qrcode.QRCode(version=1,
5                     error_correction=qrcode.constants.ERROR_CORRECT_M,
6                     box_size=10,
7                     border=4)
8  qr.add_data("明志科技大学")
9  img = qr.make_image(fill_color='blue', back_color='yellow')
10 img.save("out17_23_2.jpg")
```

执行结果　扫描后可以得到下方右图的字符串。

已扫描到以下内容

明志科技大学

6. QR code 内有图案

有时可以看到建立 QR code 时在中央位置有图案，扫描时仍然可以获得正确的结果，这是因为 QR code 有容错能力。其实我们可以使用 17-5-3 节图像合成的方法处理。

程序实例 ch17_23_3.py：笔者将自己的图像当做 QR code 的图案，然后不影响扫描结果。在这个实例中，笔者使用蓝色白底的 QR code，同时使用 version=5。

```
1  # ch17_23_3.py
2  import qrcode
3  from PIL import Image
4
5  qr = qrcode.QRCode(version=5,
6                     error_correction=qrcode.constants.ERROR_CORRECT_M,
7                     box_size=10,
8                     border=4)
9  qr.add_data("明志科技大学")
10 img = qr.make_image(fill_color='blue')
11 width, height = img.size              # QR code的宽与高
12 with Image.open('jhung.jpg') as obj:
13     obj_width, obj_height = obj.size
14     img.paste(obj, ((width-obj_width)//2, (height-obj_height)//2))
15 img.save("out17_23_3.jpg")
```

执行结果 读者可以自行扫描然后得到正确的结果。

7. 建立含 QR code 的名片

有时候可以看到有些人的名片上有 QR code，使用手机扫描后便能得到此名片的信息。为了完成此工作，我们必须使用 vCard（virtual card）格式。它的数据格式如下：

BEGIN:VCARD

…

特定属性数据

…

END:VCARD

上述数据必须建在一个字符串上，未来只要将此字符串当作 QR code 数据即可。下列是常用的属性：

属性	使用说明	实例
FN	名字	FN：洪锦魁
ORG	公司抬头	ORG：深智公司
TITLE	职务名称	TITLE：作者
TEL	电话：类型 CELL：手机号 FAX：传真号	TEL：CELL：0900123123 TEL：WORK：02-22223333
	HOME：家庭号 WORK：公司号	
ADR	公司地址	ADR: 台北市基隆路
EMAIL	电子邮箱	EMAIL:jiinkwei@me.com
URL	公司网址	URL:https://www.deepmind.com.tw

程序实例 ch17_23_4.py：建立个人名片信息。

```
1  # ch17_23_4.py
2  import qrcode
3
4  vc_str = '''
5  BEGIN:VCARD
6  FN:洪锦魁
7  TEL;CELL:0900123123
8  TEL;FAX:02-27320553
9  ORG:深智公司
10 TITLE:作者
11 EMAIL:jiinkwei@me.com
12 URL:https://www.deepmind.com.tw
13 ADR:台北市基隆路
14 END:VCARD
15 '''
16
17 img = qrcode.make(vc_str)
18 img.save("out17_23_4.jpg")
```

执行结果 下列是此程序产生的 QR code。

如果读者使用微信扫描，可以读取所建立的 VCARD 资料，如果按“保存”可以列出使用何种方式保存此数据，笔者选择“创建新联系人”时，可以得到上方最右图的结果。

17-9-2 文字辨识与停车场管理系统

Tesseract-OCR 是一个**文字辨识**（Optical Character Recognition，OCR）系统，可以在多个平台上运行。目前这是一个开放资源的免费软件，1985—1994 年由惠普（HP）实验室开发，1996 年开发为适用 Windows 系统版本。有接近十年时间，这个软件没有太大进展，2005 年惠普公司将这个软件作为免费使用（open source），2006 年起这个软件改由 Google 赞助与维护。

本节将简单介绍如何使用 Python 处理文字辨识，特别是应用于车牌的辨识，同时设计简单的停车管理系统。

1. 安装 Tesseract-OCR

这套软件需要下载，请至下列网站。

http://digi.bib.uni-mannheim.de/tesseract/tesseract-ocr-setup-4.00.00dev.exe

首先将看到下列画面。

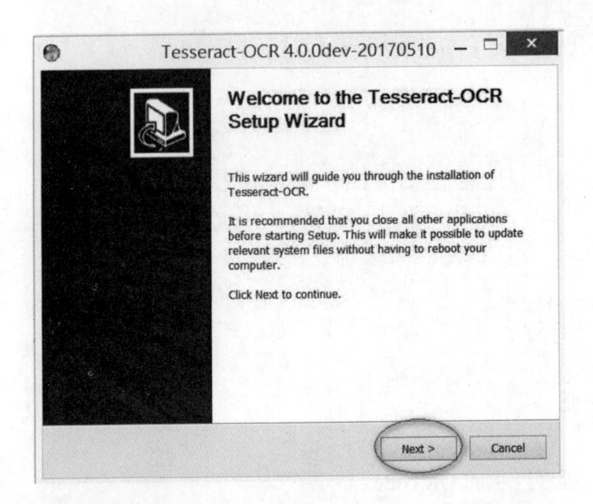

单击 Next 按钮，于第 4 个画面将看到如下界面。

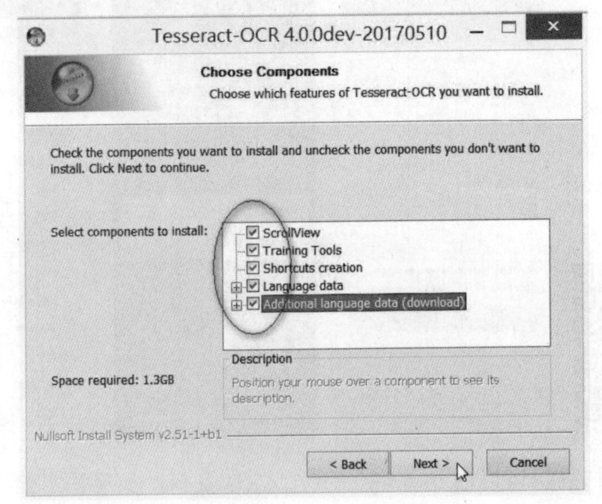

请勾选全部复选框，然后单击 Next 按钮。

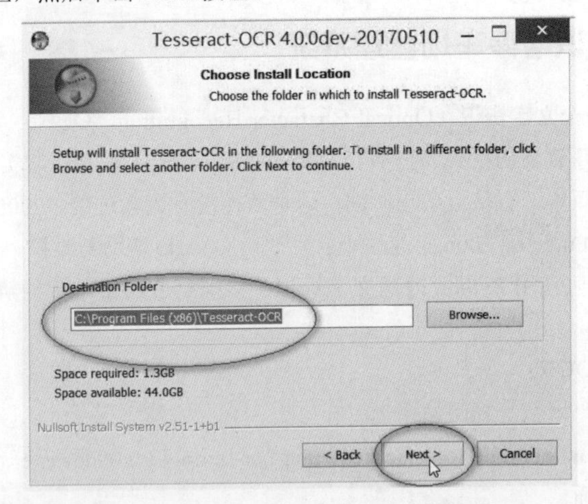

请使用**默认目录**安装，单击 Next 按钮，接着可以使用默认设置，即可完成安装。安装完成

后，下一步是将 Tesseract-OCR 所在的目录设置在 Windows 操作系统的 path 路径内，这样就不会有找不到文件的问题了。首先打开控制面板中的“系统”窗口。

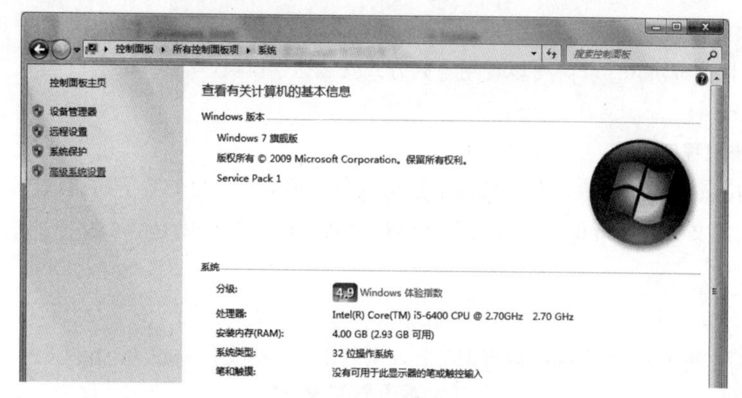

单击“高级系统设置”，在“**高级**”对话框中单击“**环境变量**”按钮，在“**系统变量**”栏单击 Path，会出现“**编辑系统变量**”对话框，请在“**变量值**”字段输入所安装 Tesseract 的安装目录，如果是依照默认模式输入，路径如下：

C:\Program Files (x86)\Tesseract-OCR

上述路径建议用复制方式处理，需留意不同路径的设置彼此以“;”隔开。

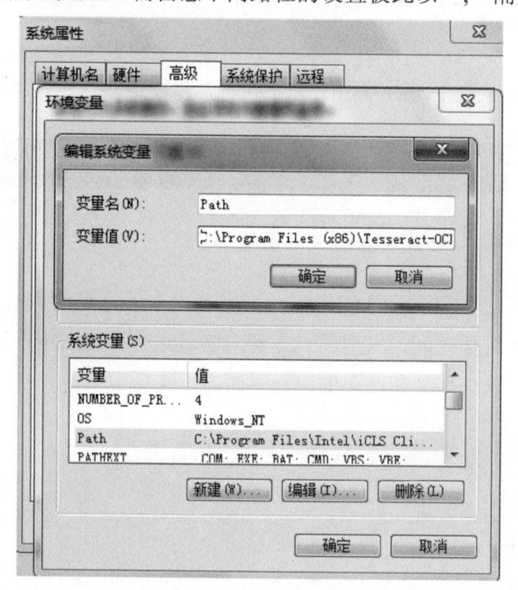

完成后，单击“**确定**”按钮。如果想要确定是否安装成功，可以在**命令提示字符**窗口输入 tesseract –v，如果有列出版本信息，就表示设置成功了。

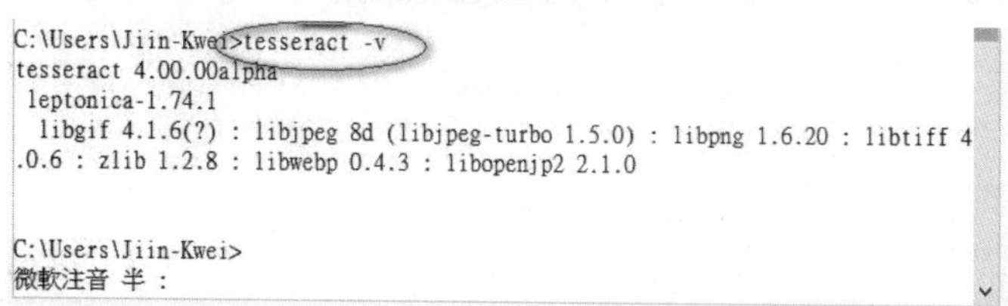

2. 安装 pytesseract 模块

pytesseract 是一个 Python 与 Tesseract-OCR 之间的**接口程序**，这个程序的官网就自称是 Tesseract-OCR 的 wrapper，它会自行调用 Tesseract-OCR 的内部程序执行辨识功能。调用 pytesseract 的方法，就可以完成辨识工作，可以使用下列方式安装这个模块。

```
pip install pytesseract
```

3. 文字辨识程序设计

安装完 Tesseract-OCR 后，默认情况下是可以执行英文和阿拉伯数字的辨识，下面是笔者列举了数字与英文的文件执行辨识，并将结果打印和存储，在使用 pytesseract 前，需要导入 pytesseract 模块。

```
import pytesseract
```

程序实例 ch17_24.py：这个程序会辨识车牌，所使用的车牌文件 atq9305.jpg 如下。

```
1  # ch17_24.py
2  from PIL import Image
3  import pytesseract
4
5  text = pytesseract.image_to_string(Image.open('d:\\Python\\ch17\\atq9305.jpg'))
6  print(type(text), "    ", text)
```

执行结果 这个程序无法在 Python 的 IDLE 下执行，需在命令提示环境下执行。

```
PS C:\Users\User> python d:\Python\ch17\ch17_24.py
<class 'str'>       ATQ9305
```

注：如果车牌拍的角度不好，有可能会造成辨识错误。

程序实例 ch17_25.py：这个程序会辨识车牌，同时列出车子进场时间和出场时间。如果是初次进入车辆，程序会列出车辆进场时间，同时将此车辆与进场时间用 carDict 字典存储。如果车辆已经入场，再次扫描时，系统会输出车号和此车的出场时间。

```
1  # ch17_25.py
2  from PIL import Image
3  import pytesseract
4  import time
5
6  carDict = {}
7  myPath = "d:\\Python\\ch17\\"
8  while True:
9      carPlate = input("请扫描或输入车牌(Q/q代表结束) : ")
10     if carPlate == 'Q' or carPlate == 'q':
11         break
12     carPlate = myPath + carPlate
13     keyText = pytesseract.image_to_string(Image.open(carPlate))
14     if keyText in carDict:
15         exitTime = time.asctime()
16         print("车辆出场时间 : ", keyText, ":", exitTime)
17         del carDict[keyText]
18     else:
19         entryTime = time.asctime()
20         print("车辆入场时间 : ", keyText, ":", entryTime)
21         carDict[keyText] = entryTime
```

执行结果

```
PS C:\Users\User> python d:\Python\ch17\ch17_25.py
请扫描或输入车牌(Q/q代表结束) : atq9305.jpg
车辆入场时间 :  ATQ9305 : Mon Jun  3 07:30:14 2019
请扫描或输入车牌(Q/q代表结束) : rbt1388.jpg
车辆入场时间 :  RBT- 13838 : Mon Jun  3 07:30:30 2019
请扫描或输入车牌(Q/q代表结束) : atq9305.jpg
车辆出场时间 :  ATQ9305 : Mon Jun  3 07:31:41 2019
请扫描或输入车牌(Q/q代表结束) : q
PS C:\Users\User>
```

读者须留意有时辨识结果还是会有小错误。

17-9-3　辨识繁体中文

Tesseract-OCR 也可以辨识繁体中文，这时需要指示程序引用中文数据文件，这个繁体中文数据文件名称是 chi-tra.traineddata，在 17-9-2 节的安装画面中，有指出需要设置安装语言文件。

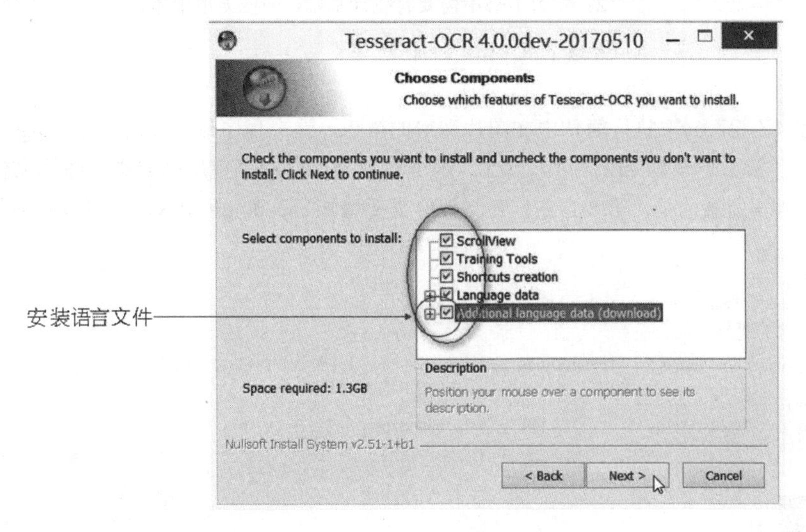

如果读者依照上面的指示安装，可以在 \tessdata 文件夹下看到 chi_tri.trianeddata 文件，下面将以实例 ch17_26.py 说明识别下列繁体中文的文件。

1：從無到有一步一步教導讀者 R 語言的使用

2：學習本書不需要有統計基礎，但在無形中本

書已灌溉了統計知識給你

程序实例 ch17_26.py：执行繁体中文图片文字的辨识，这个程序最重要的是在 image_to_string( ) 方法内增加了第 2 个参数 lang='chi_tra'，这个参数会引导程序使用繁体中文数据文件做辨识。

```
1  # ch17_26.py
2  from PIL import Image
3  import pytesseract
4
5  text  = pytesseract.image_to_string(Image.open('d:\\Python\\ch17\\data17_26.jpg'),
6                                       lang='chi_tra')
7  print(text)
8  with open('d:\\Python\\ch17\\out17_26.txt', 'w') as fn:
9      fn.write(text)
```

执行结果

```
PS C:\Users\User> python d:\Python\ch17\ch17_26.py
1：從無到有一步一步教導讀者R語言的使用
2：學習本書不需要有統計基礎，但在無形中本
書已灌溉了統計知識給你
```

在上述辨识处理中，没有错误，这是一个非常好的辨识结果。不过在使用时发现，如果图片的字比较小，会有较多辨识错误。

17-9-4 辨识简体中文

辨识简体中文和繁体中文步骤相同，只是导入的是 chi_sim.trianeddata 简体中文文件，实例 ch17_27.py 将说明如何识别下列简体中文的图片。

1：从无到有一步一步教导读者 R 语言的使用

2：学习本书不需要有统计基础，但在无形中本

书已灌溉了统计知识给你

程序实例 ch17_27.py：执行简体中文图片文字的辨识。这个程序最重要的是在 image_to_string( ) 方法内增加了第 2 个参数 lang='chi_sim'，这个参数会引导程序使用简体中文数据文件做辨识。这个程序另外需留意的是，第 8 行在打开文件时需要增加 encoding='utf-8'，才可以将简体中文写入文件。

```
1  # ch17_27.py
2  from PIL import Image
3  import pytesseract
4
5  text  = pytesseract.image_to_string(Image.open('d:\\Python\\ch17\\data17_27.jpg'),
6                                      lang='chi_sim')
7  print(text)
8  with open('d:\\Python\\ch17\\out17_27.txt', 'w', encoding='utf-8') as fn:
9      fn.write(text)
```

执行结果

```
PS C:\Users\User> python d:\Python\ch17\ch17_27.py
1：从无到有一步一步教导读者R语言的使用
2：学习本书不需要有统计基础，但在无形中本
书已灌溉了统计知识给你
```

在使用时，笔者也发现如果发生无法辨识的情况，程序将响应空白。

17-10 专题——词云 (Word Cloud) 设计

17-10-1 安装 Word Cloud

如果想建立词云（Word Cloud），首先需下载相对应的 Python 版本和硬件的 whl 文件，然后用

此文件安装 Wordcloud 模块，请进入下列网址：

https://www.lfd.uci.edu/~gohlke/pythonlibs/#wordcloud

然后请进入下列界面，同时选择自己目前系统环境适用的文件，此例笔者选择如下。

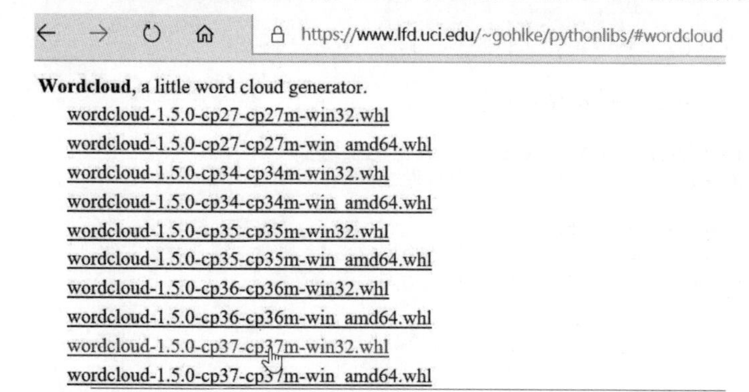

单击下载后，可以在窗口下方看到应如何处理此文件，请选择另存新文件，笔者此时将此文件存放在 d:\Python\ch17。

存储文件后，就可以进入 DOS 环境使用 pip install 文件，安装所下载的文件。

```
PS D:\> pip install d:\Python\ch22\wordcloud-1.5.0-cp37-cp37m-win32.whl
```

如果成功安装将可以看到下列信息。

```
Installing collected packages: wordcloud
Successfully installed wordcloud-1.5.0
```

17-10-2　我的第一个词云程序

要建立词云程序，首先是导入 Wordcloud 模块，可以使用下列语法。

```
from wordcloud import WordCloud
```

除此之外，必须为词云建立一个 txt 文本文件，未来此文件的文字将出现在词云内，下列是笔者所建立的 text17_28.txt 文件。

Microsoft Adobe AutoDesk IBM Google Facebook Oracle Asus TSMC
Amazon Acer Python C C++ Pascal Fortran Cobol Assembly Language
WeChar Line Messenger Telegram Keynote Pages Numbers Chrome
Skype NASA Data Structure Database BigData NoSql PHP MySQL DOS
Windows System PyCharm Wordcloud

产生词云的步骤如下。

（1）读取词云的文本文件。

（2）词云使用 Worldcloud( )，此方法不含参数表示使用默认环境，然后使用 generate( ) 建立步骤（1）中文本文件的词云对象。

（3）词云对象使用 to_image( ) 建立词云图像文件。

（4）使用 show( ) 显示词云图像文件。

程序实例 ch17_28.py：我的第一个词云程序。

```
1  # ch17_28.py
2  from wordcloud import WordCloud
3
4  with open("text17_28.txt") as fp:    # 英文的文本文件
5      txt = fp.read()                  # 读取文件
6
7  wd = WordCloud().generate(txt)       # 由txt文字产生WordCloud对象
8  imageCloud = wd.to_image()           # 由WordCloud对象建立词云图像文件
9  imageCloud.show()                    # 显示词云图像文件
```

执行结果

其实屏幕显示的是一个图片框文件，此例只列出词云图片，每次执行都会看到不一样字词排列的词云图片，如上方所示。上述背景预设是黑色，未来会介绍使用 background_color 参数更改背景颜色，这将是读者的习题。上述第 8 行是使用词云对象的 to_image( ) 方法产生词云图片的图像文件，第 9 行则是使用词云对象的 show( ) 方法显示词云图片。

其实也可以使用 matplotlib 模块的方法产生词云图片的图像文件，并显示词云图片的图像文件，未来会做说明。

17-10-3 建立含中文字的词云结果失败

使用程序实例 ch17_28.py，但是使用中文字的 txt 文件时，将无法正确显示词云，可参考 ch17_29.py。

程序实例 ch17_29.py：无法正确显示中文字的词云程序，本程序的中文词云文件 utf17_29.txt 如下。

```
微软 Adobe AutoDesk IBM 谷歌 脸书 甲骨文 华硕 台积电 联电
亚马逊 宏碁 Python C C++ Pascal Fortran Cobol 汇编语言 合
微信 Line Messenger Telegram Keynote Pages Numbers Chrome
S软件银行 NASA 文魁 数据库 大数据 NoSql PHP MySQL DOS 数扌
W窗口 浏览器 PyCharm Wordcloud
```

下列是程序代码内容。

```
1  # ch17_29.py
2  from wordcloud import WordCloud
3
4  with open("utf17_29.txt", encoding='utf-8') as fp:
5      txt = fp.read()                     # 读取文件
6
7  wd = WordCloud().generate(txt)          # 由txt文字产生WordCloud对象
8  imageCloud = wd.to_image()              # 由WordCloud对象建立词云图像文件
9  imageCloud.show()                       # 显示词云图像文件
```

执行结果

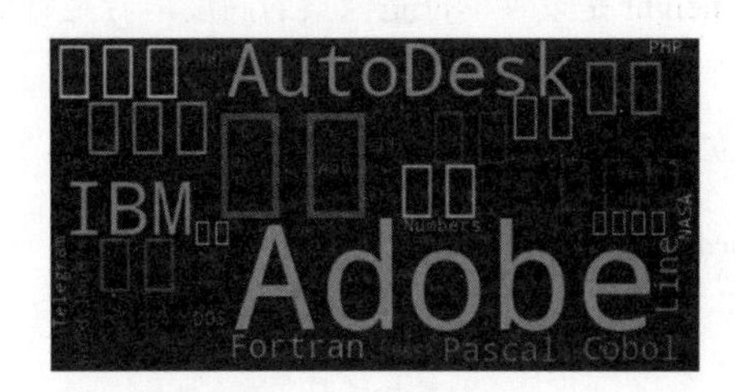

上述结果很明显，中文字无法正常显示，用方框代表。

17-10-4 建立含中文字的词云

首先需要安装中文分词函数库模块 jieba（也有人翻译为**结巴**），这个模块可以用于句子与词的分割、标注，可以进入下列网站下载。

https://pypi.org/project/jieba/#files

然后请下载 jieba-0.39.zip 文件。

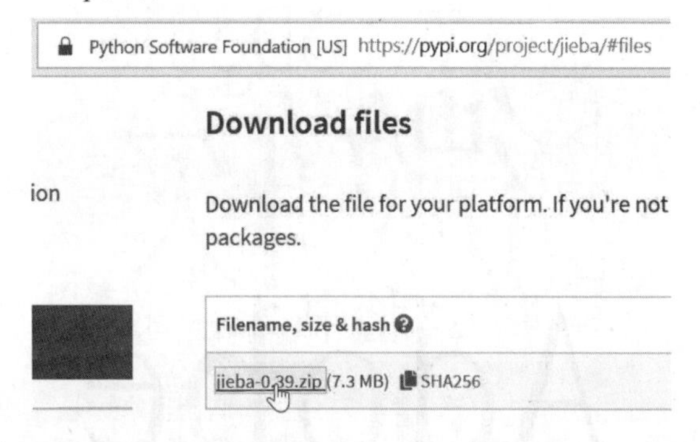

下载完成后需要解压缩，笔者是将此文件存储在 d:\Python\ch17，然后进入此解压缩文件的文件夹，输入 python setup.py install 安装 jieba 模块。

```
PS D:\Python\ch17\jieba-0.39> cd jieba-0.39
PS D:\Python\ch17\jieba-0.39\jieba-0.39> python setup.py install
```

jieba 模块内有 cut( ) 方法，这个方法可以将所读取的文件执行分词，英文文件由于每个单字空一格所以比较单纯，中文文件则是借用 jieba 模块的 cut( ) 方法。由于我们希望所断的词可以空一格，所以可以采用下列语句执行。

```
cut_text = ' '.join(jieba.cut(txt))          # 产生分词的字串
```

此外，需要为词云建立对象，所采用的方法是 generate( )，整个语句如下。

```
wordcloud = WordCloud(                          # 建立词云对象
    font_path="C:/Windows/Fonts\mingliu",
    background_color="white",width=1000,height=880).generate(cut_text)
```

在上述建立含中文字的词云对象时，需要在 Worldcloud( ) 方法内增加 font_path 参数，这是设置中文字所使用的字体。另外，笔者也增加了 background_color 参数设置词云的背景颜色，width 是设置单位是像素的宽度，height 是设置单位是像素的高度，若是省略 background_color、width、height 则使用默认值。

程序实例 ch17_30.py：建立含中文字的词云图像。

```
1  # ch17_30.py
2  from wordcloud import WordCloud
3  import jieba
4
5  with open("utf17_29.txt", encoding='utf-8') as fp:
6      txt = fp.read()                           # 读取文件
7
8  cut_text = ' '.join(jieba.cut(txt))           # 产生分词的字符串
9
10 wd = WordCloud(                               # 建立词云对象
11     font_path="C:/Windows/Fonts\mingliu",
12     background_color="white",width=1000,height=880).generate(cut_text)
13
14 imageCloud = wd.to_image()                    # 由WordCloud对象建立词云图像文件
15 imageCloud.show()                             # 显示词云图像文件
```

执行结果

在建立词云图像文件时，也可以使用 matplotlib 模块，使用此模块的 imshow( ) 建立词云图像文件，然后使用 show( ) 显示词云图像文件。

程序实例 ch17_31.py：使用 matplotlib 模块建立与显示词云图像，同时将宽设为 800，高设为 600。

```
1  # ch17_31.py
2  from wordcloud import WordCloud
3  import matplotlib.pyplot as plt
4  import jieba
5
6  with open("utf17_29.txt", encoding='utf-8') as fp:
7      txt = fp.read()                          # 读取文件
8
9  cut_text = ' '.join(jieba.cut(txt))        # 产生分词的字符串
10
11 wd = WordCloud(                             # 建立词云对象
12     font_path="C:/Windows/Fonts\mingliu",
13     background_color="white",width=800,height=600).generate(cut_text)
14
15 plt.imshow(wd)                              # 由WordCloud对象建立词云图像文件
16 plt.show()                                  # 显示词云图像文件
```

执行结果

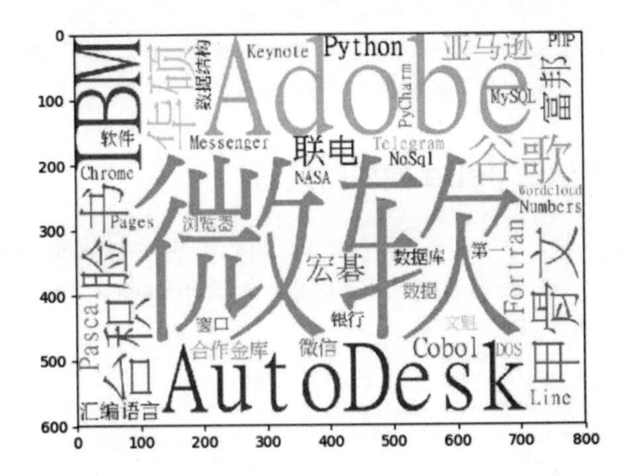

通常以 matplotlib 模块显示词云图像文件时，可以增加 axis（"off"）关闭轴线。

程序实例 ch17_32.py：关闭显示轴线，同时背景颜色改为黄色。

```
1  # ch17_32.py
2  from wordcloud import WordCloud
3  import matplotlib.pyplot as plt
4  import jieba
5
6  with open("utf17_29.txt", encoding='utf-8') as fp:
7      txt = fp.read()                          # 读取文件
8
9  cut_text = ' '.join(jieba.cut(txt))        # 产生分词的字符串
10
11 wd = WordCloud(                             # 建立词云对象
12     font_path="C:/Windows/Fonts\mingliu",
13     background_color="yellow",width=800,height=400).generate(cut_text)
14
15 plt.imshow(wd)                              # 由WordCloud对象建立词云图像文件
16 plt.axis("off")                             # 关闭显示轴线
17 plt.show()                                  # 显示词云图像文件
```

执行结果

注 中文分词是人工智能应用在中文语意分析 (semantic analysis) 的一门学问，对于英文字而言由于每个单字用空格或标点符号分开，所以可以很容易地执行分词。所有中文字之间没有空格，所以要将一段句子内有意义的词语解析，比较困难，一般是用匹配方式或统计学方法处理。目前精准度已经达到 97% 左右，细节则不在本书讨论范围。

17-10-5 进一步认识 jieba 模块的分词

前面所使用的文本文件，中文字部分均是一个公司名称的名词，文字内容又适度空一格了，我们也可以将词云应用于一整段文字，这时可以看到 jieba 模块的 cut( ) 方法自动分割整段中文的功力，其正确率高达百分之九十以上。

程序实例 ch17_33.py：将 utf17_33.txt 应用于 ch17_32.py。

```
1  # ch17_33.py
2  from wordcloud import WordCloud
3  import matplotlib.pyplot as plt
4  import jieba
5
6  with open("utf17_33.txt", encoding='utf-8') as fp:
7      txt = fp.read()                          # 读取文件
8
9  cut_text = ' '.join(jieba.cut(txt))          # 产生分词的字符串
10
11 wd = WordCloud(                              # 建立词云对象
12     font_path="C:/Windows/Fonts\mingliu",
13     background_color="yellow",width=800,height=400).generate(cut_text)
14
15 plt.imshow(wd)                               # 由WordCloud对象建立词云图像文件
16 plt.axis("off")                              # 关闭显示轴线
17 plt.show()                                   # 显示词云图像文件
```

执行结果

17-10-6　建立含图片背景的词云

在先前所产生的词云外观是矩形，建立词云时，另一个特点是可以依据图片的外形产生词云，如果有一个无背景的图片，可以依据此图片产生相同外形的词云。

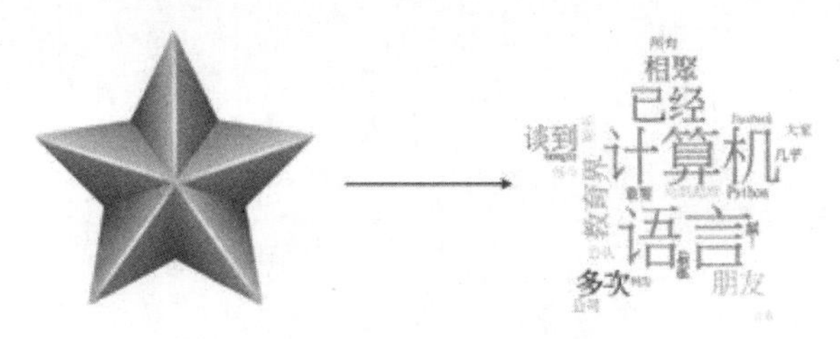

要建立这类的词云需增加使用 Numpy 模块，可参考下列语句。

```
bgimage = np.array(Image.open("star.gif"))
```

上述 np.array( ) 是建立数组所使用的参数是 Pillow 对象，这时可以将图片用大型矩阵表示，然后在有颜色的地方填词。最后在 WordCloud( ) 方法内增加 mask 参数，执行屏蔽限制图片形状，如下所示。

```
wordcloud = WordCloud(
    font_path="C:/Windows/Fonts\mingliu",
    background_color="white",
    mask=bgimage).generate(cut_text)
```

需留意当使用 mask 参数后，width 和 height 的参数设置就会失效，所以此时可以省略设置这两个参数。本程序所使用的星图 star.gif 是一个星状的无背景图。

程序实例 ch17_34.py：建立星状的词云图，所使用的背景文件是 star.gif，所使用的文本文件是 utf17_33.txt。

```
1  # ch17_34.py
2  from wordcloud import WordCloud
3  from PIL import Image
4  import matplotlib.pyplot as plt
5  import jieba
6  import numpy as np
7
8  with open("utf17_33.txt", encoding='utf-8') as fp:
9      txt = fp.read()                          # 读取文件
10 cut_text = ' '.join(jieba.cut(txt))         # 产生分词的字符串
11
12 bgimage = np.array(Image.open("star.gif"))  # 背景图
13
14 wd = WordCloud(                             # 建立词云对象
15     font_path="C:/Windows/Fonts\mingliu",
16     background_color="white",
17     mask=bgimage).generate(cut_text)        # mask设置
18
19 plt.imshow(wd)                              # 由WordCloud对象建立词云图像文件
20 plt.axis("off")                             # 关闭显示轴线
21 plt.show()                                  # 显示词云图像文件
```

执行结果

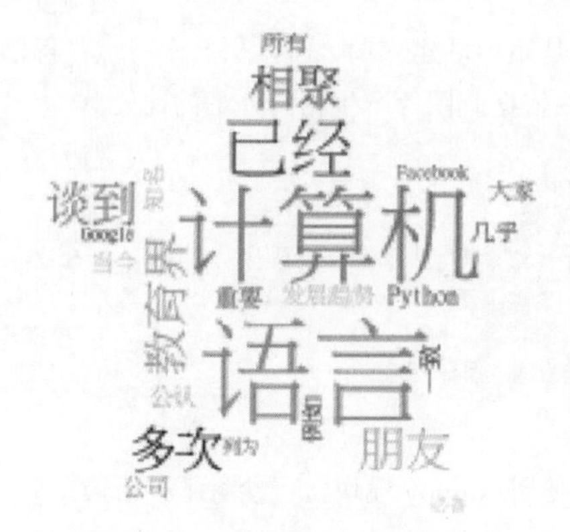

程序实例 ch17_35.py：建立人形的词云图，所使用的背景文件是 hung.gif，所使用的文本文件是 text17_28.txt，所使用的字体是 C:\Windows\Fonts\OLDENGL.Tif。

```
1  # ch17_35.py
2  from wordcloud import WordCloud
3  from PIL import Image
4  import matplotlib.pyplot as plt
5  import numpy as np
6
7  with open("text17_28.txt") as fp:             # 含中文的文本文件
8      txt = fp.read()                           # 读取文件
9
10 bgimage = np.array(Image.open("hung.gif"))   # 背景图
11
12 wd = WordCloud(                               # 建立词云对象
13     font_path="C:/Windows/Fonts\OLDENGL.TTF",
14     background_color="white",
15     mask=bgimage).generate(txt)               # mask设置
16
17 plt.imshow(wd)                                # 由WordCloud对象建立词云图像文件
18 plt.axis("off")                               # 关闭显示轴线
19 plt.show()                                    # 显示词云图像文件
```

执行结果

hung.gif

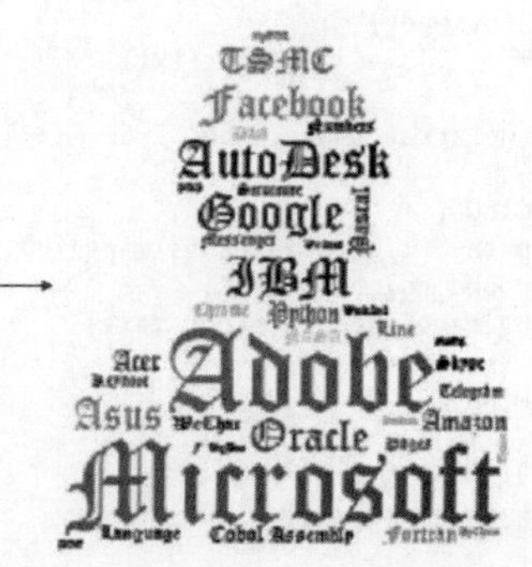

习题

1. 请用自己的大头照，使用更改宽度与高度的方法，重设大小，需留意宽度与高度必须是整数，必须附上正常和其他 8 种变化，变化方式如下。(17-4 节)

（1）高度不变，宽度是 1.2 倍。

（2）高度不变，宽度是 1.5 倍。

（3）高度不变，宽度是 0.5 倍。

（4）高度不变，宽度是 0.8 倍。

（5）宽度不变，高度是 1.2 倍。

（6）宽度不变，高度是 1.5 倍。

（7）宽度不变，高度是 0.8 倍。

（8）宽度不变，高度是 0.5 倍。

下列是 Python Shell 窗口中的执行结果，与文件夹内的文件结果。

```
===================== RESTART: D:/Python/ex/ex17_1.py =====================
>>>
```

hung

out17_1　out17_2　out17_3　out17_4　out17_5　out17_6　out17_7　out17_8

2. 请用自己的大头贴照片，将此照片的大小改为 350×500，然后在此照片四周增加 50 的外框，将执行结果存入 fig17_2.jpg。(17-5 节)

3. 请参考护照照片规格，将自己的大头贴参考 17_18.py 方式布局在图像文件内。护照相片大小是 3.5cm×4.5cm，若分辨率是 72 像素 / 英寸，则像素是 99×127。(17-5 节)

4. 请参考 ch17_19.py，但是所使用的相片是自行拍摄的学校风景，请参考 17-6 节的 10 种滤镜特效处理，然后列出结果，下列图片是参考。(17-6 节)

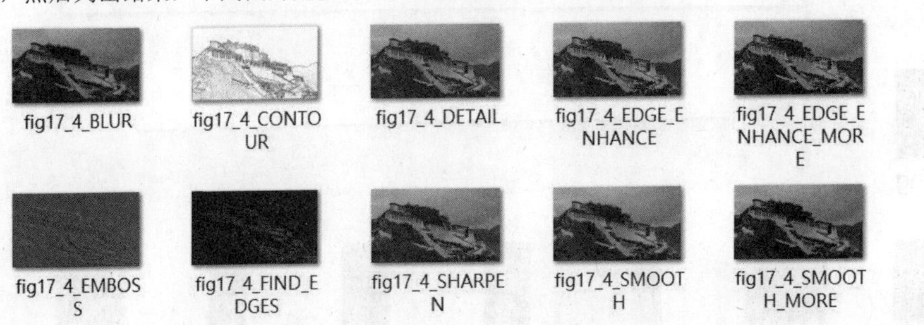

5. 请参考 ch17_20.py，扩充此程序功能，将美工线条的概念应用在左上角与右下角。(17-7 节)

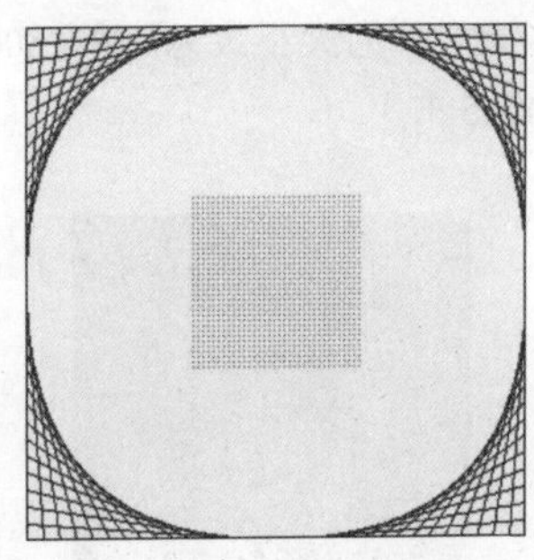

6. 请用自己的大头贴照片，将此照片的大小改为 350×500，然后在此照片的上、左、右增加 50 的外框，下方则增加 200 的外框，然后将执行结果存入 fig17_6.jpg，最后在下方填入自己的名字。(17-8 节)

7. 请建立自己母校的 QR code。(17-9 节)

8. 扩充设计 ch17_25.py，假设每小时收费是 60 元，不足一小时以一小时收费。出场时会列出停车费用。(17-9 节)

```
PS C:\Users\User> python d:\Python\ex\ex17_8.py
请扫描或输入车牌(Q/q代表结束) : atq9305.jpg
车辆入场时间 :  ATQ9305 : Mon Jun  3 15:06:43 2019
请扫描或输入车牌(Q/q代表结束) : rbt1388.jpg
车辆入场时间 :  RBT- 13838 : Mon Jun  3 15:06:56 2019
请扫描或输入车牌(Q/q代表结束) : atq9305.jpg
车辆出场时间 :  ATQ9305 : Mon Jun  3 15:07:09 2019
停车费用 :  60.0  元
请扫描或输入车牌(Q/q代表结束) : q
```

9. 请辨识下列繁体中文图片，然后存入 ex17_9.txt。(17-9 节)

2019 年 3 月
深智數位科技股份有限公司
台北市長安東路

```
PS C:\Users\User> python d:\Python\ex\ex17_9.py
2019 年 3 月
深 智 數 位 科 技 股 份 有 限 公 司
台 北 市 長 安 東 路
```

10. 请辨识下列简体中文图片，然后存入 ex17_10.txt。(17-9 节)

2019 年 3 月
深智数字科技股份有限公司
台北市长安东路

```
PS C:\Users\User> python d:\Python\ex\ex17_10.py
2019 年 3 月
深 智 数 字 科 技 股 份 有 限 公 司
台 北 市 长 安 东 路
```

11. 请参考 ch17_28.py，建立含白色背景的词云。(17-10 节)

12. 请参考 ch17_28.py，建立含白色背景的词云，同时使用 OLDENGL.tff 文件，读者可以在 c:\Windows\Fonts 找到此文件。(17-10 节)

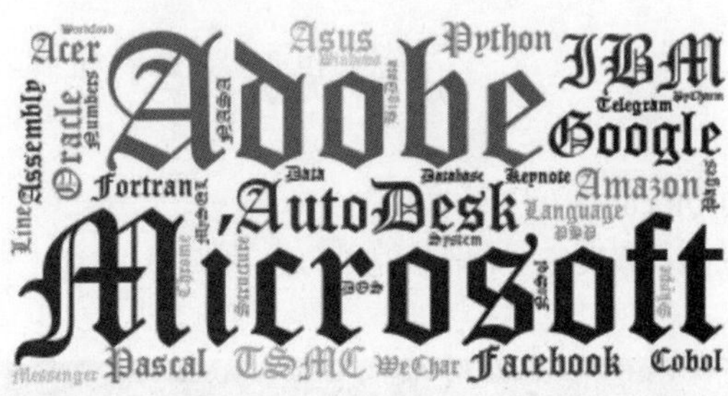

13. 请参考 ch17_34.py，然后建立词云图案，所使用的文件请自行设计，图片使用 pict.gif。(17-10 节)

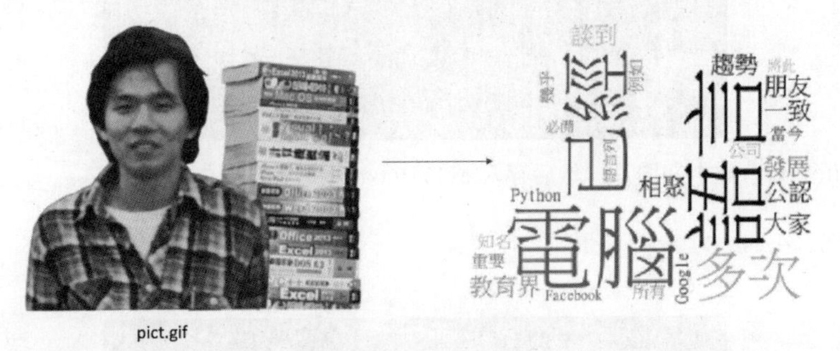

pict.gif

14. 请参考 ch17_35.py，然后建立词云图案，所使用的文本文件请自行设计，此例笔者使用 text17_28.txt 文本文件，图片使用 me.gif。(17-10 节)

me.gif

18

第 18 章

使用 tkinter 开发 GUI 程序

本章摘要

GUI 英文全名是 Graphical User Interface，中文可以翻译为**图形用户接口**，本章将介绍使用 tkinter 模块设计这方面的程序。

Tk 是一个**开放源码**（open source）的图形接口的开发工具，最初发展是从 1991 年开始，具有跨平台的特性，可以在 Linux、Windows、Mac OS 等操作系统上执行。这个工具提供许多图形接口，例如，菜单（Menu）、按钮（Button）等。目前这个工具已经移植到 Python 语言，在 Python 语言中称为 tkinter 模块。

在安装 Python 时，就已经同时安装此模块了，在使用前只需声明导入此模块即可，如下所示。

```
from tkinter import *
```

注 在 Python 2 版本中模块名称是 Tkinter，Python 3 版本中的模块名称改为 tkinter。

18-1 建立窗口

可以使用下列方法建立窗口。

```
window = Tk( )                  # 这是自行定义的 Tk 对象名称，也可以取其他名称
window.mainloop( )              # 放在程序最后一行
```

通常我们将使用 Tk( ) 方法建立的窗口称为**根窗口**（root window），未来可以在此根窗口中建立许多**组件**（widget），甚至也可以在此根窗口建立上层窗口，此例笔者用 window 当作对象名称，读者也可以自行取其他名称。上述 mainloop( ) 方法可以让程序继续执行，同时进入等待与处理窗口事件，若是单击窗口右上方的“**关闭**”按钮，此程序才会结束。

程序实例 ch18_1.py：建立空白窗口。

```
1  # ch18_1.py
2  from tkinter import *
3
4  window = Tk()
5  window.mainloop()
```

执行结果

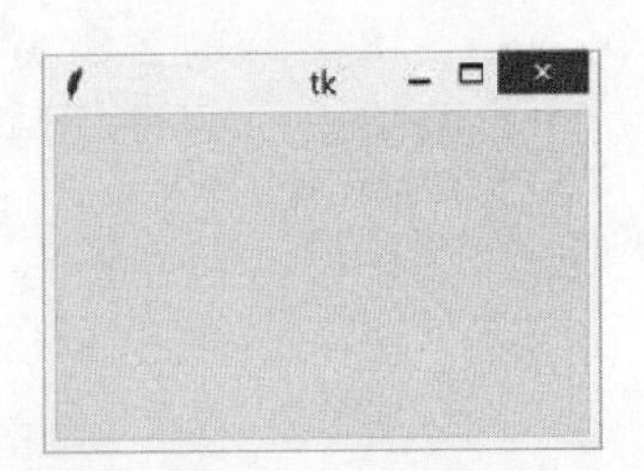

在上述窗口产生时，可以拖曳移动窗口或更改窗口大小，下列是与窗口相关的设置。

title( )：窗口标题。

geometry("widthxheight")：窗口的宽与高，单位是像素。

maxsize(width,height)：拖曳时可以设置窗口最大的宽（width）与高（height）。

resizeable(True,True)：可设置是否更改窗口大小，第一个参数是宽，第二个参数是高，如果要

固定窗口宽与高，可以使用 resizeable(0,0)。

程序实例 ch18_2.py：建立窗口标题 MyWindow，同时设置宽是 300，高是 160。

```
1  # ch18_2.py
2  from tkinter import *
3
4  window = Tk()
5  window.title("MyWindow")    # 窗口标题
6  window.geometry("300x160")  # 窗口大小
7
8  window.mainloop()
```

执行结果

18-2 标签 Label

Label( ) 方法可以用于在窗口内建立**文字**或**图形**标签，有关图形标签将在 18-12 节讨论，它的使用格式如下。

Label(父对象 ,options, …)

Label( ) 方法的第一个参数是**父对象**，表示这个标签将建立在哪一个父对象（可想成父窗口或容器）内。下列是 Label( ) 方法内其他常用的 options 参数。

text：标签内容，如果有 "\n" 则可建立多行文字。

width：标签宽度，**单位是字符**。

height：标签高度，**单位是字符**。

bg 或 background：背景色彩。

fg 或 foreground：字体色彩。

font( )：可选择字体与大小，可参考 ch18_4_1.py。

textvariable：可以设置标签以变量方式显示，可参考 ch18_14.py。

image：标签以图形方式呈现，将在 18-12 节解说。

relief：默认是 relief=flat，可由此控制标签的外框，有下列选项。

justify：在多行文件时最后一行的对齐方式有 LEFT/CENTER/RIGHT（靠左 / **居中** / 靠右），默认是**居中**对齐，将在 18-12-1 节以实例说明。

程序实例 ch18_3.py：建立一个标签，内容是 I like tkinter。

```
1  # ch18_3.py
2  from tkinter import *
3
4  window = Tk()
5  window.title("ch18_3")                # 窗口标题
6  label = Label(window,text="I like tkinter")
7  label.pack()                          # 包装与定位组件
8
9  window.mainloop()
```

执行结果 下方右图为鼠标拖曳增加窗口宽度的结果，可以看到完整的窗口标题。

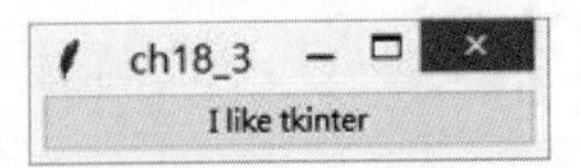

上述第 7 行的 pack( ) 方法主要是**包装窗口的组件和定位窗口的对象**，所以可以在窗口内见到上述窗口组件，此例中窗口组件是标签。对上述第 6 行和第 7 行，也可以组合成一行，可参考下列程序实例。

程序实例 ch18_3_1.py：使用 Label( ).pack( ) 方式重新设计 ch18_3.py。

```
1  # ch18_3_1.py
2  from tkinter import *
3
4  window = Tk()
5  window.title("ch18_3_1")              # 窗口标题
6  label = Label(window,text="I like tkinter").pack()
7
8  window.mainloop()
```

执行结果 与 ch18_3.py 相同。

程序实例 ch18_4.py：扩充 ch18_3.py，标签宽度是 15，背景是浅黄色。

```
1  # ch18_4.py
2  from tkinter import *
3
4  window = Tk()
5  window.title("ch18_4")                # 窗口标题
6  label = Label(window,text="I like tkinter",
7                bg="lightyellow",       # 标签背景是浅黄色
8                width=15)               # 标签宽度是15
9  label.pack()                          # 包装与定位组件
10
11 window.mainloop()
```

执行结果

程序实例 ch18_4_1.py：重新设计 ch18_4.py，使用 font 更改字体与大小的应用。

```
1  # ch18_4_1.py
2  from tkinter import *
3
4  window = Tk()
5  window.title("ch18_4_1")                   # 窗口标题
6  label = Label(window,text="I like tkinter",
7                bg="lightyellow",            # 标签背景是浅黄色
8                width=15,                    # 标签宽度是15
9                font="Helvetica 16 bold italic")
10 label.pack()                               # 包装与定位组件
11
12 window.mainloop()
```

执行结果

上述语句最重要的是第 9 行，Helvetica 是字体名称，16 是字号，bold、italic 则是**粗体**与**斜体**，如果不设置则使用默认的一般字体。

18-3 窗口组件配置管理员

在设计 GUI 程序时，可以使用 3 种方法包装和定位各组件的位置，这 3 种方法又称为窗口组件**配置管理员**（Layout Management），下面将分成 3 节说明。

18-3-1 pack( ) 方法

在正式讲解 pack( ) 方法前，请先参考下列程序实例。

程序实例 ch18_5.py：一个窗口含 3 个标签的应用。

```
1  # ch18_5.py
2  from tkinter import *
3
4  window = Tk()
5  window.title("ch18_5")                     # 窗口标题
6  lab1 = Label(window,text="明志科技大学",
7                bg="lightyellow",            # 标签背景是浅黄色
8                width=15)                    # 标签宽度是15
9  lab2 = Label(window,text="长庚大学",
10               bg="lightgreen",             # 标签背景是浅绿色
11               width=15)                    # 标签宽度是15
12 lab3 = Label(window,text="长庚科技大学",
13               bg="lightblue",              # 标签背景是浅蓝色
14               width=15)                    # 标签宽度是15
15 lab1.pack()                                # 包装与定位组件
16 lab2.pack()                                # 包装与定位组件
17 lab3.pack()                                # 包装与定位组件
18
19 window.mainloop()
```

执行结果

由上图可以看到当窗口有多个组件时，使用 pack( ) 可以让组件由上往下排列然后显示，其实这也是系统的默认环境。使用 pack( ) 方法时，也可以增加 side 参数设置组件的排列方式，此参数的值如下。

TOP：这是**默认值**，由上往下排列。

BOTTOM：由下往上排列。

LEFT：由左往右排列。

RIGHT：由右往左排列。

另外，使用 pack( ) 方法时，窗口组件间的距离是 1 像素，如果需要有适度间距，可以增加参数 padx/pady，代表**水平间距** / 垂直间距，可以分别在组件间增加间距。

程序实例 ch18_6.py：在 pack( ) 方法内增加 side=BOTTOM 重新设计 ch18_5.py。

```
15  lab1.pack(side=BOTTOM)                    # 包装与定位组件
16  lab2.pack(side=BOTTOM)                    # 包装与定位组件
17  lab3.pack(side=BOTTOM)                    # 包装与定位组件
```

执行结果

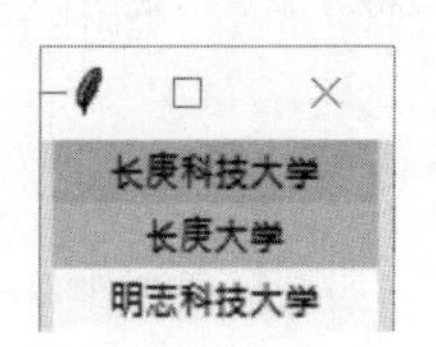

程序实例 ch18_6_1.py：重新设计 ch18_6.py，在“长庚大学”标签上下增加 5 像素间距。

```
15  lab1.pack(side=BOTTOM)                    # 包装与定位组件
16  lab2.pack(side=BOTTOM,pady=5)             # 包装与定位组件,增加y轴间距
17  lab3.pack(side=BOTTOM)                    # 包装与定位组件
```

执行结果

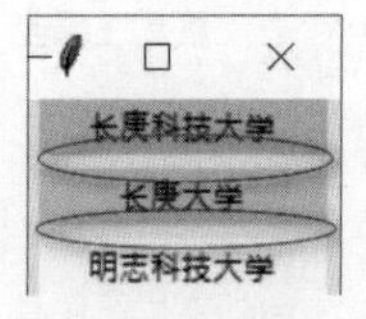

程序实例 ch18_7.py：在 pack( ) 方法内增加 side=LEFT 重新设计 ch18_5.py。

```
15  lab1.pack(side=LEFT)                      # 包装与定位组件
16  lab2.pack(side=LEFT)                      # 包装与定位组件
17  lab3.pack(side=LEFT)                      # 包装与定位组件
```

执行结果

程序实例 ch18_7_1.py：重新设计 ch18_5.py，在“长庚大学”标签左右增加 5 像素间距。

```
15  lab1.pack(side=LEFT)                    # 包装与定位组件
16  lab2.pack(side=LEFT,padx=5)             # 包装与定位组件,增加x轴间距
17  lab3.pack(side=LEFT)                    # 包装与定位组件
```

执行结果

程序实例 ch18_8.py：在 pack( ) 方法内混合使用 side 参数重新设计 ch18_5.py。

```
15  lab1.pack()                            # 包装与定位组件
16  lab2.pack(side=RIGHT)                  # 包装与定位组件
17  lab3.pack(side=LEFT)                   # 包装与定位组件
```

执行结果

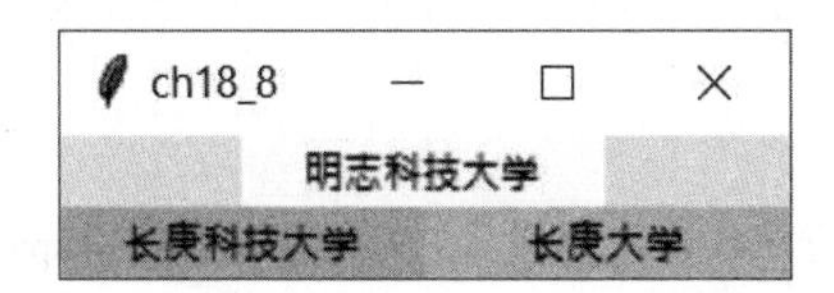

18-3-2　grid( ) 方法

1. 基本概念

这是一种以格状（类似 Excel 电子表格）包装和定位窗口组件的方法，使用 row 和 column 参数。下面是此格状方法的概念。

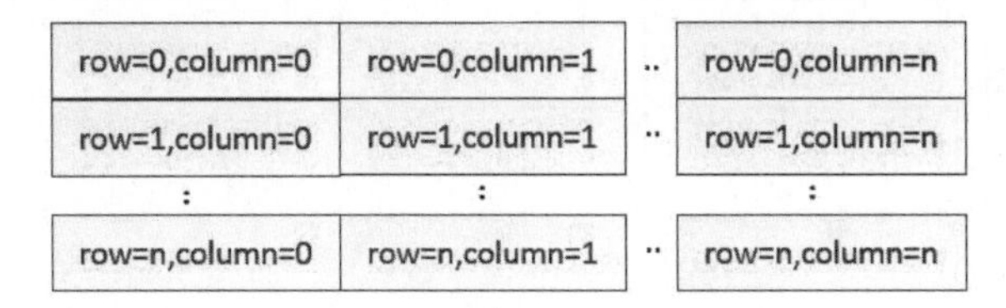

row=0,column=0	row=0,column=1	..	row=0,column=n
row=1,column=0	row=1,column=1	..	row=1,column=n
:	:		:
row=n,column=0	row=n,column=1	..	row=n,column=n

注　上述表达方式也可以将最左上角的 row 和 column 从 1 开始计数。

可以适度调整 grid( ) 方法内的 row 和 column 值，即可包装窗口组件的位置。

程序实例 ch18_9.py：使用 grid( ) 方法取代 pack( ) 方法重新设计 ch18_5.py。

```
15  lab1.grid(row=0,column=0)              # 格状包装
16  lab2.grid(row=1,column=0)              # 格状包装
17  lab3.grid(row=1,column=1)              # 格状包装
```

执行结果

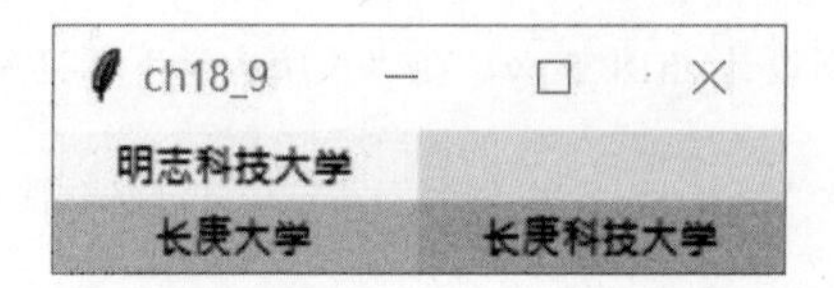

程序实例 ch18_10.py：格状包装的另一个应用。

```
15  lab1.grid(row=0,column=0)              # 格状包装
16  lab2.grid(row=1,column=2)              # 格状包装
17  lab3.grid(row=2,column=1)              # 格状包装
```

执行结果

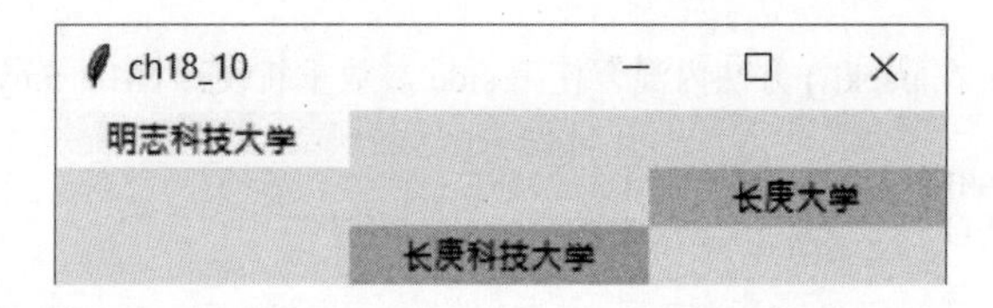

在 grid( ) 方法内也可以增加 sticky 参数，可以用此参数设置 N/S/W/E，意义是上 / 下 / 左 / 右对齐。此外，也可以增加 padx/pady 参数分别设置组件与相邻组件的 x 轴间距 /y 轴间距。细节可以参考程序实例 ch18_17.py。

2. columnspan 参数

可以设置控件在 column 方向的合并数量，在正式讲解 columnspan 参数功能前，下面先介绍建立一个含 8 个标签的应用。

程序实例 ch18_10_1.py：使用 grid 方法建立含 8 个标签的应用。

```
 1  # ch18_10_1.py
 2  from tkinter import *
 3
 4  window = Tk()
 5  window.title("ch18_10_1")                  # 窗口标题
 6  lab1 = Label(window,text="标签1",relief="raised")
 7  lab2 = Label(window,text="标签2",relief="raised")
 8  lab3 = Label(window,text="标签3",relief="raised")
 9  lab4 = Label(window,text="标签4",relief="raised")
10  lab5 = Label(window,text="标签5",relief="raised")
11  lab6 = Label(window,text="标签6",relief="raised")
12  lab7 = Label(window,text="标签7",relief="raised")
13  lab8 = Label(window,text="标签8",relief="raised")
14  lab1.grid(row=0,column=0)
15  lab2.grid(row=0,column=1)
16  lab3.grid(row=0,column=2)
17  lab4.grid(row=0,column=3)
18  lab5.grid(row=1,column=0)
19  lab6.grid(row=1,column=1)
20  lab7.grid(row=1,column=2)
21  lab8.grid(row=1,column=3)
22
23  window.mainloop()
```

执行结果

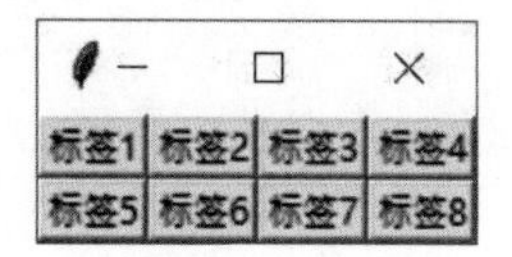

如果发生了标签 2 和标签 3 的区间是被一个标签占用的情况，此时就是使用 columnspan 参数的场合。

程序实例 ch18_10_2.py：重新设计 ch18_10_1.py，将标签 2 和标签 3 合并成一个标签。

```
1  # ch18_10_2.py
2  from tkinter import *
3
4  window = Tk()
5  window.title("ch18_10_2")                    # 窗口标题
6  lab1 = Label(window,text="标签1",relief="raised")
7  lab2 = Label(window,text="标签2",relief="raised")
8  lab4 = Label(window,text="标签4",relief="raised")
9  lab5 = Label(window,text="标签5",relief="raised")
10 lab6 = Label(window,text="标签6",relief="raised")
11 lab7 = Label(window,text="标签7",relief="raised")
12 lab8 = Label(window,text="标签8",relief="raised")
13 lab1.grid(row=0,column=0)
14 lab2.grid(row=0,column=1,columnspan=2)
15 lab4.grid(row=0,column=3)
16 lab5.grid(row=1,column=0)
17 lab6.grid(row=1,column=1)
18 lab7.grid(row=1,column=2)
19 lab8.grid(row=1,column=3)
20
21 window.mainloop()
```

执行结果

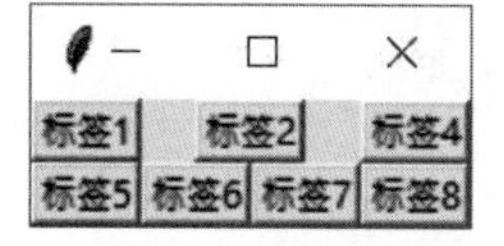

3. rowspan 参数

可以设置控件在 row 方向的合并数量。参照程序实例 ch18_10_1.py，如果发生了标签 2 和标签 6 的区间是被同一个标签占用，此时就是使用 rowspan 参数的场合。

程序实例 ch18_10_3.py：重新设计 ch18_10_1.py，将标签 2 和标签 6 合并成一个标签。

```
1  # ch18_10_3.py
2  from tkinter import *
3
4  window = Tk()
5  window.title("ch18_10_3")                    # 窗口标题
6  lab1 = Label(window,text="标签1",relief="raised")
7  lab2 = Label(window,text="标签2",relief="raised")
8  lab3 = Label(window,text="标签3",relief="raised")
9  lab4 = Label(window,text="标签4",relief="raised")
10 lab5 = Label(window,text="标签5",relief="raised")
11 lab7 = Label(window,text="标签7",relief="raised")
12 lab8 = Label(window,text="标签8",relief="raised")
13 lab1.grid(row=0,column=0)
14 lab2.grid(row=0,column=1,rowspan=2)
15 lab3.grid(row=0,column=2)
16 lab4.grid(row=0,column=3)
17 lab5.grid(row=1,column=0)
18 lab7.grid(row=1,column=2)
19 lab8.grid(row=1,column=3)
20
21 window.mainloop()
```

执行结果

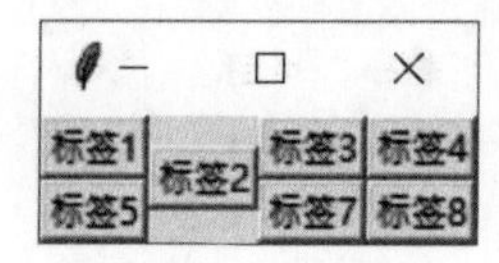

18-3-3 place( )方法

使用 place( ) 方法内的 x 和 y 参数可以直接设置窗口组件的**左上方位置**，单位是**像素**，窗口显示区的左上角是（x=0,y=0），x 是往右递增，y 是往下递增。使用这种方法时，窗口将不会自动重设大小，而是使用默认的大小显示，可参考 ch18_1.py 的执行结果。

程序实例 ch18_11.py：使用 place( ) 方法直接设置标签的位置，重新设计 ch18_5.py。

```
1  # ch18_11.py
2  from tkinter import *
3
4  window = Tk()
5  window.title("ch18_11")                   # 窗口标题
6  lab1 = Label(window,text="明志科技大学",
7               bg="lightyellow",          # 标签背景是浅黄色
8               width=15)                  # 标签宽度是15
9  lab2 = Label(window,text="长庚大学",
10              bg="lightgreen",           # 标签背景是浅绿色
11              width=15)                  # 标签宽度是15
12 lab3 = Label(window,text="长庚科技大学",
13              bg="lightblue",            # 标签背景是浅蓝色
14              width=15)                  # 标签宽度是15
15 lab1.place(x=0,y=0)                     # 直接定位
16 lab2.place(x=30,y=50)                   # 直接定位
17 lab3.place(x=60,y=100)                  # 直接定位
18
19 window.mainloop()
```

执行结果

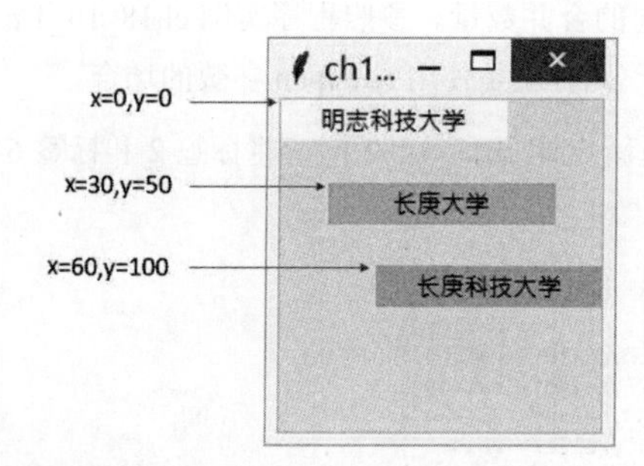

18-3-4 窗口组件位置的总结

使用 tkinter 模块设计 GUI 程序时，虽然可以使用 place( ) 方法定位组件的位置，不过笔者建议尽量使用 pack( ) 和 grid( ) 方法定位组件的位置，因为当窗口组件较多时，使用 place( ) 需计算组件位置，会比较不方便，同时当新增或减少组件时又需重新计算设置组件位置，这样较为不便。

18-4 功能按钮 Button

18-4-1 基本概念

功能按钮也可称为按钮，在窗口组件中可以设计单击功能按钮时，执行某一个特定的动作。它的使用格式如下。

Button (**父对象** ， options， …)

Button( ) 方法的第一个参数是**父对象**，表示这个功能按钮将建立在哪一个窗口内。下列是 Button( ) 方法内其他常用的 options 参数。

text：功能按钮名称。

width：宽，单位是字符宽。

height：高，单位是字符高。

bg 或 background：背景色彩。

fg 或 foreground：字体色彩。

image：功能按钮上的图形，可参考 18-12-2 节。

command：单击功能按钮时，执行此参数所指定的方法。

程序实例 ch18_12.py：当单击功能按钮时可以显示字符串 I love Python，底色是浅黄色，字符串颜色是蓝色。

```
1  # ch18_12.py
2  from tkinter import *
3
4  def msgShow():
5      label["text"] = "I love Python"
6      label["bg"] = "lightyellow"
7      label["fg"] = "blue"
8
9  window = Tk()
10 window.title("ch18_12")             # 窗口标题
11 label = Label(window)               # 标签内容
12 btn = Button(window,text="Message",command=msgShow)
13
14 label.pack()
15 btn.pack()
16
17 window.mainloop()
```

执行结果

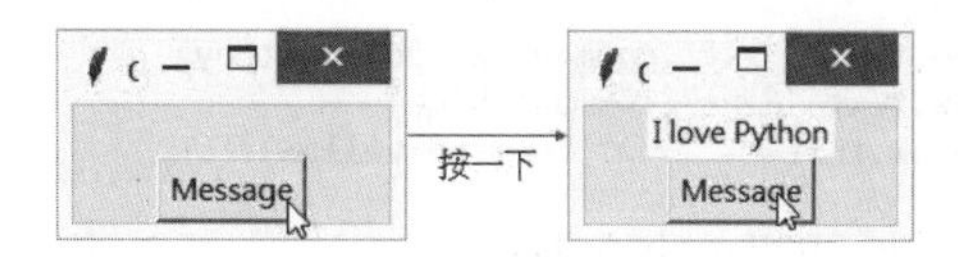

程序实例 ch18_13.py：扩充设计 ch18.12.py，若单击 Exit 按钮，窗口可以关闭。

```
1  # ch18_13.py
2  from tkinter import *
3
4  def msgShow():
5      label["text"] = "I love Python"
6      label["bg"] = "lightyellow"
7      label["fg"] = "blue"
8
9  window = Tk()
10 window.title("ch18_13")              # 窗口标题
11 label = Label(window)                # 标签内容
12 btn1 = Button(window,text="Message",width=15,command=msgShow)
13 btn2 = Button(window,text="Exit",width=15,command=window.destroy)
14 label.pack()
15 btn1.pack(side=LEFT)                 # 按钮1
16 btn2.pack(side=RIGHT)                # 按钮2
17
18 window.mainloop()
```

执行结果

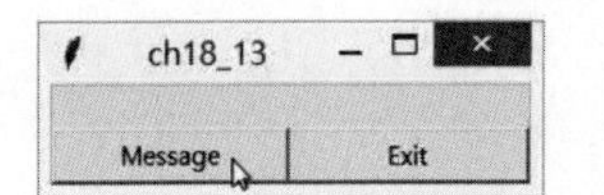

上述第 13 行的 window.destroy 可以关闭 window 窗口对象，同时程序结束。另一个常用的是 window.quit，可以让 Python Shell 内执行的程序结束，但是 window 窗口则继续执行，在 ch18_16.py 中会做实例说明。

18-4-2 设置窗口背景 config( )

config（option=value）其实是窗口组件的通用方法，通过设置 option 为 bg 参数时，可以设置窗口组件的背景颜色。

程序实例 ch18_13_1.py：在窗口右下角有 3 个按钮，单击 Yellow 按钮可以将窗口背景设为黄色，单击 Blue 按钮可以将窗口背景设为蓝色，单击 Exit 按钮可以结束程序。

```
1  # ch18_13_1.py
2  from tkinter import *
3
4  def yellow():                        # 设置窗口背景是黄色
5      window.config(bg="yellow")
6  def blue():                          # 设置窗口背景是蓝色
7      window.config(bg="blue")
8
9  window = Tk()
10 window.title("ch18_13_1")
11 window.geometry("300x200")           # 固定窗口大小
12 # 依次建立3个按钮
13 exitbtn = Button(window,text="Exit",command=window.destroy)
14 bluebtn = Button(window,text="Blue",command=blue)
15 yellowbtn = Button(window,text="Yellow",command=yellow)
16 # 将3个按钮包装定位在右下方
17 exitbtn.pack(anchor=S,side=RIGHT,padx=5,pady=5)
18 bluebtn.pack(anchor=S,side=RIGHT,padx=5,pady=5)
19 yellowbtn.pack(anchor=S,side=RIGHT,padx=5,pady=5)
20
21 window.mainloop()
```

执行结果

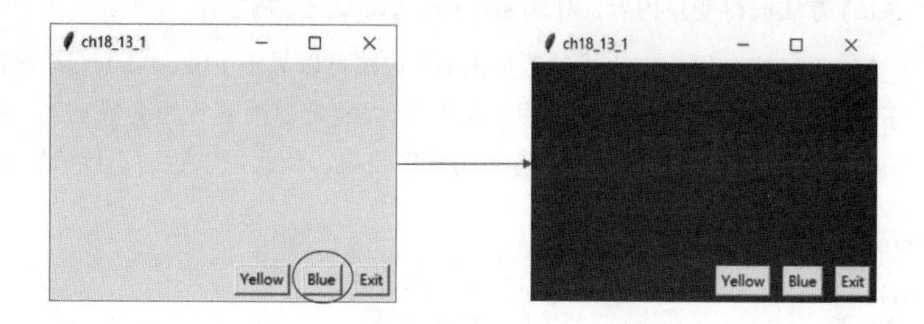

18-4-3　使用 lambda 表达式的好时机

在 ch18_13_1.py 设计过程中，Yellow 按钮和 Blue 按钮是执行相同工作，但是所传递的颜色参数不同，其实这是使用 lambda 表达式的好时机，我们可以通过 lambda 表达式调用相同的方法，但是传递不同的参数方式简化设计。

程序实例 ch18_13_2.py：使用 lambda 表达式重新设计 ch18_13_1.py。

```
1  # ch18_13_2.py
2  from tkinter import *
3
4  def bColor(bgColor):                # 设置窗口背景颜色
5      window.config(bg=bgColor)
6
7  window = Tk()
8  window.title("ch18_13_2")
9  window.geometry("300x200")          # 固定窗口大小
10 # 依次建立3个按钮
11 exitbtn = Button(window,text="Exit",command=window.destroy)
12 bluebtn = Button(window,text="Blue",command=lambda:bColor("blue"))
13 yellowbtn = Button(window,text="Yellow",command=lambda:bColor("yellow"))
14 # 将3个按钮包装定位在右下方
15 exitbtn.pack(anchor=S,side=RIGHT,padx=5,pady=5)
16 bluebtn.pack(anchor=S,side=RIGHT,padx=5,pady=5)
17 yellowbtn.pack(anchor=S,side=RIGHT,padx=5,pady=5)
18
19 window.mainloop()
```

上述也可以省略第 4、5 行的 bColor( ) 函数，此时第 12、13 行的 lambda 将改成下列语句。

```
command=lambda:window.config(bg="blue")
command=lambda:window.config(bg="yellow")
```

18-5　变量类型

有些窗口组件在执行时会更改内容，此时可以使用 tkinter 模块内的变量类型（Variable Classes），它的使用方式如下。

```
x = IntVar( )                  # 整数变量，默认是 0
x = DoubleVar( )               # 浮点数变量，默认是 0.0
x = StringVar( )               # 字符串变量，默认是 ""
```

```
x = BooleanVar( )                # 布尔值变量 ,True 是 1,False 是 0
```

可以使用 get( ) 方法取得变量内容，使用 set( ) 方法设置变量内容。

程序实例 ch18_14.py：这个程序在执行时若单击 Hit 按钮可以显示 I like tkinter 字符串，如果已经显示此字符串则改成不显示此字符串。这个程序第 17 行是将标签内容设为变量 x，第 8 行是设置显示标签时的标签内容，第 11 行则是将标签内容设为空字符串，如此可以达到不显示标签内容。

```
1  # ch18_14.py
2  from tkinter import *
3
4  def btn_hit():                                   # 处理按钮事件
5      global msg_on                                # 这是全局变量
6      if msg_on == False:
7          msg_on = True
8          x.set("I like tkinter")                  # 显示文字
9      else:
10         msg_on = False
11         x.set("")                                # 不显示文字
12
13 window = Tk()
14 window.title("ch18_14")                          # 窗口标题
15
16 msg_on = False                                   # 全局变量默认是False
17 x = StringVar()                                  # Label的变量内容
18
19 label = Label(window,textvariable=x,             # 设置Label内容是变量x
20               fg="blue",bg="lightyellow",        # 浅黄色底蓝色字
21               font="Verdana 16 bold",            # 字体设置
22               width=25,height=2).pack()          # 标签内容
23 btn = Button(window,text="Hit",command=btn_hit).pack()
24
25 window.mainloop()
```

执行结果

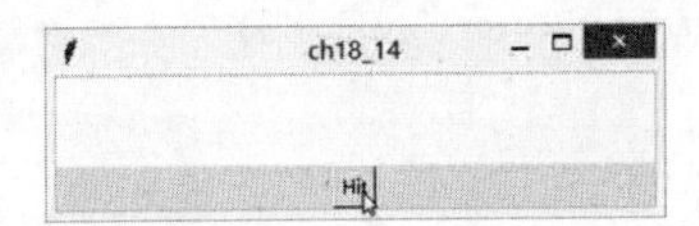

18-6 文本框 Entry

文本框 Entry 通常是指单行的文本框，它的使用格式如下。

Entry(父对象 , options, …)

Entry( ) 方法的第一个参数是**父对象**，表示这个文本框将建立在哪一个窗口内。下列是 Entry( ) 方法内其他常用的 options 参数。

width：宽，单位是字符宽。

height：高，单位是字符高。

bg 或 background：背景色彩。

fg 或 foreground：字体色彩。

state：输入状态，默认是 NORMAL，表示可以输入，DISABLE 则是无法输入。

textvariable：文字变量。

show：显示输入字符，例如，show='*' 表示显示星号，常用于密码字段输入。

程序实例 ch18_15.py：在窗口内建立标签和文本框，读者也可以在文本框内执行输入，其中第 2 个文本框对象 e2 有设置 show='*'，所以输入时所输入的字符用 * 显示。

```
1  # ch18_15.py
2  from tkinter import *
3
4  window = Tk()
5  window.title("ch18_15")           # 窗口标题
6
7  lab1 = Label(window,text="Account ").grid(row=0)
8  lab2 = Label(window,text="Password").grid(row=1)
9
10 e1 = Entry(window)                # 文本框1
11 e2 = Entry(window,show='*')       # 文本框2
12 e1.grid(row=0,column=1)           # 定位文本框1
13 e2.grid(row=1,column=1)           # 定位文本框2
14
15 window.mainloop()
```

执行结果

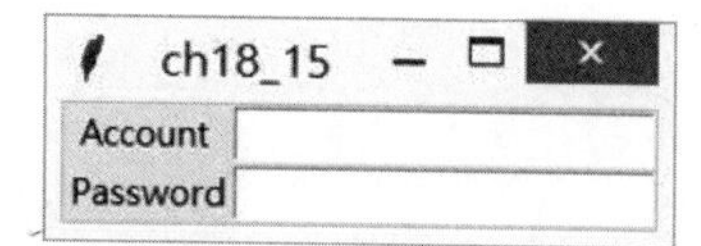

上述第 7 行设置 grid(row=0)，在没有设置 column=x 的情况下，系统将自动设置 column=0，第 8 行相同。

程序实例 ch18_16.py：扩充上述程序，增加 Print 按钮和 Quit 单击，若是单击 Print 按钮，可以在 Python Shell 窗口看到所输入的 Account 和 Password。若是单击 Quit 按钮，可以看到在 Python Shell 窗口执行的程序结束，但是屏幕上仍可以看到此 ch18_16 窗口在执行。

```
1  # ch18_16.py
2  from tkinter import *
3  def printInfo():                        # 打印输入信息
4      print("Account: %s\nPassword: %s" % (e1.get(),e2.get()))
5
6  window = Tk()
7  window.title("ch18_16")                 # 窗口标题
8
9  lab1 = Label(window,text="Account ").grid(row=0)
10 lab2 = Label(window,text="Password").grid(row=1)
11
12 e1 = Entry(window)                      # 文本框1
13 e2 = Entry(window,show='*')             # 文本框2
14 e1.grid(row=0,column=1)                 # 定位文本框1
15 e2.grid(row=1,column=1)                 # 定位文本框2
16
17 btn1 = Button(window,text="Print",command=printInfo)
18 btn1.grid(row=2,column=0)
19 btn2 = Button(window,text="Quit",command=window.quit)
20 btn2.grid(row=2,column=1)
21
22 window.mainloop()
```

执行结果

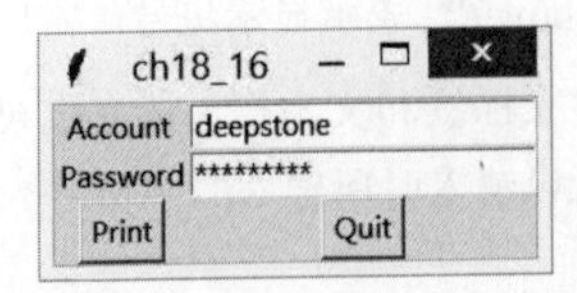

下面是先单击 Print 按钮，再单击 Quit 按钮，在 Python Shell 窗口的执行结果。

```
==================== RESTART: D:\Python\ch18\ch18_16.py ====================
Account: deepstone
Password: deepstone
>>>
```

从上述执行结果可以看到，Print 按钮和 Quit 按钮并没有对齐上方的标签和文本框，我们可以在 grid( ) 方法内增加 sticky 参数，同时将此参数设为 W，即可靠左对齐字段。另外，也可以使用 pady 设置对象上下的间距，padx 则是可以设置左右的间距。

程序实例 ch18_17.py：使用 sticky=W 参数和 pady=10 参数，重新设计 ch18_16.py。

```
17  btn1 = Button(window,text="Print",command=printInfo)
18  # sticky=W可以设置对象与上面的Label对齐，pady设置上下间距是10
19  btn1.grid(row=2,column=0,sticky=W,pady=10)
20  btn2 = Button(window,text="Quit",command=window.quit)
21  # sticky=W可以设置对象与上面的Entry对齐，pady设置上下间距是10
22  btn2.grid(row=2,column=1,sticky=W,pady=10)
```

执行结果

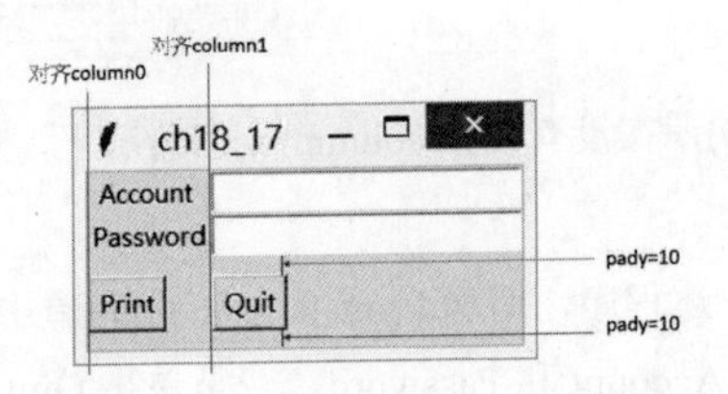

1. 在 Entry 中插入字符串

在 tkinter 模块的应用中可以使用 insert(index,s) 方法插入字符串，s 是所插入的字符串，字符串会插入在 index 位置前。程序设计时可以使用这个方法为文本框建立默认的文字，通常会将它放在 Entry( ) 方法建立完文本框后，可参考下列实例第 14、15 行。

程序实例 ch18_18.py：扩充 ch18_17.py，为程序建立默认的 Account 为 kevin，Password 为 pwd。相较于 ch18_17.py 这个程序增加了第 14、15 行。

```
12  e1 = Entry(window)                    # 文本框1
13  e2 = Entry(window,show='*')           # 文本框2
14  e1.insert(1,"Kevin")                  # 默认文本框1内容
15  e2.insert(1,"pwd")                    # 默认文本框2内容
```

执行结果

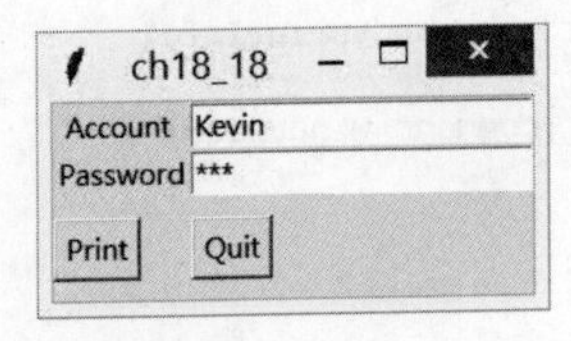

2. 在 Entry 中删除字符串

在 tkinter 模块的应用中可以使用 delete(first,last=None) 方法删除 Entry 内的字符串，如果要删除整个字符串可以使用 delete(0,END)。

程序实例 ch18_19.py：扩充程序实例 ch18_18.py，当单击 Print 按钮后，清空文本框 Entry 中的内容。

```
1  # ch18_19.py
2  from tkinter import *
3  def printInfo():                        # 打印输入信息
4      print("Account: %s\nPassword: %s" % (e1.get(),e2.get()))
5      e1.delete(0,END)                    # 删除文本框1
6      e2.delete(0,END)                    # 删除文本框2
7
8  window = Tk()
9  window.title("ch18_19")                 # 窗口标题
10
11 lab1 = Label(window,text="Account ").grid(row=0)
12 lab2 = Label(window,text="Password").grid(row=1)
13
14 e1 = Entry(window)                      # 文本框1
15 e2 = Entry(window,show='*')             # 文本框2
16 e1.insert(1,"Kevin")                    # 默认文本框1内容
17 e2.insert(1,"pwd")                      # 默认文本框2内容
18 e1.grid(row=0,column=1)                 # 定位文本框1
19 e2.grid(row=1,column=1)                 # 定位文本框2
20
21 btn1 = Button(window,text="Print",command=printInfo)
22 # sticky=W可以设置对象与上面的Label对齐, pady设置上下间距是10
23 btn1.grid(row=2,column=0,sticky=W,pady=10)
24 btn2 = Button(window,text="Quit",command=window.quit)
25 # sticky=W可以设置对象与上面的Entry对齐, pady设置上下间距是10
26 btn2.grid(row=2,column=1,sticky=W,pady=10)
27
28 window.mainloop()
```

执行结果

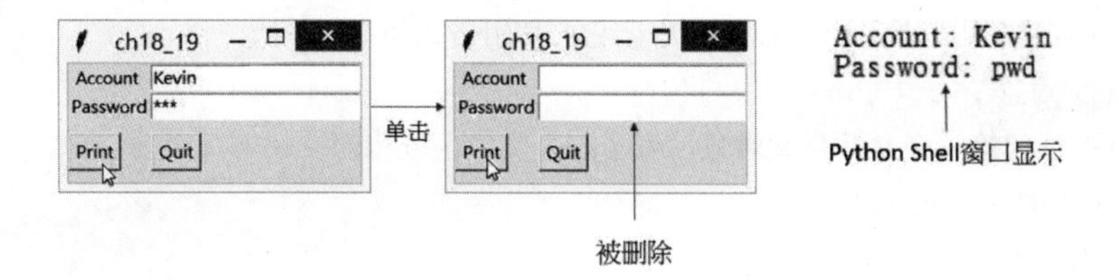

3. Entry 的应用

在结束本节前，将讲解标签、文本框、按钮的综合应用，当读者彻底了解了本程序后，就应该有能力设计小计算器程序了。

程序实例 ch18_20.py：设计可以执行加法运算的程序。

```
1  # ch18_20.py
2  from tkinter import *
3  def add():                              # 加法运算
4      n3.set(n1.get()+n2.get())
5
6  window = Tk()
7  window.title("ch18_20")                 # 窗口标题
8
9  n1 = IntVar()
10 n2 = IntVar()
11 n3 = IntVar()
12
```

```
13  e1 = Entry(window,width=8,textvariable=n1)          # 文本框1
14  label = Label(window,width=3,text='+')              # 加号
15  e2 = Entry(window,width=8,textvariable=n2)          # 文本框2
16  btn = Button(window,width=5,text='=',command=add)   # =按钮
17  e3 = Entry(window,width=8,textvariable=n3)          # 存储结果文本框
18
19  e1.grid(row=0,column=0)                             # 定位文本框1
20  label.grid(row=0,column=1,padx=5)                   # 定位加号
21  e2.grid(row=0,column=2)                             # 定位文本框2
22  btn.grid(row=1,column=1,pady=5)                     # 定位=按钮
23  e3.grid(row=2,column=1)                             # 定位存储结果
24
25  window.mainloop()
```

执行结果 下列分别是程序执行前、输入数值、单击等号按钮的结果。

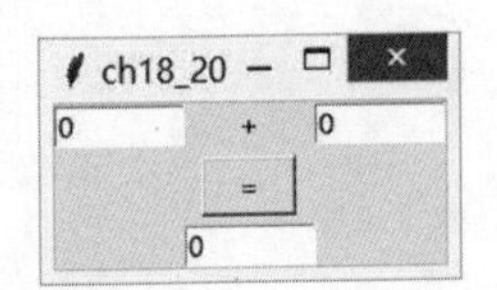

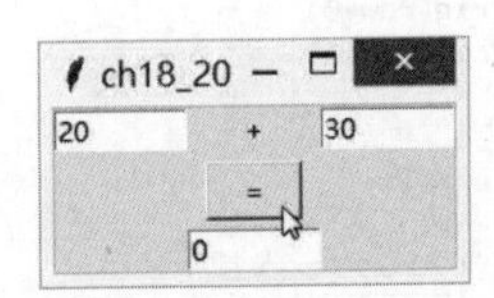

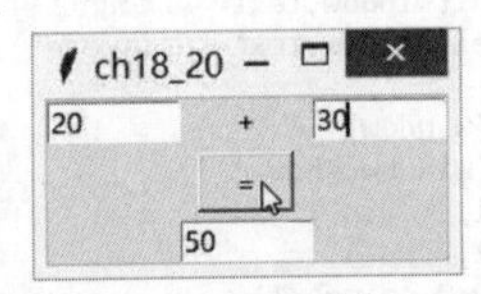

上述语句第 20 行内有 padx=5，相当于设置加号标签左右间距是 5 像素。第 22 行的 pady=5 是设置等号按钮上下间距是 5 像素。当我们单击等号按钮时，程序会执行第 3 行的 add( ) 函数执行加法运算，在此函数的 n1.get( ) 可以取得 n1 变量值，n3.set( ) 则是设置 n3 变量值。

18-7 文字区域 Text

可以将 Text 想成是 Entry 的扩充，可以在此输入多行文本，甚至也可以使用此区域建立简单的文字编辑程序或是利用它设计网页浏览程序。它的使用格式如下。

```
Text（父对象，options，…）
```

Text( ) 方法的第一个参数是**父对象**，表示这个文字区域将建立在哪一个窗口内。下列是 Text( ) 方法内其他常用的 options 参数。

width：宽，单位是字符宽。

height：高，单位是字符高。

bg 或 background：背景色彩。

fg 或 foreground：字体色彩。

state：输入状态，默认是 NORMAL，表示可以输入，DISABLE 则是无法输入。

xscrollbarcommand：水平滚动条。

yscrollbarcommand：垂直滚动条，可参考下一节的实例。

wrap：这是换行参数，默认是 CHAR，如果输入数据超出行宽度时，必要时会将单字依拼音拆成不同行输出。如果是 WORD，则不会将单字拆成不同行输出。如果是 NONE，则不换行，这时将有水平滚动条。

程序实例 ch18_21.py：文字区域 Text 的基本应用。

```
1  # ch18_21.py
2  from tkinter import *
3
4  window = Tk()
5  window.title("ch18_21")              # 窗口标题
6
7  text = Text(window,height=2,width=30)
8  text.insert(END,"我怀念\n我的明志工专生活点滴")
9  text.pack()
10
11 window.mainloop()
```

执行结果

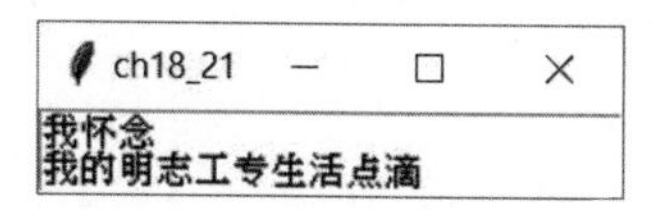

上述 insert( ) 方法的第一个参数 END 表示插入文字区域末端，由于目前文字区域是空的，所以就插在前面。

程序实例 ch18_22.py：插入多个字符串，发现文字区域不够使用，造成部分字符串无法显示。

```
1  # ch18_22.py
2  from tkinter import *
3
4  window = Tk()
5  window.title("ch18_22")              # 窗口标题
6
7  text = Text(window,height=2,width=30)
8  text.insert(END,"我怀念\n一个人的极境旅行")
9  str = """2016年12月,我一个人订了机票和船票,
10 开始我的南极旅行,飞机经迪拜再往阿根廷的乌斯怀雅,
11 在此我登上邮轮开始我的南极之旅"""
12 text.insert(END,str)
13 text.pack()
14
15 window.mainloop()
```

执行结果

由上述执行结果可以发现，字符串 str 中许多内容没有显示，此时可以增加文字区域 Text 的行数；另一种方法是可以使用滚动条，其实这也是比较高明的方法。

18-8　滚动条 Scrollbar

对前一节的实例而言，窗口内只有文字区域 Text，所以在设计滚动条时，可以只有一个参数，就是窗口对象，前面实例中均使用 window 当作窗口对象，此时可以用下列指令设计滚动条。

```
scrollbar = Scrollbar(window)                # scrollbar 是滚动条对象
```

程序实例 ch18_23.py：扩充程序实例 ch18_22.py，主要是增加滚动条功能。

```
1  # ch18_23.py
2  from tkinter import *
3
4  window = Tk()
5  window.title("ch18_23")                        # 窗口标题
6  scrollbar = Scrollbar(window)                  # 卷轴对象
7  text = Text(window,height=2,width=30)          # 文字区域对象
8  scrollbar.pack(side=RIGHT,fill=Y)              # 靠右安置与父对象高度相同
9  text.pack(side=LEFT,fill=Y)                    # 靠左安置与父对象高度相同
10 scrollbar.config(command=text.yview)
11 text.config(yscrollcommand=scrollbar.set)
12 text.insert(END,"我怀念\n一个人的极境旅行")
13 str = """2016年12月,我一个人订了机票和船票,
14 开始我的南极旅行,飞机经迪拜再往阿根廷的乌斯怀雅,
15 在此我登上邮轮开始我的南极之旅"""
16 text.insert(END,str)
17
18 window.mainloop()
```

执行结果

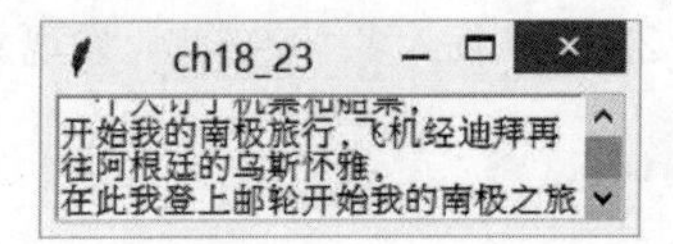

上述程序第 8 和 9 行的 fill=Y 主要是设置此对象高度与父对象相同，第 10 行 scrollbar.config( ) 方法主要是为 scrollbar 对象设置选择性参数内容，此例是设置 command 参数，它的用法与下列语句相同。

```
scrollbar["command"] = text.yview              # 设置执行方法
```

也就是当移动滚动条时，会去执行所指定的方法，此例是执行 yview( ) 方法。第 11 行是将文字区域的选项参数 yscrollcommand 设置为 scrollbar.set，表示将文字区域与滚动条做链接。

18-9 选项按钮 Radiobutton

选项按钮 Radio Button 名称的由来是无线电的按钮，在收音机时代可以用无线电的按钮选择特定频道。选项按钮最大的特点可以用鼠标单击方式选取此选项，同时一次只能有一个选项被选取。例如，在填写学历栏时，如果有一系列选项是高中、大学、硕士、博士，此时只能勾选一个项目。可以使用 Radiobutton( ) 方法建立选项按钮，它的使用方法如下。

```
Radiobutton( 父对象 , options, … )
```

Radiobutton( ) 方法的第一个参数是**父对象**，表示这个选项按钮将建立在哪一个窗口内。下列是 Radiobutton( ) 方法内其他常用的 options 参数。

text：选项按钮旁的文字。

font：字体。

height：选项按钮的文字有几行，默认是 1 行。

width：选项按钮的文字区间有几个字符宽，省略时会自行调整为实际宽度。

padx：默认是 1，可设置选项按钮与文字的间隔。

pady：默认是 1，可设置选项按钮的上下间距。

value：选项按钮的值，可以区分所选取的选项按钮。

indicatoron：当此值为 0 时，可以建立盒子选项按钮。

command：当用户更改选项时，会自动执行此函数。

variable：设置或取得目前选取的单选按钮，它的值类型通常是 IntVar 或 StringVar。

程序实例 ch18_24.py：这是一个简单选项按钮的应用，程序刚执行时默认选项是“男生”，此时窗口上方显示“尚未选择”，然后可以选择“男生”或“女生”，选择完成后可以显示“你是男生”或“你是女生”。

```
1  # ch18_24.py
2  from tkinter import *
3  def printSelection():
4      label.config(text="你是" + var.get())
5
6  window = Tk()
7  window.title("ch18_24")                        # 窗口标题
8
9  var = StringVar()
10 var.set("男生")                                # 默认选项
11 label = Label(window,text="尚未选择", bg="lightyellow",width=30)
12 label.pack()
13
14 rb1 = Radiobutton(window,text="男生",
15                   variable=var,value='男生',
16                   command=printSelection).pack()
17 rb2 = Radiobutton(window,text="女生",
18                   variable=var,value='女生',
19                   command=printSelection).pack()
20
21 window.mainloop()
```

执行结果

上述第 9 行是设置 var 变量是 StringVar( ) 对象，也是字符串对象。第 10 行是设置默认选项是**“男生”**，第 11 和 12 行是设置标签信息。第 14 ～ 16 行是建立“男生”选项按钮，第 17 ～ 19 行是建立“女生”选项按钮。当有按钮产生时，会执行第 3、4 行的函数，这个函数会由 var.get( ) 获得目前选项按钮，然后将此选项按钮对应的 value 值设置给标签对象 label 的 text，所以可以看到所选的结果。

上述建立选项按钮的方法虽然好用，但是当选项变多时程序就会显得比较复杂，此时可以考虑使用字典存储选项，然后用遍历字典方式建立选项按钮，可参考下列实例。

程序实例 ch18_25.py：为字典内的城市数据建立选项按钮，当我们选择最喜欢的城市时，Python Shell 窗口将列出所选的结果。

```
1  # ch18_25.py
2  from tkinter import *
3  def printSelection():
4      print(cities[var.get()])                # 列出所选城市
5
6  window = Tk()
7  window.title("ch18_25")                     # 窗口标题
8  cities = {0:"东京",1:"纽约",2:"巴黎",3:"伦敦",4:"香港"}
9
10 var = IntVar()
11 var.set(0)                                  # 默认选项
12 label = Label(window,text="选择最喜欢的城市",
13               fg="blue",bg="lightyellow",width=30).pack()
14
15 for val, city in cities.items():            # 建立选项按钮
16     Radiobutton(window,
17                 text=city,
18                 variable=var,value=val,
19                 command=printSelection).pack()
20
21 window.mainloop()
```

执行结果 下列左边是最初画面，右边是选择“纽约”。

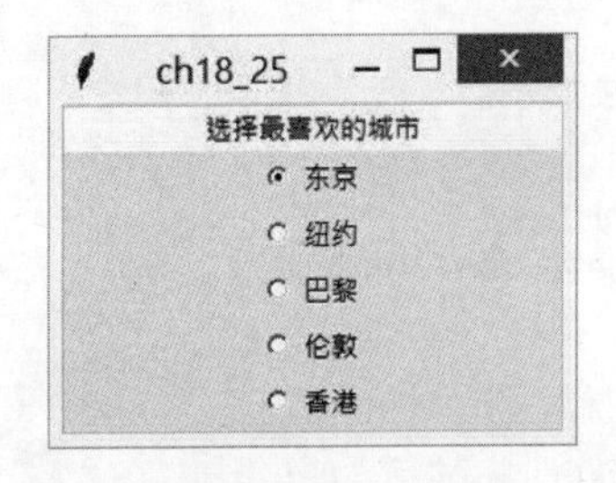

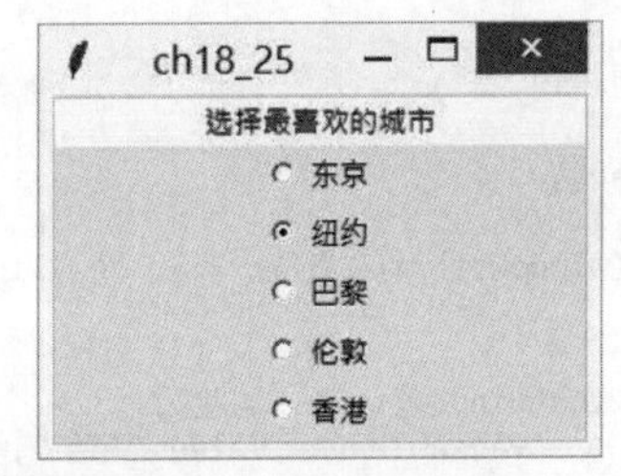

当选择“纽约”选项按钮时，可以在 Python Shell 窗口中看到下列结果。

```
==================== RESTART: D:\Python\ch18\ch18_25.py ====================
纽约
```

此外，tkinter 也提供盒子选项按钮的概念，可以在 Radiobutton 方法内使用 indicatoron（意义是 indicator on）参数，将它设为 0。

程序实例 ch18_26.py：使用盒子选项按钮重新设计 ch18_25.py，重点是第 18 行。

```
15 for val, city in cities.items():            # 建立选项按钮
16     Radiobutton(window,
17                 text=city,
18                 indicatoron = 0,            # 用盒子取代选项按钮
19                 width=30,
20                 variable=var,value=val,
21                 command=printSelection).pack()
```

执行结果

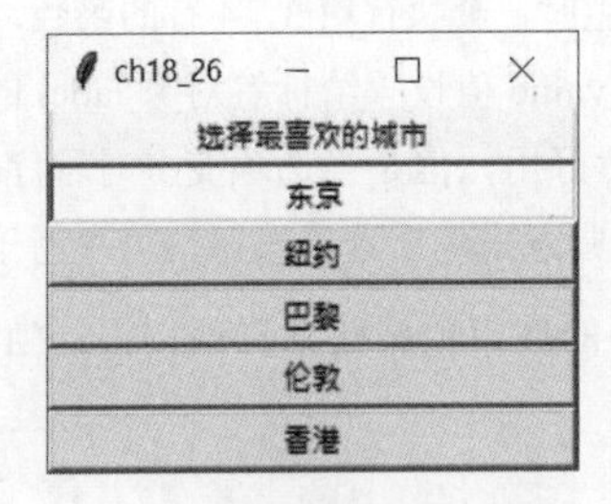

18-10 复选框 Checkbutton

复选框在屏幕上是一个方框，它与选项按钮最大的差异在于它是复选。我们可以使用 Checkbutton( ) 方法建立复选框，它的使用方法如下。

`Checkbutton(父对象, options, … )`

Checkbutton( ) 方法的第一个参数是**父对象**，表示这个复选框将建立在哪一个窗口内。下列是 Checkbutton( ) 方法内其他常用的 options 参数。

text：复选框旁的文字。

font：字体。

height：复选框的文字有几行，默认是 1 行。

width：复选框的文字有几个字符宽，省略时会自行调整为实际宽度。

padx：默认是 1，可设置复选框与文字的间隔。

pady：预设是 1，可设置复选框的上下间距。

command：当用户更改选项时，会自动执行此函数。

variable：设置或取得目前选取的复选框，它的值类型通常是 IntVar 或 StringVar。

程序实例 ch18_27.py：建立复选框的应用。

```
1  # ch18_27.py
2  from tkinter import *
3
4  window = Tk()
5  window.title("ch18_27")                    # 窗口标题
6
7  Label(window,text="请选择喜欢的运动",
8            fg="blue",bg="lightyellow",width=30).grid(row=0)
9
10 var1 = IntVar()
11 Checkbutton(window,text="美式足球",
12                     variable=var1).grid(row=1,sticky=W)
13 var2 = IntVar()
14 Checkbutton(window,text="棒球",
15                     variable=var2).grid(row=2,sticky=W)
16 var3 = IntVar()
17 Checkbutton(window,text="篮球",
18                     variable=var3).grid(row=3,sticky=W)
19
20 window.mainloop()
```

执行结果　下方左图是程序执行初始画面，右图是笔者尝试勾选后的画面。

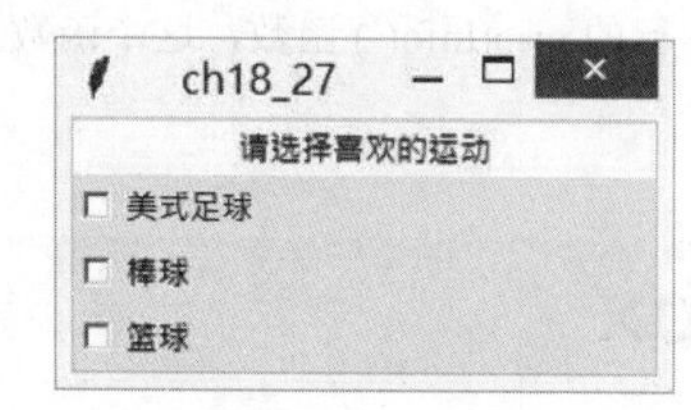

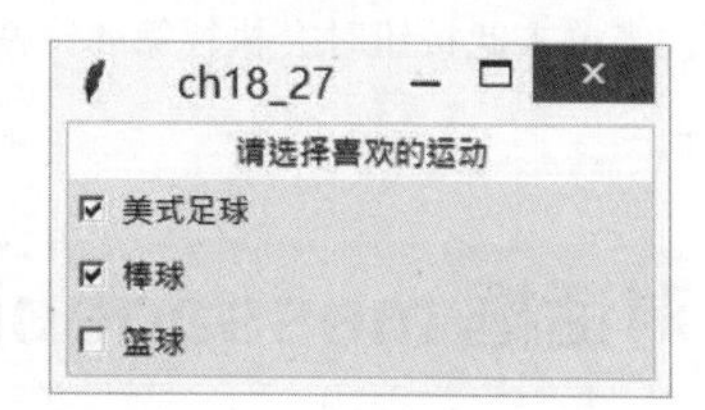

如果复选框项目不多时，可以参考上述实例使用 Checkbutton( ) 方法一步一步建立复选框的项目，如果项目很多时可以将项目组织成字典，然后使用循环观念建立选项，可参考下列实例。

程序实例 ch18_28.py：以 sports 字典方式存储运动复选框项目，然后建立此复选框，当有选择项目时，若是单击“确定”按钮，可以在 Python Shell 窗口中列出所选的项目。

```
1  # ch18_28.py
2  from tkinter import *
3
4  def printInfo():
5      selection = ''
6      for i in checkboxes:                              # 检查此字典
7          if checkboxes[i].get() == True:               # 被选取则执行
8              selection = selection + sports[i] + "\t"
9      print(selection)
10
11 window = Tk()
12 window.title("ch18_28")                               # 窗口标题
13
14 Label(window,text="请选择喜欢的运动",
15       fg="blue",bg="lightyellow",width=30).grid(row=0)
16
17 sports = {0:"美式足球",1:"棒球",2:"篮球",3:"网球"}    # 运动字典
18 checkboxes = {}                                       # 字典存放被选取项目
19 for i in range(len(sports)):                          # 将运动字典转成复选框
20     checkboxes[i] = BooleanVar()                      # 布尔变量对象
21     Checkbutton(window,text=sports[i],
22                 variable=checkboxes[i]).grid(row=i+1,sticky=W)
23
24 Button(window,text="确定",width=10,command=printInfo).grid(row=i+2)
25
26 window.mainloop()
```

执行结果

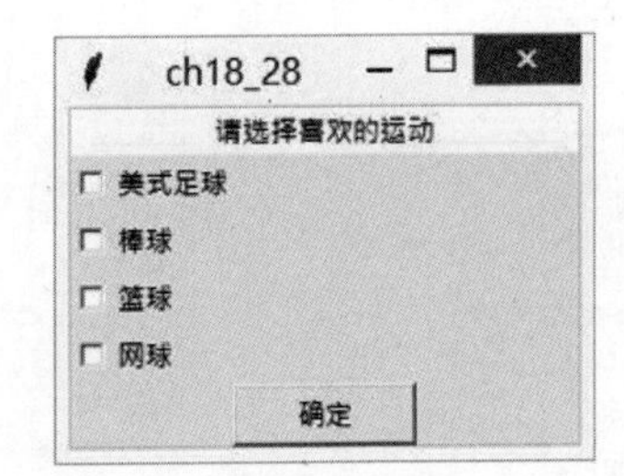

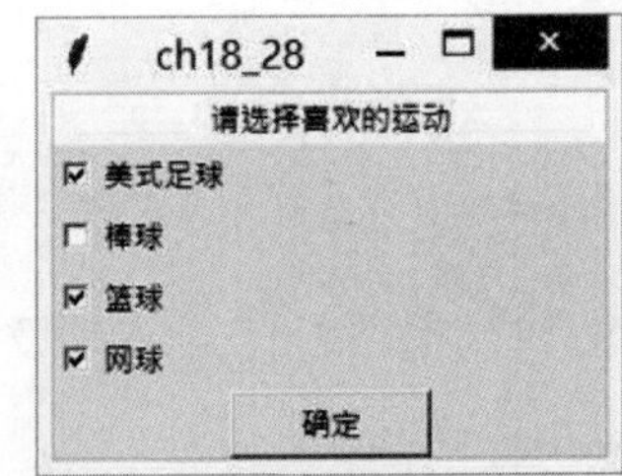

上述右方若是单击“确定”按钮，可以在 Python Shell 窗口中看到下列结果。

```
===================== RESTART: D:\Python\ch18\ch18_28.py =====================
美式足球        篮球    网球
```

上述第 17 行的 sports 字典是存储复选框的运动项目，第 18 行的 checkboxes 字典则是存储复选框是否被选取，第 19 ～ 22 行是循环将 sports 字典内容转成复选框，其中第 20 行是将 checkboxes 内容设为 BooleanVar 对象，经过这样设置未来第 7 行才可以用 get( ) 方法取得它的内容。第 24 行是建立“确定”按钮，当单击此按钮时会执行第 4 ～ 9 行的 printInfo( ) 函数，这个函数主要是将被选取的项目打印出来。

18-11 对话框 messagebox

Python 的 tkinter 模块内有 messagebox 模块，这个模块提供了 8 个对话框，这些对话框有不同的使用场合，本节将进行说明。

showinfo(title,message,options)：显示一般提示信息。

showwarning(title,message,options)：显示警告信息。

showerror(title,message,options)：显示错误信息。

askquestion(title,message,options)：显示询问信息。若单击“是”或 Yes 按钮会返回 yes，若单击“否”或 No 按钮会返回 no。

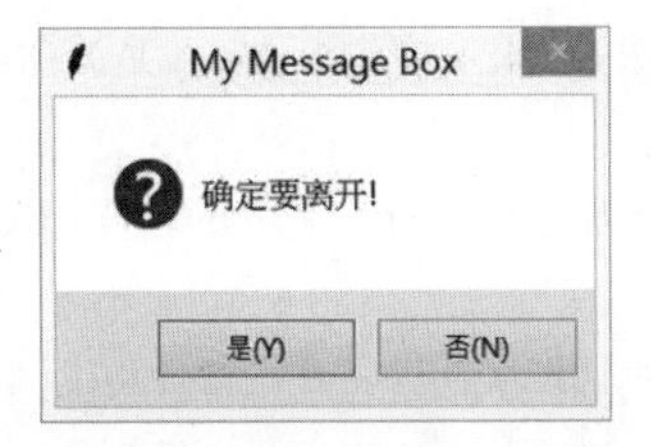

askokcancel(title,message,options)：显示确定或取消信息。若单击“确定”或 OK 按钮会返回 True，若单击“取消”或 Cancel 按钮会返回 False。

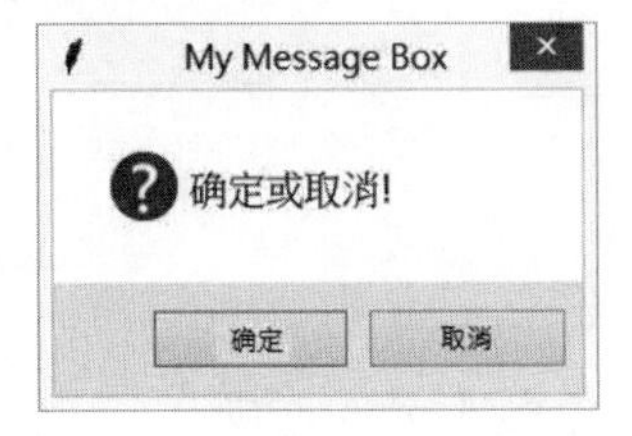

askyesno(title,message,options)：显示是或否信息。若单击“是”或 Yes 按钮会返回 True，若单

击“否”或 No 按钮会返回 False。

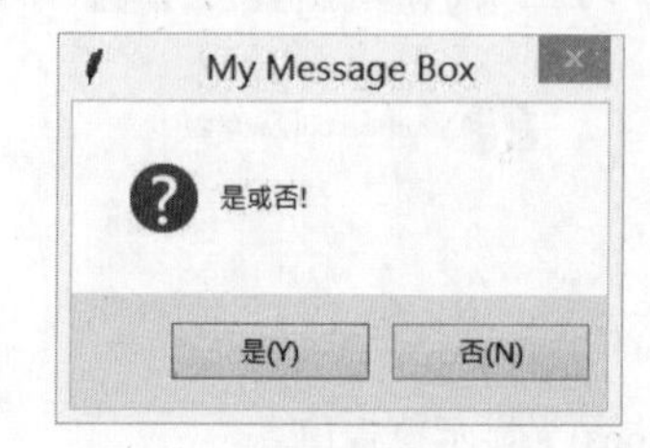

askyesnocancel(title,message,options)：显示是或否或取消信息。

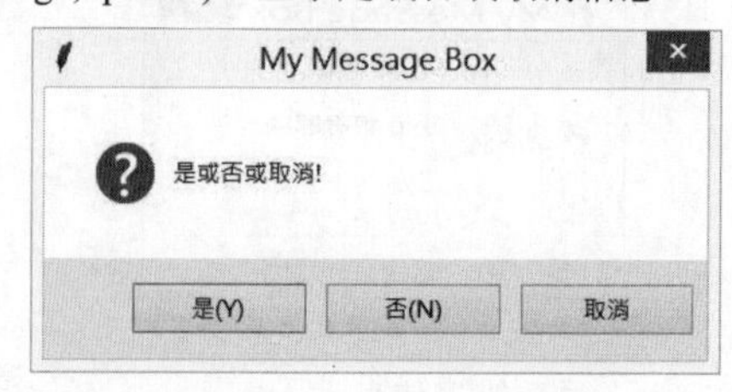

askretrycancel(title,message,options)：显示重试或取消信息。若单击“重试”或 Retry 按钮会返回 True，若单击“取消”或 Cancel 按钮会返回 False。

上述对话框方法内的参数大致相同，title 是对话框的名称，message 是对话框内的文字。options 是选择性参数，可能有下列 3 种取值。

（1）default constant：默认按钮是 OK（确定）、Yes（是）、Retry（重试）在前面，也可更改此设置。

（2）icon(constant)：可设置所显示的图标，有 INFO、ERROR、QUESTION、WARNING 等 4 种图示可以设置。

（3）parent(widget)：指出当对话框关闭时，焦点窗口将返回父窗口。

程序实例 ch18_29.py：对话框的基本应用。

```
1  # ch18_29.py
2  from tkinter import *
3  from tkinter import messagebox
4
5  def myMsg():                        # 单击Good Morning按钮时执行
6      messagebox.showinfo("My Message Box","Python tkinter早安")
7
8  window = Tk()
9  window.title("ch18_29")             # 窗口标题
10 window.geometry("300x160")          # 窗口宽300高160
11
12 Button(window,text="Good Morning",command=myMsg).pack()
13
14 window.mainloop()
```

执行结果

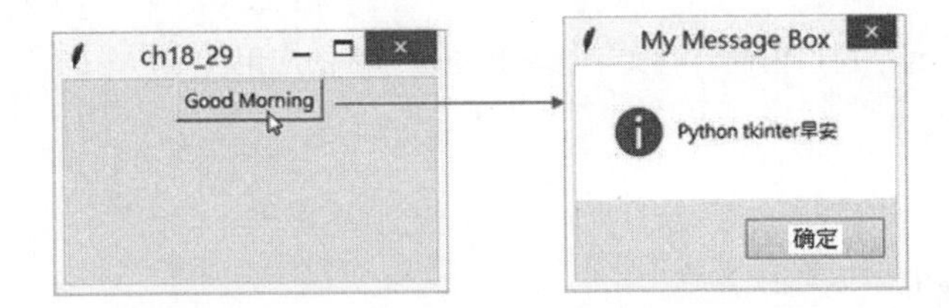

18-12 图形 PhotoImage

图形功能可以应用于许多地方，例如，标签、功能按钮、选项按钮、文字区域等。在使用前可以用 PhotoImage( ) 方法建立此图形对象，然后再将此对象适度应用于其他窗口组件。它的语法如下。

```
PhotoImage(file="xxx.gif")              # 扩展名 gif
```

需留意 PhotoImage( ) 方法早期只支持 gif 文件格式，不接受常用的 jpg 或 png 格式的文件，笔者发现目前已可以支持 png 文件了。建议将 gif 文件放在程序所在的文件夹。

程序实例 ch18_30.py：窗口显示 html.gif 文件的基本应用。

```
1  # ch18_30.py
2  from tkinter import *
3
4  window = Tk()
5  window.title("ch18_30")          # 窗口标题
6
7  html_gif = PhotoImage(file="mybook.gif")
8  Label(window,image=html_gif).pack()
9
10 window.mainloop()
```

执行结果

18-12-1 图形与标签的应用

程序实例 ch18_31.py：窗口内同时有文字标签和图形标签的应用。

```
1  # ch18_31.py
2  from tkinter import *
3
4  window = Tk()
5  window.title("ch18_31")          # 窗口标题
6
7  sselogo = PhotoImage(file="sse.gif")
8  lab1 = Label(window,image=sselogo).pack(side="right")
9
10 sseText = """SSE全名是Silicon Stone Education,这家公司在美国,
11 这是国际专业认证公司,产品多元与丰富."""
12 lab2 = Label(window,text=sseText,bg="lightyellow",
13              padx=10).pack(side="left")
14
15 window.mainloop()
```

执行结果

由上图执行结果可以看到，文字标签第 2 行输出时，是默认居中对齐。可以在 Label( ) 方法内增加 justify=LEFT 参数，让第 2 行数据靠左输出。

程序实例 ch18_32.py：重新设计 ch18_31.py，让文字标签的第 2 行数据靠左输出，主要是第 13 行增加 justify=LEFT 参数。

```
12 lab2 = Label(window,text=sseText,bg="lightyellow",
13              justify=LEFT,padx=10).pack(side="left")
```

执行结果

18-12-2 图形与功能按钮的应用

一般功能按钮是用文字当作按钮名称，也可以用图形当作按钮名称，若要使用图形当作按钮，在 Button( ) 内可以省略 text 参数设置按钮名称，但是在 Button( ) 内要增加 image 参数设置图形对

象。若是要图形和文字并存在功能按钮上，需增加参数 compund=xx，xx 可以是 LEFT、TOP、RIGHT、BOTTOM、CENTER，分别代表图形在文字的左、上、右、下、中央。

程序实例 ch18_33.py：重新设计 ch18_12.py，使用 sun.gif 取代 Message 名称按钮。

```
1  # ch18_33.py
2  from tkinter import *
3
4  def msgShow():
5      label["text"] = "I love Python"
6      label["bg"] = "lightyellow"
7      label["fg"] = "blue"
8
9  window = Tk()
10 window.title("ch18_33")                # 窗口标题
11 label = Label(window)                  # 标签内容
12
13 sun_gif = PhotoImage(file="sun.gif")
14 btn = Button(window,image=sun_gif,command=msgShow)
15
16 label.pack()
17 btn.pack()
18
19 window.mainloop()
```

执行结果

程序实例 ch18_33_1.py：将图像放在文字的上方，可参考上方第 3 张图。

```
14 btn = Button(window,image=sun_gif,command=msgShow,
15              text="Click me",compound=TOP)
```

程序实例 ch18_33_2.py：将图像放在文字的中央，可参考上方第 4 张图。

```
14 btn = Button(window,image=sun_gif,command=msgShow,
15              text="Click me",compound=CENTER)
```

18-13 尺度 Scale 的控制

Scale 可以翻译为尺度，Python 的 tkinter 模块有提供 Scale( ) 方法，我们可以移动尺度盒产生某一范围的数字。建立滚动条的方法是 Scale( )，它的语法格式如下。

```
Scale( 父对象 , options, … )
```

Scale( ) 方法的第一个参数是**父对象**，表示这个尺度控制将建立在哪一个窗口内。下列是 Scale( ) 方法内其他常用的 options 参数。

from_：尺度范围值的初值。

to：尺度范围值的末端值。

orient：默认是水平尺度，可以设置水平 HORIZONTAL 或垂直 VERTICAL。

command：当用户更改选项时，会自动执行此函数。

length：尺度长度，默认是 100。

程序实例 ch18_34.py：一个简单的产生水平尺度与垂直尺度的应用，尺度值的范围为 0 ～ 10，垂直尺度使用默认长度，水平尺度则设为 300。

```
1  # ch18_34.py
2  from tkinter import *
3
4  window = Tk()
5  window.title("ch18_34")              # 窗口标题
6
7  slider1 = Scale(window,from_=0,to=10).pack()
8  slider2 = Scale(window,from_=0,to=10,
9                  length=300,orient=HORIZONTAL).pack()
10
11 window.mainloop()
```

执行结果

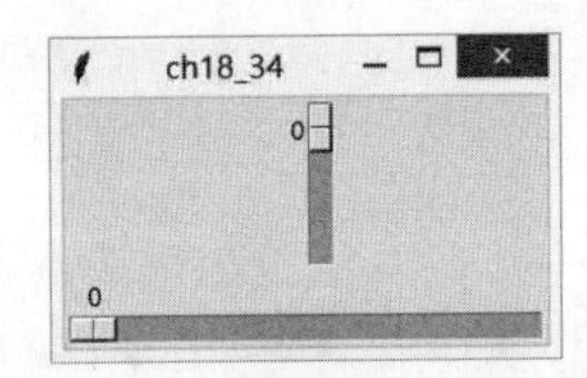

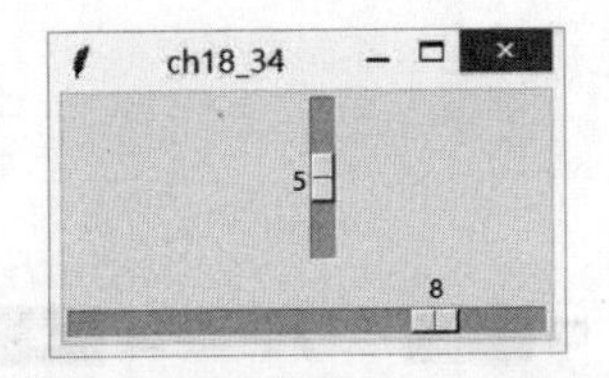

使用尺度时可以用 set( ) 方法设置尺度的值，用 get( ) 方法取得尺度的值。

程序实例 ch18_35.py：重新设计 ch18_34.py，这个程序会将水平尺度的初值设为 3，同时单击 Print 按钮可以在 Python Shell 窗口列出尺度值。

```
1  # ch18_35.py
2  from tkinter import *
3
4  def printInfo():
5      print(slider1.get(),slider2.get())
6
7  window = Tk()
8  window.title("ch18_35")              # 窗口标题
9
10 slider1 = Scale(window,from_=0,to=10)
11 slider1.pack()
12 slider2 = Scale(window,from_=0,to=10,
13                 length=300,orient=HORIZONTAL)
14 slider2.set(3)                       # 设置水平尺度值
15 slider2.pack()
16 Button(window,text="Print",command=printInfo).pack()
17
18 window.mainloop()
```

执行结果 下方左图是最初窗口，右图是调整后的结果。

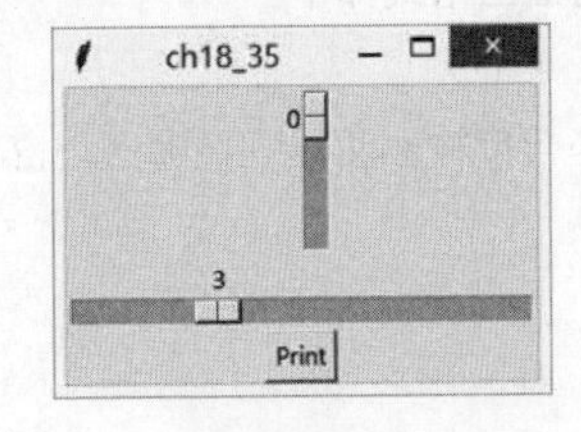

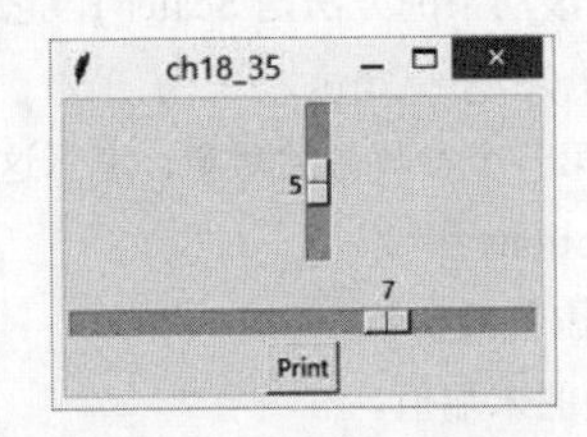

在上述右图单击 Print 按钮后，可以得到下列尺度值的结果。

```
================== RESTART: D:\Python\ch18\ch18_35.py ==================
5 7
```

18-14　菜单 Menu 的设计

窗口中一般会有菜单设计。菜单是一种下拉式的窗体，在这个窗体中可以设计菜单项。建立菜单的方法是 Menu( )，它的语法格式如下。

Menu (父对象 , options, …)

Menu( ) 方法的第一个参数是**父对象**，表示这个菜单将建立在哪一个窗口内。下列是 Menu( ) 方法内其他常用的 options 参数。

activebackground：当鼠标移置此菜单项时的背景色。

bg：菜单项未被选取时的背景色。

fg：菜单项未被选取时的前景色。

image：菜单项的图示。

tearoff：菜单上方的分隔线，有分隔线时 tearoff 等于 1，此时菜单项从 1 开始放置。如果将 tearoff 设为 0 时，此时不会显示分隔线，但是菜单项将从 0 开始存放。

下列是其他相关的方法。

add_cascade( )：建立分层菜单，同时让此子功能项目与父菜单建立链接。

add_command( )：增加菜单项。

add_separator( )：增加分隔线。

程序实例 ch18_36.py：菜单的设计，这个程序设计了“文件”与“说明”菜单，在“文件”菜单内有“打开新文件”“存储文件”与“结束”菜单项。在“说明”菜单内有“程序说明”项目。

```
1  # ch18_36.py
2  from tkinter import *
3  from tkinter import messagebox
4
5  def newfile():
6      messagebox.showinfo("打开新文件","可在此撰写打开新文件程序代码")
7
8  def savefile():
9      messagebox.showinfo("存储文件","可在此撰写存储文件程序代码")
10
11 def about():
12     messagebox.showinfo("程序说明","作者:洪锦魁")
13
14 window = Tk()
15 window.title("ch18_36")
16 window.geometry("300x160")              # 窗口宽300高160
17
18 menu = Menu(window)                     # 建立菜单对象
19 window.config(menu=menu)
20
21 filemenu = Menu(menu)                   # 建立"文件"菜单
22 menu.add_cascade(label="文件",menu=filemenu)
23 filemenu.add_command(label="打开新文件",command=newfile)
24 filemenu.add_separator()                # 增加分隔线
25 filemenu.add_command(label="存储文件",command=savefile)
26 filemenu.add_separator()                # 增加分隔线
```

```
27  filemenu.add_command(label="结束",command=window.destroy)
28
29  helpmenu = Menu(menu)                    # 建立"说明"菜单
30  menu.add_cascade(label="说明",menu=helpmenu)
31  helpmenu.add_command(label="程序说明",command=about)
32
33  mainloop()
```

执行结果

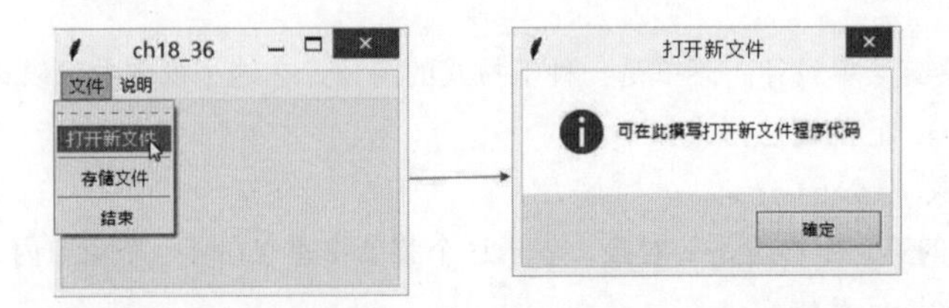

上述第 18、19 行是建立菜单对象。第 21 ～ 27 行是建立“**文件**”菜单，此菜单内有“**打开新文件**”“**存储文件**”“**结束**”菜单项，当执行“**打开新文件**”时会去执行第 5、6 行的 newfile( ) 函数，当执行“**存储文件**”时会去执行第 8、9 行的 savefile( ) 函数，当执行“**结束**”时会结束程序。

上述第 29 ～ 31 行是建立“**说明**”菜单，此菜单内有程序“**说明**”菜单项，当执行“**说明**”功能时会去执行第 11、12 行的 about( ) 函数。

18-15 专题——设计小计算器

在此再介绍一个窗口控件的通用属性 anchor，所谓的锚（anchor）其实是指标签文字在标签区域输出位置的设置，在默认情况下 Widget 控件是上下与左右居中对齐，可以使用 anchor 选项设置组件的对齐方式。它的概念如下图。

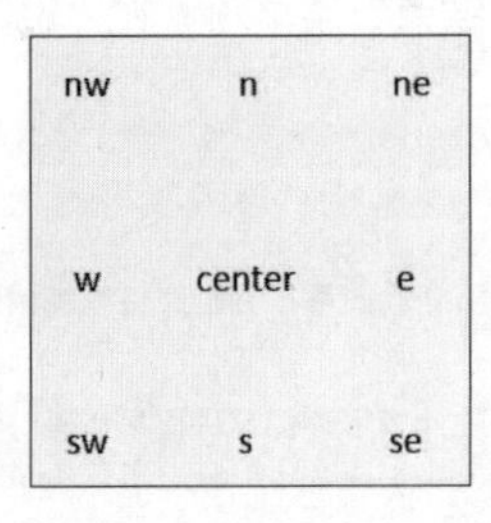

程序实例 ch18_36_1.py：让字符串在标签右下方输出。

```
1   # ch18_36_1.py
2   from tkinter import *
3
4   root = Tk()
5   root.title("ch18_36_1")
6   label=Label(root,text="I like tkinter",
7               fg="blue",bg="yellow",
8               height=3,width=15,
9               anchor="se")
10  label.pack()
11
12  root.mainloop()
```

执行结果

学会本章内容，其实就可以设计简单的小计算器了，下面将介绍完整的小计算器设计。

程序实例 ch18_37.py：设计简易的计算器，这个程序在按钮设计中大量使用 lambda，主要是数字按钮与算术表达式按钮使用相同的函数，只是传递的参数不一样，所使用的 lambda 可以简化设计。

```
1  # ch18_37.py
2  from tkinter import *
3  def calculate():                        # 执行计算并显示结果
4      result = eval(equ.get())
5      equ.set(equ.get() + "=\n" + str(result))
6
7  def show(buttonString):                 # 更新显示区的计算公式
8      content = equ.get()
9      if content == "0":
10         content = ""
11     equ.set(content + buttonString)
12
13 def backspace():                        # 删除前一个字符
14     equ.set(str(equ.get()[:-1]))
15
16 def clear():                            # 清除显示区,放置0
17     equ.set("0")
18
19 root = Tk()
20 root.title("计算器")
21
22 equ = StringVar()
23 equ.set("0")                            # 默认是显示0
24
25 # 设计显示区
26 label = Label(root,width=25,height=2,relief="raised",anchor=SE,
27               textvariable=equ)
28 label.grid(row=0,column=0,columnspan=4,padx=5,pady=5)
29
30 # 清除显示区按钮
31 clearButton = Button(root,text="C",fg="blue",width=5,command=clear)
32 clearButton.grid(row = 1, column = 0)
33 # 以下是row1的其他按钮
34 Button(root,text="DEL",width=5,command=backspace).grid(row=1,column=1)
35 Button(root,text="%",width=5,command=lambda:show("%")).grid(row=1,column=2)
36 Button(root,text="/",width=5,command=lambda:show("/")).grid(row=1,column=3)
37 # 以下是row2的其他按钮
38 Button(root,text="7",width=5,command=lambda:show("7")).grid(row=2,column=0)
39 Button(root,text="8",width=5,command=lambda:show("8")).grid(row=2,column=1)
40 Button(root,text="9",width=5,command=lambda:show("9")).grid(row=2,column=2)
41 Button(root,text="*",width=5,command=lambda:show("*")).grid(row=2,column=3)
42 # 以下是row3的其他按钮
43 Button(root,text="4",width=5,command=lambda:show("4")).grid(row=3,column=0)
44 Button(root,text="5",width=5,command=lambda:show("5")).grid(row=3,column=1)
45 Button(root,text="6",width=5,command=lambda:show("6")).grid(row=3,column=2)
46 Button(root,text="-",width=5,command=lambda:show("-")).grid(row=3,column=3)
47 # 以下是row4的其他按钮
48 Button(root,text="1",width=5,command=lambda:show("1")).grid(row=4,column=0)
49 Button(root,text="2",width=5,command=lambda:show("2")).grid(row=4,column=1)
50 Button(root,text="3",width=5,command=lambda:show("3")).grid(row=4,column=2)
51 Button(root,text="+",width=5,command=lambda:show("+")).grid(row=4,column=3)
52 # 以下是row5的其他按钮
53 Button(root,text="0",width=12,
54        command=lambda:show("0")).grid(row=5,column=0,columnspan=2)
55 Button(root,text=".",width=5,
56        command=lambda:show(".")).grid(row=5,column=2)
57 Button(root,text="=",width=5,bg ="yellow",
58        command=lambda:calculate()).grid(row=5,column=3)
59
60 root.mainloop()
```

执行结果

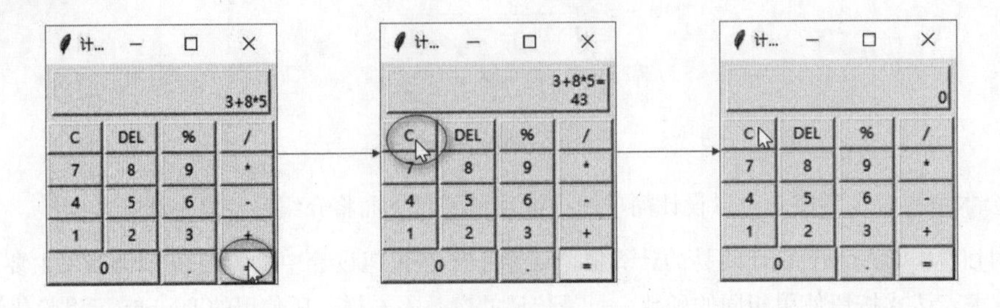

习题

1. 请参考 ch18_5.py，列出 5 个你心中敬佩的企业。(18-3 节)

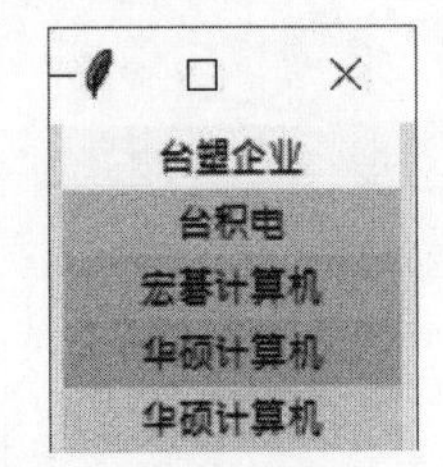

2. 请参考 ch18_10.py，列出 9 个你心中的好朋友。

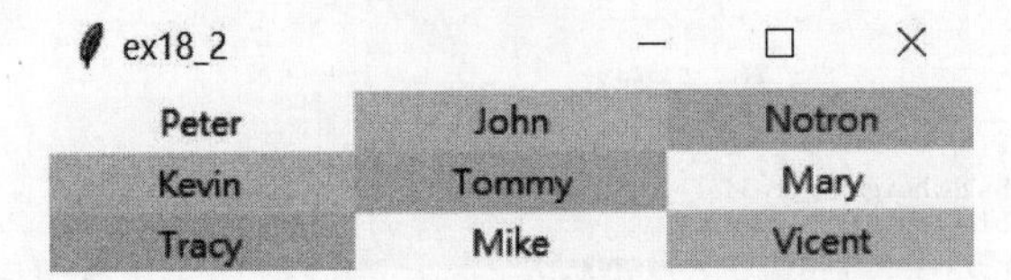

3. 请参考 ch18_20.py，将加法标签改成可以由按不同按钮修改的运算符号，同时增加加法、减法、乘法、除法功能按钮，当输入两个数字后，单击加、减、乘、除钮后可以单击等号按钮计算结果，这个程序同时需要自行设计整个窗口的组件配置。(18-6 节)

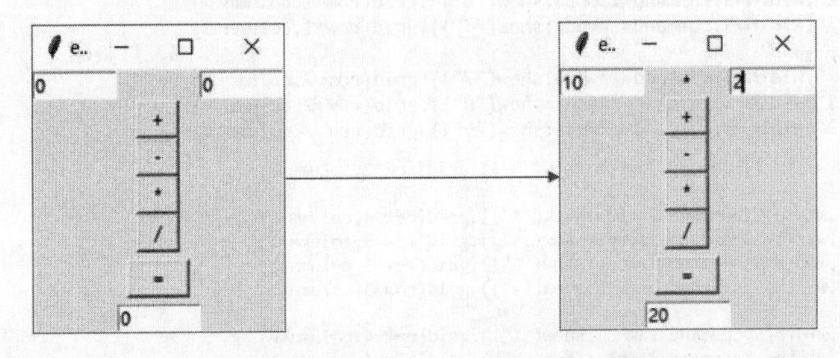

4. 贷款程序设计，本书程序实例 ch4_21.py 是一个房屋贷款程序，请使用 tkinter 重新设计此程序。这个程序的每月支付金额与总支付金额使用浅黄色为背景，未来我们可以输入利率、贷款年数、贷款金额然后计算每月支付金额与总支付金额，更多细节可以参考下列执行结果。

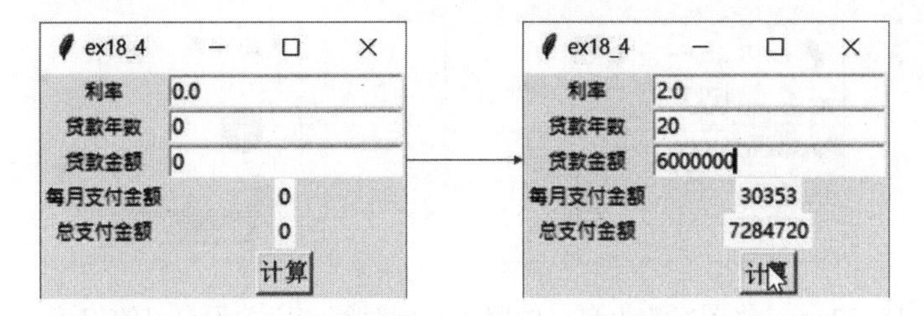

5. 请修改 ch18_25.py，请在下方增加设计标签，这个标签是浅绿色底色，程序执行之初是空白，当选择最喜欢的城市后可以在此标签中自动列出所选的城市。(18-9 节)

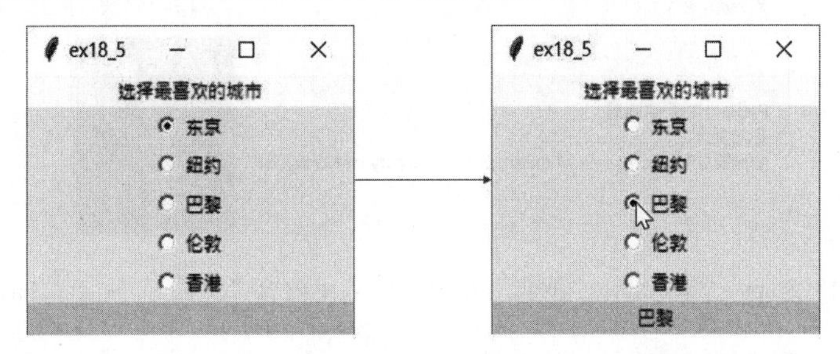

6. 请扩充设计 ch18_28.py，自行增加设计两种运动，同时在“确定”按钮下方增加浅绿色标签，当单击“确定”按钮后，可以在下方标签看到所选的运动，各运动间空一格。(18-10 节)

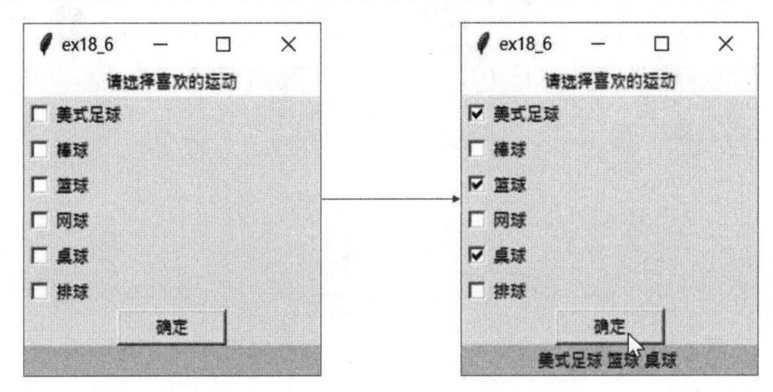

7. 请参考 ch18_17.py，但是功能按钮只有一个名称是“**确定**”，请在程序内建立一个字典，此字典内有 3 组账号和密码，如下所示。

```
accountDict = {"AAA":"1234", "BBB":"2345", "CCC":"3456"}
```

如果所输入的账号和密码正确，单击“**确定**”按钮时会出现“**欢迎进入系统**”的字符串提示对话框，如果输入账号错误会出现“**账号错误**”的警告对话框，如果输入密码错误会出现“**密码错误**”的警告对话框。(18-11 节)

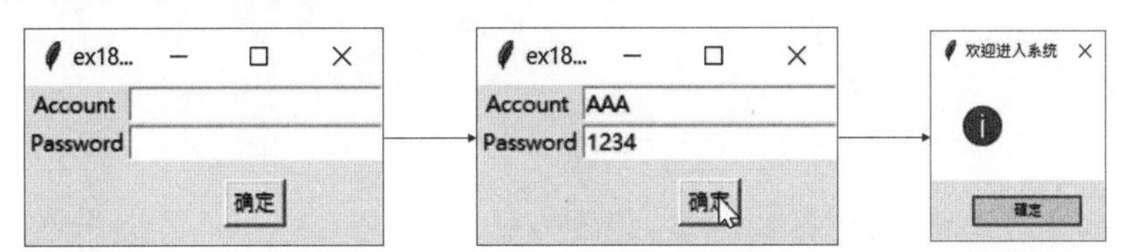

8. 请参考 ch18_32.py，将图案改为自己的照片，同时写一段关于自己的叙述，此叙述必须至少有 3 行。（18-12 节）

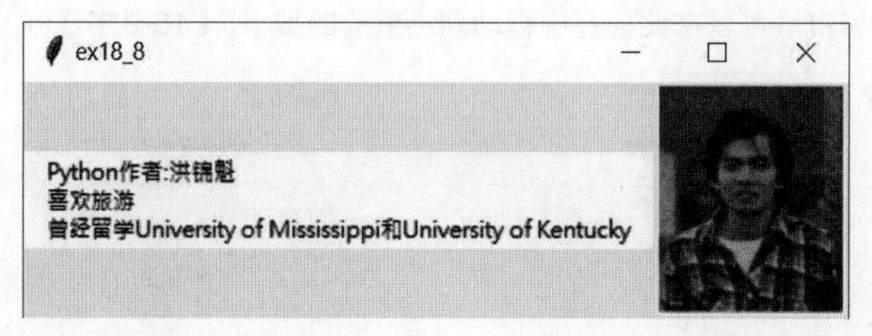

9. 请参考 ch18_36.py，增加设计“编辑”菜单，此菜单内有“剪切”“复制”“粘贴”功能选项。（18-14 节）

19

第 19 章

动画与游戏

本章摘要

本章将介绍使用 Python 内建的模块 tkinter 制作动画，动画也是设计游戏的基础。

19-1 绘图功能

19-1-1 建立画布

可以使用 Canvas( ) 方法建立画布对象。

```
tk = Tk( )                                      # 使用 tk 当窗口 Tk 对象
canvas = Canvas(tk, width=xx, height=yy)        # xx,yy 是画布的宽与高
canvas.pack( )                                  # 可以将画布包装好，这是必要的
```

画布建立完成后，左上角是坐标（0,0），x 轴向右递增，y 轴向下递增。

19-1-2 绘制线条 create_line( )

使用方式如下。

```
create_line(x1, y1, x2, y2, …, xn, yn, options)
```

线条将会沿着（x1,y1），(x2,y2)，…绘制下去，下面是常用的 options 用法。

arrow：默认是没有箭头，使用 arrow=tk.FIRST 在起始线末端加上箭头，使用 arrow=tk.LAST 在最后一条线末端加上箭头，使用 arrow=tk.BOTH 在两端加上箭头。

arrowshape：使用元组（d1, d2, d3）代表箭头，默认是（8,10,3）。

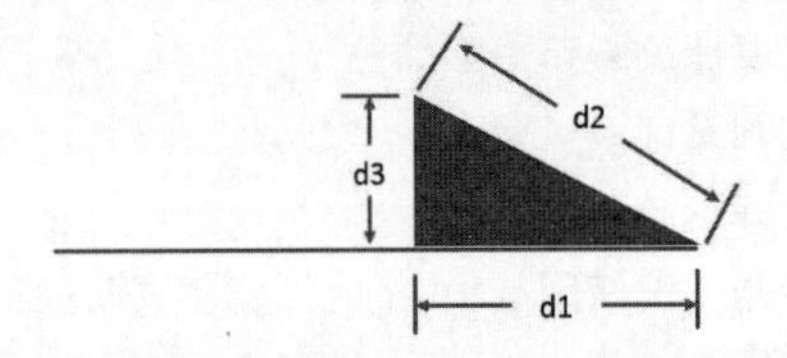

capstyle：这是线条终点的样式，默认是 BUTT，也可以选择 PROJECTING、ROUND，程序实例可以参考 ch19_4.py。

dash：建立虚线，使用元组存储数字数据，第一个数字是实线，第二个数字是空白，如此循环，当所有元组数字用完又重新开始。例如，dash=（5,3）产生 5 像素实线，3 像素空白，如此循环。又如，dash=（8,1,1,1）产生 8 像素实线和点的线条，dash=（5,）产生 5 像素实线 5 像素空白。

dashoffset：与 dash 一样产生虚线，但是一开始数字是空白的宽度。

fill：设置线条颜色。

joinstyle：线条相交的设置，默认是 ROUND，也可以选择 BEVEL、MITER，程序实例可以参考 ch19_3.py。

stipple：绘制位图（Bitmap）线条，下面是在各操作系统平台可以使用的位图。程序实例可以参考 ch19_5.py。

```
error      hourglass   info      questhead   question
warning    gray12      gray25    gray50      gray75
```

下列是上述位图由左到右、由上到下依序的图例。

tags：为线条建立标签，未来配合使用 delete（删除标签），再重绘标签，可以创造动画效果，可参考 19-3-5 节。

width：线条宽度。

程序实例 ch19_1.py：在半径为 100 的圆外围建立 12 个点，然后将这些点彼此连接。

```
1   # ch19_1.py
2   from tkinter import *
3   import math
4
5   tk = Tk()
6   canvas = Canvas(tk, width=640, height=480)
7   canvas.pack()
8   x_center, y_center, r = 320, 240, 100
9   x, y = [], []
10  for i in range(12):          # 建立圆外围12个点
11      x.append(x_center + r * math.cos(30*i*math.pi/180))
12      y.append(y_center + r * math.sin(30*i*math.pi/180))
13  for i in range(12):          # 执行12个点彼此连接
14      for j in range(12):
15          canvas.create_line(x[i],y[i],x[j],y[j])
```

执行结果

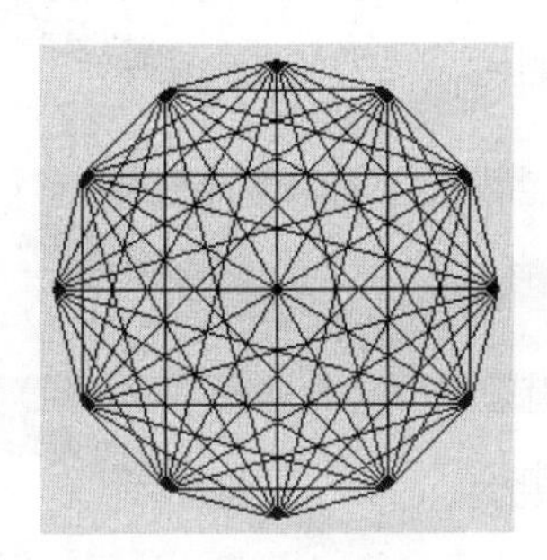

上述程序使用了数学函数 sin( ) 和 cos( ) 以及 pi，这些是在 math 模块中。使用 create_line( ) 时，在 options 参数字段可以用 fill 设置线条颜色，用 width 设置线条宽度。

程序实例 ch19_2.py：不同线条颜色与宽度。

```
1   # ch19_2.py
2   from tkinter import *
3   import math
4
5   tk = Tk()
6   canvas = Canvas(tk, width=640, height=480)
7   canvas.pack()
8   canvas.create_line(100,100,500,100)
9   canvas.create_line(100,125,500,125,width=5)
10  canvas.create_line(100,150,500,150,width=10,fill='blue')
11  canvas.create_line(100,175,500,175,dash=(10,2,2,2))
```

执行结果

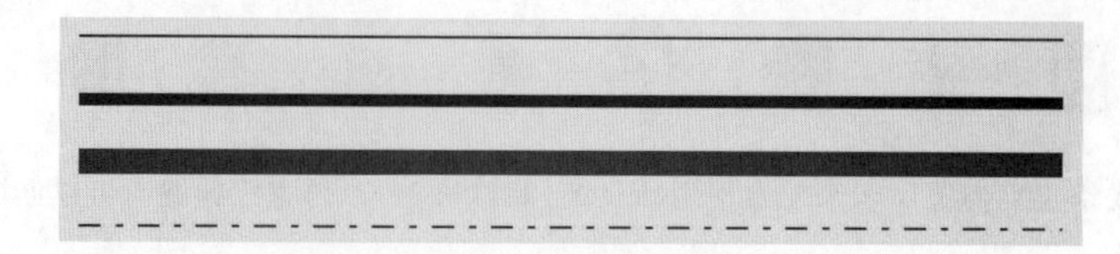

程序实例 ch19_3.py：由线条交接了解 joinstyle 参数的应用。

```
1  # ch19_3.py
2  from tkinter import *
3  import math
4
5  tk = Tk()
6  canvas = Canvas(tk, width=640, height=480)
7  canvas.pack()
8  canvas.create_line(30,30,500,30,265,100,30,30,
9                     width=20,joinstyle=ROUND)
10 canvas.create_line(30,130,500,130,265,200,30,130,
11                    width=20,joinstyle=BEVEL)
12 canvas.create_line(30,230,500,230,265,300,30,230,
13                    width=20,joinstyle=MITER)
```

执行结果

程序实例 ch19_4.py：由线条了解 capstyle 参数的应用。

```
1  # ch19_4.py
2  from tkinter import *
3  import math
4
5  tk = Tk()
6  canvas = Canvas(tk, width=640, height=480)
7  canvas.pack()
8  canvas.create_line(30,30,500,30,width=10,capstyle=BUTT)
9  canvas.create_line(30,130,500,130,width=10,capstyle=ROUND)
10 canvas.create_line(30,230,500,230,width=10,capstyle=PROJECTING)
11 # 以下为垂直线
12 canvas.create_line(30,20,30,240)
13 canvas.create_line(500,20,500,250)
```

执行结果

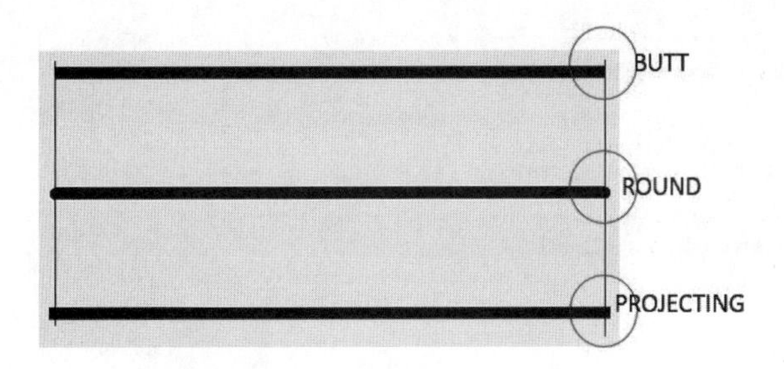

程序实例 ch19_5.py：建立位图线条（stipple line）。

```
 1  # ch19_5.py
 2  from tkinter import *
 3  import math
 4
 5  tk = Tk()
 6  canvas = Canvas(tk, width=640, height=480)
 7  canvas.pack()
 8  canvas.create_line(30,30,500,30,width=10,stipple="gray25")
 9  canvas.create_line(30,130,500,130,width=40,stipple="questhead")
10  canvas.create_line(30,230,500,230,width=10,stipple="info")
```

执行结果

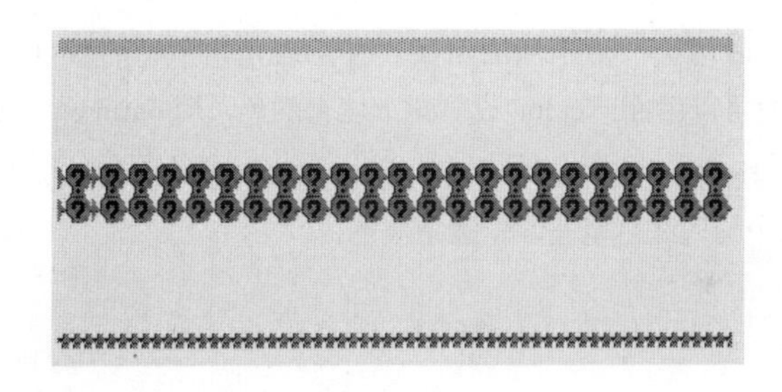

19-1-3　绘制矩形 create_rectangle( )

使用方式如下。

`create_rectangle(x1, y1, x2, y2,options)`

（x1,y1）和（x2,y2）是矩形**左上角**和**右下角**坐标，下面是常用的 options 用法。

dash：建立虚线，概念与 create_line( ) 相同。

dashoffset：与 dash 一样产生虚线，但是一开始数字是空白的宽度。

fill：矩形填充颜色。

outline：设置矩形轮廓颜色。

stipple：绘制位图（Bitmap）矩形，可以参考 19-1-2 节，程序实例可以参考 ch19_5.py。

tags：为矩形建立标签，未来可以用 delete 创造动画效果，可参考 19-3-5 节。

width：矩形轮廓线宽度。

程序实例 ch19_6.py：在画布内随机产生不同位置与大小的矩形。

```
1  # ch19_6.py
2  from tkinter import *
3  from random import *
4
5  tk = Tk()
6  canvas = Canvas(tk, width=640, height=480)
7  canvas.pack()
8  for i in range(50):                    # 随机绘制50个不同位置与大小的矩形
9      x1, y1 = randint(1, 640), randint(1, 480)
10     x2, y2 = randint(1, 640), randint(1, 480)
11     if x1 > x2: x1,x2 = x2,x1          # 确保左上角x坐标小于右下角x坐标
12     if y1 > y2: y1,y2 = y2,y1          # 确保左上角y坐标小于右下角y坐标
13     canvas.create_rectangle(x1, y1, x2, y2)
```

执行结果

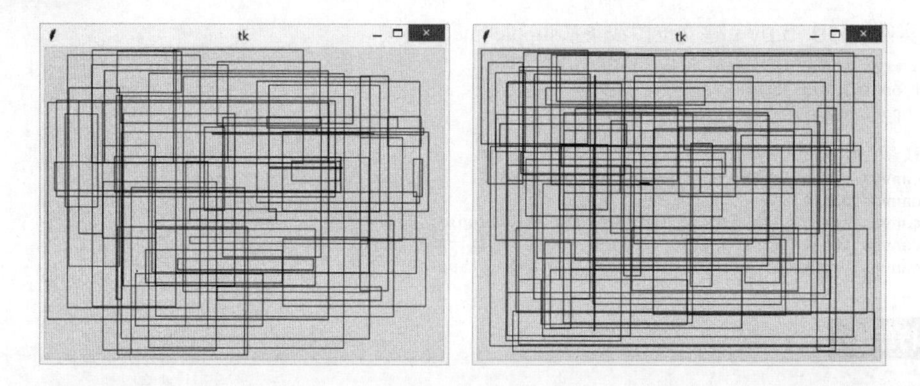

这个程序每次执行时都会产生不同的结果，有一点儿艺术画的效果。使用 create_rectangle( ) 时，在 options 参数字段可以用 fill='color' 设置矩形填充颜色，用 outline='color' 设置矩形轮廓颜色。

程序实例 ch19_7.py：绘制 3 个矩形，第一个使用红色填充，轮廓色是默认的；第二个使用黄色填充，轮廓是蓝色；第三个使用绿色填充，轮廓是灰色。

```
1  # ch19_7.py
2  from tkinter import *
3  from random import *
4
5  tk = Tk()
6  canvas = Canvas(tk, width=640, height=480)
7  canvas.pack()
8  canvas.create_rectangle(10, 10, 120, 60, fill='red')
9  canvas.create_rectangle(130, 10, 200, 80, fill='yellow', outline='blue')
10 canvas.create_rectangle(210, 10, 300, 60, fill='green', outline='grey')
```

执行结果

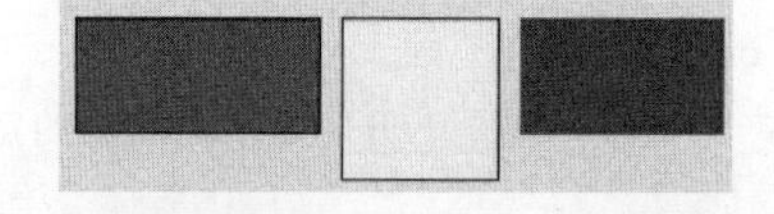

由执行结果可以发现，由于画布底色是浅灰色，所以第三个矩形用灰色轮廓，则几乎看不到轮廓线，另外也可以用 width 设置矩形轮廓的宽度。

19-1-4 绘制圆弧 create_arc( )

使用方式如下。

```
create_arc(x1, y1, x2, y2, extent=angle, style=ARC, options)
```

（x1,y1）和（x2,y2）分别是包围圆形矩形**左上角**和**右下角**的坐标，下面是常用的 options 用法。

dash：建立虚线，概念与 create_line( ) 相同。

dashoffset：与 dash 一样产生虚线，但是一开始数字是空白的宽度。

extent：表示圆弧范围，值介于 1 ～ 359。如果写 360 会视为 0。

fill：填充圆弧颜色。

outline：设置圆弧线条颜色。

start：圆弧起点位置。

stipple：绘制位图（Bitmap）圆弧。

style：有 3 种格式，ARC、CHORD、PIESLICE，可参考 ch19_9.py。

tags：为圆弧建立标签，未来可以用 delete 创造动画效果，可参考 19-3-5 节。

width：圆弧线条宽度。

上述 style=ARC 表示绘制圆弧，如果是要使用 options 参数填满圆弧则需舍去此参数。此外，options 参数可以使用 width 设置轮廓线条宽度（可参考 ch19_8.py 第 12 行），outline 设置轮廓线条颜色（可参考 ch19_8.py 第 16 行），fill 设置填充颜色（可参考 ch19_8.py 第 10 行）。目前默认绘制圆弧的起点是右边，也可以用 start=0 代表，也可以通过设置 start 的值更改圆弧的起点，方向是逆时针，可参考 ch19_8.py 第 14 行。

程序实例 ch19_8.py：绘制各种不同的圆和椭圆，以及圆弧和椭圆弧。

```
1  # ch19_8.py
2  from tkinter import *
3
4  tk = Tk()
5  canvas = Canvas(tk, width=640, height=480)
6  canvas.pack()
7  # 以下以圆形为基础
8  canvas.create_arc(10, 10, 110, 110, extent=45, style=ARC)
9  canvas.create_arc(210, 10, 310, 110, extent=90, style=ARC)
10 canvas.create_arc(410, 10, 510, 110, extent=180, fill='yellow')
11 canvas.create_arc(10, 110, 110, 210, extent=270, style=ARC)
12 canvas.create_arc(210, 110, 310, 210, extent=359, style=ARC, width=5)
13 # 以下以椭圆形为基础
14 canvas.create_arc(10, 250, 310, 350, extent=90, style=ARC, start=90)
15 canvas.create_arc(320, 250, 620, 350, extent=180, style=ARC)
16 canvas.create_arc(10, 360, 310, 460, extent=270, style=ARC, outline='blue')
17 canvas.create_arc(320, 360, 620, 460, extent=359, style=ARC)
```

执行结果

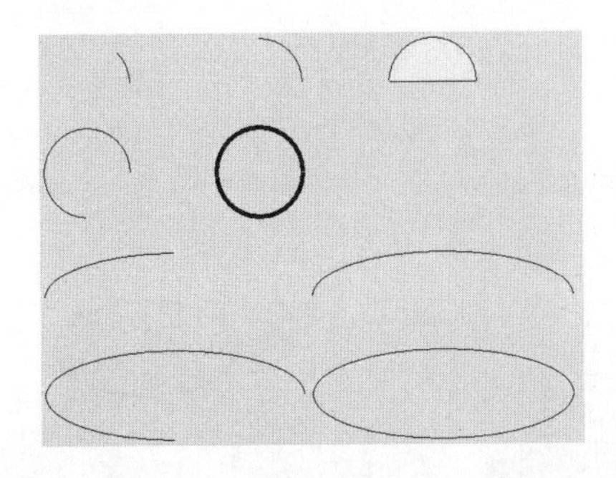

程序实例 ch19_9.py：style 参数是 ARC、CHORD、PIESLICE 参数的应用。

```
1  # ch19_9.py
2  from tkinter import *
3
4  tk = Tk()
5  canvas = Canvas(tk, width=640, height=480)
6  canvas.pack()
7  # 以下以圆形为基础
8  canvas.create_arc(10, 10, 110, 110, extent=180, style=ARC)
9  canvas.create_arc(210, 10, 310, 110, extent=180, style=CHORD)
10 canvas.create_arc(410, 10, 510, 110, start=30, extent=120, style=PIESLICE)
```

执行结果

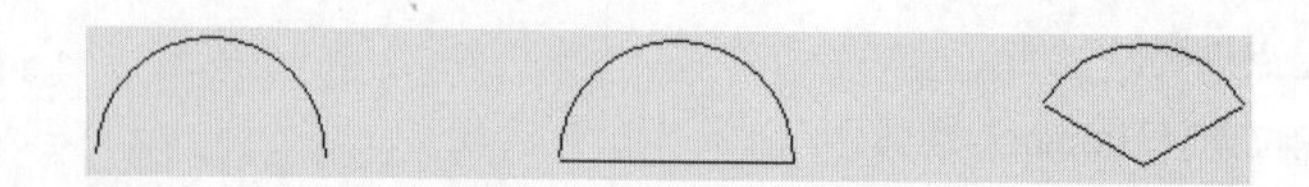

19-1-5 绘制圆或椭圆 create_oval( )

使用方式如下：

```
create_oval(x1, y1, x2, y2, options)
```

(x1,y1) 和 (x2,y2) 分别是包围圆形矩形**左上角**和**右下角**的坐标，下面是常用的 options 用法。

dash：建立虚线，概念与 create_line( ) 相同。

dashoffset：与 dash 一样产生虚线，但是一开始数字是空白的宽度。

fill：设置圆或椭圆的填充颜色。

outline：设置圆或椭圆的轮廓颜色

stipple：绘制位图（Bitmap）轮廓的圆或椭圆。

tags：为圆建立标签，未来可以用 delete 创造动画效果，可参考 19-3-5 节。

width：圆或椭圆轮廓线宽度。

程序实例 ch19_10.py：圆和椭圆的绘制。

```
1  # ch19_10.py
2  from tkinter import *
3
4  tk = Tk()
5  canvas = Canvas(tk, width=640, height=480)
6  canvas.pack()
7  # 以下是圆形
8  canvas.create_oval(10, 10, 110, 110)
9  canvas.create_oval(150, 10, 300, 160, fill='yellow')
10 # 以下是椭圆形
11 canvas.create_oval(10, 200, 310, 350)
12 canvas.create_oval(350, 200, 550, 300, fill='aqua', outline='blue', width=5)
```

执行结果

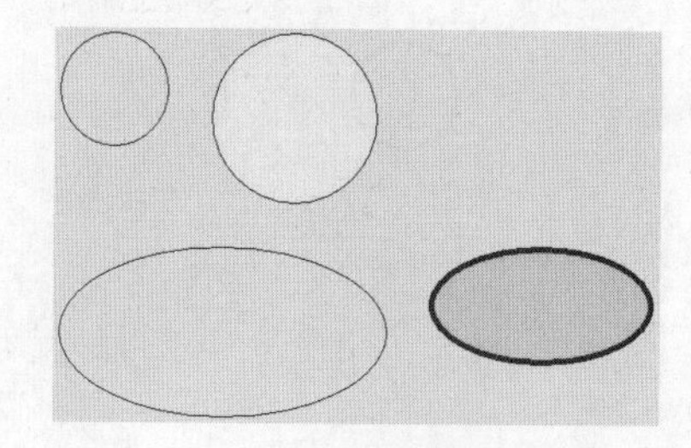

19-1-6　绘制多边形 create_polygon( )

使用方式如下。

create_polygon(x1, y1, x2, y2, x3, y3, … xn, yn, options)

(x1,y1) , …(xn,yn) 是多边形各角的（x,y）坐标，下面是常用的 options 用法。

dash：建立虚线，概念与 create_line( ) 相同。

dashoffset：与 dash 一样产生虚线，但是一开始数字是空白的宽度。

fill：设置多边形的填充颜色。

outline：设置多边形的轮廓颜色。

stipple：绘制位图（Bitmap）轮廓的多边形。

tags：为多边形建立标签，未来可以用 delete 创造动画效果，可参考 19-3-5 节。

width：多边形轮廓线宽度。

程序实例 ch19_11.py：绘制多边形的应用。

```
1   # ch19_11.py
2   from tkinter import *
3
4   tk = Tk()
5   canvas = Canvas(tk, width=640, height=480)
6   canvas.pack()
7   canvas.create_polygon(10,10, 100,10, 50,80, fill='', outline='black')
8   canvas.create_polygon(120,10, 180,30, 250,100, 200,90, 130,80)
9   canvas.create_polygon(200,10, 350,30, 420,70, 360,90, fill='aqua')
10  canvas.create_polygon(400,10,600,10,450,80,width=5,outline='blue',fill='yellow')
```

执行结果

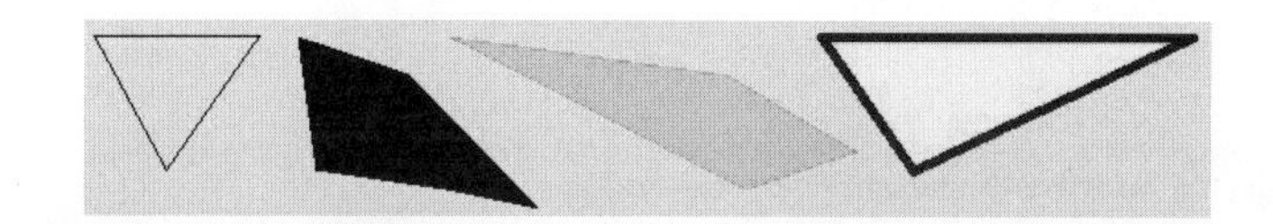

19-1-7　输出文字 create_text( )

使用方式如下。

create_text(x,y,text= 字符串 , options)

默认 (x,y) 是文字符串输出的中心坐标，下面是常用的 options 用法。

anchor：默认是 anchor=CENTER，也可以参考 18-5 节的位置概念。

fill：文字颜色。

font：字体的使用，可以参考 18-2 节。

justify：当输出多行时，默认是靠左 LEFT，可以参考 18-2 节。

stipple：绘制位图（Bitmap）线条的文字，默认是 "" 表示实线。

text：输出的文字。

tags：为文字建立标签，未来可以用 delete 创造动画效果，可参考 19-3-5 节。

程序实例 ch19_12.py：输出文字的应用。

```
1  # ch19_12.py
2  from tkinter import *
3
4  tk = Tk()
5  canvas = Canvas(tk, width=640, height=480)
6  canvas.pack()
7  canvas.create_text(200, 50, text='Ming-Chi Institute of Technology')
8  canvas.create_text(200, 80, text='Ming-Chi Institute of Technology', fill='blue')
9  canvas.create_text(300, 120, text='Ming-Chi Institute of Technology', fill='blue',
10                    font=('Old English Text MT',20))
11 canvas.create_text(300, 160, text='Ming-Chi Institute of Technology', fill='blue',
12                    font=('华康新综艺体 Std W7',20))
13 canvas.create_text(300, 200, text='明志科技大学', fill='blue',
14                    font=('华康新综艺体 Std W7',20))
```

执行结果

19-1-8 更改画布背景颜色

在使用 Canvas( ) 方法建立画布时，可以加上 bg 参数建立画布背景颜色。

程序实例 ch19_13.py：将画布背景改成黄色。

```
1  # ch19_13.py
2  from tkinter import *
3
4  tk = Tk()
5  canvas = Canvas(tk, width=640, height=240, bg='yellow')
6  canvas.pack()
```

执行结果

19-1-9 插入图像 create_image( )

在 Canvas 控件内可以使用 create_image( ) 在 Canvas 对象内插入图像文件，它的语法如下。

`create_image(x, y, options)`

（x,y）是图像左上角的位置，下面是常用的 options 用法。

anchor：默认是 anchor=CENTER，也可以参考 18-5 节的位置概念。

image：插入的图像。

tags：为图像建立标签，未来可用 delete 创造动画效果，可参考 19-3-5 节。

下面将以实例解说。

程序实例 ch19_14.py：插入图像文件 rushmore.jpg，这个程序会建立窗口，在 x 轴方向大于图像宽度 30 像素，y 轴方向大于图像宽度 20 像素。

```
1  # ch19_14.py
2  from tkinter import *
3  from PIL import Image, ImageTk
4  
5  tk = Tk()
6  img = Image.open("rushmore.jpg")
7  rushMore = ImageTk.PhotoImage(img)
8  
9  canvas = Canvas(tk, width=img.size[0]+40,
10                 height=img.size[1]+30)
11 canvas.create_image(20,15,anchor=NW,image=rushMore)
12 canvas.pack(fill=BOTH,expand=True)
```

执行结果

19-2 尺度控制画布背景颜色

第 18 章有介绍 tkinter 模块的尺度 Scale( )，利用这个方法可以获得**尺度**的值，下面将会利用 3 个尺度控制色彩的 R、G、B 值，然后可以控制画布背景颜色。

程序实例 ch19_15.py：使用尺度控制画布背景颜色，其中，为了让读者了解设置尺度初值的方法，第 17 行特别设置 gSlider 的尺度初值为 125。这个程序在执行时，若是有卷动尺度将调用 bfUpdate(source) 函数，source 在此是语法需要，实质没有作用。第 10 行 config( ) 方法是需要使用十六进制方式设置背景色，格式是 #007d00。第 18 ～ 20 行的 grid( ) 方法是定义尺度和画布的位置，第 20 行的 columnspan=3 是设置将 3 个字段组成一个字段。此外，本程序在执行时也同时可以在 Python Shell 窗口看到 R、G、B 值的变化。

```
1  # ch19_15.py
2  from tkinter import *
3  def bgUpdate(source):
4      ''' 更改画布背景颜色 '''
5      red = rSlider.get()                                   # 读取red值
6      green = gSlider.get()                                 # 读取green值
7      blue = bSlider.get( )                                 # 读取blue值
8      print("R=%d, G=%d, B=%d" % (red, green, blue))        # 打印色彩数值
9      myColor = "#%02x%02x%02x" % (red, green, blue)        # 将颜色转成十六进制字符串
10     canvas.config(bg=myColor)                             # 设置画布背景颜色
11
12 tk = Tk()
13 canvas = Canvas(tk, width=640, height=240)                # 初始化背景
14 rSlider = Scale(tk, from_=0, to=255, command=bgUpdate)
15 gSlider = Scale(tk, from_=0, to=255, command=bgUpdate)
16 bSlider = Scale(tk, from_=0, to=255, command=bgUpdate)
17 gSlider.set(125)                                          # 设置green是125
18 rSlider.grid(row=0, column=0)
19 gSlider.grid(row=0, column=1)
20 bSlider.grid(row=0, column=2)
21 canvas.grid(row=1, column=0, columnspan=3)
22 mainloop()
```

执行结果

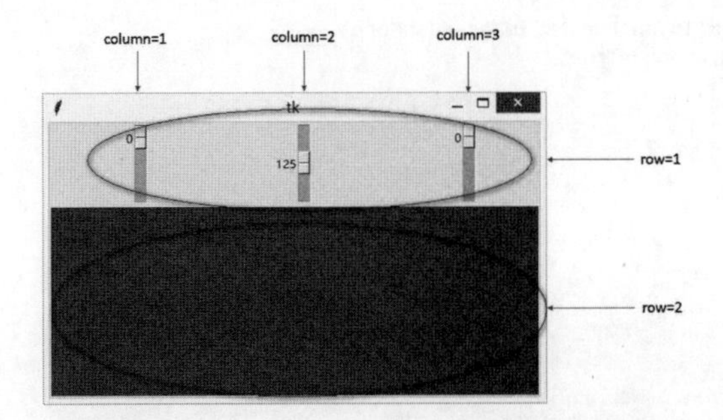

19-3 动画设计

19-3-1 基本动画

动画设计所使用的方法是 move( )，使用格式如下。

```
canvas.move(ID, xMove, yMove)          # ID 是对象编号
canvas.update( )                       # 强制重绘画布
```

xMove 和 yMove 是 x 和 y 轴的移动距离，单位是像素。

程序实例 ch19_16.py：移动球的设计，每次移动 5 像素。

```
1  # ch19_16.py
2  from tkinter import *
3  import time
4
5  tk = Tk()
6  canvas= Canvas(tk, width=500, height=150)
7  canvas.pack()
8  canvas.create_oval(10,50,60,100,fill='yellow', outline='lightgray')
9  for x in range(0, 80):
10     canvas.move(1, 5, 0)              # ID=1 x轴移动5像素，y轴不变
11     tk.update()                       # 强制tkinter重绘
12     time.sleep(0.05)
```

执行结果

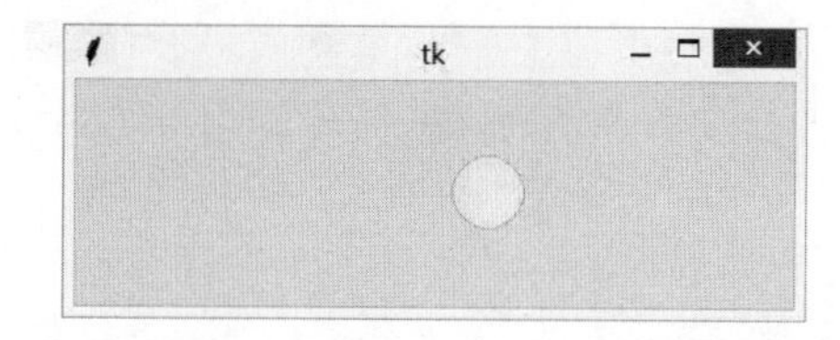

上述第 8 行执行 canvas.create_oval( ) 时，会返回 1，所以第 10 行的 canvas.move( ) 的第一个参数是指第 8 行所建的对象。上述执行时笔者使用循环，第 12 行相当于定义每隔 0.05 秒移动一次。其实只要设置 move( ) 方法的参数就可以往任意方向移动。

程序实例 ch19_17.py：扩大画布高度为 300 像素，每次 x 轴移动 5 像素，y 轴移动 2 像素。

```
10      canvas.move(1, 5, 2)          # ID=1 x轴移动5像素，y轴移动2像素
```

执行结果 读者可以自行体会球往右下方移动。

上述语句使用 time.sleep(s) 建立时间的延迟，s 表示秒。其实我们也可以使用 canvas.after(s) 建立时间延迟，s 表示千分之一秒，这时可以省略 import time，可以参考 ch19_17_1.py。

程序实例 ch19_17_1.py：重新设计 ch19_17.py。

```
1  # ch19_17_1.py
2  from tkinter import *
3
4  tk = Tk()
5  canvas= Canvas(tk, width=500, height=300)
6  canvas.pack()
7  canvas.create_oval(10,50,60,100,fill='yellow', outline='lightgray')
8  for x in range(0, 80):
9      canvas.move(1, 5, 2)        # ID=1 x轴移动5像素，y轴移动2像素
10     tk.update()                 # 强制tkinter重绘
11     canvas.after(50)
```

执行结果 与 ch19_17.py 相同。

19-3-2 多个球移动的设计

在建立球对象时，可以设置 id 值，未来可以将这个 id 值放入 move( ) 方法内，告知是移动这个球。

程序实例 ch19_18.py：一次移动两个球，第 8 行设置黄色球是 id1，第 9 行设置水蓝色球是 id2。

```
1  # ch19_18.py
2  from tkinter import *
3  import time
4
5  tk = Tk()
6  canvas= Canvas(tk, width=500, height=250)
7  canvas.pack()
8  id1 = canvas.create_oval(10,50,60,100,fill='yellow')
9  id2 = canvas.create_oval(10,150,60,200,fill='aqua')
10 for x in range(0, 80):
11     canvas.move(id1, 5, 0)      # id1 x轴移动5像素，y轴移动0像素
12     canvas.move(id2, 5, 0)      # id2 x轴移动5像素，y轴移动0像素
13     tk.update()                 # 强制tkinter重绘
14     time.sleep(0.05)
```

执行结果

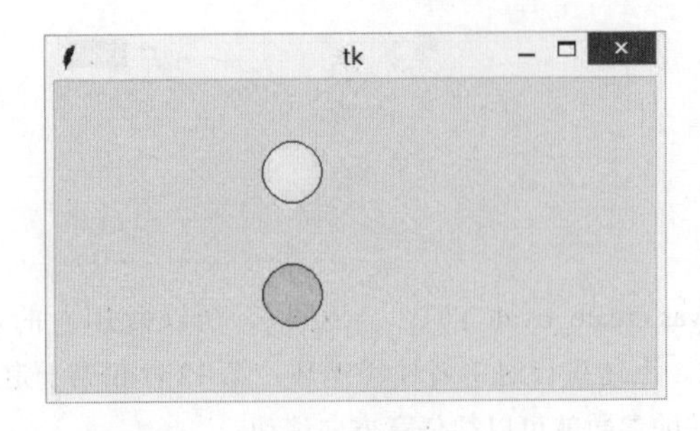

19-3-3 将随机数应用于多个球体的移动

在拉斯维加斯或是澳门赌场，常常可以看到机器赛马的赌局，其实若是将球改成赛马意义是相同的。

1. 赌场可以作弊的方式

假设想让黄色球跑得快一些，赢的概率是 70%，可以利用 randint( ) 产生 1 ～ 100 的随机数，让随机数为 1 ～ 70 时移动黄球，71 ～ 100 时移动水蓝色球。

2. 赌场作弊现形

当我们玩赛马赌局时必须下注，如果赌场要作弊，最佳方式是让下注最少的马匹有较高概率的移动机会，这样钱就滚滚而来了。

3. 不作弊

可以设计随机数为 1 ～ 50 时移动黄球，51 ～ 100 时移动水蓝色球。

程序实例 ch19_19.py：循环 100 次看哪一个球跑得快，让黄色球每次有 70% 的移动机会。

```
11  for x in range(0, 100):
12      if randint(1,100) > 70:
13          canvas.move(id2, 5, 0)  # id2 x轴移动5像素，y轴移动0像素
14      else:
15          canvas.move(id1, 5, 0)  # id1 x轴移动5像素，y轴移动0像素
16      tk.update()                 # 强制tkinter重绘
17      time.sleep(0.05)
```

执行结果

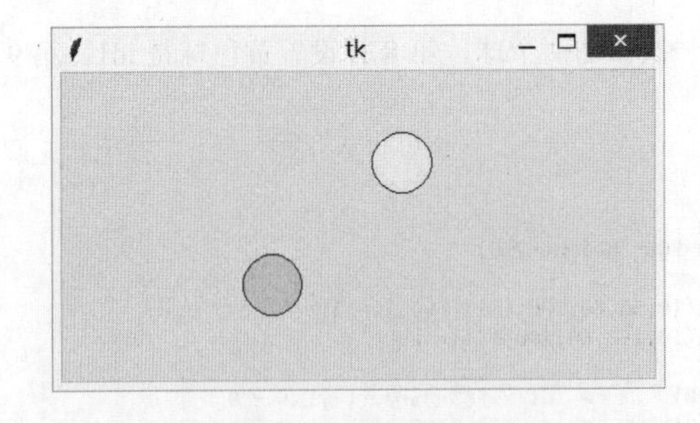

19-3-4 消息绑定

可以利用系统接收到键盘的消息，做出反应。例如，当按下右移键时，可以控制球往右边移动。假设 Canvas( ) 产生的组件的名称是 canvas，可以如下这样设计函数。

```
def ballMove(event):
    canvas.move(1, 5, 0)                        # 假设移动 5 像素
```

在程序设计函数中对于按下右移键移动球可以如下这样设计。

```
def ballMove(event):
    if event.keysym == 'Right':
          canvas.move(1, 5, 0)
```

对于主程序而言，需使用 canvas.bind_all( ) 函数，执行**消息绑定**工作，它的写法如下。

```
canvas.bind_all('<KeyPress-Left>', ballMove)     # 左移键
canvas.bind_all('<KeyPress-Right>', ballMove)    # 右移键
canvas.bind_all('<KeyPress-Up>', ballMove)       # 上移键
canvas.bind_all('<KeyPress-Down>', ballMove)     # 下移键
```

上述函数主要是告知程序所接收到的键盘的消息是什么，然后调用 ballMove( ) 函数执行键盘消息的工作。

程序实例 ch19_20.py：程序开始执行时，在画布中央有一个红球，可以按键盘上的向右、向左、向上、向下键，往右、往左、往上、往下移动球，每次移动 5 像素。

```
1  # ch19_20.py
2  from tkinter import *
3  import time
4  def ballMove(event):
5      if event.keysym == 'Left':  # 左移
6          canvas.move(1, -5, 0)
7      if event.keysym == 'Right': # 右移
8          canvas.move(1, 5, 0)
9      if event.keysym == 'Up':    # 上移
10         canvas.move(1, 0, -5)
11     if event.keysym == 'Down':  # 下移
12         canvas.move(1, 0, 5)
13 tk = Tk()
14 canvas= Canvas(tk, width=500, height=300)
15 canvas.pack()
16 canvas.create_oval(225,125,275,175,fill='red')
17 canvas.bind_all('<KeyPress-Left>', ballMove)
18 canvas.bind_all('<KeyPress-Right>', ballMove)
19 canvas.bind_all('<KeyPress-Up>', ballMove)
20 canvas.bind_all('<KeyPress-Down>', ballMove)
21 mainloop()
```

执行结果

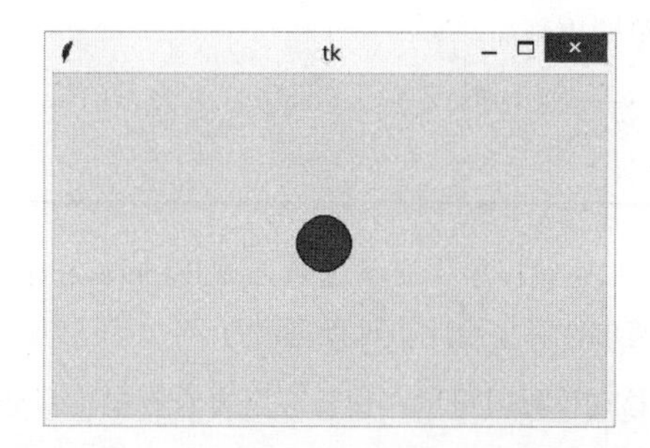

19-3-5 再谈动画设计

19-1 节介绍了 tkinter 的绘图功能，在该节的绘图方法的参数中有说明可以使用 tags 参数将所绘制的对象标上名称，有了这个 tags 名称，未来可以用 canvas.delete（"tags 名称 "）删除此对象，然后可以在新位置再绘制一次此对象，即可以达到对象移动的目的。

注：如果要删除画布内所有对象，可以使用 canvas.delete("all")。

19-3-4 节介绍了键盘的消息绑定，其实也可以使用下面的方式执行鼠标的消息绑定。

```
canvas.bind('<Button-1>', callback)      # 单击鼠标左键执行 callback 方法
canvas.bind('<Button-2>', callback)      # 单击鼠标中键执行 callback 方法
canvas.bind('<Button-3>', callback)      # 单击鼠标右键执行 callback 方法
canvas.bind('<Motion>', callback)        # 鼠标移动执行 callback 方法
```

上述单击时，鼠标相对组件的位置会被存入事件的 x 和 y 变量。

程序实例 ch19_20_1.py：鼠标事件的基本应用，这个程序在执行时会建立 300×180 的窗口，当单击鼠标左键时，在 Python Shell 窗口中会列出单击时的鼠标坐标。

```
1  # ch19_20_1.py
2  from tkinter import *
3  def callback(event):                          # 事件处理程序
4      print("Clicked at", event.x, event.y)     # 打印坐标
5
6  root = Tk()
7  root.title("ch19_20_1")
8  canvas = Canvas(root,width=300,height=180)
9  canvas.bind("<Button-1>",callback)             # 单击绑定callback
10 canvas.pack()
11
12 root.mainloop()
```

执行结果

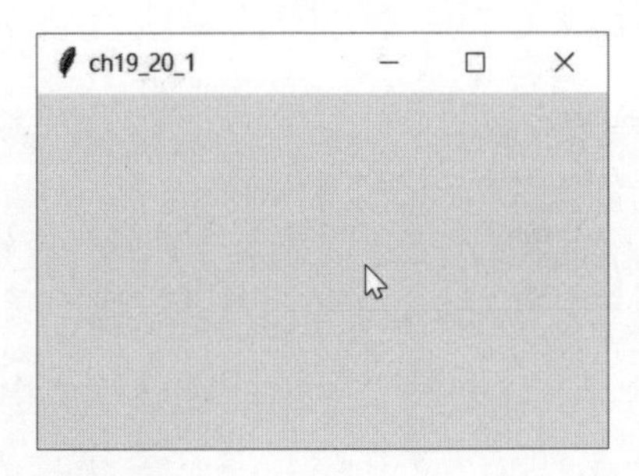

下列是 Python Shell 示范输出画面。

```
==================== RESTART: D:/Python/ch19/ch19_20_1.py ====================
Clicked at 159 88
Clicked at 85 60
Clicked at 144 27
```

在程序第 3 行绑定的事件处理程序中必须留意，callback(event) 需有参数 event，event 名称可以自取，这是因为事件会传递事件对象给此事件处理程序。

程序实例 ch19_20_2.py：移动鼠标时可以在窗口右下方看到鼠标目前的坐标。

```
1  # ch19_20_2.py
2  from tkinter import *
3  def mouseMotion(event):                # Mouse移动
4      x = event.x
5      y = event.y
6      textvar = "Mouse location - x:{}, y:{}".format(x,y)
7      var.set(textvar)
8
9  root = Tk()
10 root.title("ch19_20_2")                # 窗口标题
11 root.geometry("300x180")               # 窗口宽300高180
12
13 x, y = 0, 0                            # x,y坐标
14 var = StringVar()
15 text = "Mouse location - x:{}, y:{}".format(x,y)
16 var.set(text)
17
18 lab = Label(root,textvariable=var)  # 建立标签
19 lab.pack(anchor=S,side=RIGHT,padx=10,pady=10)
20
21 root.bind("<Motion>",mouseMotion)   # 增加事件处理程序
22
23 root.mainloop()
```

执行结果

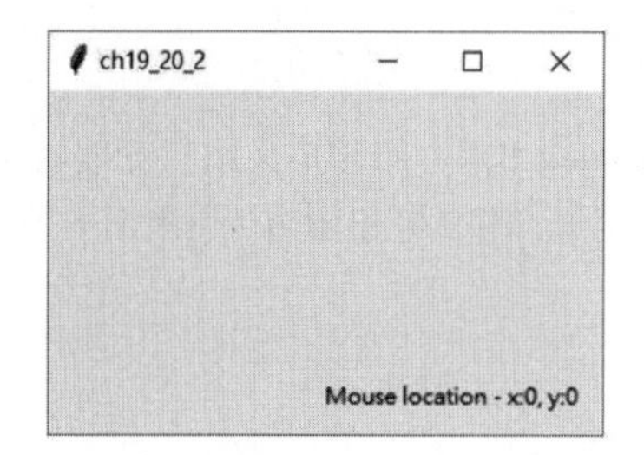

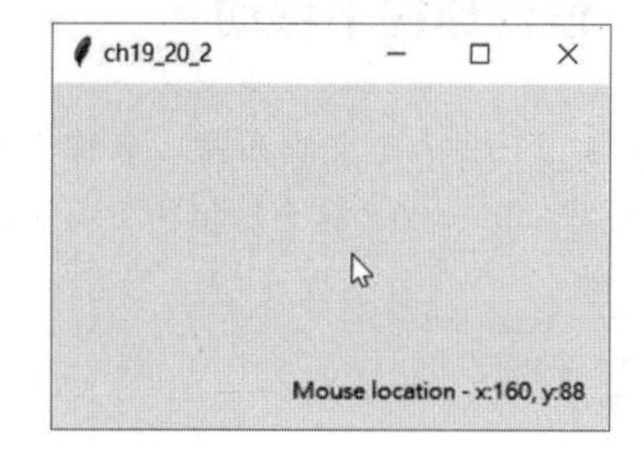

程序实例 ch19_20_3.py：单击鼠标左键可以放大圆，单击鼠标右键可以缩小圆。

```
1  # ch19_20_3.py
2  from tkinter import *
3
4  def circleIncrease(event):
5      global r
6      canvas.delete("myCircle")
7      if r < 200:
8          r += 5
9      canvas.create_oval(200-r,200-r,200+r,200+r,fill='yellow',tag="myCircle")
10
11 def circleDecrease(event):
12     global r
13     canvas.delete("myCircle")
14     if r > 5:
15         r -= 5
16     canvas.create_oval(200-r,200-r,200+r,200+r,fill='yellow',tag="myCircle")
17
18 tk = Tk()
19 canvas= Canvas(tk, width=400, height=400)
20 canvas.pack()
21
22 r = 100
23 canvas.create_oval(200-r,200-r,200+r,200+r,fill='yellow',tag="myCircle")
24 canvas.bind('<Button-1>', circleIncrease)
25 canvas.bind('<Button-3>', circleDecrease)
26
27 mainloop()
```

执行结果

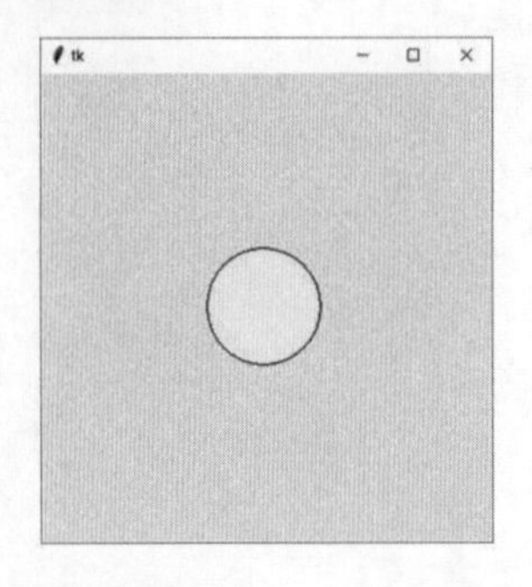

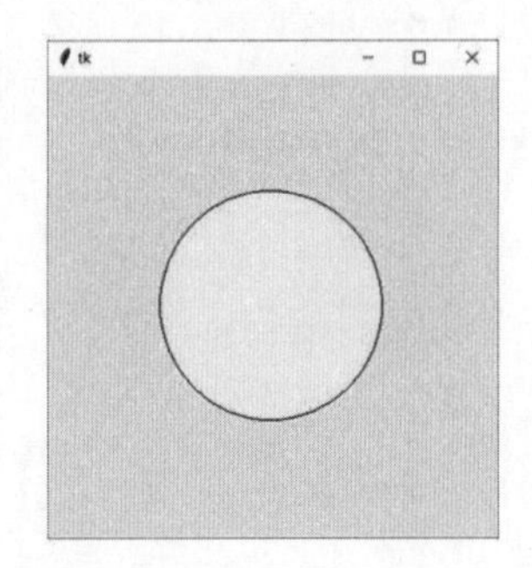

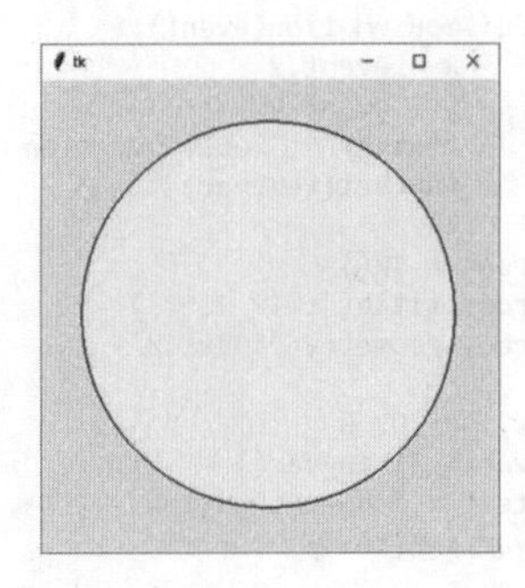

19-4 反弹球游戏设计

本节将一步一步引导读者设计一个反弹球的游戏。

19-4-1 设计球往下移动

程序实例 ch19_21.py：定义画布窗口名称为 Bouncing Ball，同时定义画布宽度（14 行）与高度（15 行）分别为 640、480。这个球将往下移动然后消失，移到超出画布范围就消失了。

```
1  # ch19_21.py
2  from tkinter import *
3  from random import *
4  import time
5
6  class Ball:
7      def __init__(self, canvas, color, winW, winH):
8          self.canvas = canvas
9          self.id = canvas.create_oval(0, 0, 20, 20, fill=color)  # 建立球对象
10         self.canvas.move(self.id, winW/2, winH/2)   # 设置球最初位置
11     def ballMove(self):
12         self.canvas.move(self.id, 0, step)           # step是正值表示往下移动
13
14 winW = 640                                           # 定义画布宽度
15 winH = 480                                           # 定义画布高度
16 step = 3                                             # 定义速度可想成位移步伐
17 speed = 0.03                                         # 设置移动速度
18
19 tk = Tk()
20 tk.title("Bouncing Ball")                            # 游戏窗口标题
21 tk.wm_attributes('-topmost', 1)                      # 确保游戏窗口在屏幕最上层
22 canvas = Canvas(tk, width=winW, height=winH)
23 canvas.pack()
24 tk.update()
25
26 ball = Ball(canvas, 'yellow', winW, winH)            # 定义球对象
27
28 while True:
29     ball.ballMove()
30     tk.update()
31     time.sleep(speed)                                # 可以控制移动速度
```

执行结果

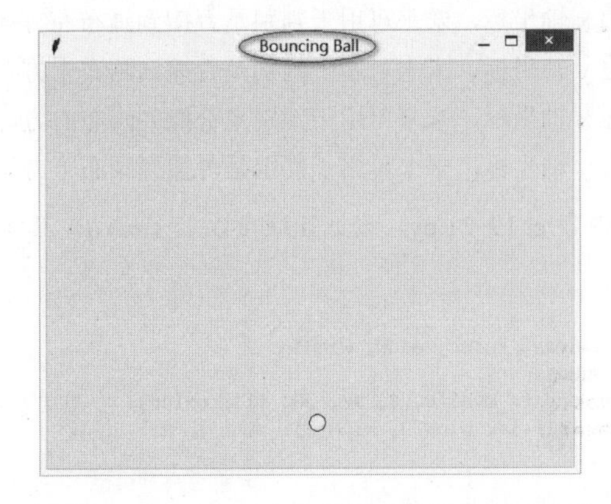

这个程序由于是一个无限循环（28 ～ 31 行），所以强制关闭画布窗口时，将在 Python Shell 窗口看到错误消息，这无所谓，本章最后实例会改良此情况。整个程序可以用球每次移动的步伐（16 行）和循环第 31 行 time.sleep(speed) 指令的 speed 值，控制球的移动速度。

上述程序笔者建立了 Ball 类，这个类在初始化 __init__( ) 方法中，在第 9 行建立了球对象，第 10 行先设置球是大约在中间位置。另外建立了 ballMove( ) 方法，这个方法会依 step 变量移动，在此例每次往下移动。

19-4-2　设计让球上下反弹

如果想让所设计的球上下反弹，首先需了解 tkinter 模块如何定义对象的位置，其实以这个实例而言，可以使用 coords( ) 方法获得对象位置，它的返回值是对象的左上角和右下角坐标。

程序实例 ch19_22.py：建立一个球，然后用 coords( ) 方法列出球的位置。

```
1  # ch19_22.py
2  from tkinter import *
3
4  tk = Tk()
5  canvas= Canvas(tk, width=500, height=150)
6  canvas.pack()
7  id = canvas.create_oval(10,50,60,100,fill='yellow', outline='lightgray')
8  ballPos = canvas.coords(id)
9  print(ballPos)
```

执行结果

```
================== RESTART: D:/PythonGUI/ch19/ch19_22.py ==================
[10.0, 50.0, 60.0, 100.0]
>>>
```

上述执行结果可以用以下图示做解说。

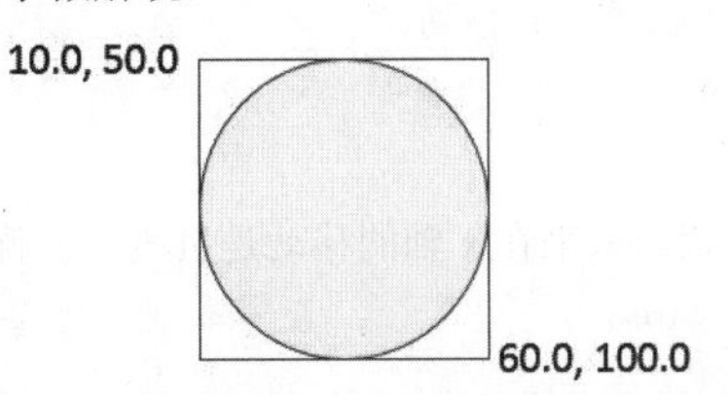

相当于可以用 coords( ) 方法获得下列结果。

ballPos[0]：球的左边 x 轴坐标，未来可用于判别是否撞到画布左方。

ballPos[1]：球的上边 y 轴坐标，未来可用于判别是否撞到画布上方。

ballPos[2]：球的右边 x 轴坐标，未来可用于判别是否撞到画布右方。

ballPos[3]：球的下边 y 轴坐标，未来可用于判别是否撞到画布下方。

程序实例 ch19_23.py：改良 ch19_21.py，设计让球可以上下移动，其实这个程序只是更改 Ball 类的内容。

```
6 class Ball:
7     def __init__(self, canvas, color, winW, winH):
8         self.canvas = canvas
9         self.id = canvas.create_oval(0, 0, 20, 20, fill=color)  # 建立球对象
10        self.canvas.move(self.id, winW/2, winH/2)     # 设置球最初位置
11        self.x = 0                                    # 水平不移动
12        self.y = step                                 # 垂直移动单位
13    def ballMove(self):
14        self.canvas.move(self.id, self.x, self.y)    # step是正值表示往下移动
15        ballPos = self.canvas.coords(self.id)
16        if ballPos[1] <= 0:                           # 侦测球是否超过画布上方
17            self.y = step
18        if ballPos[3] >= winH:                        # 侦测球是否超过画布下方
19            self.y = -step
```

执行结果 读者可以观察屏幕，查看球上下移动的结果。

程序第 11 行定义球在 x 轴不移动，第 12 行定义在 y 轴移动单位是 step。第 15 行获得球的位置信息，第 16、17 行侦测如果球撞到画布上方未来球是往下移动 step 单位，第 18、19 行侦测如果球撞到画布下方未来球是往上移动 step 单位（因为是负值）。

19-4-3 设计让球在画布四面反弹

在反弹球游戏中，必须让球在四面皆可反弹，这时需考虑到球在 x 轴的移动，这时原先 Ball 类的 __init__( ) 函数需修改下列两行。

```
11            self.x = 0                                # 水平不移动
12            self.y = step                             # 垂直移动单位
```

下列是更改结果。

```
11        startPos = [-4, -3, -2, -1, 1, 2, 3, 4]      # 球最初x轴位移的随机数
12        shuffle(startPos)                             # 打乱排列
13        self.x = startPos[0]                          # 球最初水平移动单位
14        self.y = step                                 # 垂直移动单位
```

上述修改的思路是球局开始时，每个循环 x 轴的移动单位是随机数产生。至于在 ballMove( ) 方法中，需考虑到水平轴的移动可能碰撞画布左边与右边的状况，思路是如果球撞到画布左边，设置球未来在 x 轴的移动是正值，也就是往右移动。

```
18        if ballPos[0] <= 0:                           # 侦测球是否超过画布左方
19            self.x = step
```

如果球撞到画布右边，设置球未来在 x 轴的移动是负值，也就是往左移动。

```
22        if ballPos[2] >= winW:                        # 侦测球是否超过画布右方
23            self.x = -step
```

程序实例 ch19_24.py：改良 ch19_23.py 程序，现在球可以在四周移动。

```
 6  class Ball:
 7      def __init__(self, canvas, color, winW, winH):
 8          self.canvas = canvas
 9          self.id = canvas.create_oval(0, 0, 20, 20, fill=color)  # 建立球对象
10          self.canvas.move(self.id, winW/2, winH/2)     # 设置球最初位置
11          startPos = [-4, -3, -2, -1, 1, 2, 3, 4]       # 球最初x轴位移的随机数
12          shuffle(startPos)                              # 打乱排列
13          self.x = startPos[0]                           # 球最初水平移动单位
14          self.y = step                                  # 垂直移动单位
15      def ballMove(self):
16          self.canvas.move(self.id, self.x, self.y)     # step是正值表示往下移动
17          ballPos = self.canvas.coords(self.id)
18          if ballPos[0] <= 0:                            # 侦测球是否超过画布左方
19              self.x = step
20          if ballPos[1] <= 0:                            # 侦测球是否超过画布上方
21              self.y = step
22          if ballPos[2] >= winW:                         # 侦测球是否超过画布右方
23              self.x = -step
24          if ballPos[3] >= winH:                         # 侦测球是否超过画布下方
25              self.y = -step
```

执行结果　读者可以观察屏幕，查看球在画布四周移动的结果。

19-4-4　建立球拍

首先建立一个静止的球拍，此时可以建立 Racket 类，在这个类中设置了它的初始大小与位置。

程序实例 ch19_25.py：扩充 ch19_24.py，主要是增加球拍设计，在这里先增加球拍类。在这个类中，在第 29 行设计了球拍的大小和颜色，第 30 行设置了最初球拍的位置。

```
26  class Racket:
27      def __init__(self, canvas, color):
28          self.canvas = canvas
29          self.id = canvas.create_rectangle(0,0,100,15, fill=color)    # 球拍对象
30          self.canvas.move(self.id, 270, 400)                          # 球拍位置
```

另外，在主程序中增加了建立一个球拍对象。

```
44  racket = Racket(canvas, 'purple')              # 定义紫色球拍
```

执行结果

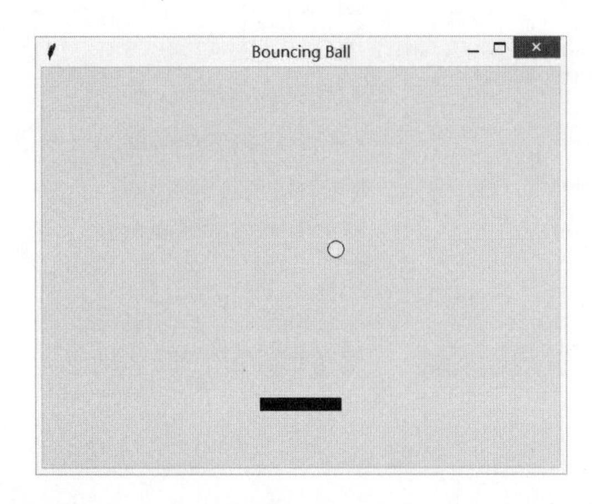

19-4-5 设计球拍移动

由于是假设使用键盘的右移和左移键移动球拍，所以可以在 Ractet 的 __init__( ) 函数内增加，使用 bind_all( ) 方法绑定键盘按键发生时的移动方式。

```
32          self.canvas.bind_all('<KeyPress-Right>', self.moveRight)    # 绑定按往右键
33          self.canvas.bind_all('<KeyPress-Left>', self.moveLeft)      # 绑定按往左键
```

所以在 Ractet 类内增加下列 moveRight( ) 和 moveLeft( ) 的设计。

```
41      def moveLeft(self, event):                      # 球拍每次向左移动的单位数
42          self.x = -3
43      def moveRight(self, event):                     # 球拍每次向右移动的单位数
44          self.x = 3
```

上述设计相当于每次的位移量是 3，如果游戏设有等级，可以让新手位移量增加，随等级增加让位移量减少。此外，这个程序增加了球拍移动主体设计。

```
34      def racketMove(self):                           # 设计球拍移动
35          self.canvas.move(self.id, self.x, 0)
36          pos = self.canvas.coords(self.id)
37          if pos[0] <= 0:                             # 移动时是否碰到画布左边
38              self.x = 0
39          elif pos[2] >= winW:                        # 移动时是否碰到画布右边
40              self.x = 0
```

主程序也将新增球拍移动调用。

```
61  while True:
62      ball.ballMove()
63      racket.racketMove()
64      tk.update()
65      time.sleep(speed)                               # 可以控制移动速度
```

程序实例 ch19_26.py：扩充 ch19_25.py 的功能，增加设计让球拍左右可以移动，下列程序第 31 行是设置程序开始时，球拍位移是 0，下列是球拍类的内容。

```
26  class Racket:
27      def __init__(self, canvas, color):
28          self.canvas = canvas
29          self.id = canvas.create_rectangle(0,0,100,15, fill=color)   # 球拍对象
30          self.canvas.move(self.id, 270, 400)                         # 球拍位置
31          self.x = 0
32          self.canvas.bind_all('<KeyPress-Right>', self.moveRight)    # 绑定按往右键
33          self.canvas.bind_all('<KeyPress-Left>', self.moveLeft)      # 绑定按往左键
34      def racketMove(self):                           # 设计球拍移动
35          self.canvas.move(self.id, self.x, 0)
36          pos = self.canvas.coords(self.id)
37          if pos[0] <= 0:                             # 移动时是否碰到画布左边
38              self.x = 0
39          elif pos[2] >= winW:                        # 移动时是否碰到画布右边
40              self.x = 0
41      def moveLeft(self, event):                      # 球拍每次向左移动的单位数
42          self.x = -3
43      def moveRight(self, event):                     # 球拍每次向右移动的单位数
44          self.x = 3
```

下列是主程序内容。

```
58  racket = Racket(canvas, 'purple')                   # 定义紫色球拍
59  ball = Ball(canvas, 'yellow', winW, winH)           # 定义球对象
60
61  while True:
62      ball.ballMove()
63      racket.racketMove()
64      tk.update()
65      time.sleep(speed)                               # 可以控制移动速度
```

执行结果 读者可以观察屏幕，球拍已经可以左右移动了。

19-4-6　球拍与球碰撞的处理

在上述程序的执行结果中，球碰到球拍基本上是可以穿透过去，这一节将讲解碰撞的处理，首先可以增加将 Racket 类传给 Ball 类，如下所示。

```
6  class Ball:
7      def __init__(self, canvas, color, winW, winH, racket):
8          self.canvas = canvas
9          self.racket = racket
```

当然在主程序建立 Ball 类对象时需修改调用如下。

```
67  racket = Racket(canvas, 'purple')                # 定义紫色球拍
68  ball = Ball(canvas,'yellow',winW,winH,racket)    # 定义球对象
```

在 Ball 类中需增加球是否碰到球拍的方法，如果碰到就让球路径往上反弹。

```
33              if self.hitRacket(ballPos) == True:      # 侦测是否撞到球拍
34                  self.y = -step
```

在 Ball 类 ballMove( ) 方法上方需增加下列 hitRacket( ) 方法，检测球是否碰撞球拍，如果碰撞了会返回 True，否则返回 False。

```
16      def hitRacket(self, ballPos):
17          racketPos = self.canvas.coords(self.racket.id)
18          if ballPos[2] >= racketPos[0] and ballPos[0] <= racketPos[2]:
19              if ballPos[3] >= racketPos[1] and ballPos[3] <= racketPos[3]:
20                  return True
21          return False
```

上述侦测球是否撞到球拍必须符合以下两个条件。

（1）球的右侧 x 轴坐标 ballPos[2] 大于球拍左侧 x 坐标 racketPos[0]，同时球的左侧 x 坐标 ballPos[0] 小于球拍右侧 x 坐标 racketPos[2]。

（2）球的下方 y 坐标 ballPos[3] 大于球拍上方的 y 坐标 racketPos[1]，同时必须小于球拍下方的 y 坐标 reaketPos[3]。读者可能奇怪为何不是侦测碰到球拍上方即可，主要是球不是一次移动 1 像素，如果移动 3 像素，很可能会跳过球拍上方。

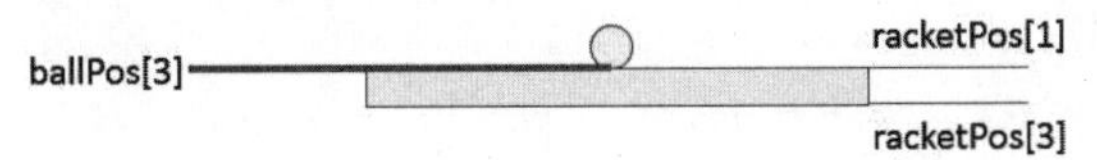

下列是球的可能移动方式。

程序实例 ch19_27.py：扩充 ch19_26.py，当球碰撞到球拍时会反弹，下列是完整的 Ball 类的设计。

```
 6 class Ball:
 7     def __init__(self, canvas, color, winW, winH, racket):
 8         self.canvas = canvas
 9         self.racket = racket
10         self.id = canvas.create_oval(0, 0, 20, 20, fill=color) # 建立球对象
11         self.canvas.move(self.id, winW/2, winH/2)   # 设置球最初位置
12         startPos = [-4, -3, -2, -1, 1, 2, 3, 4]    # 球最初x轴位移的随机数
13         shuffle(startPos)                           # 打乱排列
14         self.x = startPos[0]                        # 球最初水平移动单位
15         self.y = step                               # 垂直移动单位
16     def hitRacket(self, ballPos):
17         racketPos = self.canvas.coords(self.racket.id)
18         if ballPos[2] >= racketPos[0] and ballPos[0] <= racketPos[2]:
19             if ballPos[3] >= racketPos[1] and ballPos[3] <= racketPos[3]:
20                 return True
21         return False
22     def ballMove(self):
23         self.canvas.move(self.id, self.x, self.y)   # step是正值表示往下移动
24         ballPos = self.canvas.coords(self.id)
25         if ballPos[0] <= 0:                         # 侦测球是否超过画布左方
26             self.x = step
27         if ballPos[1] <= 0:                         # 侦测球是否超过画布上方
28             self.y = step
29         if ballPos[2] >= winW:                      # 侦测球是否超过画布右方
30             self.x = -step
31         if ballPos[3] >= winH:                      # 侦测球是否超过画布下方
32             self.y = -step
33         if self.hitRacket(ballPos) == True:         # 侦测是否撞到球拍
34             self.y = -step
```

执行结果 读者可以观察屏幕，球碰撞到球拍时会反弹。

19-4-7 完整的游戏

在游戏中，若是球碰触画布底端应该让游戏结束，此时首先在第 16 行 Ball 类的 __init__( ) 函数中声明 notTouchBottom 为 True，为了让玩家可以缓冲，笔者此时也设置球局开始时球是往上移动（第 15 行），如下所示。

```
15         self.y = -step                              # 球先往上垂直移动单位
16         self.notTouchBottom = True                  # 未接触画布底端
```

我们修改主程序中的循环如下。

```
73 while ball.notTouchBottom:                          # 如果球未接触画布底端
74     try:
75         ball.ballMove()
76     except:
77         print("单击关闭按钮终止程序执行")
78         break
79     racket.racketMove()
80     tk.update()
81     time.sleep(speed)                               # 可以控制移动速度
```

最后在 Ball 类的 ballMove( ) 方法中侦测球是否接触画布底端，如果是则将 notTouchBottom 设为 False，这个 False 将让主程序的循环停止执行。同时捕捉异常时如果单击 Bouncing Ball 窗口的“关闭”按钮，这样就不会再有错误消息产生了。

程序实例 ch19_28.py：完整的反弹球设计。

```
1  # ch19_28.py
2  from tkinter import *
3  from random import *
4  import time
5
6  class Ball:
7      def __init__(self, canvas, color, winW, winH, racket):
8          self.canvas = canvas
9          self.racket = racket
10         self.id = canvas.create_oval(0, 0, 20, 20, fill=color)  # 建立球对象
11         self.canvas.move(self.id, winW/2, winH/2)    # 设置球最初位置
12         startPos = [-4, -3, -2, -1, 1, 2, 3, 4]      # 球最初x轴位移的随机数
13         shuffle(startPos)                            # 打乱排列
14         self.x = startPos[0]                         # 球最初水平移动单位
15         self.y = -step                               # 球先往上垂直移动单位
16         self.notTouchBottom = True                   # 未接触画布底端
17     def hitRacket(self, ballPos):
18         racketPos = self.canvas.coords(self.racket.id)
19         if ballPos[2] >= racketPos[0] and ballPos[0] <= racketPos[2]:
20             if ballPos[3] >= racketPos[1] and ballPos[3] <= racketPos[3]:
21                 return True
22         return False
23     def ballMove(self):
24         self.canvas.move(self.id, self.x, self.y)   # step是正值表示往下移动
25         ballPos = self.canvas.coords(self.id)
26         if ballPos[0] <= 0:                          # 侦测球是否超过画布左方
27             self.x = step
28         if ballPos[1] <= 0:                          # 侦测球是否超过画布上方
29             self.y = step
30         if ballPos[2] >= winW:                       # 侦测球是否超过画布右方
31             self.x = -step
32         if ballPos[3] >= winH:                       # 侦测球是否超过画布下方
33             self.y = -step
34         if self.hitRacket(ballPos) == True:          # 侦测是否撞到球拍
35             self.y = -step
36         if ballPos[3] >= winH:                       # 如果球接触到画布底端
37             self.notTouchBottom = False
38 class Racket:
39     def __init__(self, canvas, color):
40         self.canvas = canvas
41         self.id = canvas.create_rectangle(0,0,100,15, fill=color)   # 球拍对象
42         self.canvas.move(self.id, 270, 400)                         # 球拍位置
43         self.x = 0
44         self.canvas.bind_all('<KeyPress-Right>', self.moveRight)    # 绑定按往右键
45         self.canvas.bind_all('<KeyPress-Left>', self.moveLeft)      # 绑定按往左键
46     def racketMove(self):                            # 设计球拍移动
47         self.canvas.move(self.id, self.x, 0)
48         racketPos = self.canvas.coords(self.id)
49         if racketPos[0] <= 0:                        # 移动时是否碰到画布左边
50             self.x = 0
51         elif racketPos[2] >= winW:                   # 移动时是否碰到画布右边
52             self.x = 0
53     def moveLeft(self, event):                       # 球拍每次向左移动的单位数
54         self.x = -3
55     def moveRight(self, event):                      # 球拍每次向右移动的单位数
56         self.x = 3
57
58 winW = 640                                           # 定义画布宽度
59 winH = 480                                           # 定义画布高度
60 step = 3                                             # 定义速度可想成位移步伐
61 speed = 0.01                                         # 设置移动速度
62
63 tk = Tk()
64 tk.title("Bouncing Ball")                            # 游戏窗口标题
65 tk.wm_attributes('-topmost', 1)                      # 确保游戏窗口在屏幕最上层
66 canvas = Canvas(tk, width=winW, height=winH)
67 canvas.pack()
68 tk.update()
69
70 racket = Racket(canvas, 'purple')                    # 定义紫色球拍
71 ball = Ball(canvas,'yellow',winW,winH,racket)        # 定义球对象
72
73 while ball.notTouchBottom:                           # 如果球未接触画布底端
74     try:
75         ball.ballMove()
76     except:
77         print("单击关闭按钮终止程序执行")
78         break
79     racket.racketMove()
80     tk.update()
81     time.sleep(speed)                                # 可以控制移动速度
```

执行结果

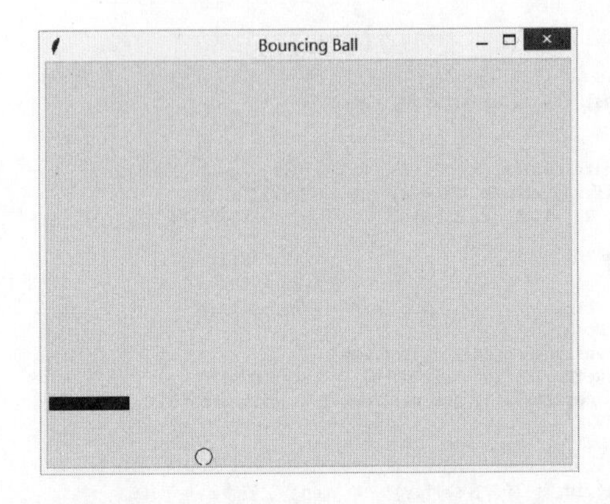

19-5 专题——使用 tkinter 处理谢尔宾斯基三角形

谢尔宾斯基三角形（Sierpinski Triangle）是由波兰数学家谢尔宾斯基在 1915 年提出的一种三角形概念，这个三角形本质上是碎形（Fractal）。所谓碎形是一个几何图形，它可以分为许多部分，每个部分都是整体的缩小版。这个三角形建立的步骤如下。

（1）建立一个等边三角形，这个三角形称为 0 阶（order = 0）谢尔宾斯基三角形。

（2）将三角形各边中点连接，称为 1 阶谢尔宾斯基三角形。

（3）中间三角形不变，将其他 3 个三角形各边中点连接，称为 2 阶谢尔宾斯基三角形。

（4）使用 11-6 节递归式函数概念，重复上述步骤，即可产生 3 阶、4 阶或更高阶的谢尔宾斯基三角形。

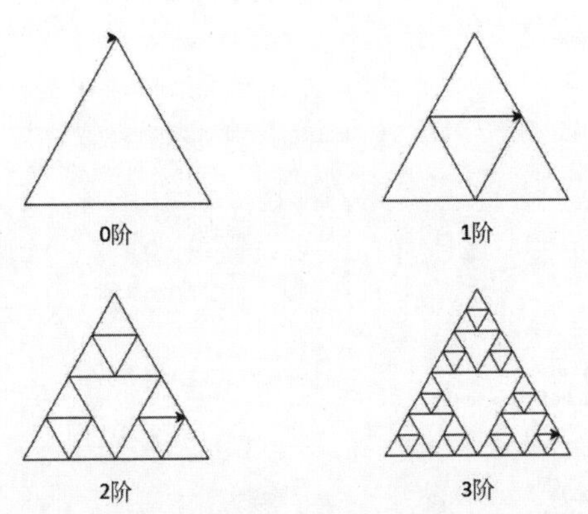

使用 tkinter 解这个题目最大的优点是可以在 GUI 接口随时更改阶乘数字，然后可以在画布显示执行结果。

在这一节计划介绍另一个组件（widget）框架 Frame，也可将此想象成是容器组件，这个框架 Frame 通常用于碰上复杂的 GUI 设计时，可以将部分其他 tkinter 组件组织在此框架内（可想成是容器），如此可以简化 GUI。它的建构方法如下。

Frame(父对象 ,options, …)

Frame( ) 方法的第一个参数是**父对象**，表示这个框架将建立在哪一个父对象内。下面是 Frame( ) 方法内其他常用的 options 参数。

bg 或 background：背景色彩。

borderwidth 或 bd：标签边界宽度，默认是 2。

cursor：当鼠标光标在框架上时的光标外形。

height：框架的高度，单位是像素。

highlightbackground：当框架没有取得焦点时的颜色。

highlightcolor：当框架取得焦点时的颜色。

highlighthickness：当框架取得焦点时的厚度。

relief：默认是 relief=FLAT，可由此控制框架外框。

width：框架的宽度，单位是像素，省略时会自行调整为实际宽度。

程序实例 ch19_29.py：设计谢尔宾斯基三角形（Sierpinski Triangle），这个程序基本过程是在 tk 窗口内分别建立 Canvas( ) 对象 canvas 和 Frame( ) 对象 frame，然后在 canvas 对象内绘制谢尔宾斯基三角形。在 frame 对象内建立标签 Label、文本框 Entry 和按钮 Button，这是用于建立输入绘制谢尔宾斯基三角形的阶乘数与正式控制执行。

```
1  # ch19_29.py
2  from tkinter import *
3  # 依据特定阶级数绘制Sierpinski三角形
4  def sierpinski(order, p1, p2, p3):
5      if order == 0:        # 阶级数为0
6          # 将3个点连接绘制成三角形
7          drawLine(p1, p2)
8          drawLine(p2, p3)
9          drawLine(p3, p1)
10     else:
11         # 取得三角形各边长的中点
12         p12 = midpoint(p1, p2)
13         p23 = midpoint(p2, p3)
14         p31 = midpoint(p3, p1)
15         # 递归调用处理绘制三角形
16         sierpinski(order - 1, p1, p12, p31)
17         sierpinski(order - 1, p12, p2, p23)
18         sierpinski(order - 1, p31, p23, p3)
19 # 绘制p1和p2之间的线条
20 def drawLine(p1,p2):
21     canvas.create_line(p1[0],p1[1],p2[0],p2[1],tags="myline")
22 # 返回两点的中间值
23 def midpoint(p1, p2):
24     p = [0,0]                                  # 初值设置
25     p[0] = (p1[0] + p2[0]) / 2
26     p[1] = (p1[1] + p2[1]) / 2
27     return p
28 # 显示
29 def show():
30     canvas.delete("myline")
31     p1 = [200, 20]
32     p2 = [20, 380]
33     p3 = [380,380]
34     sierpinski(order.get(), p1, p2, p3)
35
36 # main
37 tk = Tk()
38 canvas = Canvas(tk, width=400, height=400)      # 建立画布
39 canvas.pack()
40
```

```
41  frame = Frame(tk)                                             # 建立框架
42  frame.pack(padx=5, pady=5)
43  # 在框架Frame内建立标签Label, 输入阶乘数Entry, 按钮Button
44  Label(frame, text="输入阶数 : ").pack(side=LEFT)
45  order = IntVar()
46  order.set(0)
47  entry = Entry(frame, textvariable=order).pack(side=LEFT,padx=3)
48  Button(frame, text="显示Sierpinski三角形",
49         command=show).pack(side=LEFT)
50
51  tk.mainloop()
```

执行结果

上述程序绘制的第一个 0 阶谢尔宾斯基三角形如下。

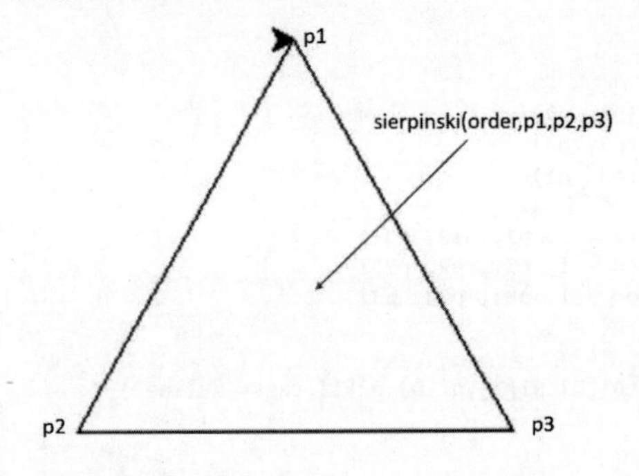

递归调用绘制谢尔宾斯基三角形如下。

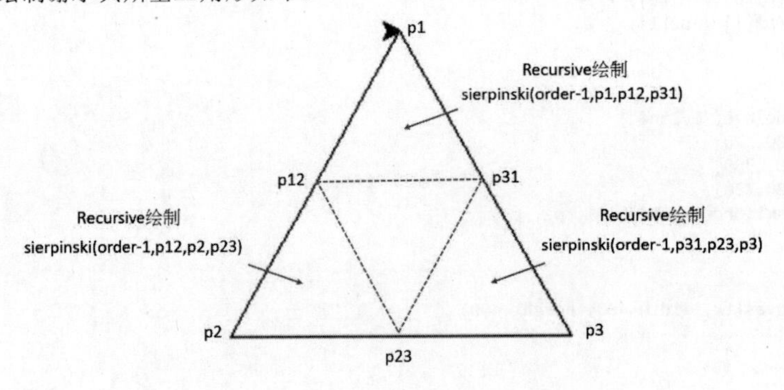

习题

1. 写一个程序，画布大小是 400×250，由外往内绘制，每次宽和高减 10，可以显示 20 个矩形。(19-1 节)

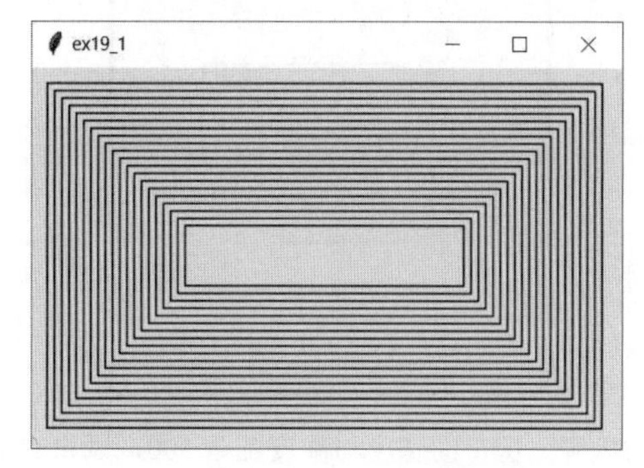

2. 写一个程序，画布大小是 400×250，由外往内绘制椭圆，每次椭圆宽和高减 10，可以显示 20 个椭圆。(19-1 节)

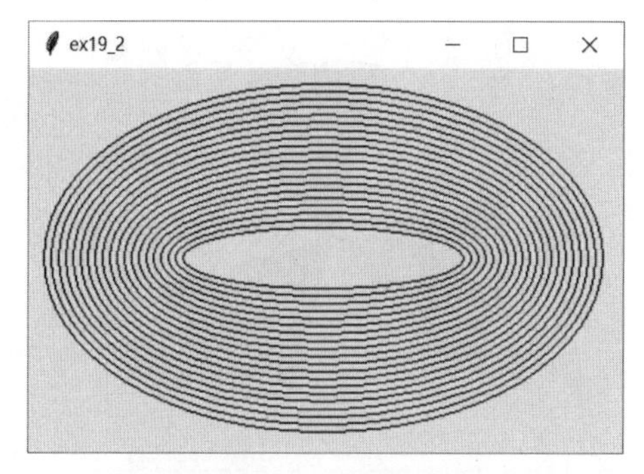

3. 写一个程序，可以显示 15×15 的网格。(19-1 节)

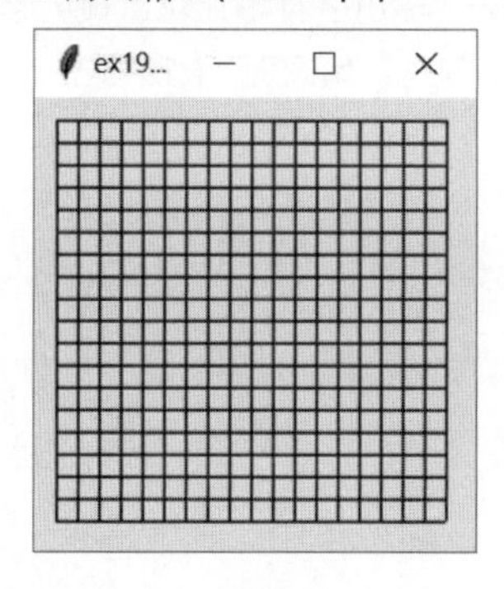

4. 写一个程序，可以显示走马灯信息。(19-3 节)

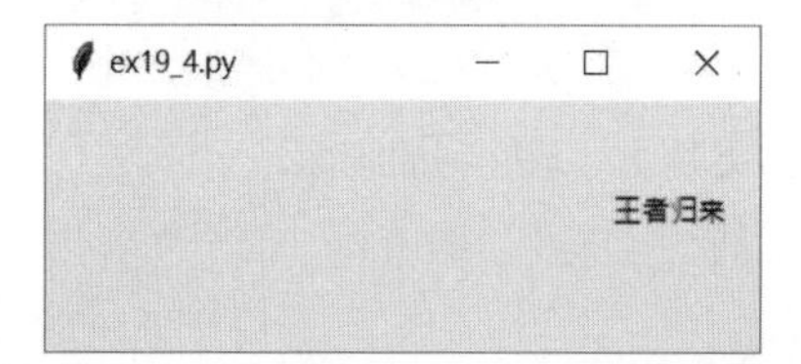

5. 写一个程序，当按键盘的上、下、左、右箭头键时，可以绘制线条。(19-3 节)

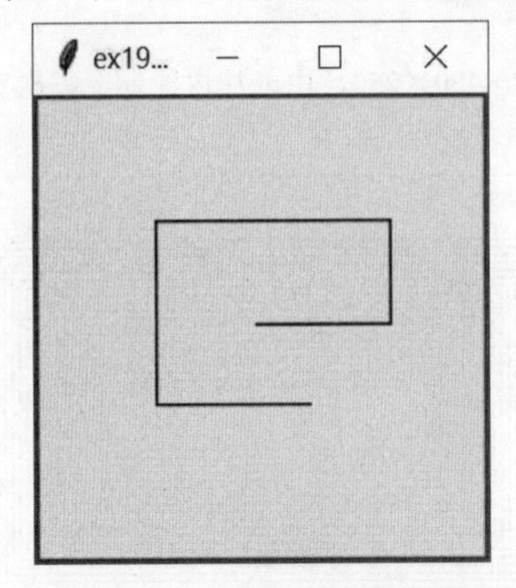

6. 绘制含有 3 片叶子的风扇，窗口的宽度与高度都是 300，风扇的半径是 120，其他如风扇颜色与转动细节则可以自行发挥。(19-3 节)

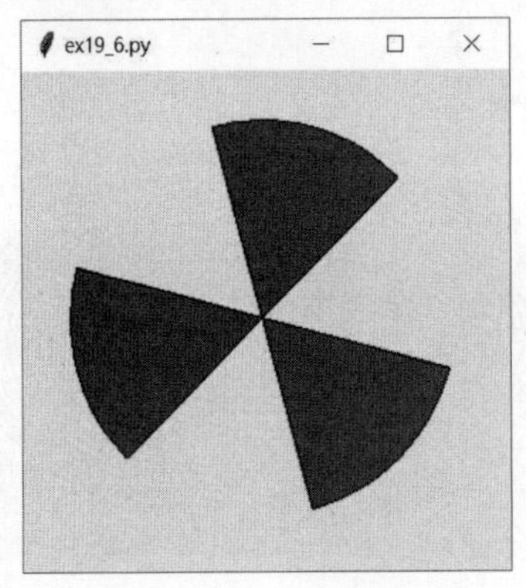

7. 重新设计程序实例 ch19_19.py，输出字符串让玩家由屏幕输入猜哪一个球跑得快，每次移动时都让计算机有 60% 移动的概率。下列是开始画面。(19-3 节)

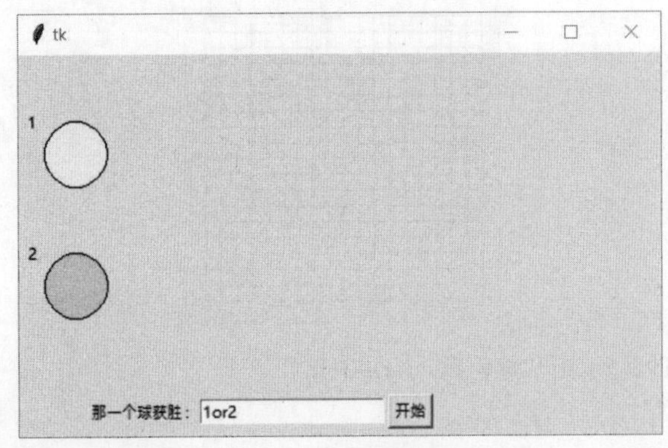

下列是选择 1 号球胜利，结果是 2 号球胜利的画面。

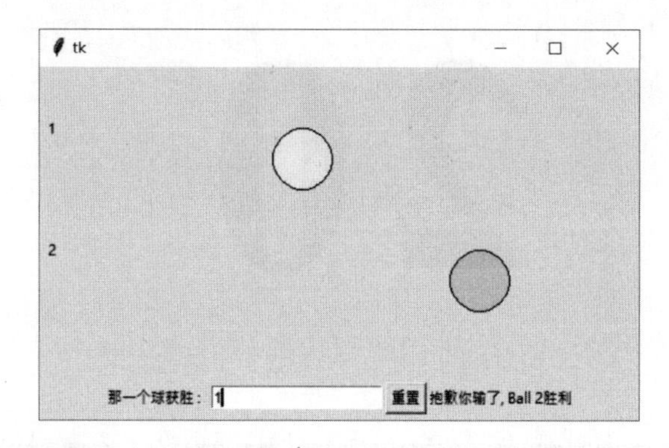

下列是输入错误的画面。

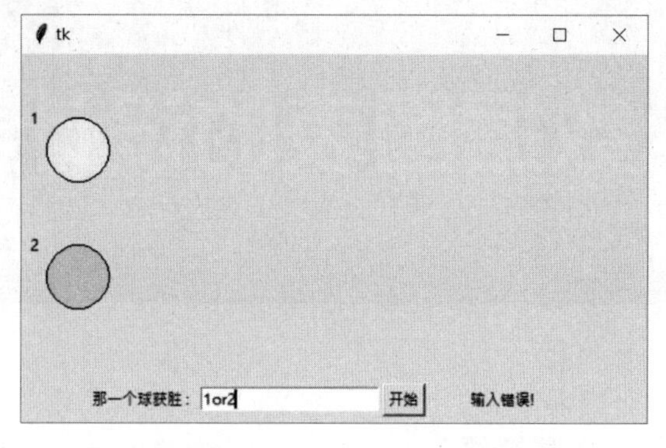

8. 参考 ch19_29.py，绘制一个递归树 Recursive Tree，假设树的分支是直角，下一层的树枝长度是前一层的 0.6 倍，下列是不同深度（depth）的递归树。(19-5 节)

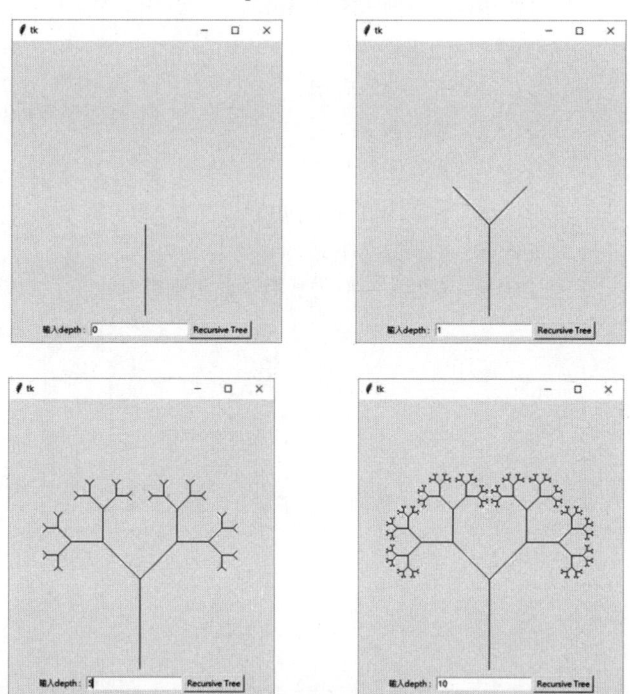

20

第 2 0 章

数据图表的设计

本章摘要

20-1 绘制简单的折线图
20-2 绘制散点图 scatter( )
20-3 Numpy 模块
20-4 随机数的应用
20-5 绘制多个图表
20-6 直方图的制作
20-7 圆饼图的制作 pie( )
20-8 图表显示中文
20-9 专题——股市数据读取与图表制作

本章所讲述的重点是数据图形的绘制，所使用的工具是 matplotlib 绘图库模块，使用前需先安装：

```
pip install matplotlib
```

matplotlib 是一个庞大的绘图库模块，本章只导入其中的 pyplot 子模块就可以完成许多图表绘制，如下所示，未来就可以使用 plt 调用相关的方法了。

```
import matplotlib.pyplot as plt
```

本章将讲述 matplotlib 的重点，更完整的使用说明可以参考下列网站。

http://matplotlib.org

20-1 绘制简单的折线图

本节将从最简单的折线图开始介绍。

20-1-1 显示绘制的图形 show( )

这个 show( ) 方法主要是显示所绘制的图形，当绘制图形完成后，可以调用此方法。

20-1-2 画线 plot( )

应用方式是将含数据的列表当作参数传给 plot( )，列表内的数据会被视为 y 轴的值，x 轴的值会依列表值的索引位置自动产生。

程序实例 ch20_1.py：绘制折线的应用。square[ ] 列表中有 8 个数据代表 y 轴值，这些数据基本上是 x 轴索引 0 ～ 7 的平方值序列。

```
1  # ch20_1.py
2  import matplotlib.pyplot as plt
3
4  squares = [1, 4, 9, 16, 25, 36, 49, 64]
5  plt.plot(squares)         # 列表 squares数据是y轴的值
6  plt.show()
```

执行结果

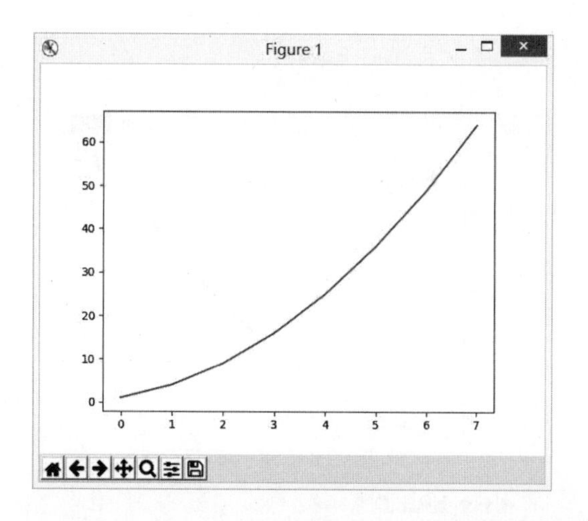

从上述执行结果可以看到，左下角的轴刻度不是（0,0），可以使用 axis( ) 设置 x 轴与 y 轴的最小和最大刻度。

程序实例 ch20_1_1.py：重新设计 ch20_1.py，将 x 轴刻度设为 0 ～ 8，y 轴刻度设为 0 ～ 70。

```
1  # ch20_1_1.py
2  import matplotlib.pyplot as plt
3
4  squares = [1, 4, 9, 16, 25, 36, 49, 64]
5  plt.plot(squares)       # 列表 squares数据是y轴的值
6  plt.axis([0, 8, 0, 70]) # x轴刻度0~8, y轴刻度0~70
7  plt.show()
```

执行结果

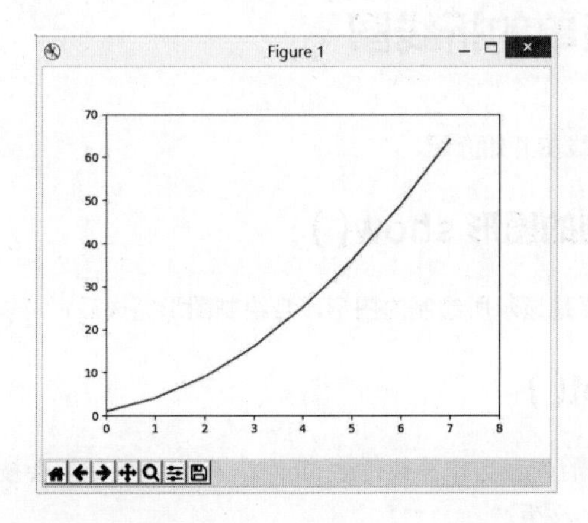

20-1-3 线条宽度 linewidth

使用 plot( ) 时默认线条宽度是 1，可以多加一个 linewidth（缩写是 lw）参数设置线条的粗细。

程序实例 ch20_2.py：设置线条宽度是 3。

```
1  # ch20_2.py
2  import matplotlib.pyplot as plt
3
4  squares = [1, 4, 9, 16, 25, 36, 49, 64]
5  plt.plot(squares, linewidth=3)
6  plt.show()
```

执行结果

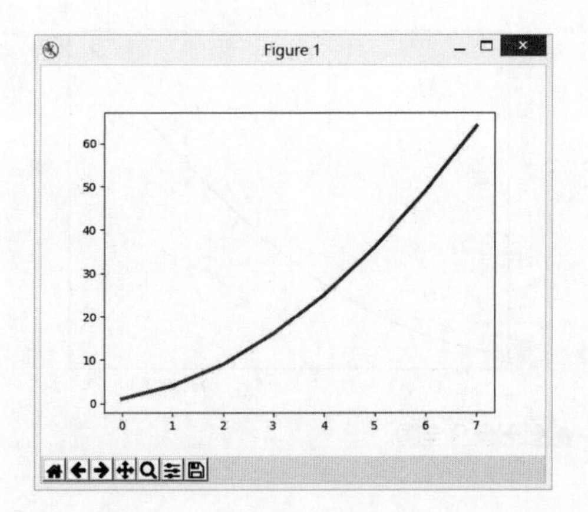

20-1-4 标题的显示

目前 matplotlib 模块默认不支持中文显示，笔者将在 20-8 节讲解如何更改字体，让图表可以显示中文。下面是图表几个重要的方法。

title( )：图表标题。

xlabel( )：x 轴标题。

ylabel( )：y 轴标题。

上述方法可以显示默认大小是 12 的字体，语法如下。

title(标题名称 , fontsize= 字号)　　　# 同时可用于 xlabel( ) 和 ylabel( )

程序实例 ch20_3.py：使用默认字号为图表与 x 轴及 y 轴建立标题。

```
1  # ch20_3.py
2  import matplotlib.pyplot as plt
3
4  squares = [1, 4, 9, 16, 25, 36, 49, 64]
5  plt.plot(squares, linewidth=3)
6  plt.title("Test Chart")
7  plt.xlabel("Value")
8  plt.ylabel("Square")
9  plt.show()
```

执行结果 可参考下方左图。

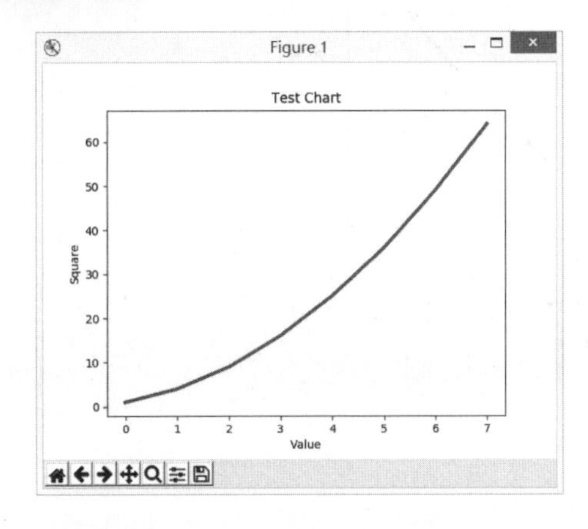

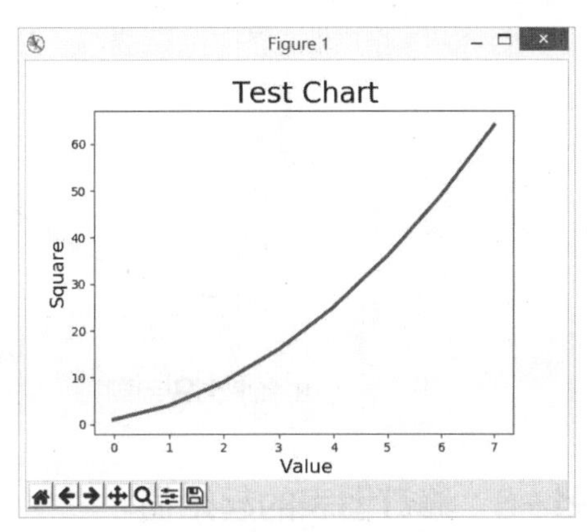

程序实例 ch20_4.py：设置图表标题字号为 24，x 轴与 y 轴标题字号为 16。

```
1  # ch20_4.py
2  import matplotlib.pyplot as plt
3
4  squares = [1, 4, 9, 16, 25, 36, 49, 64]
5  plt.plot(squares, linewidth=3)
6  plt.title("Test Chart", fontsize=24)
7  plt.xlabel("Value", fontsize=16)
8  plt.ylabel("Square", fontsize=16)
9  plt.show()
```

执行结果 可参考上方右图。

20-1-5 坐标轴刻度的设置

在设计图表时可以使用 tick_params( ) 设置坐标轴的**刻度大小**、**颜色**以及应用范围。

```
tick_params(axis='xx', labelsize=xx, color='xx')     # labelsize 的 xx 代
                                                       表刻度大小
```

如果 axis 的 xx 是 both，代表应用到 x 轴和 y 轴；如果 xx 是 x，代表应用到 x 轴；如果 xx 是 y，代表应用到 y 轴。color 则是设置刻度的线条颜色，例如，red 代表红色。20-1-8 节会有颜色表。

程序实例 ch20_5.py：使用不同刻度与颜色的应用。

```
1  # ch20_5.py
2  import matplotlib.pyplot as plt
3
4  squares = [1, 4, 9, 16, 25, 36, 49, 64]
5  plt.plot(squares, linewidth=3)
6  plt.title("Test Chart", fontsize=24)
7  plt.xlabel("Value", fontsize=16)
8  plt.ylabel("Square", fontsize=16)
9  plt.tick_params(axis='both', labelsize=12, color='red')
10 plt.show()
```

执行结果

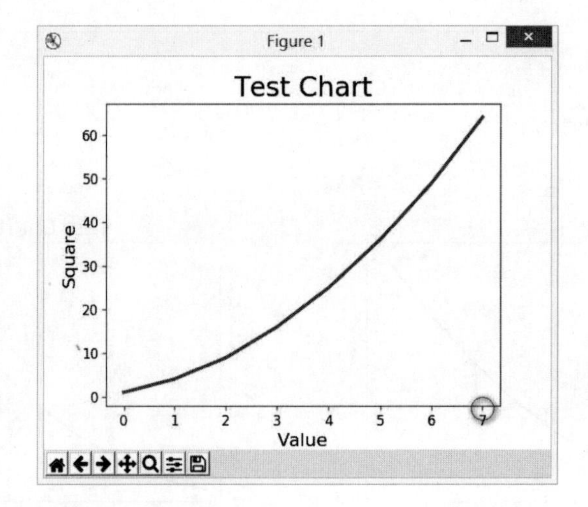

20-1-6 修订图表的起始值

从上图可以看到平方列表的值是有 8 个数据，依照 Python 语法起始数字是 0，所以到 7 结束。但是日常生活中，报表数字通常是从 1 开始的，为了做这个修订，可以再增加一个列表，这个列表主要是设置数值索引，细节可参考下列实例的第 5 行 seq。

程序实例 ch20_6.py：修订图表的起始值，使 x 轴的刻度从 1 开始。

```
1  # ch20_6.py
2  import matplotlib.pyplot as plt
3
4  squares = [1, 4, 9, 16, 25, 36, 49, 64]
5  seq = [1,2,3,4,5,6,7,8]
6  plt.plot(seq, squares, linewidth=3)
7  plt.title("Test Chart", fontsize=24)
8  plt.xlabel("Value", fontsize=16)
9  plt.ylabel("Square", fontsize=16)
10 plt.tick_params(axis='both', labelsize=12, color='red')
11 plt.show()
```

执行结果

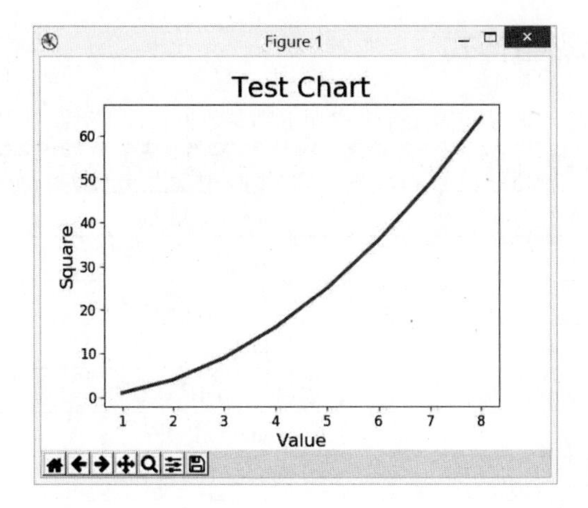

20-1-7　多组数据的应用

目前所有的图表都是只有一组数据，其实可以扩充多组数据，只要在 plot( ) 内增加数据列表参数即可。此时 plot( ) 的参数如下。

plot(seq, 第一组数据 , seq, 第二组数据 , …)　# seq 的概念可以参考 20-1-6 节

程序实例 ch20_7：设计多组数据图的应用。

```
1   # ch20_7.py
2   import matplotlib.pyplot as plt
3
4   data1 = [1, 4, 9, 16, 25, 36, 49, 64]          # data1线条
5   data2 = [1, 3, 6, 10, 15, 21, 28, 36]          # data2线条
6   seq = [1,2,3,4,5,6,7,8]
7   plt.plot(seq, data1, seq, data2)               # data1&data2线条
8   plt.title("Test Chart", fontsize=24)
9   plt.xlabel("x-Value", fontsize=14)
10  plt.ylabel("y-Value", fontsize=14)
11  plt.tick_params(axis='both', labelsize=12, color='red')
12  plt.show()
```

执行结果

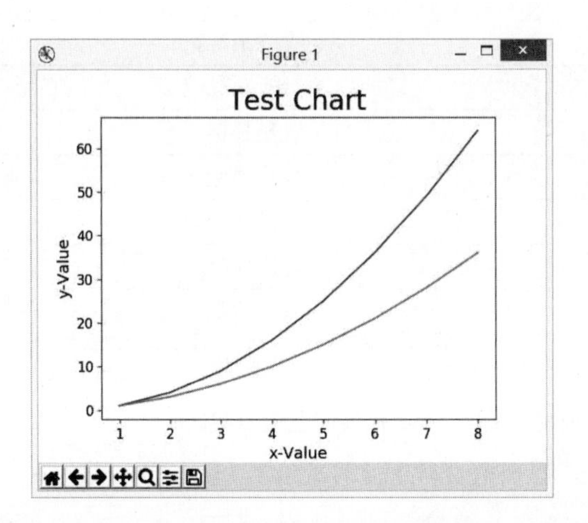

上述以不同颜色显示线条是系统默认，也可以自定义线条色彩。

20-1-8　线条色彩与样式

如果想设置线条色彩，可以在 plot( ) 内增加下列参数设置，下列是常见的色彩表。

色彩字符	色彩说明
'b'	blue（蓝色）
'c'	cyan（青色）
'g'	green（绿色）
'k'	black（黑色）
'm'	magenta（品红）
'r'	red（红色）
'w'	white（白色）
'y'	yellow（黄色）

下列是常见的样式表单。

字符	说明
'-' 或 "solid'	默认实线
'- -' 或 'dashed'	虚线
'-.' 或 'dashdot'	虚点线
':' 或 'dotted'	点线
'.'	点标记
','	像素标记
'o'	圆标记
'v'	反三角标记
'^'	三角标记
'<'	左三角形
'>'	右三角形
's'	方形标记
'p'	五角标记
'*'	星星标记
'+'	加号标记
'-'	减号标记
'x'	X 标记
'H'	六边形 1 标记
'h'	六边形 2 标记

上述样式可以混合使用，例如，'r-.' 代表红色虚点线。

程序实例 ch20_8.py：采用不同色彩与线条样式绘制图表。

```
1  # ch20_8.py
2  import matplotlib.pyplot as plt
3
4  data1 = [1, 2, 3, 4, 5, 6, 7, 8]               # data1线条
5  data2 = [1, 4, 9, 16, 25, 36, 49, 64]          # data2线条
6  data3 = [1, 3, 6, 10, 15, 21, 28, 36]          # data3线条
7  data4 = [1, 7, 15, 26, 40, 57, 77, 100]        # data4线条
8
9  seq = [1, 2, 3, 4, 5, 6, 7, 8]
10 plt.plot(seq, data1, 'g--', seq, data2, 'r-.', seq, data3, 'y:', seq, data4, 'k.')
11 plt.title("Test Chart", fontsize=24)
12 plt.xlabel("x-Value", fontsize=14)
13 plt.ylabel("y-Value", fontsize=14)
14 plt.tick_params(axis='both', labelsize=12, color='red')
15 plt.show()
```

执行结果

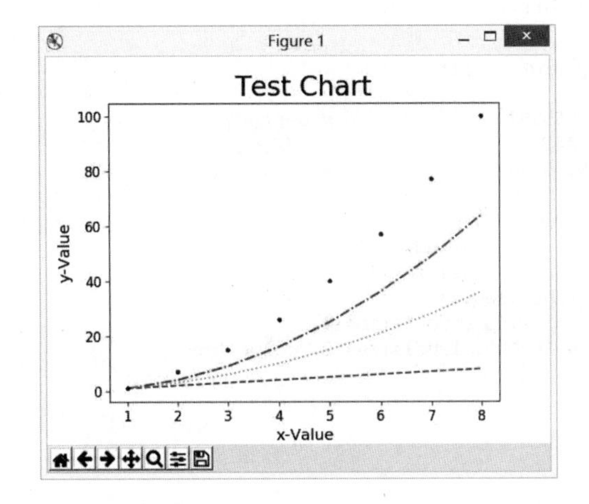

在上述第 10 行最右边 'k.' 代表绘制黑点而不是绘制线条，读者可以使用不同颜色绘制散点图，20-2 节还会介绍另一个方法 scatter( ) 绘制散点图。上述格式的应用是很灵活的，如果我们使用 '-*' 可以绘制线条，同时在指定点加上星星标记。**注**：如果没有设置颜色，系统会自行配置颜色。

程序实例 ch20_9.py：重新设计 ch20_8.py 绘制线条，同时为各个点加上标记。

```
10  plt.plot(seq, data1, '-*', seq, data2, '-o', seq, data3, '-^', seq, data4, '-s')
```

执行结果

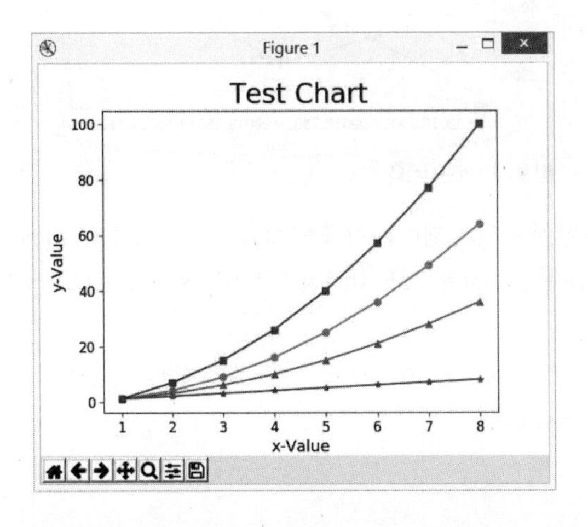

20-1-9 刻度设计

目前所有图表中的 x 轴和 y 轴的刻度都是用 plot( ) 方法针对所输入的参数采用默认值设置，请先参考下列实例。

程序实例 ch20_10.py：假设 3 大品牌车辆 2018—2020 年的销售数据如下。

```
Benz      3367   4120   5539
BMW 4000  3590   4423
Lexus     5200   4930   5350
```

请将上述数据绘制成图表。

```
1   # ch20_10.py
2   import matplotlib.pyplot as plt
3
4   Benz = [3367, 4120, 5539]                # Benz线条
5   BMW = [4000, 3590, 4423]                 # BMW线条
6   Lexus = [5200, 4930, 5350]               # Lexus线条
7
8   seq = [2018, 2019, 2020]                 # 年份
9   plt.plot(seq, Benz, '-*', seq, BMW, '-o', seq, Lexus, '-^')
10  plt.title("Sales Report", fontsize=24)
11  plt.xlabel("Year", fontsize=14)
12  plt.ylabel("Number of Sales", fontsize=14)
13  plt.tick_params(axis='both', labelsize=12, color='red')
14  plt.show()
```

执行结果

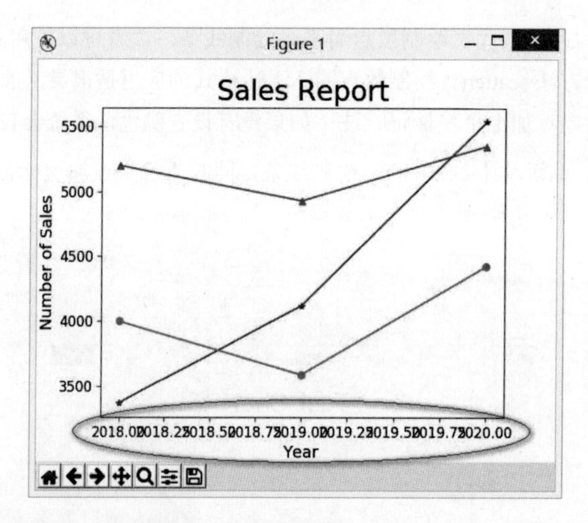

上述程序最大的遗憾是 x 轴的刻度，对我们而言，其实只要有 2018、2019、2020 这 3 个年份的刻度即可，还好可以使用 pyplot 模块的 xticks( ) 和 yticks( ) 分别设置 x 轴和 y 轴刻度，可参考下列实例。

程序实例 ch20_11.py：重新设计 ch20_10.py，自行设置刻度，这个程序的重点是第 9 行，将 seq 列表当作参数放在 plt.xticks( ) 内。

```
1  # ch20_11.py
2  import matplotlib.pyplot as plt
3
4  Benz = [3367, 4120, 5539]                # Benz线条
5  BMW = [4000, 3590, 4423]                 # BMW线条
6  Lexus = [5200, 4930, 5350]               # Lexus线条
7
8  seq = [2018, 2019, 2020]                 # 年份
9  plt.xticks(seq)                          # 设置x轴刻度
10 plt.plot(seq, Benz, '-*', seq, BMW, '-o', seq, Lexus, '-^')
11 plt.title("Sales Report", fontsize=24)
12 plt.xlabel("Year", fontsize=14)
13 plt.ylabel("Number of Sales", fontsize=14)
14 plt.tick_params(axis='both', labelsize=12, color='red')
15 plt.show()
```

执行结果

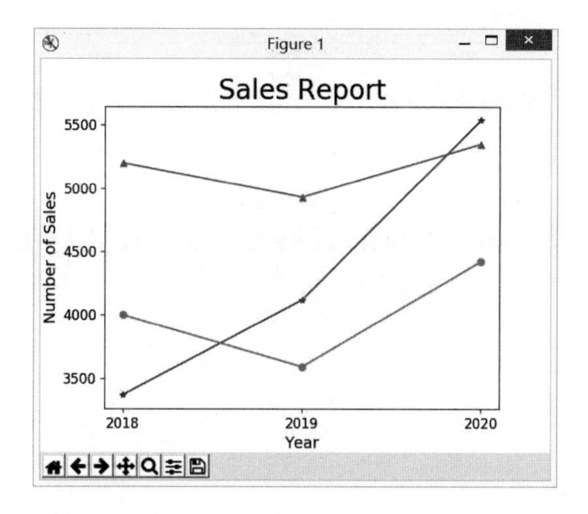

20-1-10　图例 legend( )

程序实例 ch20_1.py 所建立的图表已经很好了，缺点是缺乏各种线条代表的意义，也称图例（legend），下面将直接以实例说明。

程序实例 ch20_12.py：为 ch20_11.py 建立图例。

```
1  # ch20_12.py
2  import matplotlib.pyplot as plt
3
4  Benz = [3367, 4120, 5539]                # Benz线条
5  BMW = [4000, 3590, 4423]                 # BMW线条
6  Lexus = [5200, 4930, 5350]               # Lexus线条
7
8  seq = [2018, 2019, 2020]                 # 年份
9  plt.xticks(seq)                          # 设置x轴刻度
10 plt.plot(seq, Benz, '-*', label='Benz')
11 plt.plot(seq, BMW, '-o', label='BMW')
12 plt.plot(seq, Lexus, '-^', label='Lexus')
13 plt.legend(loc='best')
14 plt.title("Sales Report", fontsize=24)
15 plt.xlabel("Year", fontsize=14)
16 plt.ylabel("Number of Sales", fontsize=14)
17 plt.tick_params(axis='both', labelsize=12, color='red')
18 plt.show()
```

执行结果

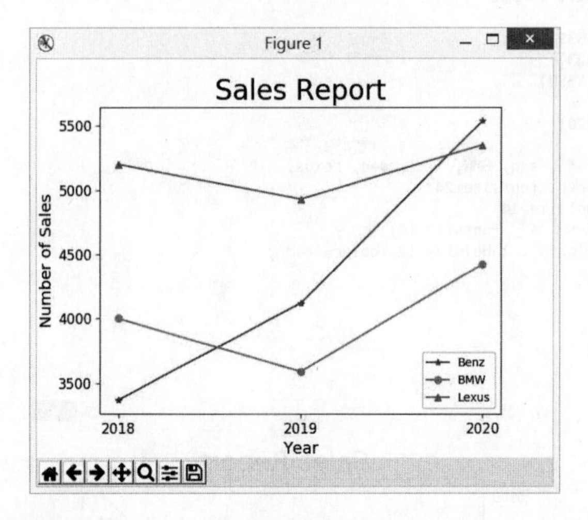

这个程序最大的不同在第 10 ～ 12 行，以第 10 行说明。

```
plt.plot(seq, Benz, '-*', label='Benz')
```

上述调用 plt.plot( ) 时需同时设置 label，最后使用第 13 行的方式执行 legend( ) 的调用。其中，参数 loc 可以设置图例的位置，可以有下列设置方式。

```
'best':0,
'upper right':1
'upper left':2,
'lower left':3,
'lower right':4,
'right':5,        （与 'center right' 相同）
'center left':6,
'center right':7,
'lower center':8,
'upper center':9,
'center':10,
```

如果省略 loc 设置，则使用默认的 'best'，在应用时可以使用设置整数值，例如，设置 loc=0 与上述效果相同。若是考虑程序可读性，建议使用文字字符串方式设置，当然也可以直接设置数字。

程序实例 ch20_12_1.py：省略 loc 设置。

```
13  plt.legend()
```

执行结果 与 ch20_12.py 相同。

程序实例 ch20_12_2.py：设置 loc=0。

```
13  plt.legend(loc=0)
```

执行结果　与 ch20_12.py 相同。

程序实例 ch20_12_3.py：设置图例在右上角。

```
13  plt.legend(loc='upper right')
```

执行结果　下方左图。

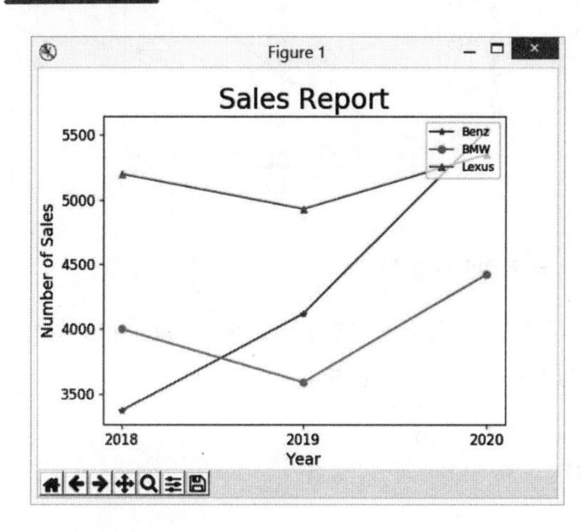

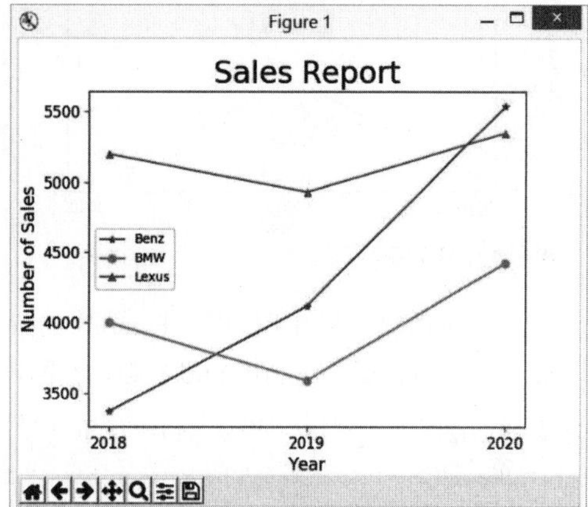

程序实例 ch20_12_4.py：设置图例在左边中央。

```
13  plt.legend(loc=6)
```

执行结果　上方右图。

经过上述解说，我们已经可以将图例放在图表内了。如果想将图例放在图表外，还要先了解坐标，在图表内左下角位置是（0,0），右上角是（1,1），如下所示。

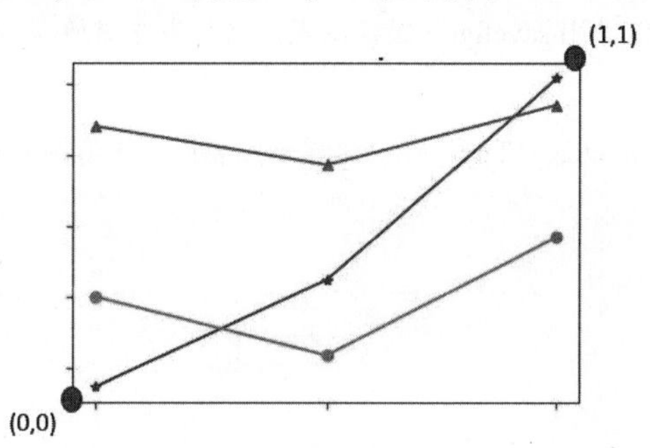

首先需使用 bbox_to_anchor( ) 当作 legend( ) 的一个参数，设置锚点（anchor），也就是图例位置，例如，如果想将图例放在图表右上角外侧，需设置 loc='upper left'，然后设置 bbox_to_anchor（1,1）。

程序实例 ch20_12_5.py：将图例放在图表右上角外侧。

```
13  plt.legend(loc=6, bbox_to_anchor=(1,1))
```

执行结果 下方左图。

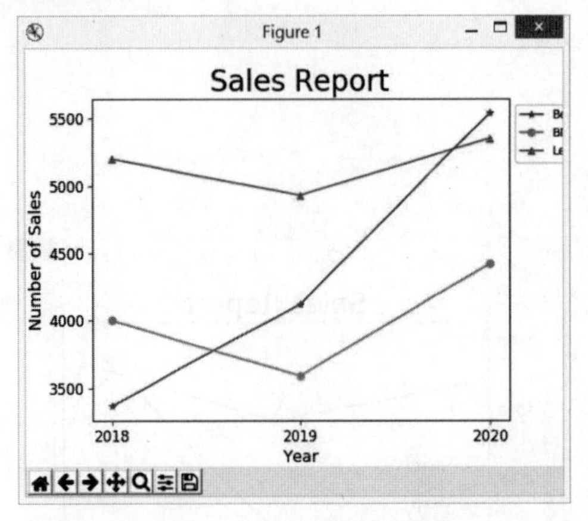

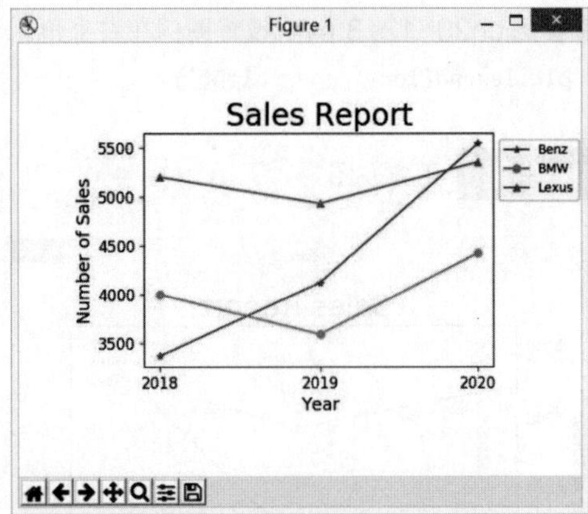

上述最大的缺点是由于图表与 Figure 1 的留白不足，造成无法完整显示图例。matplotlib 模块内有 tight_layout( ) 函数，可利用 pad 参数，在图表与 Figure 1 间设置**留白**。

程序实例 ch20_12_6.py：设置 pad=7，重新设计 ch20_12_5.py。

```
13  plt.legend(loc='upper left',bbox_to_anchor=(1,1))
14  plt.tight_layout(pad=7)
```

执行结果 上方右图。

很明显右图改善了图例显示不完整的问题。如果将 pad 改为 h_pad/w_pad，可以分别设置高度 / 宽度的留白。

20-1-11 保存图表

图表设计完成后，可以使用 savefig( ) 保存图表，这个方法需放在 show( ) 的前方，表示先存储再显示图表。

程序实例 ch20_13.py：扩充 ch20_12.py，在屏幕显示图表前，先将图表存入目前文件夹的 out20_13.jpg。

```
1   # ch20_13.py
2   import matplotlib.pyplot as plt
3
4   Benz = [3367, 4120, 5539]                              # Benz线条
5   BMW = [4000, 3590, 4423]                               # BMW线条
6   Lexus = [5200, 4930, 5350]                             # Lexus线条
7
8   seq = [2018, 2019, 2020]                               # 年份
9   plt.xticks(seq)                                        # 设置x轴刻度
10  plt.plot(seq, Benz, '-*', label='Benz')
11  plt.plot(seq, BMW, '-o', label='BMW')
12  plt.plot(seq, Lexus, '-^', label='Lexus')
13  plt.legend(loc='best')
14  plt.title("Sales Report", fontsize=24)
15  plt.xlabel("Year", fontsize=14)
16  plt.ylabel("Number of Sales", fontsize=14)
17  plt.tick_params(axis='both', labelsize=12, color='red')
18  plt.savefig('out20_13.jpg', bbox_inches='tight')      #保存文件
19  plt.show()
```

执行结果 读者可以在 ch20 文件夹看到 out20_13.jpg 文件。

上述 plt.savefig( ) 第一个参数是所存的文件名，第二个参数代表将图表外多余的空间删除。

20-2 绘制散点图 scatter( )

除了使用 plot( ) 绘制散点图，本节将介绍另一种绘制散点图的常用方法 scatter( )。

20-2-1 基本散点图的绘制

绘制散点图可以使用 scatter( )，语法如下。更多参数应用未来几节会解说。

```
scatter(x, y, s, c)
```

上述语句相当于可以在（x,y）位置绘图，其中，（0,0）位置在左下角，x 轴刻度往右增加，y 轴刻度往上增加。s 是绘图点的大小，默认是 20。c 是颜色，默认是蓝色。暂时 s 与 c 都用默认值处理，未来将一步一步解说。

程序实例 ch20_14.py：在坐标轴 (5,5) 绘制一个点。

```
1  # ch20_14.py
2  import matplotlib.pyplot as plt
3
4  plt.scatter(5, 5)
5  plt.show()
```

执行结果

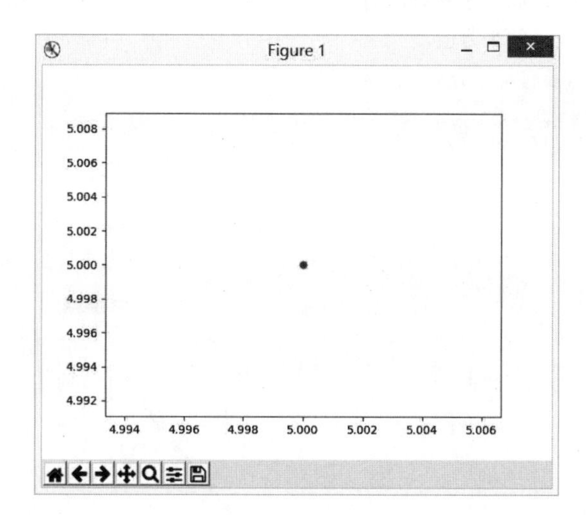

20-2-2 绘制系列点

如果想绘制一系列点，可以将这些点的 x 轴值放在一个列表中，y 轴值放在另一个列表中，然后将这两个列表当作参数放在 scatter( ) 中即可。

程序实例 ch20_15.py：绘制系列点的应用。

```
1  # ch20_15.py
2  import matplotlib.pyplot as plt
3
4  xpt = [1,2,3,4,5]
5  ypt = [1,4,9,16,25]
6  plt.scatter(xpt, ypt)
7  plt.show()
```

执行结果

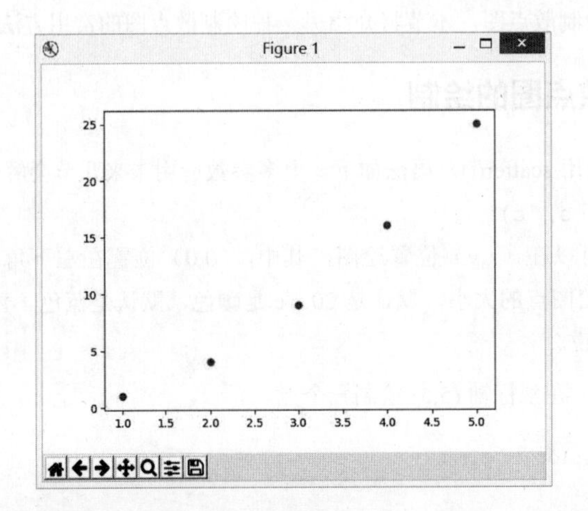

在程序设计时，有些系列点的坐标可能是由程序产生的，其实应用方式是一样的。另外，可以在 scatter( ) 内增加 color（也可用 c）参数，设置点的颜色。

程序实例 ch20_16.py：绘制一系列黄色的点，这个系列中有 100 个点，x 轴的点由 range(1,101) 产生，相对应 y 轴的值则是 x 的平方值。

```
1  # ch20_16.py
2  import matplotlib.pyplot as plt
3
4  xpt = list(range(1,101))           # 建立1~100序列x坐标点
5  ypt = [x**2 for x in xpt]          # 以x平方方式建立y坐标点
6  plt.scatter(xpt, ypt, color='y')
7  plt.show()
```

执行结果

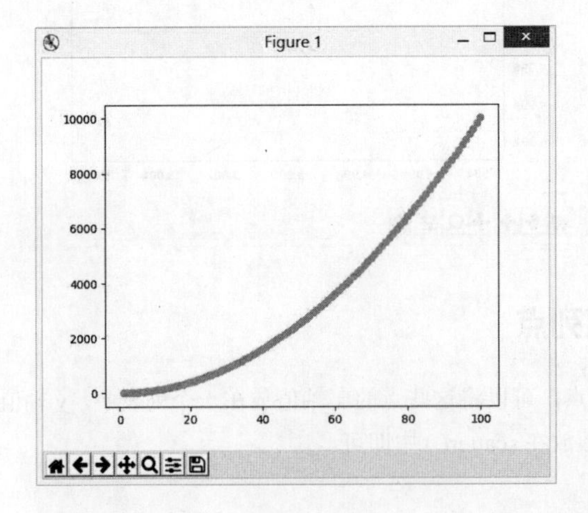

上述程序第 6 行使用直接的指定色彩，也可以使用 RGB（Red, Green, Blue）颜色模式设置色彩，RGB( ) 内每个参数数值为 0 ～ 1。

20-2-3 设置绘图区间

可以使用 axis( ) 设置绘图区间，语法格式如下。

```
axis([xmin, xmax, ymin, ymax])          # 分别代表 x 轴和 y 轴的最小和最大区间
```

程序实例 ch20_17.py：设置绘图区间为 [0,100,0,10000] 的应用，读者可以将这个执行结果与 ch20_16.py 做比较。另外，第 7 行以不同方式建立色彩。

```
1  # ch20_17.py
2  import matplotlib.pyplot as plt
3
4  xpt = list(range(1,101))              # 建立1~100序列x坐标点
5  ypt = [x**2 for x in xpt]             # 以x平方方式建立y坐标点
6  plt.axis([0, 100, 0, 10000])          # 留意参数是列表
7  plt.scatter(xpt, ypt, c=(0, 1, 0))    # 绿色
8  plt.show()
```

执行结果

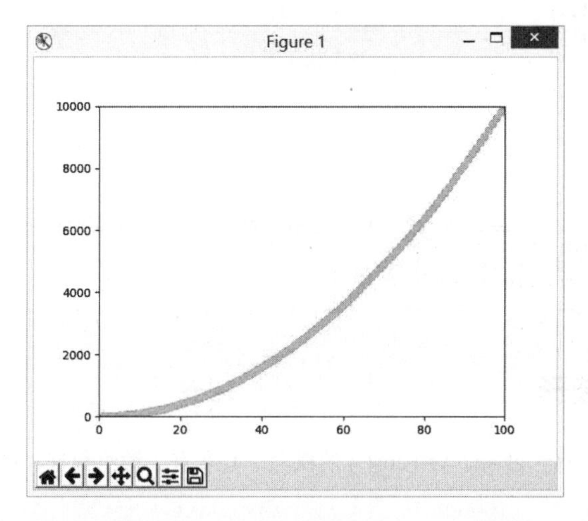

上述程序第 5 行是依据 xpt 列表产生 ypt 列表值的方式。由于网络上的文章大多使用数组方式产生图表，所以 20-3 节将对此进行说明，期待为读者建立基础。

20-3 Numpy 模块

Numpy 是 Python 的一个扩充模块，主要是可以支持多维度空间的数组与矩阵运算，本节将使用其最简单的产生数组的功能做解说，由此可以将这个功能扩充到数据图表的设计。程序中 Numpy 模块的第一个字母 n 是小写，使用前需导入 Numpy 模块，如下所示。

```
import numpy as np
```

第 23 章将对 Numpy 模块做更多说明。

20-3-1 建立一个简单的数组 linspace( ) 和 arange( )

在 Numpy 模块中最基本的就是 linspace( ) 方法，使用它可以很方便地产生等距的数组，语法如下。

```
linspace(start, end, num)                # 这是最常用的简化语法
```

start 是起始值，end 是结束值，num 是设置产生多少个等距点的数组值，num 的默认值是 50。

在网络上阅读他人使用 Python 设计的图表时，另一个常见的产生数组的方法是 arange( )，语法如下。

```
arange(start, stop, step)                # start 和 step 可以省略
```

start 是起始值，如果省略**默认值是 0**；stop 是结束值，但是所产生的数组不包含此值；step 是数组相邻元素的间距，如果省略**默认值是 1**。

程序实例 ch20_18.py：建立 0 ～ 10 的数组。

```
1  # ch20_18.py
2  import numpy as np
3
4  x1 = np.linspace(0, 10, num=11)      # 使用linspace()产生数组
5  print(type(x1), x1)
6  x2 = np.arange(0,11,1)               # 使用arange()产生数组
7  print(type(x2), x2)
8  x3 = np.arange(11)                   # 简化语法产生数组
9  print(type(x3), x3)
```

执行结果

```
==================== RESTART: D:\Python\ch20\ch20_18.py ====================
<class 'numpy.ndarray'> [ 0.   1.   2.   3.   4.   5.   6.   7.   8.   9.  10.]
<class 'numpy.ndarray'> [ 0  1  2  3  4  5  6  7  8  9 10]
<class 'numpy.ndarray'> [ 0  1  2  3  4  5  6  7  8  9 10]
>>>
```

20-3-2 绘制波形

在中学数学中我们有学过 sin( ) 和 cos( ) 的概念，其实有了数组数据，可以很方便地绘制 sin 和 cos 的波形变化。

程序实例 ch20_19.py：绘制 sin( ) 和 cos( ) 的波形，在这个实例中调用 plt.scatter( ) 方法两次，相当于也可以绘制两次波形图表。

```
1  # ch20_19.py
2  import matplotlib.pyplot as plt
3  import numpy as np
4
5  xpt = np.linspace(0, 10, 500)              # 建立含500个元素的数组
6  ypt1 = np.sin(xpt)                         # y数组的变化
7  ypt2 = np.cos(xpt)
8  plt.scatter(xpt, ypt1, color=(0, 1, 0)) # 绿色
9  plt.scatter(xpt, ypt2)                     # 默认颜色
10 plt.show()
```

执行结果

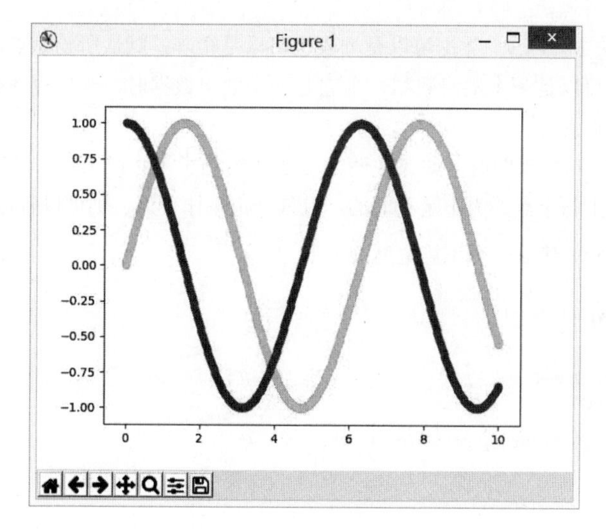

其实一般在绘制波形时，最常用的还是 plot( ) 方法。

程序实例 ch20_19_1.py：使用系统默认颜色，绘制不同波形。

```
1  # ch20_19_1.py
2  import matplotlib.pyplot as plt
3  import numpy as np
4
5  left = -2 * np.pi
6  right = 2 * np.pi
7  x = np.linspace(left, right, 100)
8
9  f1 = 2 * np.sin(x)                    # y数组的变化
10 f2 = np.sin(2*x)
11 f3 = 0.5 * np.sin(x)
12
13 plt.plot(x, f1)
14 plt.plot(x, f2)
15 plt.plot(x, f3)
16 plt.show()
```

执行结果

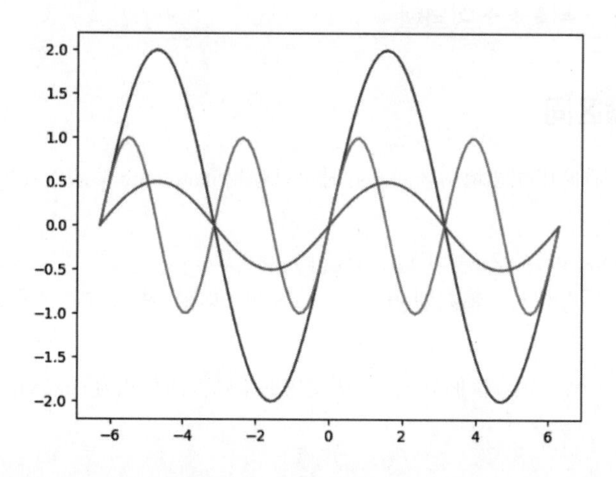

20-3-3 建立宽度不等的散点图

在 scatter( ) 方法中，(x,y）数据可以是列表也可以是矩阵，默认所绘制点大小 s 的值是 20，这个 s 可以是一个值也可以是一个数组数据，当它是一个数组数据时，利用更改数组值的大小，就可以建立不同大小的散点图。

在使用 Python 绘制散点图时，如果在两个点之间绘制了上百或上千个点，则可以产生绘制线条的视觉，如果再加上每个点的大小是不同的，且依一定规律变化，则可以有特殊效果。

程序实例 ch20_20.py：建立一个不等宽度的图形。

```
1  # ch20_20.py
2  import matplotlib.pyplot as plt
3  import numpy as np
4
5  xpt = np.linspace(0, 5, 500)                       # 建立含500个元素的数组
6  ypt = 1 - 0.5*np.abs(xpt-2)                        # y数组的变化
7  lwidths = (1+xpt)**2                               # 宽度数组
8  plt.scatter(xpt, ypt, s=lwidths, color=(0, 1, 0))  # 绿色
9  plt.show()
```

执行结果

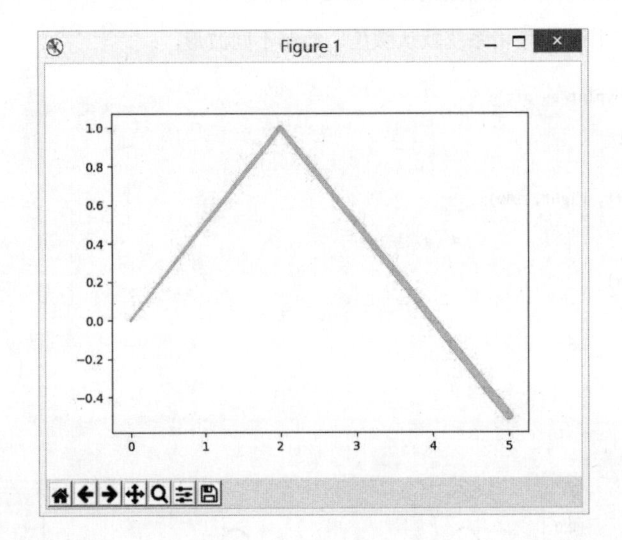

20-3-4 填满区间

在绘制波形时，有时候想要填满区间，此时可以使用 matplotlib 模块的 fill_between( ) 方法，基本语法如下。

```
fill_between(x, y1, y2, color, alpha, options, … )   # options 是其他参数
```

上述语句会填满所有相对 x 轴数列 y1 和 y2 的区间，如果不指定填满颜色会使用默认的线条颜色填满，通常填满颜色会用较淡的颜色，所以可以设置 alpha 参数将颜色调淡。

程序实例 ch20_20_1.py：填满区间 0 ～ y，所使用的 y 轴值函数式为 sin(3x)。

```
1  # ch20_20_1.py
2  import matplotlib.pyplot as plt
3  import numpy as np
4
5  left = -np.pi
6  right = np.pi
7  x = np.linspace(left, right, 100)
8  y = np.sin(3*x)                          # y数组的变化
9
10 plt.plot(x, y)
11 plt.fill_between(x, 0, y, color='green', alpha=0.1)
12 plt.show()
```

执行结果

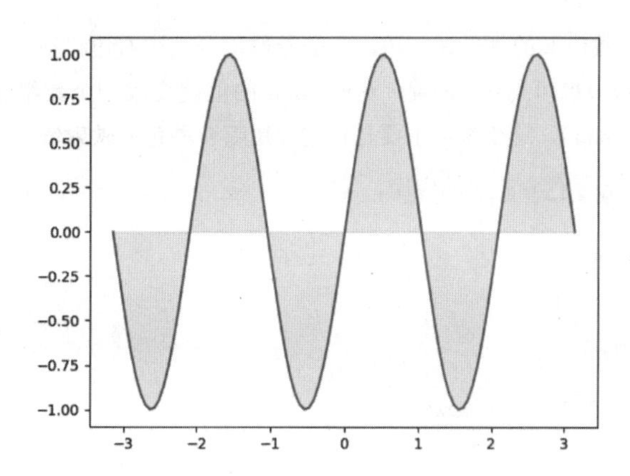

程序实例 ch20_20_2.py：填满区间 1 ～ y，所使用的 y 轴值函数式为 sin(3x)。

```
1  # ch20_20_2.py
2  import matplotlib.pyplot as plt
3  import numpy as np
4
5  left = -np.pi
6  right = np.pi
7  x = np.linspace(left, right, 100)
8  y = np.sin(3*x)                          # y数组的变化
9
10 plt.plot(x, y)
11 plt.fill_between(x, -1, y, color='yellow', alpha=0.3)
12 plt.show()
```

执行结果

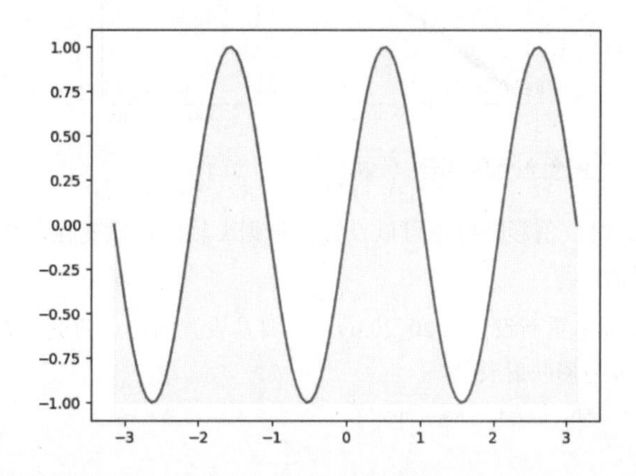

23-3-5 色彩映射

至今我们针对一组数组或列表所绘制的图都是单色的，若是以 ch20_20.py 第 8 行为例，色彩设置是 color=（0,1,0），这是固定颜色的用法。在色彩的使用中允许色彩随着数据而做变化，此时色彩的变化是根据所设置的**色彩映射值**（color mapping）而定。例如，有一个**色彩映射值**是 rainbow，内容如下。

在数组或列表中，数值低的颜色在左边，会随着数值变高往右边移动。当然在程序设计中，需在 scatter( ) 中增加 color（也可用 c）设置，这时 color 的值就变成一个数组或列表。然后需增加参数 cmap（英文是 color map），这个参数主要是指定使用哪一种**色彩映射值**。

程序实例 ch20_20_3.py：色彩映射的应用。

```
1  # ch20_20_3.py
2  import matplotlib.pyplot as plt
3  import numpy as np
4
5  x = np.arange(100)
6  y = x
7  t = x
8  plt.scatter(x, y, c=t, cmap='rainbow')
9  plt.show()
```

执行结果

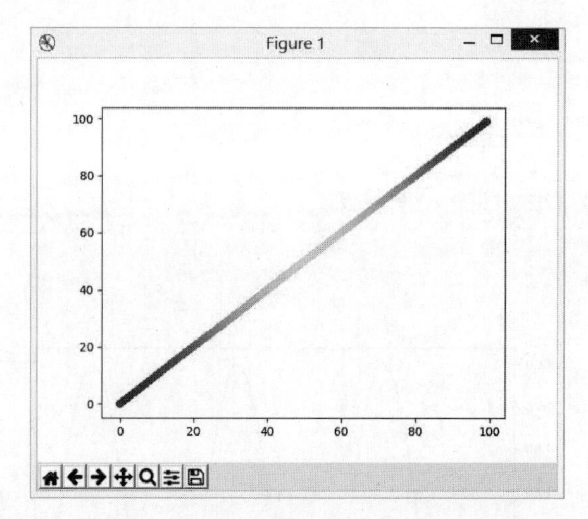

有时候在程序设计时，色彩映射也可以设置为根据 x 轴的值做变化，或是根据 y 轴的值做变化，整个效果是不一样的。

程序实例 ch20_20_4.py：重新设计 ch20_20.py，主要是设置固定点的宽度为 50，将色彩改为依 y 轴值变化，同时使用 hsv 色彩映射表。

```
8  plt.scatter(xpt, ypt, s=50, c=ypt, cmap='hsv')          # 色彩随y轴值变化
```

执行结果 如下方左图所示。

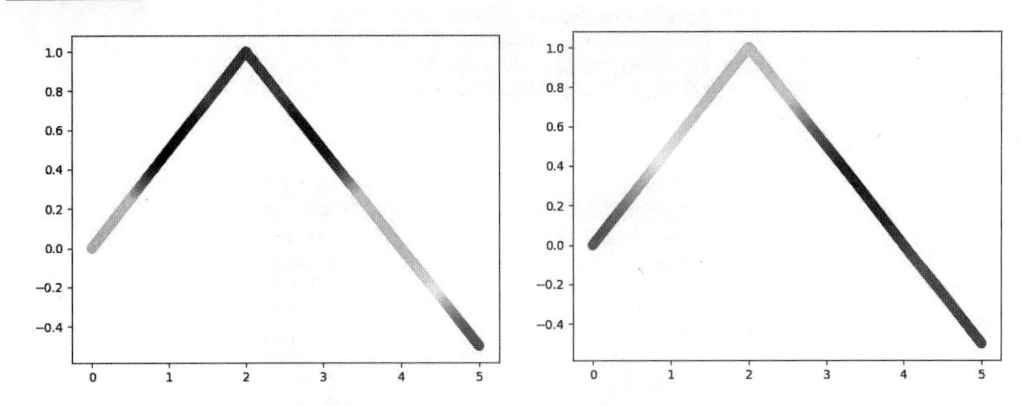

程序实例 ch20_20_5.py：重新设计 ch20_20_4.py，主要是将色彩改为依 x 轴值变化。

```
8  plt.scatter(xpt, ypt, s=50, c=xpt, cmap='hsv')                # 色彩随x轴值变化
```

执行结果 如上方右图所示。

目前，matplotlib 协会所提供的色彩映射内容如下。

(1) 序列色彩映射表。

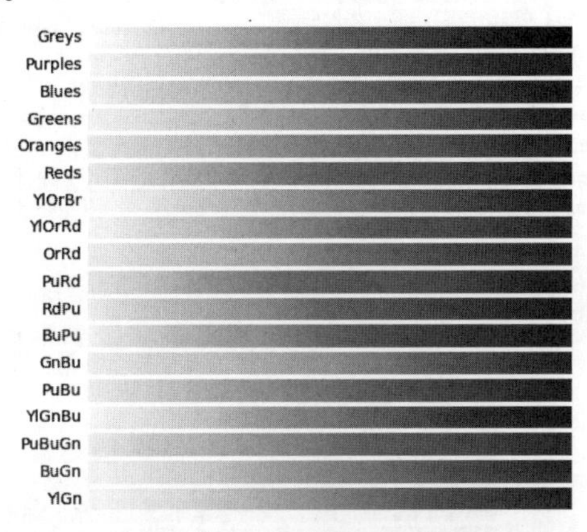

(2) 序列 2 色彩映射表。

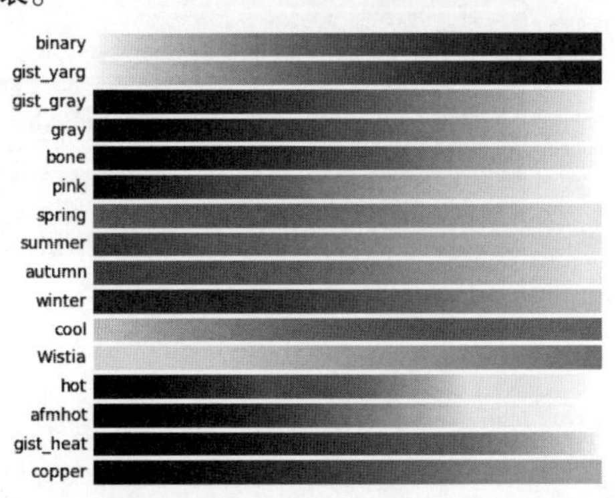

（3）直觉一致的色彩映射表。

（4）发散式的色彩映射表。

（5）定性色彩映射表。

（6）杂项色彩映像表。

数据源 matplotlib 协会

http://matplotlib.org/examples/color/colormaps_reference.html

将来读者做大数据研究时，当收集了大量的数据后，可以将数据以图表显示，然后用色彩变化判断整个数据趋势。

20-4 随机数的应用

随机数在统计的应用中是非常重要的知识，本节试着用随机数方法，介绍 Python 的随机数分布，这一节将介绍下列随机数生成方法。

```
np.random.random(N)              # 返回 N 个 0.0 ~ 1.0 的数字
```

20-4-1 一个简单的应用

程序实例 ch20_21.py：产生 100 个 0.0 ～ 1.0 的随机数，第 10 行的 cmp='brg' 意义是使用 brg 色彩映射表绘制这个图表，色彩会随 x 轴变化。当关闭图表时，会询问是否继续，如果输入 n/N 则结束。其实因为数据是随机数，所以每次都可产生不同的效果。

```
1  # ch20_21.py
2  import matplotlib.pyplot as plt
3  import numpy as np
4
5  num = 100
6  while True:
7      x = np.random.random(100)                # 可以产生num个0.0~1.0的数字
8      y = np.random.random(100)
9      t = x                                    # 色彩随x轴变化
10     plt.scatter(x, y, s=100, c=t, cmap='brg')
11     plt.show()
12     yORn = input("是否继续 ?(y/n) ")          # 询问是否继续
13     if yORn == 'n' or yORn == 'N':           # 输入n或N则程序结束
14         break
```

执行结果

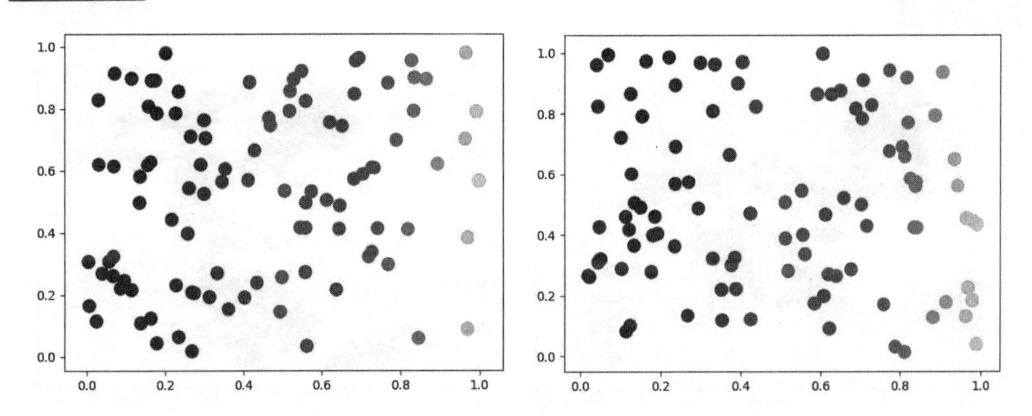

上述程序笔者使用第 5 行的 num 控制产生随机数的数量，其实读者可以自行修订，增加或减少随机数的数量，以体会本程序的运作。

20-4-2 随机数的移动

其实也可以针对随机数的特性，让每个点随着随机数的变化产生随机移动，经过大量的运算后，每次均可产生不同但有趣的图形。

程序实例 ch20_22.py：随机数移动的程序设计，这个程序在设计时，最初点的起始位置是 (0,0)，程序第 7 行可以设置下一个点的 x 轴是往右移动 3 或是往左移动 3，程序第 9 行可以设置下一个点的 y 轴是往上移动 1 或 5 或是往下移动 1 或 5。每此执行完 10000 个点的测试后，会询问是否继续。如果继续，先将上一回合的终点坐标当作新回合的起点坐标（27、28 行），然后清除列表索引 x[0] 和 y[0] 以外的元素（29、30 行）。

```
1  # ch20_22.py
2  import matplotlib.pyplot as plt
3  import random
4
5  def loc(index):
6      ''' 处理坐标的移动 '''
7      x_mov = random.choice([-3, 3])                  # 随机x轴移动值
8      xloc = x[index-1] + x_mov                       # 计算x轴新位置
9      y_mov = random.choice([-5, -1, 1, 5])           # 随机y轴移动值
10     yloc = y[index-1] + y_mov                       # 计算y轴新位置
11     x.append(xloc)                                  # x轴新位置加入列表
12     y.append(yloc)                                  # y轴新位置加入列表
13
14 num = 10000                                         # 设置随机点的数量
15 x = [0]                                             # 设置第一次执行x坐标
16 y = [0]                                             # 设置第一次执行y坐标
17 while True:
18     for i in range(1, num):                         # 建立点的坐标
19         loc(i)
20     t = x                                           # 色彩随x轴变化
21     plt.scatter(x, y, s=2, c=t, cmap='brg')
22     plt.show()
23     yORn = input("是否继续 ?(y/n) ")                  # 询问是否继续
24     if yORn == 'n' or yORn == 'N':                  # 输入n或N则程序结束
25         break
26     else:
27         x[0] = x[num-1]                             # 上次结束x坐标成新的起点x坐标
28         y[0] = y[num-1]                             # 上次结束y坐标成新的起点y坐标
29         del x[1:]                                   # 删除旧列表x坐标元素
30         del y[1:]                                   # 删除旧列表y坐标元素
```

执行结果

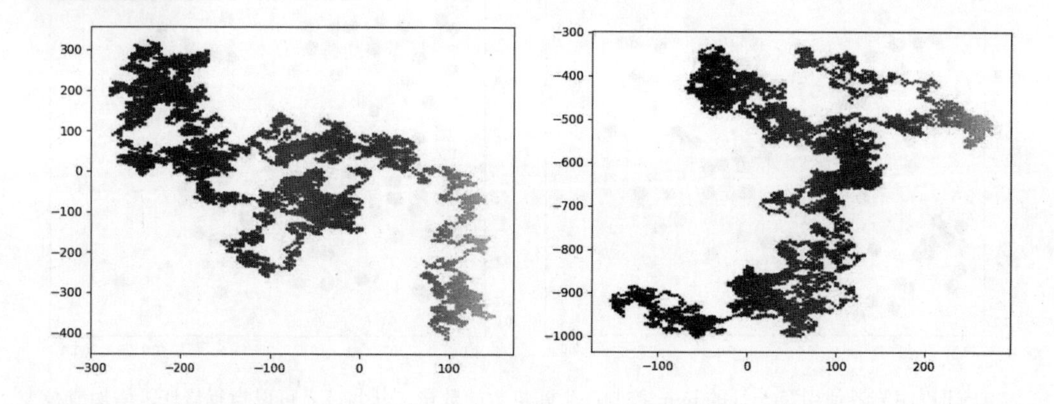

20-4-3 隐藏坐标

有时候我们设计随机数移动建立了漂亮的图案后，觉得坐标好像很煞风景，可以使用下列程序实例 ch20_23.py 内的 axes( ).get_xaxis( )、axes( ).get_yaxis( )、set_visible( ) 方法隐藏坐标。

程序实例 ch20_23.py：重新设计 ch20_22.py 隐藏坐标，这个程序只是增加下列行。

```
22     plt.axes().get_xaxis().set_visible(False)    # 隐藏x轴坐标
23     plt.axes().get_yaxis().set_visible(False)    # 隐藏y轴坐标
```

执行结果

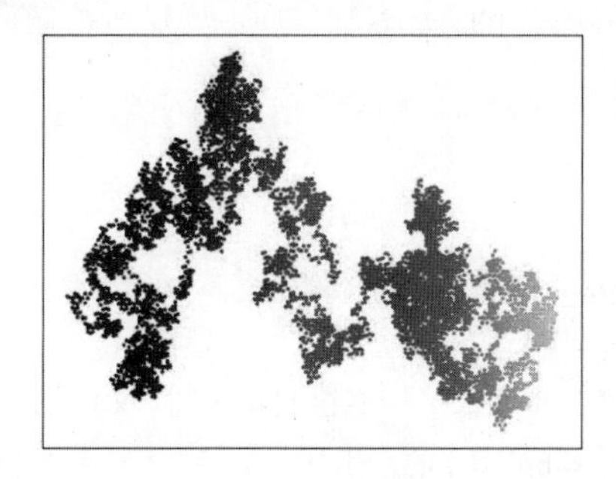

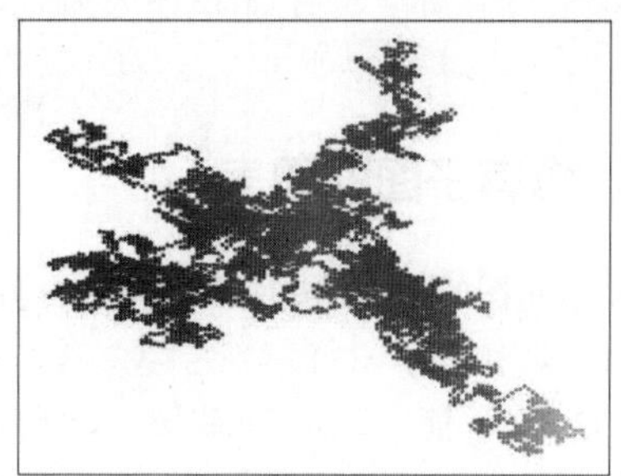

20-5 绘制多个图表

20-5-1 一个程序有多个图表

Python 允许一个程序绘制多个图表，默认是一个程序绘制一个图表（Figure），如果想要绘制多个图表，可以使用 figure（N）设置图表，N 是图表的序号。在建立多个图表时，只要将所要绘制的图接在欲放置的图表后面即可。

程序实例 ch20_24.py：设计两个图表，将 data1 线条放在图表 Figure 1，将 data2 线条放在图表 Figure 2。同时图表 Figure 2 将会建立图表标题与 x 轴和 y 轴的标题。

```
1  # ch20_24.py
2  import matplotlib.pyplot as plt
3
4  data1 = [1, 2, 3, 4, 5, 6, 7, 8]                # data1线条
5  data2 = [1, 4, 9, 16, 25, 36, 49, 64]           # data2线条
6  seq = [1, 2, 3, 4, 5, 6, 7, 8]
7  plt.figure(1)                                   # 建立图表1
8  plt.plot(seq, data1, '-*')                      # 绘制图表1
9  plt.figure(2)                                   # 建立图表2
10 plt.plot(seq, data2, '-o')                      # 以下皆是绘制图表2
11 plt.title("Test Chart 2", fontsize=24)
12 plt.xlabel("x-Value", fontsize=14)
13 plt.ylabel("y-Value", fontsize=14)
14 plt.show()
```

执行结果

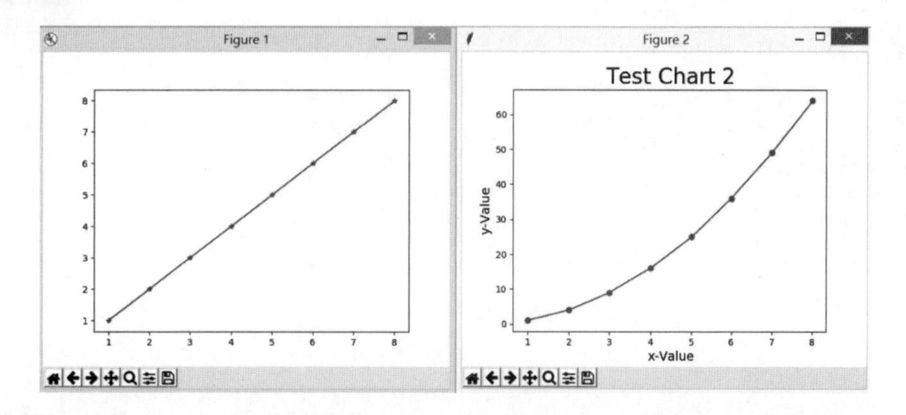

上述第 8 行所绘制的 data1 图表因为是接在 plt.figure(1) 后面，所以所绘制的图出现在 Figure 1。上述第 10 ～ 13 行所绘制的 data2 图表因为是接在 plt.figure(2) 后面，所以所绘制的图出现在 Figure 2。

20-5-2　含有子图的图表

要设计含有子图的图表需要使用 subplot( ) 方法，语法如下。

```
subplot(x1, x2, x3)
```

x1 代表上下（垂直）要绘制几张图，x2 代表左右（水平）要绘制几张图。x3 代表这是第几张图。如果规划是一个 Figure 绘制上下两张图，那么 subplot( ) 的应用如下。

subplot(2, 1, 1)

subplot(2, 1, 2)

如果规划是一个 Figure 绘制左右两张图，那么 subplot( ) 的应用如下。

subplot(1, 2, 1)　subplot(1, 2, 2)

如果规划是一个 Figure 绘制上下两张图，左右三张图，那么 subplot( ) 的应用如下。

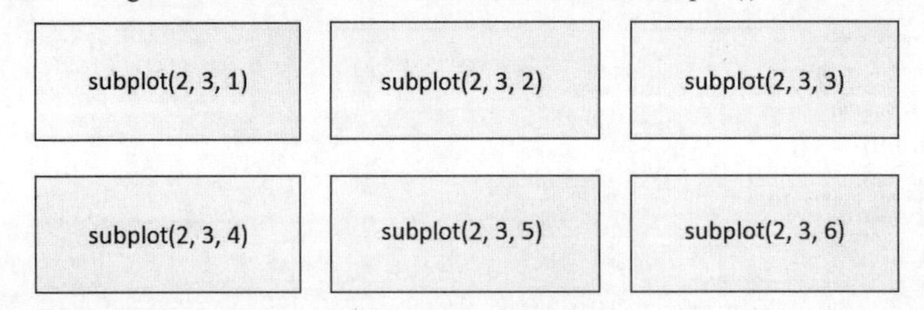

程序实例 ch20_25.py：在一个 Figure 内绘制上下子图的应用。

```
1  # ch20_25.py
2  import matplotlib.pyplot as plt
3
4  data1 = [1, 2, 3, 4, 5, 6, 7, 8]                  # data1线条
5  data2 = [1, 4, 9, 16, 25, 36, 49, 64]             # data2线条
6  seq = [1, 2, 3, 4, 5, 6, 7, 8]
7  plt.subplot(2, 1, 1)                              # 子图1
8  plt.plot(seq, data1, '-*')
9  plt.subplot(2, 1, 2)                              # 子图2
10 plt.plot(seq, data2, '-o')
11 plt.show()
```

执行结果

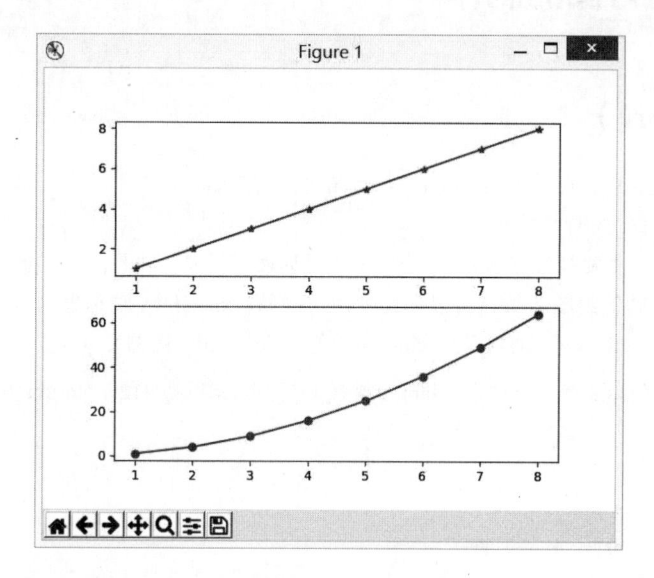

程序实例 ch20_26.py：在一个 Figure 内绘制左右子图的应用。

```
1  # ch20_26.py
2  import matplotlib.pyplot as plt
3
4  data1 = [1, 2, 3, 4, 5, 6, 7, 8]                    # data1线条
5  data2 = [1, 4, 9, 16, 25, 36, 49, 64]               # data2线条
6  seq = [1, 2, 3, 4, 5, 6, 7, 8]
7  plt.subplot(1, 2, 1)                                # 子图1
8  plt.plot(seq, data1, '-*')
9  plt.subplot(1, 2, 2)                                # 子图2
10 plt.plot(seq, data2, '-o')
11 plt.show()
```

执行结果

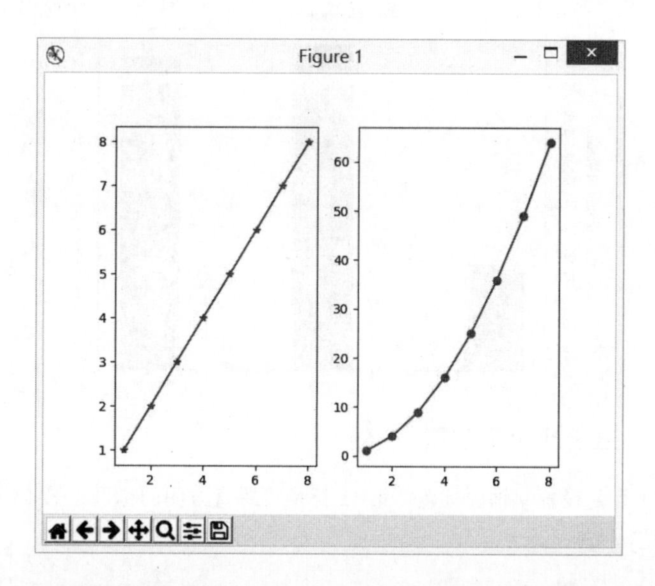

20-6 直方图的制作

20-6-1 bar( )

在直方图的制作中，可以使用 bar( ) 方法，常用的语法如下。

bar(x, y, width)

x 是一个**列表**，主要是直方图 x 轴位置，y 也是**列表**，代表 y 轴的值，width 是直方图的宽度，默认是 0.85。至于其他绘图参数也可以在此使用，例如，xlabel（x 轴标题）、ylabel（y 轴标题）、xticks（x 轴刻度）、yticks（y 轴刻度）、color（颜色）、lengend（图例）。

程序实例 ch20_27.py：有一个选举，James 得票 135、Peter 得票 412、Norton 得票 397，用直方图表示。

```
1  # ch20_27.py
2  import numpy as np
3  import matplotlib.pyplot as plt
4
5  votes = [135, 412, 397]          # 得票数
6  N = len(votes)                   # 计算长度
7  x = np.arange(N)                 # 直方图x轴坐标
8  width = 0.35                     # 直方图宽度
9  plt.bar(x, votes, width)         # 绘制直方图
10
11 plt.ylabel('The number of votes')
12 plt.title('The election results')
13 plt.xticks(x, ('James', 'Peter', 'Norton'))
14 plt.yticks(np.arange(0, 450, 30))
15 plt.show()
```

执行结果

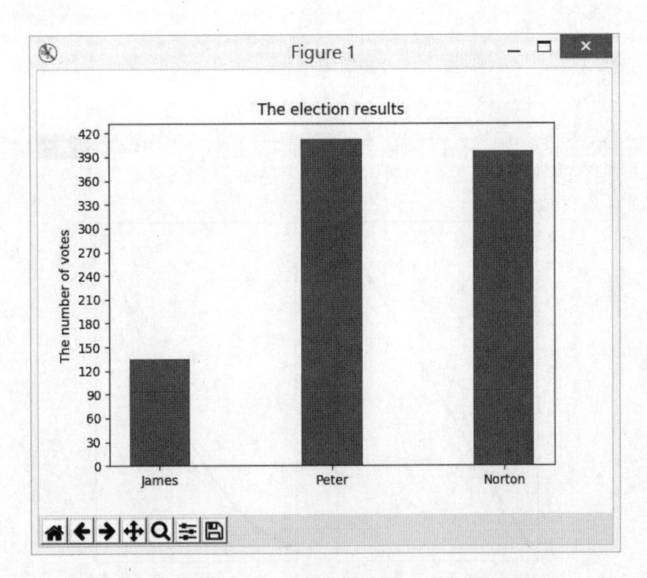

上述程序第 11 行是设置 y 轴的标题，第 12 行是设置直方图的标题，第 13 行则是设置 x 轴刻度，第 14 行是设置 y 轴刻度。

程序实例 ch20_28.py：掷骰子的概率设计。一个骰子有 6 面，分别记载 1、2、3、4、5、6，这个程序会用随机数计算 600 次每个数字出现的次数，同时用柱形图表示，为了让读者有不同体验，笔者将图表颜色改为绿色。

```
1  # ch20_28.py
2  import numpy as np
3  import matplotlib.pyplot as plt
4  from random import randint
5
6  def dice_generator(times, sides):
7      ''' 处理随机数 '''
8      for i in range(times):
9          ranNum = randint(1, sides)                  # 产生1~6随机数
10         dice.append(ranNum)
11 def dice_count(sides):
12     '''计算1~6出现次数'''
13     for i in range(1, sides+1):
14         frequency = dice.count(i)                   # 计算i出现在dice列表的次数
15         frequencies.append(frequency)
16
17 times = 600                                         # 掷骰子次数
18 sides = 6                                           # 骰子有几面
19 dice = []                                           # 建立掷骰子的列表
20 frequencies = []                                    # 存储每一面骰子出现次数列表
21 dice_generator(times, sides)                        # 产生掷骰子的列表
22 dice_count(sides)                                   # 将骰子列表转成次数列表
23 x = np.arange(6)                                    # 直方图x轴坐标
24 width = 0.35                                        # 直方图宽度
25 plt.bar(x, frequencies, width, color='g')           # 绘制直方图
26 plt.ylabel('Frequency')
27 plt.title('Test 600 times')
28 plt.xticks(x, ('1', '2', '3', '4', '5', '6'))
29 plt.yticks(np.arange(0, 150, 15))
30 plt.show()
```

执行结果

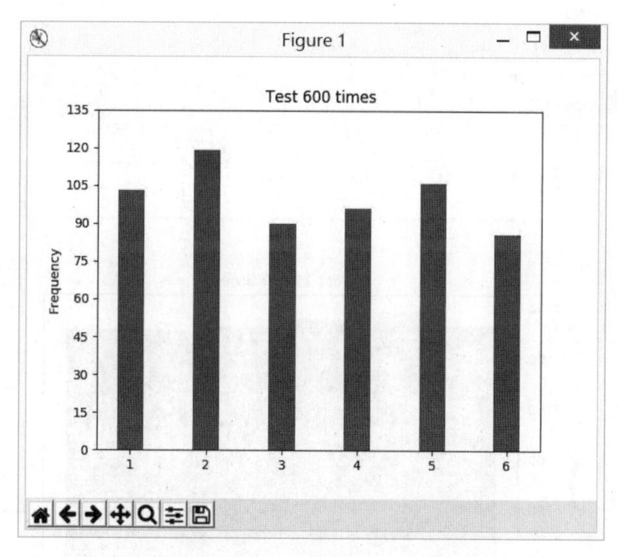

上述程序最重要的是第 11 ～ 15 行的 dice_count( ) 函数，这个函数主要是将含 600 个元素的 dice 列表，分别计算 1、2、3、4、5、6 各出现的次数，然后将结果存储至 frequencies 列表。如果读者忘记 count( ) 的用法，可以参考 6-6-2 节。

20-6-2 hist( )

这也是一个直方图的制作方法，特别适合为统计分布数据绘图，语法如下。

```
h = hist(x, bins, color, options …)                    # 返回值 h 可有可无
```

在此只介绍常用的参数，x 是一个列表或数组（23 章会介绍数组），是每个 bins 分布的数据。bins 则是箱子（可以想成长条）的个数或是可想成组别个数。color 则是设置长条颜色。options 有许多，density 可以是 True 或 False，如果是 True 表示 y 轴呈现的是占比，每个直方条状的占比总和是 1。

返回值 h 是元组，可以不理会，如果有设置返回值，则 h 值所返回的 h[0] 是 bins 的数量数组，每个索引记载这个 bins 的 y 轴值，由索引数量也可以知道 bins 的数量，相当于是直方长条数。h[1] 也是数组，此数组记载 bins 的 x 轴值。第 23 章将说明更多数组的知识。

程序实例 ch20_28_1.py：以 hist 直方图打印掷骰子 10000 次的结果，需留意由于是随机数产生骰子的 6 个面，所以每次执行结果皆会不相同，这个程序同时列出 hist( ) 的返回值，也就是骰子出现的次数。

```
1  # ch20_28_1.py
2  import numpy as np
3  import matplotlib.pyplot as plt
4  from random import randint
5
6  def dice_generator(times, sides):
7      ''' 处理随机数 '''
8      for i in range(times):
9          ranNum = randint(1, sides)              # 产生1~6随机数
10         dice.append(ranNum)
11
12 times = 10000                                   # 掷骰子次数
13 sides = 6                                       # 骰子有几面
14 dice = []                                       # 建立掷骰子的列表
15 dice_generator(times, sides)                    # 产生掷骰子的列表
16
17 h = plt.hist(dice, sides)                       # 绘制hist图
18 print("bins的y轴 ",h[0])
19 print("bins的x轴 ",h[1])
20 plt.ylabel('Frequency')
21 plt.title('Test 10000 times')
22 plt.show()
```

执行结果

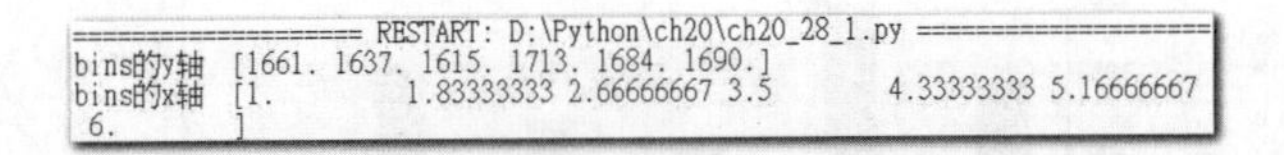

```
==================== RESTART: D:\Python\ch20\ch20_28_1.py ====================
bins的y轴  [1661. 1637. 1615. 1713. 1684. 1690.]
bins的x轴  [1.         1.83333333 2.66666667 3.5        4.33333333 5.16666667
 6.        ]
```

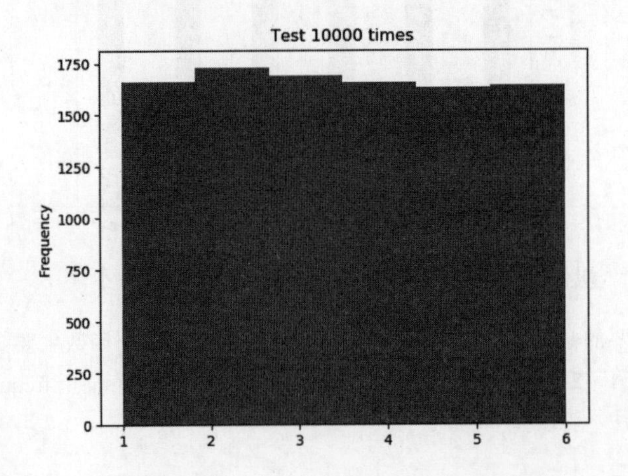

20-7 圆饼图的制作 pie( )

在圆饼图的制作中，可以使用 pie( ) 方法，语法如下。

pie(x, options, …)

x 是一个**列表**，主要是圆饼图 x 轴的数据，options 代表系列选择性参数，可以是下列参数内容。

labels：圆饼图项目所组成的列表。

colors：圆饼图项目颜色所组成的列表，如果省略则用默认颜色。

explode：可设置是否从圆饼图分离的列表，0 表示不分离，一般可用 0.1 分离，数值越大分离越远。例如，读者在程序实例 ch20_29.py 中可改用 0.2 测试，效果不同，默认是 0。

autopct：表示项目的百分比格式，基本语法是 % 格式 %%。例如，%2.2%% 表示整数 2 位数，小数两位数。

labeldistance：项目标题与圆饼图中心的距离是半径的多少倍。例如，1.2 代表是 1.2 倍。

center：圆中心坐标，默认是 0。

shadow：True 表示圆饼图形有阴影，False 表示圆饼图形没有阴影，默认是 False。

程序实例 ch20_29.py：有一个家庭开支的费用如下，然后设计此圆饼图。

旅行 (Travel):8000　　娱乐 (Entertainment):2000

教育 (Education):3000　交通 (Transporation):5000　餐费 (Food):6000

```
1  # ch20_29.py
2  import matplotlib.pyplot as plt
3
4  sorts = ["Travel","Entertainment","Education","Transporation","Food"]
5  fee = [8000,2000,3000,5000,6000]
6
7  plt.pie(fee,labels=sorts,explode=(0,0.3,0,0,0),
8          autopct="%1.2f%%")       # 绘制圆饼图
9  plt.show()
```

执行结果

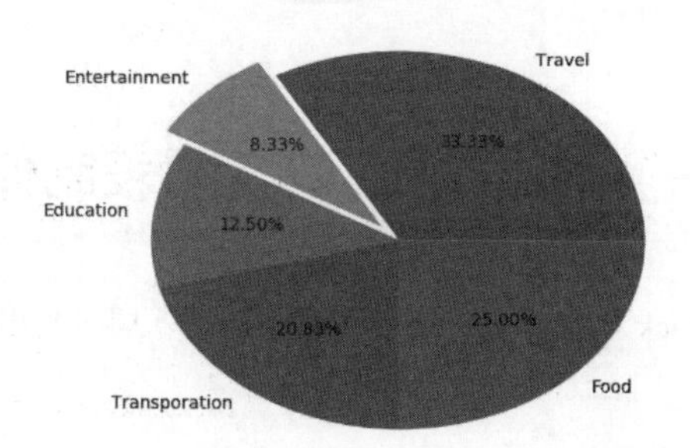

上述程序第 7 行的 explode=（0,0.1,0,0,0）相当于是第 2 个数据做分离效果。

20-8 图表显示中文

一个图表无法显示中文，坦白地说读者内心一定感觉有缺憾，至少笔者感觉如此。matplotlib 无法显示中文主要原因在于安装此模块时所配置的文件。

```
~Python36\Lib\site-packages\matplotlib\mpl-data\matplotlibrc
```

在此文件内的 font_sans-serif 没有配置中文字体，我们可以在此字段增加中文字体，但是笔者不鼓励更改系统内建文件。笔者将使用动态配置方式处理，让图表显示中文字体。其实可以在程序内增加下列程序代码，用 rcParams( ) 方法为 matplotply 配置中文字体参数，就可以显示中文了。

```
from pylab import mlp                              # matplotlib 的子模块
mlp.rcParams["font.sans-serif"] = ["SimHei"]       # 黑体
mlp.rcParams["axes.unicode_minus"] = False         # 让其可以显示负号
```

另外，每个要显示的中文字符串需要在字符串前加上 u" **中文字符串** "。

程序实例 ch20_30.py：重新设计 ch20_29.py，以中文显示各项花费。

```
1  # ch20_30.py
2  import matplotlib.pyplot as plt
3  from pylab import mpl
4
5  mpl.rcParams["font.sans-serif"] = ["SimHei"]         # 使用黑体
6  mpl.rcParams["axes.unicode_minus"] = False           # 让其可以显示负号
7
8  sorts = [u"交通",u"娱乐",u"教育",u"交通",u"餐费"]
9  fee = [8000,2000,3000,5000,6000]
10
11 plt.pie(fee,labels=sorts,explode=(0,0.2,0,0,0),
12         autopct="%1.2f%%")                           # 绘制圆饼图
13 plt.show()
```

执行结果

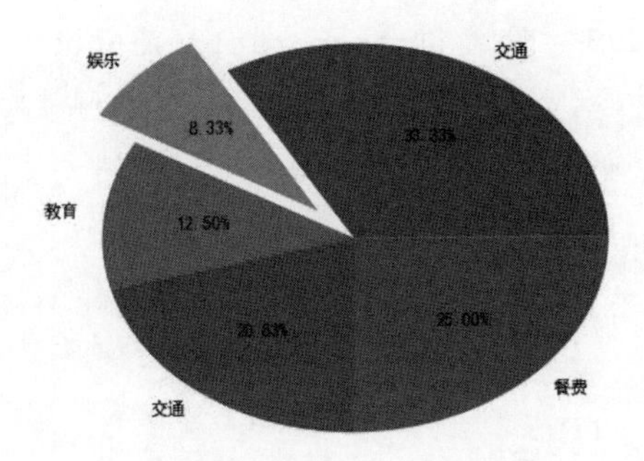

20-9 专题——股市数据读取与图表制作

这一节将介绍使用 twstock 模块读取中国台湾股票信息，同时利用本节知识建立折线图表。使用前需安装 twstock 模块。

```
pip install twstock
```

读者可以参考下列网址，了解更完整的信息。

https://twstock.readthedocs.io/zh_TW/latest/

20-9-1 Stock( ) 建构元

可以使用 Stock( ) 建构元传入股票代号，然后可以返回此股票代号的 Stock 对象。中国台湾著名的股票台积电的股票代号是 2330，如果输入 2330，即可以获得台积电的股票的对象。

```
>>> import twstock
>>> stock2330 = twstock.Stock("2330")
```

20-9-2　Stock 对象属性

有了前一节的 Stock 对象后，可以参考下表获得对象属性。

Stock 对象属性	说明
sid	股票代号字符串
open	近 31 天的开盘价（元）列表
high	近 31 天的最高价（元）列表
low	近 31 天的最低价（元）列表
close 或 price	近 31 天的收盘价（元）列表
capacity	近 31 天的成交量（股）列表
transaction	近 31 天的成交笔数（笔）列表
turnover	近 31 天的成交金额（元）列表
change	近 31 天的涨跌幅（元）列表
date	近 31 天的交易日期 datetime 对象列表
data	近 31 天的 Stock 对象全部数据内容列表
raw_data	近 31 天的原始数据列表

程序实例 ch20_31.py：获得台积电股票代号和近 31 天的收盘价。

```
1  # ch20_31.py
2  import twstock
3  stock2330 = twstock.Stock("2330")
4
5  print("股票代号    : ", stock2330.sid)
6  print("股票收盘价 : ", stock2330.price)
```

执行结果

```
==================== RESTART: D:\Python\ch20\ch20_31.py ====================
股票代号   :  2330
股票收盘价 :  [266.0, 268.0, 269.0, 267.5, 260.0, 259.5, 259.0, 259.0, 265.0, 25
9.0, 262.5, 260.0, 256.5, 256.0, 250.5, 248.5, 249.0, 247.0, 241.5, 238.0, 234.0
, 238.0, 230.0, 233.0, 231.0, 230.5, 229.5, 231.0, 235.5, 238.0, 233.0]
```

在所返回的 31 天收盘价列表中，[0] 是最早的收盘价，[30] 是前一个交易日的收盘价。

实例 1：返回台积电 31 天前的收盘价与前一个交易日的收盘价。

```
>>> import twstock
>>> stock2330 = twstock.Stock("2330")
>>> stock2330.price[0]
222.5
>>> stock2330.price[30]
221.0
```

实例 2：了解台积电 data 属性的全部内容，可以使用 data 属性，此例只是列出部分内容。

```
>>> import twstock
>>> stock2330 = twstock.Stock("2330")
>>> stock2330.data
[Data(date=datetime.datetime(2018, 12, 18, 0, 0), capacity=30270541, turnover=67
13448829, open=221.0, high=223.0, low=220.5, close=222.5, change=-1.0, transacti
on=10521), Data(date=datetime.datetime(2018, 12, 19, 0, 0), capacity=23415082, t
```

在 Stock 属性中除了股票代号 sid 是返回字符串外，其他都是返回列表，此时可以使用切片方式处理。

实例 3：返回台积电近 5 天的股票收盘价。

```
>>> import twstock
>>> stock2330 = twstock.Stock("2330")
>>> stock2330.price[-5:]
[222.5, 226.0, 229.0, 222.5, 221.0]
```

程序实例 ch20_32.py：列出近 31 天台积电收盘价的折线图。

```
1  # ch20_32.py
2  import matplotlib.pyplot as plt
3  from pylab import mpl
4  import twstock
5
6  mpl.rcParams["font.sans-serif"] = ["SimHei"]        # 使用黑体
7
8  stock2330 = twstock.Stock("2330")
9  plt.title(u"台积电", fontsize=24)
10 plt.plot(stock2330.price)
11 plt.show()
```

执行结果

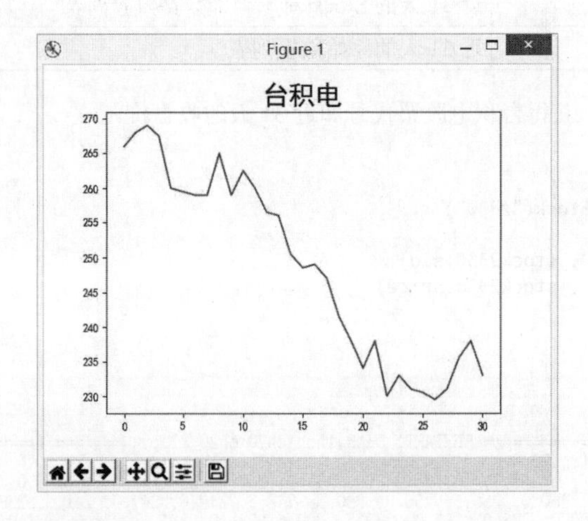

20-9-3 Stock 对象方法

有了 20-9-1 节的 Stock 对象后，可以参考下表获得对象方法。

Stock 对象方法	说明
fetch_31( )	最近 31 天的事务数据（Data 对象）列表
fetch(year, month)	指定年月的事务数据（Data 对象）列表
fetch_from(year, month)	指定年月至今的事务数据（Data 对象）列表
moving_average(data,days)	列表数据 data 的 days 日的平均值列表
continuous(data)	列表 data 持续上涨天数

实例 1：返回 2018 年 1 月的台积电股市事务数据，下面只列出部分结果。

```
>>> import twstock
>>> stock2330 = twstock.Stock("2330")
>>> stock2330.fetch(2018, 1)
[Data(date=datetime.datetime(2018, 1, 2, 0, 0), capacity=18055269, turnover=4188
555408, open=231.5, high=232.5, low=231.0, close=232.5, change=3.0, transaction=
9954), Data(date=datetime.datetime(2018, 1, 3, 0, 0), capacity=31706091, turnove
```

实例 2：延续上一个实例，返回 2018 年 1 月台积电收盘价格数据。

```
>>> stock2330.price
[232.5, 237.0, 239.5, 240.0, 242.0, 242.0, 236.5, 235.0, 237.0, 240.0, 240.5, 24
2.0, 248.5, 255.5, 261.5, 266.0, 258.0, 258.0, 255.0, 258.5, 253.0, 255.0]
```

方法 moving_average(data,days) 是返回均线列表，这个方法需要两个参数，days 天数是代表几天均线，例如，若第 2 个参数是 5，则代表 5 天均线值。所谓的 5 天均线值是指第 0 ～ 4 个数据的平均值当作第 0 个，第 1 ～ 5 个数据的平均值当作第 1 个，所以均线数据列表元素会比较少。

实例 3：延续上一个实例，返回 2018 年 1 月台积电收盘价格数据的 5 天均线数据列表。

```
>>> ave5 = stock2330.moving_average(stock2330.price, 5)
>>> ave5
[238.2, 240.1, 240.0, 239.1, 238.5, 238.1, 237.8, 238.9, 241.6, 245.3, 249.6, 25
4.7, 257.9, 259.8, 259.7, 259.1, 256.5, 255.9]
```

实例 4：延续上一个实例，返回 2018 年 1 月台积电收盘价格数据的 5 天均线数据列表的连续上涨天数。留意：每天做比较，如果上涨会加 1，下跌会减 1。

```
>>> stock2330.continuous(ave5)
-4
```

程序实例 ch20_33.py：以折线图打印台积电 2018 年 1 月以来的收盘价格数据。

```
1  # ch20_33.py
2  import matplotlib.pyplot as plt
3  from pylab import mpl
4  import twstock
5
6  mpl.rcParams["font.sans-serif"] = ["SimHei"]        # 使用黑体
7
8  stock2330 = twstock.Stock("2330")
9  stock2330.fetch_from(2018,1)
10 plt.title(u"台积电", fontsize=24)
11 plt.xlabel(u"2018年1月以来的交易天数", fontsize=14)
12 plt.ylabel(u"价格", fontsize=14)
13 plt.plot(stock2330.price)
14 plt.show()
```

执行结果

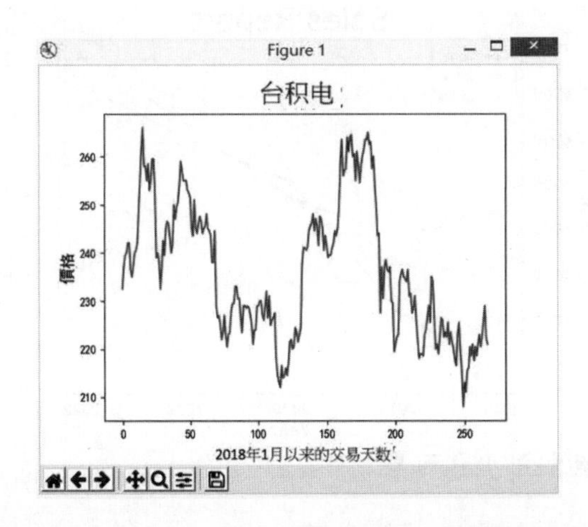

20-9-4 取得单一股票的实时数据

在使用 twstock 模块时，可以使用 realtime.get( ) 取得特定股票的实时信息，这些信息包含股票代号 code、名称 name、全名 fullname、收盘时间 time 等。同时有包含目前 5 个买进和卖出的金额与数量。

实例 1：列出台积电的实时数据。

```
>>> import twstock
>>> stock2330 = twstock.realtime.get('2330')
>>> stock2330
{'timestamp': 1548829800.0, 'info': {'code': '2330', 'channel': '2330.tw', 'name
': '台積電', 'fullname': '台灣積體電路製造股份有限公司', 'time': '2019-01-30 14:
30:00'}, 'realtime': {'latest_trade_price': '221.00', 'trade_volume': '8683', 'a
ccumulate_trade_volume': '44721', 'best_bid_price': ['220.50', '220.00', '219.50
', '219.00', '218.50'], 'best_bid_volume': ['847', '3366', '1408', '1964', '1602
'], 'best_ask_price': ['221.00', '221.50', '222.00', '222.50', '223.00'], 'best_
ask_volume': ['308', '4094', '1666', '474', '483'], 'open': '220.50', 'high': '2
21.50', 'low': '220.00'}, 'success': True}
```

实例 2：延续前一实例，列出目前 5 个买进金额与数量。

```
>>> stock2330["realtime"]["best_bid_price"]     #5个买进金额
['220.50', '220.00', '219.50', '219.00', '218.50']
>>> stock2330["realtime"]["best_bid_volume"]    #5个买进数量
['847', '3366', '1408', '1964', '1602']
```

实例 3：延续前一实例，列出目前 5 个卖出金额与数量。

```
>>> stock2330["realtime"]["best_ask_price"]     #5个卖出金额
['221.00', '221.50', '222.00', '222.50', '223.00']
>>> stock2330["realtime"]["best_ask_volume"]    #5个卖出数量
['308', '4094', '1666', '474', '483']
```

习题

1. 请参考 ch20_12.py，增加 2021—2022 年数据如下。(20-1 节)

```
Benz      6020   6620
BMW 4900  4590
Lexus     6200   6930
```

然后绘制图表。

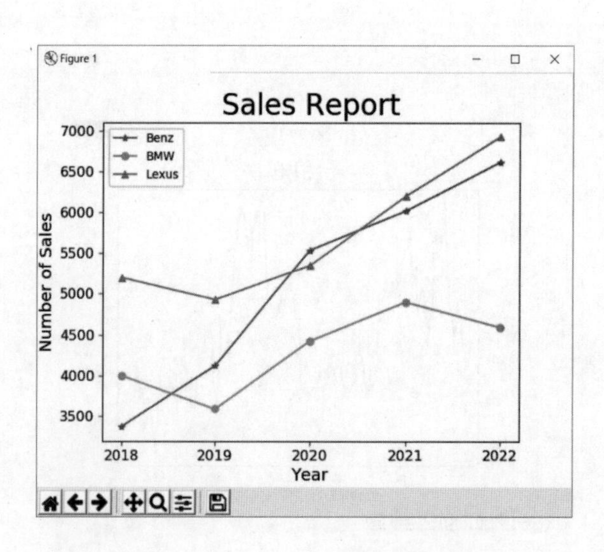

2. 请参考 ch20_19_1.py，但是将这 3 条线改为下列函数。(20-3 节)

```
f1 = 3 * np.sin(x)
f2 = np.sin(x)
f3 = 0.2.sin(x)
```

将线条点数改为 50，同时标注各点。f1 需用不同的默认颜色标注，这时需执行两次 plot( )。f2 则用相同线条颜色 'x' 标注。

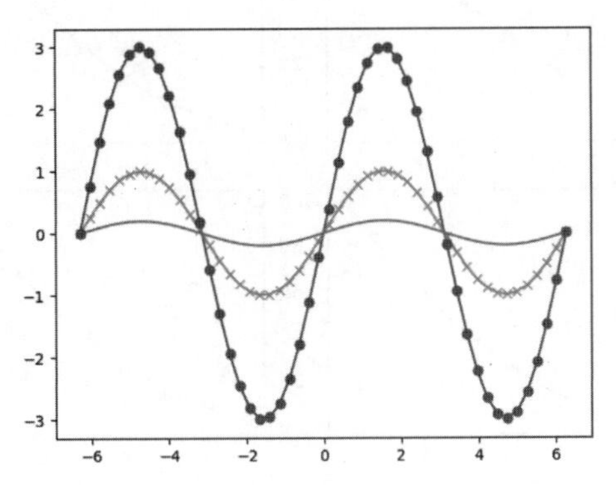

3. 请参考程序实例 ch20_20_2.py，将函数改为 sin(2x)，以默认的线条颜色绘制下列含填满区间的波形。(20-3 节)

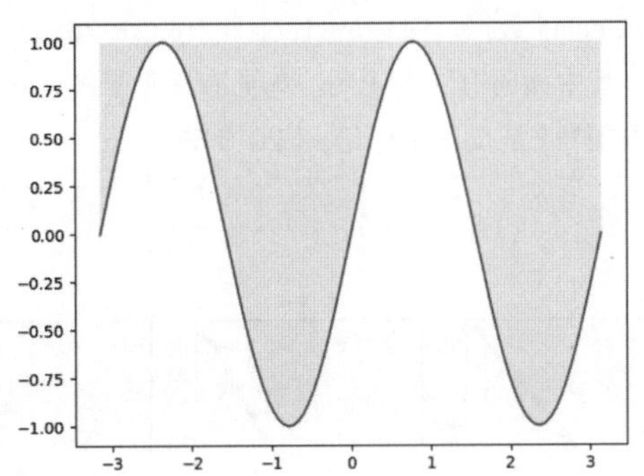

4. 请重新设计 ch20_22.py，将 x 轴移动方式改为 [−3, −2, −1, 1, 2, 3]，将 y 轴移动方式改为 [−5, −3, −1, 1, 3, 5]，然后列出结果。(20-4 节)

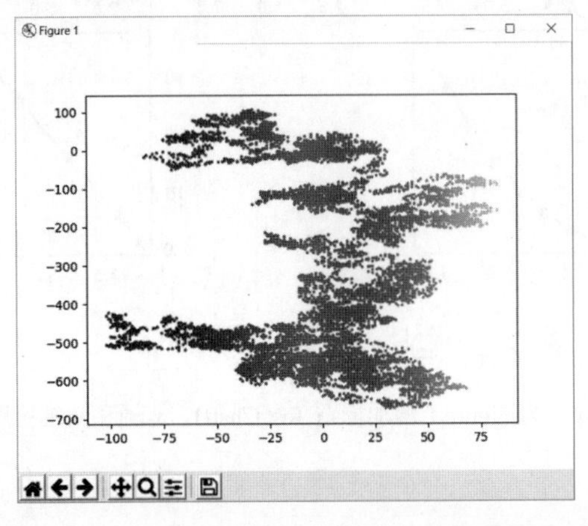

5. 请重新设计 ch20_9.py，将 4 组资料在 Figure1 内以 4 个子图方式显示。（20-5 节）

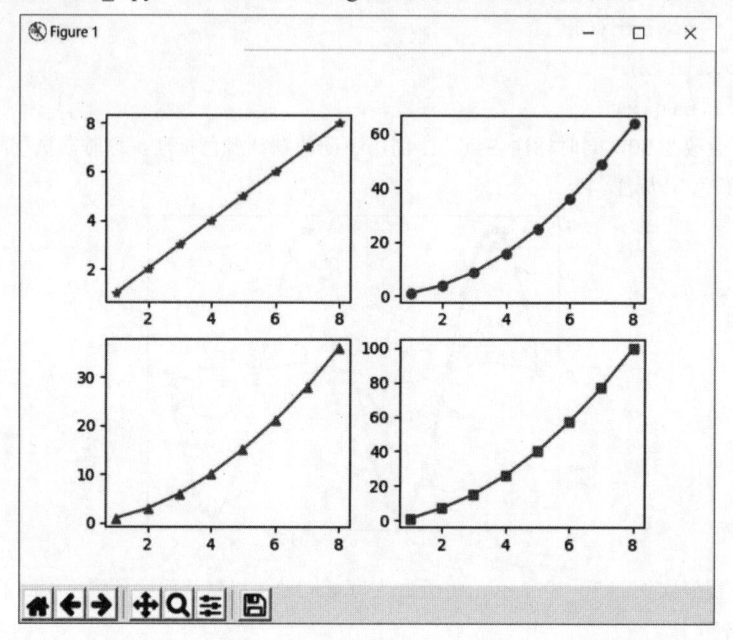

6. 请为 ch20_9.py 再增加 data5 数据，内容是 [1, 6, 11, 16, 21, 26, 31, 36]，然后将这 5 组数据绘制在 Figure 1 内分成 5 个子图，其中横向有 3 个子图，纵向有 2 个子图，第 5 个子图跳过，直接绘制在第 6 个图的位置，data5 数据的样式是反三角标记。（20-5 节）

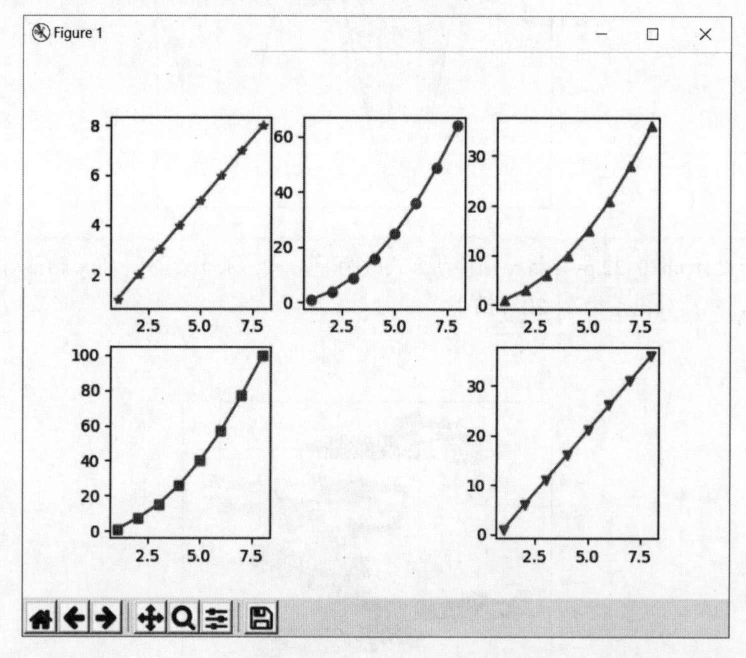

7. 扩充设计 ch20_24.py，为 Figure 1 增加标题 Test Chart1，x 轴和 y 轴标题分别是 x-Data 和 y-Data。（20-5 节）

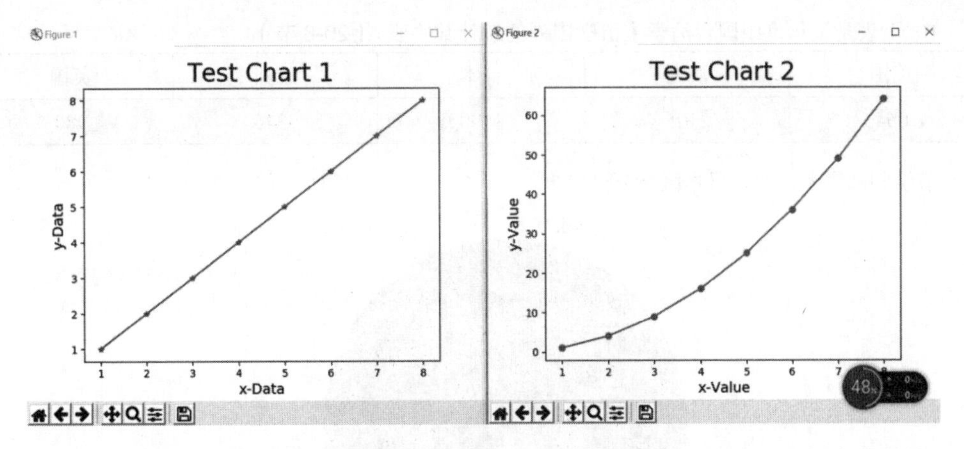

8. 请读者将程序实例 ch20_28.py 处理成有两个骰子，所以可以计算 2 ～ 12 每个数字的出现次数，请测试 1000 次，以直方图表示。(20-6 节)

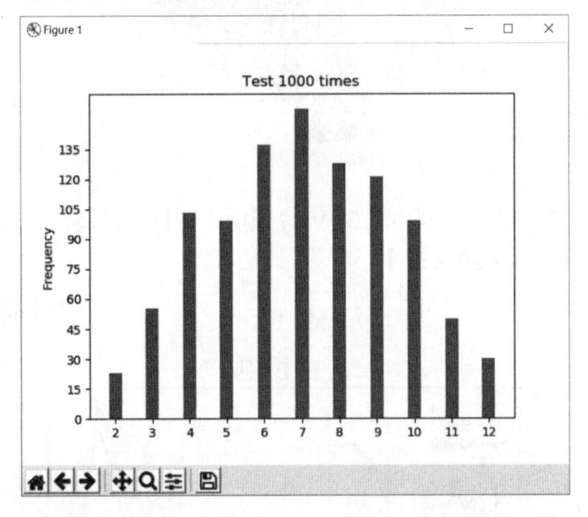

9. 请读者参考程序实例 ch20_28.py，在赌场最常见到的是用 3 个骰子，所以可以计算 3 ～ 18 每个数字的出现次数，请测试 1000 次，以直方图表示。(20-6 节)

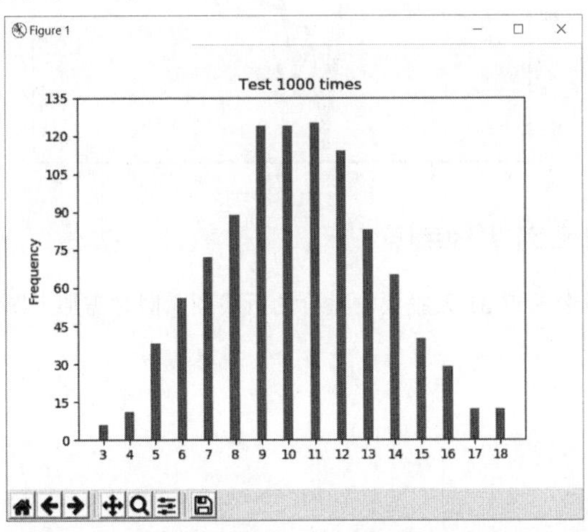

10. 下表是某年度中国台湾学生留学国外的统计数字表。（20-8 节）

美国	澳洲	日本	欧洲	英国
10543	2105	1190	3346	980

请绘制圆饼图，并将日本区块分离出来。

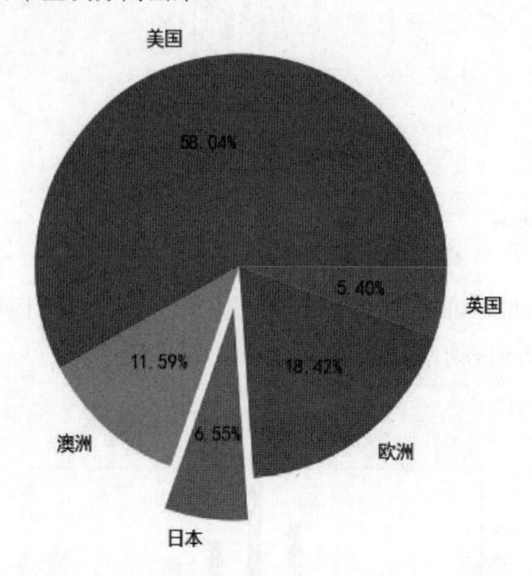

11. 请扩充程序实例 20_32.py，列出近 31 天台积电收盘价、最高价、最低价的折线图，同时需加上图例、x 轴和 y 轴的标题。（20-9 节）

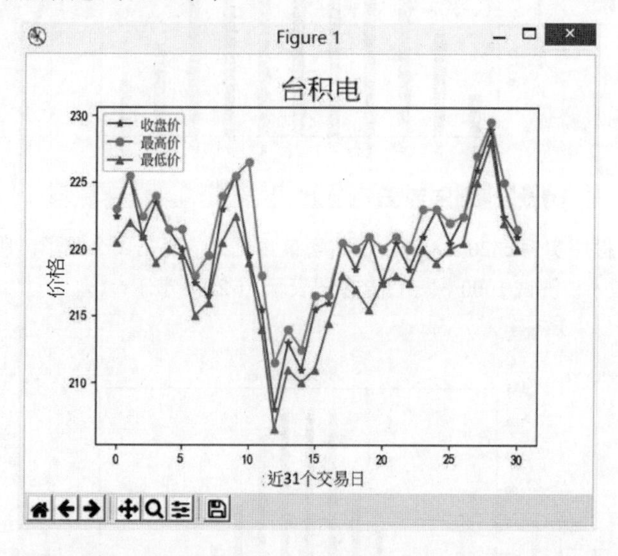

12. 请设计 3 家股票公司近 31 天股票收盘价的折线图，同时需加上图例、x 轴与 y 轴的标题。（20-9 节）

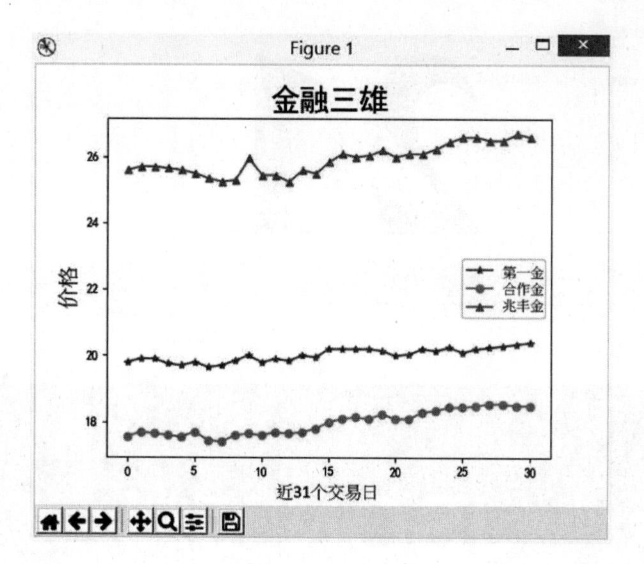
Figure 1
金融三雄
价格
近31个交易日
第一金
合作金
兆丰金
26
24
22
20
18
0
5
10
15
20
25
30

21

第 2 1 章

JSON 资料

本章摘要

JSON 是一种数据格式，由美国程序设计师 Douglas Crockford 创建。JSON 全名是 JavaScript Object Notation，由此我们可以推敲出 JSON 最初是为 JavaScript 开发的。这种数据格式由于简单好用，被大量应用在 Web 开发与大数据数据库（NoSQL），现在已成为一种著名的数据格式，Python 与许多程序语言都可以支持。因此，我们使用 Python 设计程序时，可以将数据以 JSON 格式储存，方便与使用其他程序语言的设计师分享。注：JSON 文件可以用记事本打开。

在 Python 中需使用 import json 导入 JSON 模块。

21-1 认识 JSON 数据格式

JSON 的数据格式有两种，分别是：

对象（object）：一般用大括号 { } 表示。

数组（array）：一般用中括号 [ ] 表示。

21-1-1 对象 (object)

在 JSON 中对象就是用“键 : 值（key:value）”的方式配对储存，对象内容用左大括号“{”开始，右大括号“}”结束，键（key）和值（value）用“:”间隔，每一组“键 : 值”间以逗号“,”隔开，以下是取材自 json.org 的官方说明图。

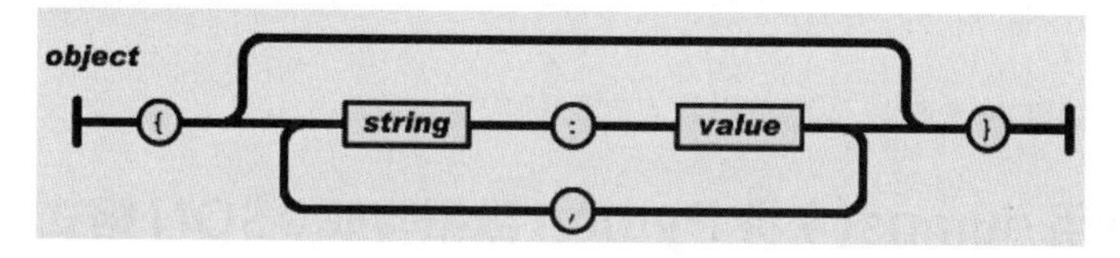

在 JSON 格式中，键（key）是一个字符串（string）。值可以是数值（number）、字符串（string）、布尔值（bool）、数组（array）或是 null 值。

例如，下列是对象的实例。

```
{"Name":"Hung", "Age":25}
```

使用 JSON 时需留意，键（key）必须是文字，例如下列是错误的实例。

```
{"Name":"Hung", 25:"Key"}
```

在 JSON 格式中字符串需用双引号，同时在 JSON 文件内不可以有注释。

21-1-2 数组 (array)

数组基本上是由一系列的值（value）所组成，用左中括号“[”开始，右中括号“]”结束，各值之间用逗号“,”隔开。以下是取材自 json.org 的官方说明图。

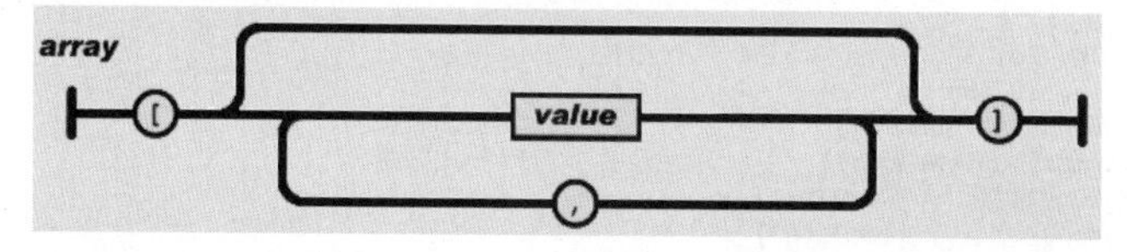

数组的值可以是数值（number）、字符串（string）、布尔值（bool）、数组（array）或是null值。

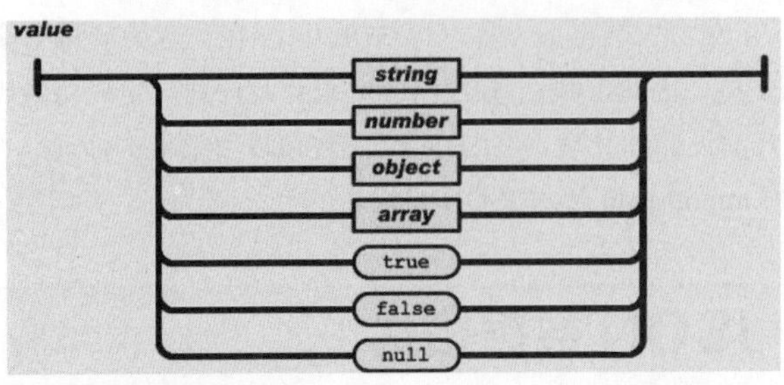

21-1-3 JSON 数据存在方式

前文所述是 JSON 的数据格式定义，但是在 Python 中它存在的方式是字符串（string）。

'JSON 数据 '　　　　　　　　# 可参考程序实例 ch21_1.py 的第 3 笔输出

使用 JSON 模块执行将 Python 数据转成 JSON 字符串类型数据或是 JSON 文件应使用不同方法，下列 21-2 和 21-3 节将分别说明。

21-2 将 Python 应用在 JSON 字符串形式数据

本节主要说明 JSON 数据以字符串形式存在时的应用。

21-2-1 使用 dumps( ) 将 Python 数据转成 JSON 格式

在 JSON 模块内有 dumps( )，可以将 Python 数据转成 JSON 字符串格式，下列是转化对照表。

Python 资料	JSON 资料
dict	object
list, tuple	array
str, unicode	string
int, float, long	number
True	true
False	false
None	null

程序实例 ch21_1.py：将 Python 的列表与元组数据转成 JSON 的数组数据。

```
1  # ch21_1.py
2  import json
3
4  listNumbers = [5, 10, 20, 1]            # 列表数据
5  tupleNumbers = (1, 5, 10, 9)            # 元组资料
6  jsonData1 = json.dumps(listNumbers)     # 将列表数据转成json数据
7  jsonData2 = json.dumps(tupleNumbers)    # 将列表数据转成json数据
8  print("列表转换成json的数组", jsonData1)
9  print("元组转换成json的数组", jsonData2)
10 print("json数组在Python的数据类型 ", type(jsonData1))
```

执行结果

```
==================== RESTART: D:\Python\ch21\ch21_1.py ====================
列表转换成json的数组 [5, 10, 20, 1]
元组转换成json的数组 [1, 5, 10, 9]
json数组在Python的数据类型  <class 'str'>
```

特别需要留意的是，上述笔者在第 10 行打印最终 JSON 数组在 Python 的数据类型时，结果是以字符串方式存在。若以 JSONData1 为例，从上述执行结果我们可以了解，在 Python 内它的数据如下：

‘[5, 10, 20, 1]’

程序实例 ch21_2.py：将 Python 由字典元素所组成的列表转成 JSON 数组，转换后原先字典元素变为 JSON 的对象。

```
1  # ch21_2.py
2  import json
3
4  listObj = [{'Name':'Peter', 'Age':25, 'Gender':'M'}]     # 列表数据元素是字典
5  jsonData = json.dumps(listObj)                           # 将列表数据转成json数据
6  print("列表转换成json的数组", jsonData)
7  print("json数组在Python的数据类型 ", type(jsonData))
```

执行结果

```
==================== RESTART: D:\Python\ch21\ch21_2.py ====================
列表转换成json的数组 [{"Name": "Peter", "Age": 25, "Gender": "M"}]
json数组在Python的数据类型  <class 'str'>
```

读者应留意，JSON 对象的字符串是用双引号。

21-2-2　dumps( ) 的 sort_keys 参数

Python 的字典是无序的数据，使用 dumps( ) 将 Python 数据转成 JSON 对象时，增加使用 sort_keys=True，则可以转成 JSON 格式的对象排序。

程序实例 ch21_3.py：将字典转成 JSON 格式的对象，分别是未使用排序与使用排序。最后将未使用排序与使用排序的对象做比较看是否相同，得到的结果是不同。

```
1  # ch21_3.py
2  import json
3
4  dictObj = {'b':80, 'a':25, 'c':60}                   # 字典
5  jsonObj1 = json.dumps(dictObj)                       # 未排序将字典转成json对象
6  jsonObj2 = json.dumps(dictObj, sort_keys=True)       # 有排序将字典转成json对象
7  print("未用排序将字典转换成json的对象", jsonObj1)
8  print("使用排序将字典转换成json的对象", jsonObj2)
9  print("有排序与未排序对象是否相同      ", jsonObj1 == jsonObj2 )
10 print("json物件在Python的数据类型 ", type(jsonObj1))
```

执行结果

```
==================== RESTART: D:\Python\ch21\ch21_3.py ====================
未用排序将字典转换成json的对象 {"b": 80, "a": 25, "c": 60}
使用排序将字典转换成json的对象 {"a": 25, "b": 80, "c": 60}
有排序与未排序对象是否相同      False
json物件在Python的数据类型  <class 'str'>
```

从上述执行结果可知 JSON 对象在 Python 的存放方式也是字符串。

21-2-3 dumps( )的 indent 参数

从 ch21_3.py 的执行结果可以看到数据不太容易阅读，特别是资料如果更多，在将 Python 的字典数据转成 JSON 格式的对象时，可以加上 indent 设置缩排 JSON 对象的键 - 值，让 JSON 对象可以更容易显示。

程序实例 ch21_4.py：将 Python 的字典转成 JSON 格式对象时，设置缩排 4 个字符宽度。

```
1  # ch21_4.py
2  import json
3
4  dictObj = {'b':80, 'a':25, 'c':60}                          # 字典
5  jsonObj = json.dumps(dictObj, sort_keys=True, indent=4) # 用内缩呈现json对象
6  print(jsonObj)
```

执行结果

```
==================== RESTART: D:\Python\ch21\ch21_4.py ====================
{
    "a": 25,
    "b": 80,
    "c": 60
}
```

21-2-4 使用 loads( ) 将 JSON 格式数据转成 Python 数据

在 JSON 模块内有 loads( )，可以将 JSON 格式数据转成 Python 数据，下列是转化对照表。

JSON 资料	Python 资料
object	dict
array	list
string	unicode
number(int)	int, long
Number(real)	float
true	True
false	False
null	None

程序实例 ch21_5.py：将 JSON 的对象数据转成 Python 数据，需留意在建立 JSON 数据时，需加上引号，因为 JSON 数据在 Python 内是以字符串形式存在。

```
1  # ch21_5.py
2  import json
3
4  jsonObj = '{"b":80, "a":25, "c":60}'      # json物件
5  dictObj = json.loads(jsonObj)              # 转成Python物件
6  print(dictObj)
7  print(type(dictObj))
```

执行结果

```
===================== RESTART: D:\Python\ch21\ch21_5.py =====================
{'b': 80, 'a': 25, 'c': 60}
<class 'dict'>
```

从上述可以看到 JSON 对象转成 Python 数据时的数据类型。

21-2-5 一个 JSON 文件只能放一个 JSON 对象

有一点要注意的是一个 JSON 文件只能放一个 JSON 对象，例如下列语法是无效的：

```
{"Japan":"Tokyo"}
{"China":"Beijing"}
```

如果要放多个 JSON 对象，可以用一个父 JSON 对象处理，上述可以更改成下列方式：

```
{"Asia":
[ {"Japan":"Tokyo"},
 {"China":"Beijing"} ]
}
```

Asia 是父 JSON，可以将“国家 : 首都”JSON 对象保存在数组中，未来用 Asia 存取此 JSON 资料。实际上这是一般 JSON 文件的配置方式，目前大部分网站的内部资料，就是用这种方式处理。

程序实例 ch21_5_1.py：建立一个父 JSON 对象，此父 JSON 对象内有 2 个子 JSON 对象。

```
1  # ch21_5_1.py
2  import json
3
4  obj = '{"Asia":[{"Japan":"Tokyo"},{"China":"Beijing"}]}'
5  json_obj = json.loads(obj)
6  print(json_obj)
7  print(json_obj["Asia"])
8  print(json_obj["Asia"][0])
9  print(json_obj["Asia"][1])
10 print(json_obj["Asia"][0]["Japan"])
11 print(json_obj["Asia"][1]["China"])
```

执行结果

```
==================== RESTART: D:/Python/ch21/ch21_5_1.py ====================
{'Asia': [{'Japan': 'Tokyo'}, {'China': 'Beijing'}]}
[{'Japan': 'Tokyo'}, {'China': 'Beijing'}]
{'Japan': 'Tokyo'}
{'China': 'Beijing'}
Tokyo
Beijing
```

上述程序可以执行，但是最大的缺点是第 4 行不容易阅读，此时我们可以用程序实例 ch21_5_2.py 中的方式改良。

程序实例 ch21_5_2.py：改良建立 JSON 数据的方法，让程序比较容易阅读，本程序使用 4 ～ 7 行改良原先的第 4 行。读者须留意，4 ～ 6 行每行末端应加上“\”，表示这是一个字符串。

```
1  # ch21_5_2.py
2  import json
3
4  obj = '{"Asia":\
5          [{"Japan":"Tokyo"},\
6           {"China":"Beijing"}]\
7         }'
8  json_obj = json.loads(obj)
9  print(json_obj)
10 print(json_obj["Asia"])
11 print(json_obj["Asia"][0])
12 print(json_obj["Asia"][1])
13 print(json_obj["Asia"][0]["Japan"])
14 print(json_obj["Asia"][1]["China"])
```

执行结果

与 ch21_5_1.py 相同。

21-3 将 Python 应用在 JSON 文件

我们在设计程序时，更重要的是将 Python 的资料以 JSON 格式储存，未来可以供其他不同的程序语言读取。或是使用 Python 读取其他语言以 JSON 格式储存的数据。

21-3-1 使用 dump( ) 将 Python 数据转成 JSON 文件

在 JSON 模块内有 dump( )，可以将 Python 数据转成 JSON 文件格式，这个文件格式的扩展名是 json。下列将直接以程序实例解说 dump( ) 的用法。

程序实例 ch21_6.py：将一个字典数据使用 JSON 格式存储在 out21_6.JSON 文件内。在这个程序实例中，dump( ) 方法的第一个参数是要存储成 JSON 格式的数据，第二个参数是要存储的文件对象。

```
1  # ch21_6.py
2  import json
3
4  dictObj = {'b':80, 'a':25, 'c':60}
5  fn = 'out21_6.json'
6  with open(fn, 'w') as fnObj:
7      json.dump(dictObj, fnObj)
```

执行结果

在目前工作文件夹可以新增 JSON 文件，文件名是 out21_6.json。如果用记事本打开，可以得到下列结果。

```
{"b": 80, "a": 25, "c": 60}
```

21-3-2　使用 load( ) 读取 JSON 文件

在 JSON 模块内有 load( ) 可以读取 JSON 文件，读完后这个 JSON 文件将被转换成 Python 的数据格式，下列将直接以程序实例解说 load( ) 的用法。

程序实例 ch21_7.py：读取 JSON 文件 out21_6.json，同时列出结果。

```
1  # ch21_7.py
2  import json
3
4  fn = 'out21_6.json'
5  with open(fn, 'r') as fnObj:
6      data = json.load(fnObj)
7
8  print(data)
9  print(type(data))
```

执行结果

```
==================== RESTART: D:\Python\ch21\ch21_7.py ====================
{'b': 80, 'a': 25, 'c': 60}
<class 'dict'>
```

21-3-3　将中文字典数据转成 JSON 文件

如果想要存储的字典数据包含中文，使用上一小节的方式，将造成打开此 JSON 文件时，以 16 进位码值方式显示（\uxxxx）。如果以记事本打开，则会造成文件不易了解内容。

程序实例 ch21_9_1.py：建立串行，此串行的元素是中文字典数据，然后存储成 JSON 文件，文件名是 out21_9_1.json，最后以记事本打开此文件。

```
1  # ch21_9_1.py
2  import json
3
4  objlist = [{"日本":"Japan", "首都":"Tykyo"},
5             {"美国":"USA", "首都":"Washington"}]
6
7  fn = 'out21_9_1.json'
8  with open(fn, 'w') as fnObj:
9      json.dump(objlist, fnObj)
```

执行结果 下列是以记事本打开此文件的结果。

```
[{"\u65e5\u672c": "Japan", "\u9996\u90fd": "Tykyo"}, {"\u7f8e\u5dde": "USA", "\u9996\u90fd": "Washington"}]
```

如果我们想要顺利显示所储存的中文数据，在打开文件时，可以增加使用 encoding=utf-8 参数。同时在使用 json.dump( ) 时，增加 ensure_ascii=False，意义是中文以中文方式写入（utf-8 编码方式写入），如果没有或是 ensure_ascii 是 True 时，中文以 \uxxxx 格式写入。此外，我们一般会在 json.dump( ) 内增加 indent 参数，这是设置字典元素内缩字符数，常见是设为 indent=2。

程序实例 ch21_9_2.py：使用 utf-8 格式搭配 ensure_ascii=False 存储中文字典数据，同时设置 indent=2，请将结果存储至 out21_9_2.json。

```
1  # ch21_9_2.py
2  import json
3
4  objlist = [{"日本":"Japan", "首都":"Tykyo"},
5             {"美国":"USA", "首都":"Washington"}]
6
7  fn = 'out21_9_2.json'
8  with open(fn, 'w', encoding='utf-8') as fnObj:
9      json.dump(objlist, fnObj, indent=2, ensure_ascii=False)
```

执行结果 下列是使用记事本打开的结果。

```
[
  {
    "日本": "Japan",
    "首都": "Tykyo"
  },
  {
    "美国": "USA",
    "首都": "Washington"
  }
]
```

21-4 简单的 JSON 文件应用

程序实例 ch21_8.py：程序执行时会要求输入账号，然后列出所输入账号并打印“欢迎使用本系统”。

```
1  # ch21_8.py
2  import json
3
4  fn = 'login.json'
5  login = input("请输入账号 : ")
6  with open(fn, 'w') as fnObj:
7      json.dump(login, fnObj)
8      print("%s! 欢迎使用本系统! " % login)
```

执行结果

```
==================== RESTART: D:\Python\ch21\ch21_8.py ====================
请输入账号 : Peter
Peter! 欢迎使用本系统!
```

上述程序同时会将所输入的账号存入 login.json 文件内。

程序实例 ch21_9.py：读取 login.json 的数据，同时输出“欢迎回来使用本系统”。

```
1  # ch21_9.py
2  import json
3
4  fn = 'login.json'
5  with open(fn, 'r') as fnObj:
6      login = json.load(fnObj)
7      print("%s! 欢迎回来使用本系统! " % login)
```

执行结果

```
===================== RESTART: D:\Python\ch21\ch21_9.py =====================
Peter! 欢迎回来使用本系统!
```

程序实例 ch21_10.py：下列程序基本上是 ch21_8.py 和 ch21_9.py 的组合，如果第一次登录会要求输入账号，然后将输入账号记录在 login21_10.json 文件内。如果不是第一次登录，会直接读取已经存在 login21_10.json 的账号，然后打印“欢迎回来”。这个程序用第 7 行是否能正常读取 login21_10.json 的方式判断是否是第一次登录，如果这个文件不存在，表示是第一次登录，将执行第 8 行 except 至第 12 行的内容。如果这个文件已经存在，表示不是第一次登录，将执行第 13 行 else: 后面的内容。

```
1  # ch21_10.py
2  import json
3
4  fn = 'login21_10.json'
5  try:
6      with open(fn) as fnObj:
7          login = json.load(fnObj)
8  except Exception:
9      login = input("请输入账号 : ")
10     with open(fn, 'w') as fnObj:
11         json.dump(login, fnObj)
12         print("系统已经记录你的账号 ")
13 else:
14     print("%s 欢迎回来" % login)
```

执行结果

```
================ RESTART: D:\Python\ch21\ch21_10.py ================
请输入账号 : Peter
系统已经记录你的账号
>>>
================ RESTART: D:\Python\ch21\ch21_10.py ================
Peter 欢迎回来
>>>
```

21-5 人口数据的 JSON 文件

在本书 ch21 文件夹内有 populations.json 文件，这是一个非官方的 2000 年和 2010 年的人口统计数据。这一节笔者将一步一步讲解如何使用 JSON 数据文件。

21-5-1 认识人口统计的 JSON 文件

若是将这个文件用记事本打开，内容如下：

[{"Country Name": "World", "Country Code": "WLD", "Year": "2000", "Numbers": "6117806174.56156"}, {"Coun
bers": "65258.0"}, {"Country Name": "Andorra", "Country Code": "AND", "Year": "2010", "Numbers": "85216.0"
"Numbers": "108186.0"}, {"Country Name": "Australia", "Country Code": "AUS", "Year": "2000", "Numbers": "1
"2000", "Numbers": "129592417.0"}, {"Country Name": "Bangladesh", "Country Code": "BGD", "Year": "2010", "
umbers": "8850223.0"}, {"Country Name": "Bermuda", "Country Code": "BMU", "Year": "2000", "Numbers": "62
"2000", "Numbers": "174425502.0"}, {"Country Name": "Brazil", "Country Code": "BRA", "Year": "2010", "Numb
try Code": "KHM", "Year": "2010", "Numbers": "14139608.0"}, {"Country Name": "Cameroon", "Country Code":
13.0"}, {"Country Name": "Chad", "Country Code": "TCD", "Year": "2000", "Numbers": "8223089.0"}, {"Country I
55.0"}, {"Country Name": "Comoros", "Country Code": "COM", "Year": "2010", "Numbers": "735266.0"}, {"Coun
, "Year": "2010", "Numbers": "4418192.0"}, {"Country Name": "Cuba", "Country Code": "CUB", "Year": "2000", "
ode": "DJI", "Year": "2000", "Numbers": "732112.0"}, {"Country Name": "Djibouti", "Country Code": "DJI", "Year
ntry Name": "El Salvador", "Country Code": "SLV", "Year": "2010", "Numbers": "6193287.0"}, {"Country Name":
bers": "49157.0"}, {"Country Name": "Fiji", "Country Code": "FJI", "Year": "2000", "Numbers": "812309.0"}, {"Co
"1297212.0"}, {"Country Name": "Gambia, The", "Country Code": "GMB", "Year": "2010", "Numbers": "1729998

在网络上任何一个号称是真实统计的 JSON 数据，在用记事本打开后，初看一定是复杂的。读者碰上这个问题首先不要慌，可以分析一下数据的共通性，这样有助于未来程序的规划与设计。从上图我们基本可以了解它的资料格式，这是一个列表，列表元素是字典，有些国家只有 2000 年的数据，有些国家只有 2010 年的数据，有些国家则同时有这两个年度的数据，每个字典内有 4 个“键 : 值”，如下所示：

```
{
    "Country Name":"World",
    "Country Code":"WLD",
    "Year":"2000",
    "Numbers":"6117806174.56156"
}
```

上述字段分别是国家名称（Country Name）、国家代码（Country Code）、年份（Year）和人口数（Numbers）。从上述文件我们注意到，人口数在我们日常生活理解中应该是整数，可是这个数据中是用字符串表达。另外，在非官方的统计数据中，难免会有错误，例如，上述全球人口统计（Country Name 为 World）的数据出现了小数点，这个皆须我们用程序处理。

程序实例 ch21_11.py：列出 populations.json 数据中各国的代码，以及列出 2000 年各国人口数据。

```
1  # ch21_11.py
2  import json
3
4  fn = 'populations.json'
5  with open(fn) as fnObj:
6      getDatas = json.load(fnObj)                   # 读json档案
7
8  for getData in getDatas:
9      if getData['Year'] == '2000':                 # 筛选2000年的数据
10         countryName = getData['Country Name']     # 国家名称
11         countryCode = getData['Country Code']     # 国家代码
12         population = int(float(getData['Numbers'])) # 人口数据
13         print('国家代码 =', countryCode,
14               '国家名称 =', countryName,
15               '人口数 =', population)
```

执行结果

```
==================== RESTART: D:\Python\ch21\ch21_11.py ====================
国家代码 = WLD 国家名称 = World 人口数 = 6117806174
国家代码 = AFG 国家名称 = Afghanistan 人口数 = 25951672
国家代码 = ALB 国家名称 = Albania 人口数 = 3072478
国家代码 = DZA 国家名称 = Algeria 人口数 = 30534041
国家代码 = ASM 国家名称 = American Samoa 人口数 = 57995
国家代码 = AND 国家名称 = Andorra 人口数 = 65258
国家代码 = AGO 国家名称 = Angola 人口数 = 13926705
国家代码 = ATG 国家名称 = Antigua and Barbuda 人口数 = 78536
国家代码 = ARG 国家名称 = Argentina 人口数 = 36931013
国家代码 = ARM 国家名称 = Armenia 人口数 = 3076653
国家代码 = ABW 国家名称 = Aruba 人口数 = 91031
国家代码 = AUS 国家名称 = Australia 人口数 = 19153581
```

上述重点是第 12 行，当我们碰上含有小数点的字符串时，须先将这个字符串转成浮点数，然后再将浮点数转成整数。

21-5-2 认识 pygal.maps.world 的国家代码信息

前一节 populations.json 中国家代码是 3 个英文字母，如果我们想要使用这个 JSON 数据绘制人口地图，需要配合使用 pygal.maps.world 模块。这个模块的国家代码是 2 个英文字母，所以需要将

populations.json 的国家代码转成 2 个英文字母。pygal.maps.world 模块内有 COUNTRIES 字典，在这个字典中可以找到相关国家与代码的列表。使用 pygal.maps.world 模块前需先安装此模块，如下所示：

```
pip install pygal_maps_world
```

程序实例 ch21_12.py：列出 pygal.maps.world 模块 COUNTRIES 字典的 2 个英文字符的国家代码与完整的国家名称列表。

```
1  # ch21_12.py
2  from pygal.maps.world import COUNTRIES
3
4  for countryCode in sorted(COUNTRIES.keys()):
5      print("国家代码 :", countryCode, "  国家名称 = ", COUNTRIES[countryCode])
```

执行结果

```
==================== RESTART: D:\Python\ch21\ch21_12.py ====================
国家代码 : ad   国家名称 =  Andorra
国家代码 : ae   国家名称 =  United Arab Emirates
国家代码 : af   国家名称 =  Afghanistan
国家代码 : al   国家名称 =  Albania
国家代码 : am   国家名称 =  Armenia
国家代码 : ao   国家名称 =  Angola
国家代码 : aq   国家名称 =  Antarctica
国家代码 : ar   国家名称 =  Argentina
国家代码 : at   国家名称 =  Austria
国家代码 : au   国家名称 =  Australia
```

接着让程序在输出 2 个字母的国家代码时，同时输出此国家名称，这个程序相当于是将 2 个不同来源的数据做配对。

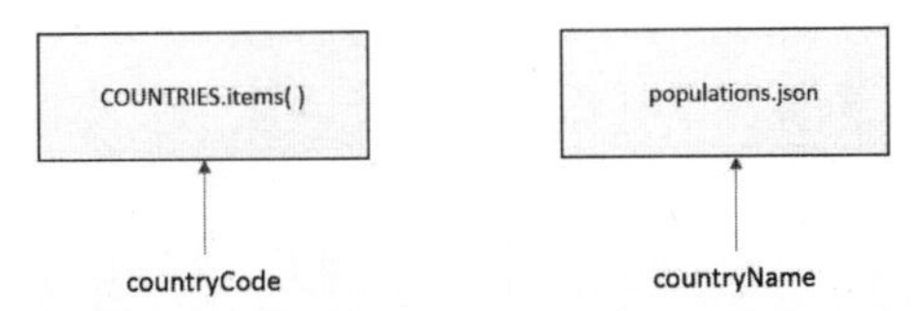

程序实例 ch21_13.py：从 populations.json 中提取每个国家的名称信息，然后将每一个国家名称放入 getCountryCode( ) 方法中找寻相关的代码，如果有找到则输出相对应的国家代码，如果找不到则输出“名称不吻合”。

```
1  # ch21_13.py
2  import json
3  from pygal.maps.world import COUNTRIES
4
5  def getCountryCode(countryName):
6      '''输入国家名称回传国家代码'''
7      for dictCode, dictName in COUNTRIES.items():    # 查找国家与国家代码字典
8          if dictName == countryName:
9              return dictCode                          # 如果找到则返回国家代码
10     return None                                      # 找不到则返回None
11
12 fn = 'populations.json'
13 with open(fn) as fnObj:
14     getDatas = json.load(fnObj)                      # 读取人口数据json档案
15
16 for getData in getDatas:
17     if getData['Year'] == '2000':                    # 筛选2000年的数据
18         countryName = getData['Country Name']        # 国家名称
19         countryCode = getCountryCode(countryName)
20         population = int(float(getData['Numbers'])) # 人口数
21         if countryCode != None:
22             print(countryCode, ":", population)      # 国家名称相符
23         else:
24             print(countryName," 名称不吻合:")        # 国家名称不吻合
```

执行结果

```
===================== RESTART: D:\Python\ch21\ch21_13.py =====================
World  名称不吻合:
af : 25951672
al : 3072478
dz : 30534041
American Samoa  名称不吻合:
ad : 65258
ao : 13926705
Antigua and Barbuda  名称不吻合:
```

上述会有不吻合输出是因为这是 2 个不同单位的数据，例如，有的数据在 populations.json 中有记录，在 pygal.maps.world 模块的 COUNTRIES 字典中则没有这个纪录。

22

第 2 2 章

使用 Python 处理 CSV 文件

本章摘要

CSV 是一个缩写，它的英文全名是 Comma-Separated Values，由字面意义可以理解为“逗号分隔值”，当然逗号是主要数据字段间的分隔值，不过目前也有非逗号的分隔值。这是一个纯文本格式的文件，没有图片，也不用考虑字形、大小、颜色等。

简单地说，CSV 数据是指同一行（row）的资料彼此用逗号（或其他符号）隔开，同时每一行数据是一笔（record）数据，几乎所有电子表格与数据库文件均支持这个文件格式。

22-1 建立一个 CSV 文件

为了更详细地解说，笔者先用 ch22 文件夹的 report.xlsx 文件产生一个 CSV 文件，未来再用这个文件做说明。目前窗口内容是 report.xlsx，如下所示：

Name	Year	Product	Price	Quantity	Revenue	Location
Diana	2015	Black Tea	10	600	6000	New York
Diana	2015	Green Tea	7	660	4620	New York
Diana	2016	Black Tea	10	750	7500	New York
Diana	2016	Green Tea	7	900	6300	New York
Julia	2015	Black Tea	10	1200	12000	New York
Julia	2016	Black Tea	10	1260	12600	New York
Steve	2015	Black Tea	10	1170	11700	Chicago
Steve	2015	Green Tea	7	1260	8820	Chicago
Steve	2016	Black Tea	10	1350	13500	Chicago
Steve	2016	Green Tea	7	1440	10080	Chicago

执行“文件”→“另存为”命令，然后选择 D:\Python\ch22 文件夹。保存类型选 CSV（逗号分隔）(*.csv)，然后将文件名改为 csvReport。按“保存”按钮后，会弹出对话框确认是否要继续使用该格式，选择“是”，可以得到下列结果。

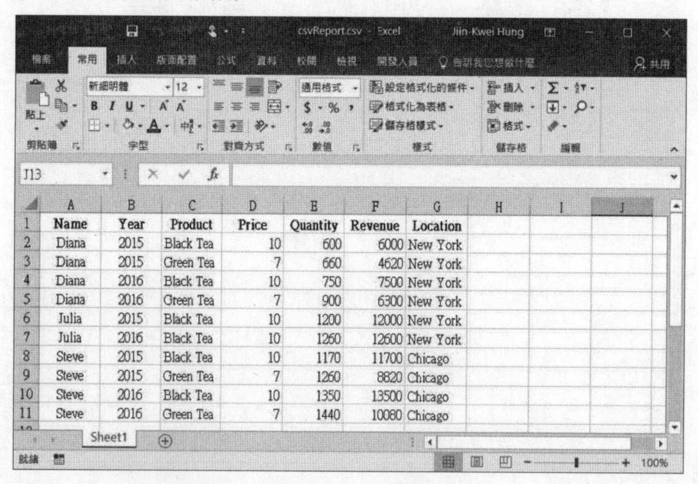

Name	Year	Product	Price	Quantity	Revenue	Location
Diana	2015	Black Tea	10	600	6000	New York
Diana	2015	Green Tea	7	660	4620	New York
Diana	2016	Black Tea	10	750	7500	New York
Diana	2016	Green Tea	7	900	6300	New York
Julia	2015	Black Tea	10	1200	12000	New York
Julia	2016	Black Tea	10	1260	12600	New York
Steve	2015	Black Tea	10	1170	11700	Chicago
Steve	2015	Green Tea	7	1260	8820	Chicago
Steve	2016	Black Tea	10	1350	13500	Chicago
Steve	2016	Green Tea	7	1440	10080	Chicago

可见一个 CSV 文件已经成功建立了，文件名是 csvReport.csv，可以关闭上述 Excel 窗口了。

22-2 用记事本打开 CSV 文件

CSV 文件的特色是几乎可以在所有不同的电子表格内编辑，当然也可以在一般的文字编辑程序内查阅使用。如果我们现在使用记事本打开这个 CSV 文件，可以看到这个文件的原貌。

```
Name,Year,Product,Price,Quantity,Revenue,Location
Diana,2015,Black Tea,10,600,6000,New York
Diana,2015,Green Tea,7,660,4620,New York
Diana,2016,Black Tea,10,750,7500,New York
Diana,2016,Green Tea,7,900,6300,New York
Julia,2015,Black Tea,10,1200,12000,New York
Julia,2016,Black Tea,10,1260,12600,New York
Steve,2015,Black Tea,10,1170,11700,Chicago
Steve,2015,Green Tea,7,1260,8820,Chicago
Steve,2016,Black Tea,10,1350,13500,Chicago
Steve,2016,Green Tea,7,1440,10080,Chicago
```

22-3 CSV 模块

Python 有内建 CSV 模块，导入这个模块后，可以很轻松地读取 CSV 文件，方便未来程序操作，所以本章程序前端要加上下列指令：

```
import csv
```

22-4 读取 CSV 文件

22-4-1 使用 open( ) 打开 CSV 文件

在读取 CSV 文件前，第一步是使用 open( ) 打开文件，语法格式如下：

```
with open(文件名) as csvFile # csvFile 是可以自行命名的文件对象相关系列指令
```

如果忘了 with 关键词的用法，可以参考 14-2-2 节。当然你也可以直接使用传统方法打开文件。

```
csvFile = open(文件名)          # 打开文件建立 CSV 文件对象 csvFile
```

22-4-2 建立 Reader 对象

有了 CSV 文件对象后，下一步是可以使用 CSV 模块的 reader( ) 建立 Reader 对象，使用 Python 可以使用 list( ) 将这个 Reader 对象转换成列表（list），然后就可以很轻松地使用这个列表资料了。

程序实例 ch22_1.py：打开 csvReport.csv 文件，读取 CSV 文件建立 Reader 对象 csvReader，再将 csvReader 对象转成列表数据，然后打印列表数据。

```
1  # ch22_1.py
2  import csv
3
4  fn = 'csvReport.csv'
5  with open(fn) as csvFile:                # 打开csv文件
6      csvReader = csv.reader(csvFile)      # 读取文件建立Reader对象
7      listReport = list(csvReader)         # 将数据转成列表
8  print(listReport)                        # 打印列表数据
```

执行结果

```
==================== RESTART: D:\Python\ch22\ch22_1.py ====================
[['Name', 'Year', 'Product', 'Price', 'Quantity', 'Revenue', 'Location'], ['Dian
a', '2015', 'Black Tea', '10', '600', '6000', 'New York'], ['Diana', '2015', 'Gr
een Tea', '7', '660', '4620', 'New York'], ['Diana', '2016', 'Black Tea', '10',
'750', '7500', 'New York'], ['Diana', '2016', 'Green Tea', '7', '900', '6300', '
New York'], ['Julia', '2015', 'Black Tea', '10', '1200', '12000', 'New York'], [
'Julia', '2016', 'Black Tea', '10', '1260', '12600', 'New York'], ['Steve', '201
5', 'Black Tea', '10', '1170', '11700', 'Chicago'], ['Steve', '2015', 'Green Tea
', '7', '1260', '8820', 'Chicago'], ['Steve', '2016', 'Black Tea', '10', '1350',
 '13500', 'Chicago'], ['Steve', '2016', 'Green Tea', '7', '1440', '10080', 'Chic
ago']]
```

上述程序需留意的是，程序第 6 行所建立的 Reader 对象 csvReader，只能在 with 关键区块内使用，此例是 5 ～ 7 行，未来我们要继续操作这个 CSV 文件内容，需使用第 7 行所建的列表 listReport 或是重新打开文件与读取文件。

22-4-3 用循环列出 Reader 对象数据

我们可以使用 for 循环操作 Reader 对象，列出各行数据，同时使用 Reader 对象的 line_num 属性列出行号。

程序实例 ch22_2.py：读取 Reader 对象，然后以循环方式列出对象内容。

```
1  # ch22_2.py
2  import csv
3
4  fn = 'csvReport.csv'
5  with open(fn) as csvFile:                 # 打开csv文件
6      csvReader = csv.reader(csvFile)       # 读取文件建立Reader对象csvReader
7      for row in csvReader:                 # 用循环列出csvReader对象内容
8          print("Row %s = " % csvReader.line_num, row)
```

执行结果

```
==================== RESTART: D:\Python\ch22\ch22_2.py ====================
Row 1 =  ['Name', 'Year', 'Product', 'Price', 'Quantity', 'Revenue', 'Location']
Row 2 =  ['Diana', '2015', 'Black Tea', '10', '600', '6000', 'New York']
Row 3 =  ['Diana', '2015', 'Green Tea', '7', '660', '4620', 'New York']
Row 4 =  ['Diana', '2016', 'Black Tea', '10', '750', '7500', 'New York']
Row 5 =  ['Diana', '2016', 'Green Tea', '7', '900', '6300', 'New York']
Row 6 =  ['Julia', '2015', 'Black Tea', '10', '1200', '12000', 'New York']
Row 7 =  ['Julia', '2016', 'Black Tea', '10', '1260', '12600', 'New York']
Row 8 =  ['Steve', '2015', 'Black Tea', '10', '1170', '11700', 'Chicago']
Row 9 =  ['Steve', '2015', 'Green Tea', '7', '1260', '8820', 'Chicago']
Row 10 =  ['Steve', '2016', 'Black Tea', '10', '1350', '13500', 'Chicago']
Row 11 =  ['Steve', '2016', 'Green Tea', '7', '1440', '10080', 'Chicago']
```

22-4-4 用循环列出列表内容

for 循环也可用于列出列表内容。

程序实例 ch22_3.py：用 for 循环列出列表内容。

```
1  # ch22_3.py
2  import csv
3
4  fn = 'csvReport.csv'
5  with open(fn) as csvFile:                    # 打开csv文件
6      csvReader = csv.reader(csvFile)          # 读取文件建立Reader对象
7      listReport = list(csvReader)             # 将数据转成列表
8  for row in listReport:                       # 使用循环列出列表内容
9      print(row)
```

执行结果

```
==================== RESTART: D:\Python\ch22\ch22_3.py ====================
['Name', 'Year', 'Product', 'Price', 'Quantity', 'Revenue', 'Location']
['Diana', '2015', 'Black Tea', '10', '600', '6000', 'New York']
['Diana', '2015', 'Green Tea', '7', '660', '4620', 'New York']
['Diana', '2016', 'Black Tea', '10', '750', '7500', 'New York']
['Diana', '2016', 'Green Tea', '7', '900', '6300', 'New York']
['Julia', '2015', 'Black Tea', '10', '1200', '12000', 'New York']
['Julia', '2016', 'Black Tea', '10', '1260', '12600', 'New York']
['Steve', '2015', 'Black Tea', '10', '1170', '11700', 'Chicago']
['Steve', '2015', 'Green Tea', '7', '1260', '8820', 'Chicago']
['Steve', '2016', 'Black Tea', '10', '1350', '13500', 'Chicago']
['Steve', '2016', 'Green Tea', '7', '1440', '10080', 'Chicago']
```

22-4-5　使用列表索引读取 CSV 内容

其实我们也可以使用第 6 章所学的列表知识，读取 CSV 内容。

程序实例 ch22_4.py：使用索引列出列表内容。

```
1  # ch22_4.py
2  import csv
3
4  fn = 'csvReport.csv'
5  with open(fn) as csvFile:                    # 打开csv文件
6      csvReader = csv.reader(csvFile)          # 读取文件建立Reader对象
7      listReport = list(csvReader)             # 将数据转成列表
8
9  print(listReport[0][1], listReport[0][2])
10 print(listReport[1][2], listReport[1][5])
11 print(listReport[2][3], listReport[2][6])
```

执行结果

```
==================== RESTART: D:\Python\ch22\ch22_4.py ====================
Year Product
Black Tea 6000
7 New York
```

22-4-6　DictReader( )

这也是一个读取 CSV 文件的方法，不过返回的是排序字典（OrderedDict）类型，所以可以用域名当索引方式取得数据。在美国许多文件以 CSV 文件存储时，常常人名的 Last Name（姓）与 First Name（名）是分开以不同字段存储的，读取时可以使用这个方法，可参考 ch22 文件夹的 csvPeople.csv 文件。

```
first_name,last_name,city
Eli,Manning,New York
Kevin ,James,Cleveland
Mike,Jordon,Chicago
```

程序实例 ch22_5.py：使用 DictReader( ) 读取 CSV 文件，然后列出 DictReader 对象内容。

```
1  # ch22_5.py
2  import csv
3
4  fn = 'csvPeople.csv'
5  with open(fn) as csvFile:                      # 打开csv文件
6      csvDictReader = csv.DictReader(csvFile) # 读取文件建立DictReader对象
7      for row in csvDictReader:              # 列出DictReader各行内容
8          print(row)
```

执行结果

```
===================== RESTART: D:\Python\ch22\ch22_5.py =====================
OrderedDict([('first_name', 'Eli'), ('last_name', 'Manning'), ('city', 'New York
')])
OrderedDict([('first_name', 'Kevin '), ('last_name', 'James'), ('city', 'Clevela
nd')])
OrderedDict([('first_name', 'Mike'), ('last_name', 'Jordon'), ('city', 'Chicago'
)])
```

对于上述 OrderedDict 数据类型，可以使用下列方法读取。

程序实例 ch22_6.py：将 csvPeople.csv 文件的 last_name 与 first_name 解析出来。

```
1  # ch22_6.py
2  import csv
3
4  fn = 'csvPeople.csv'
5  with open(fn) as csvFile:                      # 打开csv文件
6      csvDictReader = csv.DictReader(csvFile) # 读取文件建立DictReader对象
7      for row in csvDictReader:              # 使用循环列出字典内容
8          print(row['first_name'], row['last_name'])
```

执行结果

```
===================== RESTART: D:\Python\ch22\ch22_6.py =====================
Eli Manning
Kevin  James
Mike Jordon
```

22-5 写入 CSV 文件

22-5-1 打开要写入的文件与关闭文件

想要将数据写入 CSV 文件，首先要打开一个文件供写入，如下所示：

```
csvFile = open('文件名', 'w', newline= '')        # w是write only模式
…
csvFile.close( )                                  # 执行结束关闭文件
```

当然如果使用 with 关键词可以省略 close( )，如下所示：

```
with open('文件名', 'w', newline= '') as csvFile:
    …
```

22-5-2　建立 writer 对象

如果应用前一节的 csvFile 对象，接下来需建立 writer 对象，语法如下：

```
with open('文件名', 'w', newline= ' ') as csvFile:
    outWriter = csv.writer(csvFile)
    ...
```

或是

```
csvFile = open('文件名', 'w', newline= ' ')        # w是write only模式
outWriter = csv.writer(csvFile)
...
csvFile.close( )                                    # 执行结束关闭文件
```

上述打开文件时多加参数 newline=' '，可避免输出时每个行之间多空一行。

22-5-3　输出列表 writerow( )

writerow( ) 可以输出列表数据。

程序实例 ch22_7.py：输出列表数据的应用。

```
1  # ch22_7.py
2  import csv
3
4  fn = 'out22_7.csv'
5  with open(fn, 'w', newline = '') as csvFile:    # 打开csv文件
6      csvWriter = csv.writer(csvFile)              # 建立Writer对象
7      csvWriter.writerow(['Name', 'Age', 'City'])
8      csvWriter.writerow(['Hung', '35', 'Taipei'])
9      csvWriter.writerow(['James', '40', 'Chicago'])
```

执行结果

下列是分别用记事本与 Excel 打开文件的结果。

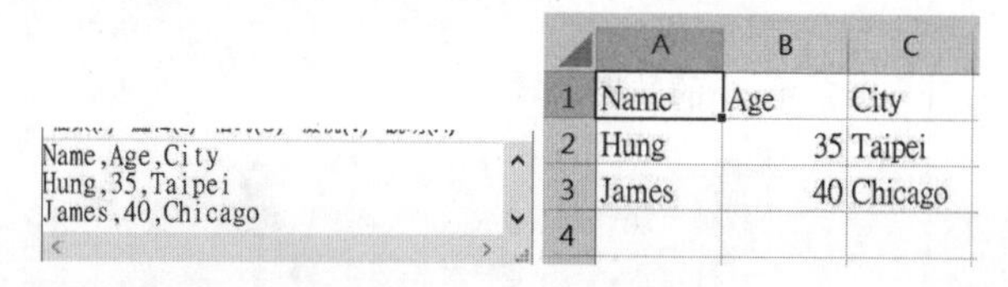

本书在 ch22 文件夹内有 ch22_7_1.py 文件，这个文件在第 5 行 open( ) 中没有加上 newline=' '，造成输出时若用 Excel 窗口观察有跳行输出的结果，可参考 out22_7_1.csv 文件。至于用记事本打开文件则一切正常，下列是程序代码。

```
5  with open(fn, 'w') as csvFile:                  # 打开csv文件
```

下列是执行结果，读者可以比较下图右边的 Excel 表。

Name,Age,City
Hung,35,Taipei
James,40,Chicago

	A	B	C
1	Name	Age	City
2			
3	Hung	35	Taipei
4			
5	James	40	Chicago

程序实例 ch22_8.py：复制 CSV 文件，这个程序会读取文件，然后将文件写入另一个文件方式，达成复制的目的。

```
1  # ch22_8.py
2  import csv
3
4  infn = 'csvReport.csv'                              # 来源文件
5  outfn = 'out22_8.csv'                               # 目标文件
6  with open(infn) as csvRFile:                        # 打开csv文件供读取
7      csvReader = csv.reader(csvRFile)                # 读取文件建立Reader对象
8      listReport = list(csvReader)                    # 将数据转成列表
9
10 with open(outfn, 'w', newline = '') as csvOFile:    # 打开csv文件供写入
11     csvWriter = csv.writer(csvOFile)                # 建立Writer对象
12     for row in listReport:                          # 将列表写入
13         csvWriter.writerow(row)
```

执行结果

读者可以打开 out22_8.csv 文件，内容将和 csvReport.csv 文件相同。

22-5-4 delimiter 关键词

delimiter 是分隔符，这个关键词用在 writer( ) 方法内。将数据写入 CSV 文件时，预设是同一行各栏间是逗号，可以用这个分隔符更改各栏间的逗号。

程序实例 ch22_9.py：将分隔符改为定位点字符（\t）。

```
1  # ch22_9.py
2  import csv
3
4  fn = 'out22_9.csv'
5  with open(fn, 'w', newline = '') as csvFile:              # 打开csv文件
6      csvWriter = csv.writer(csvFile, delimiter='\t')       # 建立Writer对象
7      csvWriter.writerow(['Name', 'Age', 'City'])
8      csvWriter.writerow(['Hung', '35', 'Taipei'])
9      csvWriter.writerow(['James', '40', 'Chicago'])
```

执行结果

下列是用记事本打开 out22_9.csv 的结果。

当用 \t 字符取代逗号后，用 Excel 打开这个文件时，会将每行数据挤在一起，所以最好用记事本打开这类 CSV 文件。

22-5-5 写入字典数据 DictWriter( )

DictWriter( ) 可以写入字典数据，其语法格式如下：

```
dictWriter = csv.DictWriter(csvFile, fieldnames=fields)
```

上述 dictWriter 是字典的 Writer 对象，在进行上述指令前我们需要先设置 fields 列表，这个列表将包含未来字典内容的键（key）。

程序实例 ch22_10.py：使用 DictWriter( ) 将字典数据写入 CSV 文件。

```
1  # ch22_10.py
2  import csv
3
4  fn = 'out22_10.csv'
5  with open(fn, 'w', newline = '') as csvFile:                # 打开csv文件
6      fields = ['Name', 'Age', 'City']
7      dictWriter = csv.DictWriter(csvFile, fieldnames=fields)   # 建立Writer对象
8
9      dictWriter.writeheader()                                 # 写入标题
10     dictWriter.writerow({'Name':'Hung', 'Age':'35', 'City':'Taipei'})
11     dictWriter.writerow({'Name':'James', 'Age':'40', 'City':'Chicago'})
```

执行结果

下列是用 Excel 打开 out22_10.csv 的结果。

	A	B	C	D
1	Name	Age	City	
2	Hung	35	Taipei	
3	James	40	Chicago	
4				

上述程序第 9 行的 writeheader( ) 主要是写入我们在第 7 行设置的 fieldname。

程序实例 ch22_11.py：改写程序实例 ch22_10.py，将要写入 CSV 文件的数据改成列表数据，此列表数据的元素是字典。

```
1  # ch22_11.py
2  import csv
3
4  dictList = [{'Name':'Hung', 'Age':'35', 'City':'Taipei'},      # 定义列表,元素是字典
5              {'Name':'James', 'Age':'40', 'City':'Chicago'}]
6
7  fn = 'out22_11.csv'
8  with open(fn, 'w', newline = '') as csvFile:                  # 打开csv文件
9      fields = ['Name', 'Age', 'City']
10     dictWriter = csv.DictWriter(csvFile, fieldnames=fields)     # 建立Writer对象
11
12     dictWriter.writeheader()                                   # 写入标题
13     for row in dictList:                                       # 写入内容
14         dictWriter.writerow(row)
```

执行结果

打开 out22_11.csv 后与 out22_10.csv 相同。

22-6　专题——使用 CSV 文件绘制气象图表

其实网络上有许多 CSV 文件，原始的文件有些复杂，不过我们可以使用 Python 读取文件，然后筛选需要的字段，整个工作就变得比较简单了。本节主要是用实例介绍将图表设计应用在 CSV 文件中。

22-6-1　台北市 2017 年 1 月气象资料

在 ch22 文件夹内有 TaipeiWeatherJan.csv 文件，这是记录了 2017 年 1 月份台北市的气象资料，这个文件的 Excel 内容如下：

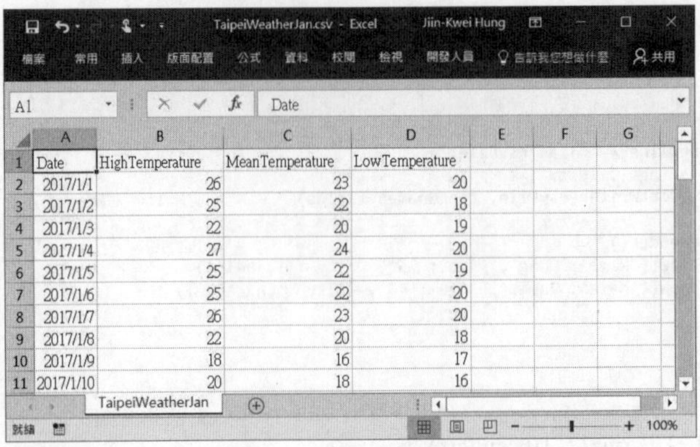

	A	B	C	D	E	F	G
1	Date	HighTemperature	MeanTemperature	LowTemperature			
2	2017/1/1	26	23	20			
3	2017/1/2	25	22	18			
4	2017/1/3	22	20	19			
5	2017/1/4	27	24	20			
6	2017/1/5	25	22	19			
7	2017/1/6	25	22	20			
8	2017/1/7	26	23	20			
9	2017/1/8	22	20	18			
10	2017/1/9	18	16	17			
11	2017/1/10	20	18	16			

程序实例 ch22_12.py：读取 TaipeiWeatherJan.csv 文件，然后列出标题栏。

```
1  # ch22_12.py
2  import csv
3
4  fn = 'TaipeiWeatherJan.csv'
5  with open(fn) as csvFile:
6      csvReader = csv.reader(csvFile)
7      headerRow = next(csvReader)              # 读取文件下一行
8  print(headerRow)
```

执行结果

```
===================== RESTART: D:\Python\ch22\ch22_12.py =====================
['Date', 'HighTemperature', 'MeanTemperature', 'LowTemperature']
```

从上图我们可以得到 TaipeiWeatherJan.csv 有 4 个字段，分别是记载日期（Date）、当天最高温（HighTemperature）、平均温度（MeanTemperature）、最低温度（LowTemperature）。上述第 7 行的 next( ) 可以读取下一行。

22-6-2 列出标题数据

我们可以使用 6-12 节所介绍的 enumerate( )。

程序实例 ch22_13.py：列出 TaipeiWeatherJan.csv 文件的标题与相对应的索引。

```
1  # ch22_13.py
2  import csv
3
4  fn = 'TaipeiWeatherJan.csv'
5  with open(fn) as csvFile:
6      csvReader = csv.reader(csvFile)
7      headerRow = next(csvReader)              # 读取文件下一行
8  for i, header in enumerate(headerRow):
9      print(i, header)
```

执行结果

```
===================== RESTART: D:\Python\ch22\ch22_13.py =====================
0 Date
1 HighTemperature
2 MeanTemperature
3 LowTemperature
```

22-6-3　读取最高温与最低温

程序实例 ch22_14.py：读取 TaipeiWeatherJan.csv 文件的最高温与最低温。这个程序会将一月份的最高温放在 highTemps 列表，最低温放在 lowTemps 列表。

```
1  # ch22_14.py
2  import csv
3
4  fn = 'TaipeiWeatherJan.csv'
5  with open(fn) as csvFile:
6      csvReader = csv.reader(csvFile)
7      headerRow = next(csvReader)          # 读取文件下一行
8      highTemps, lowTemps = [], []         # 设置空列表
9      for row in csvReader:
10         highTemps.append(row[1])         # 存储最高温
11         lowTemps.append(row[3])          # 存储最低温
12
13 print("最高温 : ", highTemps)
14 print("最低温 : ", lowTemps)
```

执行结果

```
====================== RESTART: D:\Python\ch22\ch22_14.py ======================
最高温 :  ['26', '25', '22', '27', '25', '25', '26', '22', '18', '20', '21', '22
', '18', '15', '15', '16', '23', '23', '22', '18', '15', '17', '16', '17', '18',
 '19', '24', '26', '25', '27', '18']
最低温 :  ['20', '18', '19', '20', '19', '20', '20', '18', '17', '16', '18', '18
', '14', '12', '13', '13', '16', '18', '18', '12', '12', '12', '13', '14', '13',
 '13', '13', '16', '17', '14', '14']
```

22-6-4　绘制最高温

其实这一节内容不复杂，所有绘图方法前面各小节已有说明。

程序实例 ch22_15.py：绘制 2017 年 1 月份台北市每天气温的最高温，请注意第 11 行存储温度时使用 int(row[1])，相当于用整数存储。

```
1  # ch22_15.py
2  import csv
3  import matplotlib.pyplot as plt
4
5  fn = 'TaipeiWeatherJan.csv'
6  with open(fn) as csvFile:
7      csvReader = csv.reader(csvFile)
8      headerRow = next(csvReader)              # 读取文件下一行
9      highTemps = []                           # 设置空列表
10     for row in csvReader:
11         highTemps.append(int(row[1]))        # 存储最高温
12
13 plt.plot(highTemps)
14 plt.title("Weather Report, Jan. 2017", fontsize=24)
15 plt.xlabel("", fontsize=14)
16 plt.ylabel("Temperature (C)", fontsize=14)
17 plt.tick_params(axis='both', labelsize=12, color='red')
18 plt.show()
```

执行结果

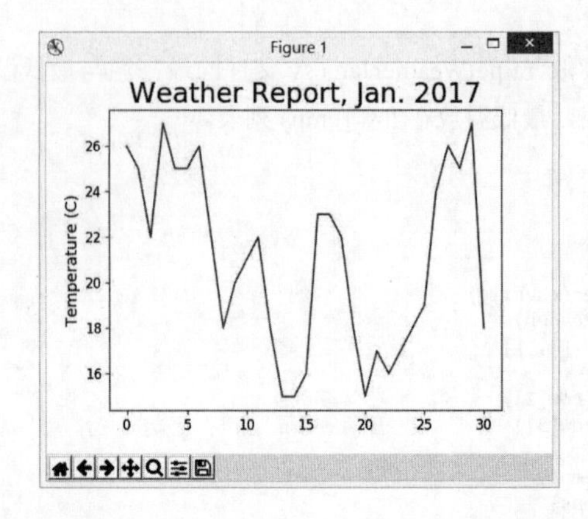

22-6-5 设置绘图区大小

目前绘图区大小是使用系统默认，不过我们可以使用 figure( ) 设置绘图区大小，设置方式如下：

```
figure(dpi=n, figsize=(width, height))
```

经上述设置后，绘图区的宽将是 n*width 像素，高是 n*width 像素。

程序实例 ch22_16.py：重新设计 ch22_15.py，设置绘图区宽度是 960，高度是 640，这个程序只是增加下列行：

```
12  plt.figure(dpi=80, figsize=(12, 8))            # 设置绘图区大小
```

执行结果

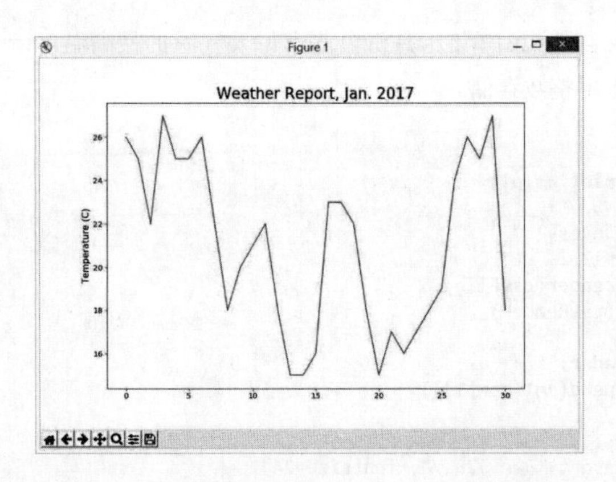

22-6-6 日期格式

天气图表建立时，我们可能想把日期加在 x 轴的刻度上，这时我们需要使用 Python 内建的 datetime 模块，在使用前请使用下列方式导入模块：

```
from datetime import datetime
```

然后可以使用下列方法将日期字符串解析为日期对象：

```
strptime(string, format)
```

string 是要解析的日期字符串，format 是该日期字符串的目前格式，下表是日期格式参数的意义。

参数	说明
%Y	4 位数年份，例如 2017
%y	2 位数年份，例如 17
%m	月份（1 ～ 12）
%B	月份名称，例如 January
%A	星期名称，例如 Sunday
%d	日期（1 ～ 31）
%H	24 小时 (0 ～ 23)
%I	12 小时（1 ～ 12）
%p	AM 或 PM
%M	分钟（0 ～ 59）
%S	秒（0 ～ 59）

程序实例 ch22_17.py：将字符串转成日期对象。

```
1  # ch22_17.py
2  from datetime import datetime
3
4  dateObj = datetime.strptime('2017/1/1', '%Y/%m/%d')
5  print(dateObj)
```

执行结果

```
===================== RESTART: D:\Python\ch22\ch22_17.py =====================
2017-01-01 00:00:00
```

22-6-7　在图表增加日期刻度

其实在 plot( ) 方法内增加日期列表参数时，就可以在图表增加日期刻度。

程序实例 ch22_18.py：为图表增加日期刻度。

```
1  # ch22_18.py
2  import csv
3  import matplotlib.pyplot as plt
4  from datetime import datetime
5
6  fn = 'TaipeiWeatherJan.csv'
7  with open(fn) as csvFile:
8      csvReader = csv.reader(csvFile)
9      headerRow = next(csvReader)                 # 读取文件下一行
10     dates, highTemps = [], []                   # 设置空列表
11     for row in csvReader:
12         highTemps.append(int(row[1]))           # 存储最高温
13         currentDate = datetime.strptime(row[0], "%Y/%m/%d")
14         dates.append(currentDate)
15
16 plt.figure(dpi=80, figsize=(12, 8))             # 设置绘图区大小
17 plt.plot(dates, highTemps)                      # 图标增加日期刻度
18 plt.title("Weather Report, Jan. 2017", fontsize=24)
19 plt.xlabel("", fontsize=14)
20 plt.ylabel("Temperature (C)", fontsize=14)
21 plt.tick_params(axis='both', labelsize=12, color='red')
22 plt.show()
```

执行结果

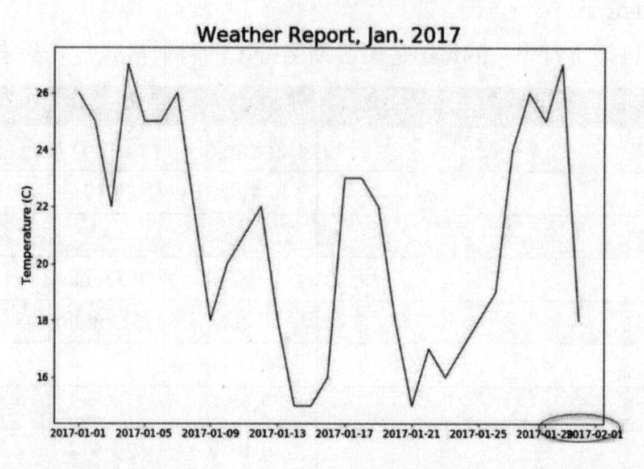

这个程序的第一个重点是第 13 行和 14 行，主要是将日期字符串转成对象，然后存入 dates 日期列表。第二个重点是第 17 行，在 plot( ) 方法中第一个参数放 dates 日期列表。上述缺点是日期有重叠，可以参考下一节将日期旋转改良。

22-6-8 日期位置的旋转

上一节的执行结果中可以发现日期是水平放置，可以用 autofmt_xdate( ) 设置日期旋转，语法如下：

```
fig = plt.figure( xxx )                  # xxx 是相关设置信息
…
fig.autofmt_xdate(rotation=xx)           # rotation 若省略则系统使用优化默认
```

程序实例 ch22_19.py：重新设计 ch22_18.py，将日期旋转。

```
16  fig = plt.figure(dpi=80, figsize=(12, 8))   # 设置绘图区大小
17  plt.plot(dates, highTemps)                  # 图标增加日期刻度
18  fig.autofmt_xdate()                         # 日期旋转
```

执行结果

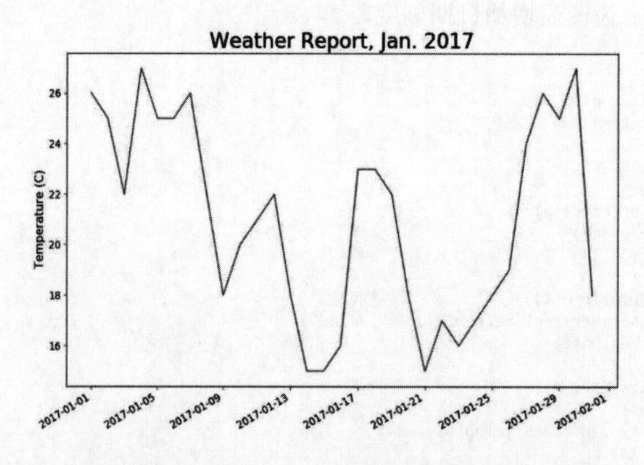

程序实例 ch22_20.py：将日期字符串调整为旋转 60 度，只需增加下列行：

```
18 fig.autofmt_xdate(rotation=60)                  # 日期旋转
```

执行结果

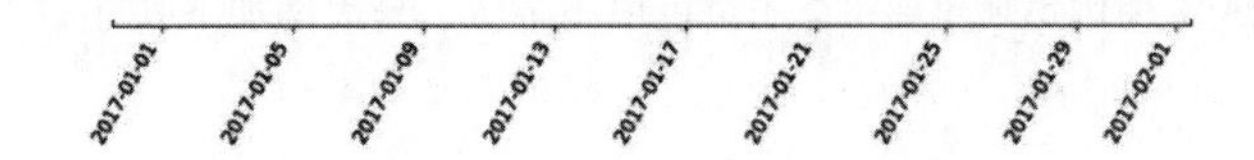

22-6-9　绘制最高温与最低温

在 TaipeiWeatherJan.csv 文件内有最高温与最低温的字段，下面将同时绘制最高温与最低温。

程序实例 ch22_21.py：绘制最高温与最低温。这个程序的第一个重点是程序第 11 ～ 21 行使用异常处理方式，因为读者在读取真实的网络数据时，常常会遇到不可预期的数据，例如数据少了或是数据格式错误，往往造成程序中断。为了避免程序因数据不良出错，可以使用异常处理方式。第二个重点是程序的第 24 行和第 25 行分别是绘制最高温与最低温。

```
1  # ch22_21.py
2  import csv
3  import matplotlib.pyplot as plt
4  from datetime import datetime
5
6  fn = 'TaipeiWeatherJan.csv'
7  with open(fn) as csvFile:
8      csvReader = csv.reader(csvFile)
9      headerRow = next(csvReader)              # 读取文件下一行
10     dates, highTemps, lowTemps = [], [], [] # 设置空列表
11     for row in csvReader:
12         try:
13             currentDate = datetime.strptime(row[0], "%Y/%m/%d")
14             highTemp = int(row[1])           # 设置最高温
15             lowTemp = int(row[3])            # 设置最低温
16         except Exception:
17             print('有缺值')
18         else:
19             highTemps.append(highTemp)       # 存储最高温
20             lowTemps.append(lowTemp)         # 存储最低温
21             dates.append(currentDate)        # 存储日期
22
23 fig = plt.figure(dpi=80, figsize=(12, 8))   # 设置绘图区大小
24 plt.plot(dates, highTemps)                   # 绘制最高温
25 plt.plot(dates, lowTemps)                    # 绘制最低温
26 fig.autofmt_xdate()                          # 日期旋转
27 plt.title("Weather Report, Jan. 2017", fontsize=24)
28 plt.xlabel("", fontsize=14)
29 plt.ylabel("Temperature (C)", fontsize=14)
30 plt.tick_params(axis='both', labelsize=12, color='red')
31 plt.show()
```

执行结果

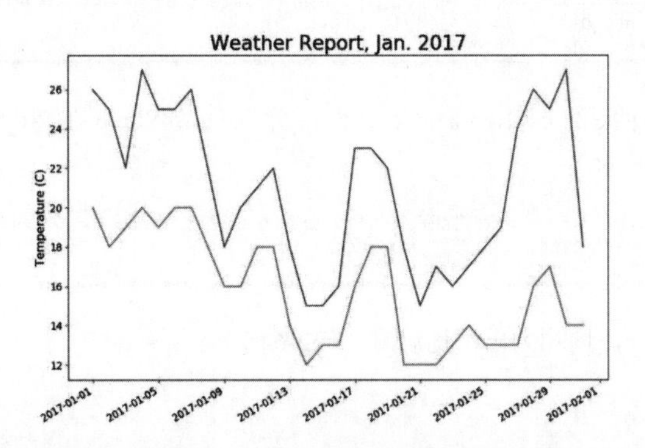

22-6-10 填满最高温与最低温之间的区域

可以使用 fill_between( ) 方法填满最高温与最低温之间的区域。

程序实例 ch22_22.py：使用透明度是 0.2 的黄色填满区域，只需增加下列行：

```
26  plt.fill_between(dates, highTemps, lowTemps, color='y', alpha=0.2) # 填满区间
```

执行结果

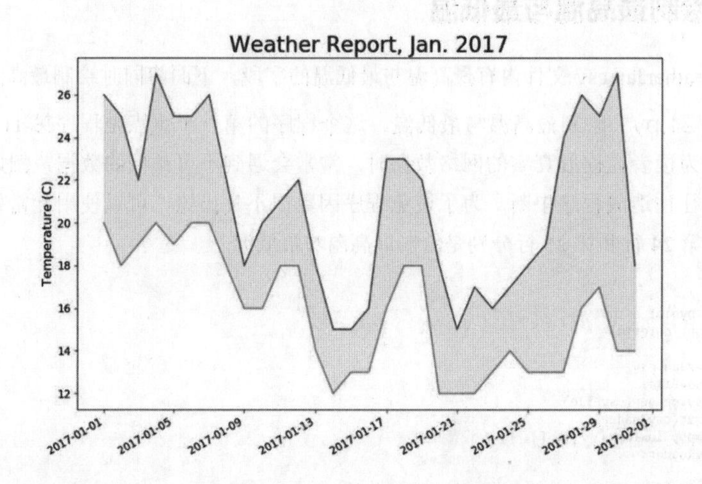

22-6-11 后记

读者可能会想，学习打开个别 CSV 文件的用处在哪里？现在是大数据时代，所有搜集来的数据无法完整地用某一种格式呈现，CSV 是电子表格和数据库最常用的资料格式，我们可以先将所搜集的各式文件转成 CSV，然后就可以使用 Python 读取所有的 CSV 文件，再选取需要的数据做分析。此外，也可以将 CSV 文件当作不同数据库间的桥梁或数据库与电子表格间的桥梁。

习题

1. 请参考 ch22 文件夹的 csvReport.csv 文件，分别计算 2015 年和 2016 年的业绩。（22-4 节）

```
====================== RESTART: D:/Python/ex/ex22_1.py ======================
Total Revenue of 2015 =  43140
Total Revenue of 2016 =  49980
```

2. 请参考 ch22 文件夹的 csvReport.csv 文件，分别计算 Steve 在 2015 年和 2016 年的业绩。（22-4 节）

```
====================== RESTART: D:/Python/ex/ex22_2.py ======================
Steve's Total Revenue of 2015 =  20520
Steveis Total Revenue of 2016 =  23580
```

3. 请参考 ch22_14.py，增加列出平均温度。（22-6 节）

```
======================= RESTART: D:/Python/ex/ex22_3.py =======================
最高溫 :  ['26', '25', '22', '27', '25', '25', '26', '22', '18', '20', '21', '22
', '18', '15', '15', '16', '23', '23', '22', '18', '15', '17', '16', '17', '18',
 '19', '24', '26', '25', '27', '18']
平均溫 :  ['23', '22', '20', '24', '22', '22', '23', '20', '16', '18', '20', '20
', '16', '14', '14', '14', '20', '20', '20', '15', '14', '14', '14', '16', '16',
 '16', '18', '21', '21', '20', '16']
最低溫 :  ['20', '18', '19', '20', '19', '20', '20', '18', '17', '16', '18', '18
', '14', '12', '13', '13', '16', '18', '18', '12', '12', '12', '13', '14', '13',
 '13', '13', '16', '17', '14', '14']
```

4. 请参考 ch22_15.py，增加列出最高温和平均温。（22-6 节）

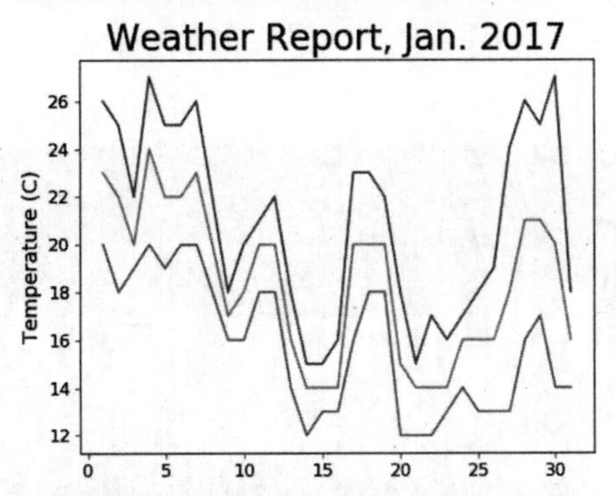

5. 请参考 ch22_22.py，但是需要增加图例，同时在最高温和平均温之间填满透明度为 0.2 的黄色，在平均温和最低温之间填满透明度为 0.2 的红色。（22-6 节）

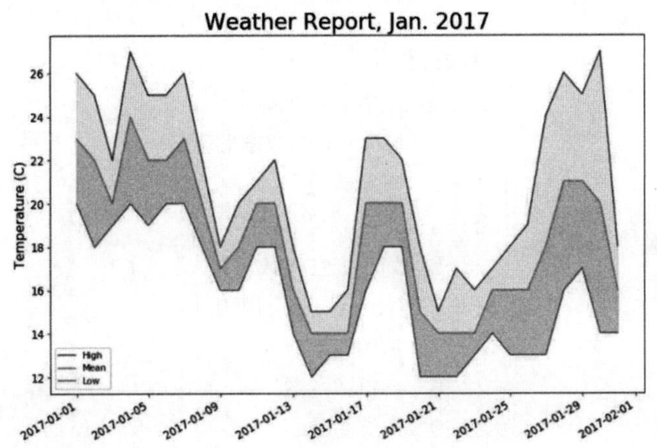

23
第 2 3 章
Numpy 模块

本章摘要

Python 是一个应用范围很广的程序语言，第 6 章我们介绍了列表（list），第 8 章介绍了元组（tuple），我们可以使用它们执行一维数组（one-dimension array）或是多维数组（multi-dimension array）运算。虽然 list 或 tuple 弹性很大，很好用，但是如果使用高速计算时，伴随优点的同时也产生了一些缺点：

- 执行速度慢。
- 需要较多系统资源。

为此，许多追求高速运算的模块顺应诞生，这一章笔者将讲解在科学运算或人工智能领域最常见的、因高速运算而有的模块 Numpy，此名称所代表的是 Numerical Python。第 20 章与第 22 章中对此已经有些许说明，本章将做较完整的解说。

23-1 数组 ndarray

Numpy 模块所建立的数组数据形态称 ndarray（n-dimension array），n 代表维度，例如一维数组、二维数组、n 维数组。ndarray 数组的几个特色如下：

- 数组大小固定。
- 数组元素内容的数据形态相同。

也因为上述 Numpy 数组的特色，让它运算时可以有较好的执行速度，同时需要较少的系统资源。

23-2 Numpy 的数据形态

Numpy 支持比 Python 更多的数据形态，下列是 Numpy 所定义的数据形态：

- bool_：和 Python 的 bool 兼容，以一个字节储存 True 或 False。
- int_：默认的整数形态，与 C 语言的 long 相同，通常是 int32 或 int64。
- intc：与 C 语言的 int 相同，通常是 int32 或 int64。
- intp：用于索引的整数，与 C 语言的 size_t 相同，通常是 int32 或 int64。
- int8：8 位整数（-128~127）。
- int16：16 位整数（-32768~32767）。
- int32：32 位整数（-2147483648~2147483647）。
- int64：64 位整数（-9223372036854775808~9223372036854775807）。
- uint8：8 位无号整数（0~255）。
- uint16：16 位无号整数（0~65535）。
- uint32：32 位无号整数（0~4294967295）。
- uint64：64 位无号整数（0~18446744073709551615）。
- float_：与 Python 的 float 相同。
- float16：半精度浮点数，符号位，5 位指数，10 位尾数。
- float32：单精度浮点数，符号位，8 位指数，23 位尾数。

- float64：双倍精度浮点数，符号位，11 位指数，52 位尾数。
- complex_：复数，complex_128 的缩写。
- complex64：复数，由 2 个 32 位浮点数表示（实部和虚部）。
- complex128：复数，由 2 个 64 位浮点数表示（实部和虚部）。

23-3 一维数组

23-3-1 认识 ndarray 的属性

当使用 Numpy 模块建立 ndarray 数据形态的数组后，可以获得 ndarray 的属性，下列是几个常用的属性：

ndarray.dtype：数组元素形态。

ndarray.itemsize：数组元素数据形态大小（或称所占空间），单位是为字节。

ndarray.ndim：数组的维度。

ndarray.shape：数组维度元素个数的元组，也可以用于调整数组大小。

ndarray.size：数组元素个数。

23-3-2 建立一维数组

我们可以使用 array( ) 方法建立一维数组，建立时在小括号内填上中括号，然后将数组数值放在中括号内，彼此用逗号隔开。

实例 1：建立一维数组，数组内容是 1, 2, 3，同时列出数组的数据形态。

```
>>> import numpy as np
>>> x = np.array([1, 2, 3])
>>> print(type(x))          ←———— 打印x数据类型
<class 'numpy.ndarray'>
>>> print(x)                ←———— 打印x数组内容
[1 2 3]
```

数组建立好了，可以用索引方式取得或设置内容。

实例 2：列出数组元素内容。

```
>>> import numpy as np
>>> x = np.array([1, 2, 3])
>>> print(x[0])
1
>>> print(x[1])
2
>>> print(x[2])
3
```

实例 3：设置数组内容。

```
>>> import numpy as np
>>> x = np.array([1, 2, 3])
>>> x[1] = 10
>>> print(x)
[ 1 10  3]
```

实例 4：认识 ndarray 的属性。

```
>>> import numpy as np
>>> x = np.array([1, 2, 3])
>>> x.dtype                  ←——— 打印x数组元素形态
dtype('int32')
>>> x.itemsize               ←——— 打印x数组元素大小
4
>>> x.ndim                   ←——— 打印x数组维度
1
>>> x.shape                  ←——— 打印x数组外形，3是第1维元素个数
(3,)
>>> x.size                   ←——— 打印x数组元素个数
3
```

上述 x.dtype 获得 int32，表示是 32 位的整数。x.itemsize 是数组元素大小，其中以字节为单位，一个字节是 8 位，由于元素是 32 位整数，所以返回是 4。x.ndim 返回数组维度是 1，表示这是一维数组。x.shape 以元组方式返回第一维元素个数是 3，未来二维数组还会解说。x.size 则是返回元素个数。

实例 5：array( ) 方法也可以接受使用 dtype 参数设置元素的数据形态。

```
>>> import numpy as np
>>> x = np.array([2, 4, 6], dtype=np.int8)
>>> x.dtype
dtype('int8')
```

实例 6：浮点数数组的建立与打印。

```
>>> import numpy as np
>>> y = np.array([1.1, 2.3, 3.6])
>>> y.dtype
dtype('float64')
>>> y
array([1.1, 2.3, 3.6])
>>> print(y)
[1.1 2.3 3.6]
```

其他常用建立一维数组的方法如下：

arange( )：建立相同等距的数组，可以参考 20-3-1 节。

linspace( )：可以参考 20-3-1 节。

下列是建立浮点数数组的方法：

zeros( )：默认是建立 0.0 浮点数的数组，不过可以使用 dtype 参数更改元素类型。

ones( )：默认是建立 1.0 浮点数的数组，不过可以使用 dtype 参数更改元素类型。

empty( )：默认是建立随机数浮点数的数组，不过可以使用 dtype 参数更改元素类型。

实例 7：使用 zeros( )，默认建立 5 个元素是 0.0 浮点数的数组。我们也可以使用 dtype 更改元素为整数。

```
>>> import numpy as np
>>> x = np.zeros(5)
>>> x.dtype
dtype('float64')
>>> print(x)
[0. 0. 0. 0. 0.]
>>> x = np.zeros(5, dtype=np.int_)
>>> x.dtype
dtype('int32')
>>> print(x)
[0 0 0 0 0]
```

实例 8：使用 ones( )，默认建立 5 个元素是 1.0 浮点数的数组。我们也可以使用 dtype 更改元素为整数。

```
>>> import numpy as np
>>> x = np.ones(5)
>>> x.dtype
dtype('float64')
>>> print(x)
[1. 1. 1. 1. 1.]
>>> x = np.ones(5, dtype=np.int32)
>>> x.dtype
dtype('int32')
>>> print(x)
[1 1 1 1 1]
```

23-3-3 一维数组的四则运算

我们可以将一般 Python 数学运算符号（+、-、*、/、//、%、**）应用在 Numpy 的数组。

实例 1：数组与整数的加法运算。

```
>>> import numpy as np
>>> x = np.array([1, 2, 3])
>>> y = x + 5
>>> print(y)
[6 7 8]
```

读者可以将上述概念应用在其他数学运算符号中。

实例 2：数组加法运算。

```
>>> import numpy as np
>>> x = np.array([1, 2, 3])
>>> y = np.array([10, 20, 30])
>>> z = x + y
>>> print(z)
[11 22 33]
```

实例 3：数组乘法运算。

```
>>> import numpy as np
>>> x = np.array([1, 2, 3])
>>> y = np.array([10, 20, 30])
>>> z = x * y
>>> print(z)
[10 40 90]
```

实例 4：数组除法运算。

```
>>> import numpy as np
>>> x = np.array([1, 2, 3])
>>> y = np.array([10, 20, 30])
>>> z = x / y
>>> print(z)
[0.1 0.1 0.1]
>>> z = y / x
>>> print(z)
[10. 10. 10.]
```

23-3-4 一维数组的关系运算符运算

在 5-1 节有关系运算符表，我们也可以将此运算符应用在数组运算。

实例：关系运算符应用在一维数组的运算。

```
>>> import numpy as np
>>> x = np.array([1, 2, 3])
>>> y = np.array([10, 20, 30])
>>> z = x > y
>>> print(z)
[False False False]
>>> z = x < y
>>> print(z)
[ True  True  True]
```

23-3-5　数组切片

在 6-1-3 节有介绍列表切片，那一节的切片概念也可以应用在数组。

实例：将切片应用在数组。

```
>>> import numpy as np
>>> x = np.array([1, 2, 3, 4, 5])
>>> print(x[0:3])
[1 2 3]
>>> print(x[1:4])
[2 3 4]
>>> print(x[0:5:2])
[1 3 5]
>>> print(x[-1])
5
>>> print(x[1:])
[2 3 4 5]
>>> print(x[:3])
[1 2 3]
```

23-3-6　数组结合或是加入数组元素

可以使用 concatenate( ) 将 2 个数组结合，或是将元素加入数组。

实例 1：将 2 个数组结合。

```
>>> import numpy as np
>>> x = np.array([1, 2, 3])
>>> y = np.array([4, 5])
>>> z = np.concatenate((x, y))
>>> print(z)
[1 2 3 4 5]
```

实例 2：将元素加入数组。

```
>>> import numpy as np
>>> x = np.array([1, 2, 3])
>>> z = np.concatenate((x, [4, 5]))
>>> print(z)
[1 2 3 4 5]
```

23-3-7　在数组指定索引位置插入元素

可以使用 insert（数组 , 索引 , 元素）在数组指定索引位置插入元素。

实例 1：在数组指定索引 2 插入元素 9。

```
>>> import numpy as np
>>> x = np.array([1, 2, 3, 4, 5])
>>> z = np.insert(x, 2, 9)
>>> print(z)
[1 2 9 3 4 5]
```

实例 2：在数组指定索引 1 和 3 分别插入元素 7 和 9。

```
>>> import numpy as np
>>> x = np.array([1, 2, 3, 4, 5])
>>> z = np.insert(x, [1, 3], [7, 9])
>>> print(z)
[1 7 2 3 9 4 5]
```

23-3-8　删除数组指定索引位置的元素

delete( ) 可以删除数组指定索引位置的元素。

实例 1：删除索引 1 的元素。

```
>>> import numpy as np
>>> x = np.array([1, 2, 3, 4, 5])
>>> z = np.delete(x, 1)
>>> print(z)
[1 3 4 5]
```

实例 2：删除索引 1 和 3 的元素。

```
>>> import numpy as np
>>> x = np.array([1, 2, 3, 4, 5])
>>> z = np.delete(x, [1, 3])
>>> print(z)
[1 3 5]
```

23-3-9 向量内积

有 2 个一维数组分别是 A（a1, a2, a3）和 B（b1, b2, b3），其向量内积（inner product）计算公式如下：

```
A • B = a1*b1 + a2*b2 + a3*b3
np.inner(A, B)  或 np.dot(A, B)
```

在人工智能的应用中，卷积（convolution）运算便是采用内积运算，其目的是取得图像特征，这是图像辨识的基础。

实例：计算一维数组的向量内积。

```
>>> import numpy as np
>>> x = np.array([1, 2, 3])
>>> y = np.array([4, 5, 6])
>>> z = np.inner(x, y)
>>> print(z)
32
>>> z = np.dot(x, y)
>>> print(z)
32
```

23-3-10 向量叉积

有 2 个一维数组分别是 A（a1, a2, a3）和 B（b1, b2, b3），其向量叉积（cross product）计算公式如下：

A x B =（a2*b3 – a3*b2, a3*b1 – a1*b3, a1*b2 - a2*b1）

np.cross（A, B）

实例：计算一维数组的向量叉积。

```
>>> import numpy as np
>>> x = np.array([1, 2, 3])
>>> y = np.array([4, 5, 6])
>>> z = np.cross(x, y)
>>> print(z)
[-3  6 -3]
```

23-3-11 向量外积

向量外积（outer product）的计算结果是一个矩阵，有 2 个一维数组分别是 A（a1, a2, a3）和 B（b1, b2, b3），其向量外积（outer product）计算公式如下：

$$A \cdot B = \begin{bmatrix} a1*b1 & a1*b2 & a1*b3 \\ a2*b1 & a2*b2 & a2*b3 \\ a3*b1 & a3*b2 & a3*b3 \end{bmatrix}$$

np.outer(A, B)

实例：计算一维数组的向量外积。

```
>>> import numpy as np
>>> x = np.array([1, 2, 3])
>>> y = np.array([4, 5, 6])
>>> z = np.outer(x, y)
>>> print(z)
[[ 4  5  6]
 [ 8 10 12]
 [12 15 18]]
```

23-3-12 将迭代运算应用在一维数组

程序实例 ch23_1.py：计算数组 [88, 92, 90, 0, 0] 的总和与平均，将总和填在索引 3，平均填在索引 4。

```
1  # ch23_1.py
2  import numpy as np
3
4  sum = 0
5  ave = 0
6  x = np.array([88, 92, 90, 0, 0])
7  for data in x:
8      sum += data
9  x[3] = sum
10 x[4] = sum / 3
11 print(x)
```

执行结果

```
==================== RESTART: D:/Python/ch23/ch23_1.py ====================
[ 88  92  90 270  90]
```

23-4 二维数组

在 6-7-3 节笔者有介绍二维列表，如下所示：

姓名	语文	英文	数学	总分
洪锦魁	80	95	88	0
洪冰儒	98	97	96	0
洪雨星	90	91	92	0
洪冰雨	91	93	95	0
洪星宇	92	97	90	0

上述分数部分可以处理成数组，由于数组只允许相同形态的数据存在，所以我们可以将分数部分处理成数组，此时存取数组方式如下：

姓名	语文	英文	数学	总分
洪锦魁	[0,0]	[0,1]	[0,2]	[0,3]
洪冰儒	[1,0]	[1,1]	[1,2]	[1,3]
洪雨星	[2,0]	[2,1]	[2,2]	[2,3]
洪冰雨	[3,0]	[3,1]	[3,2]	[3,3]
洪星宇	[4,0]	[4,1]	[4,2]	[4,3]

上述第 1 个索引是 row，第 2 个索引是 column，相当于是 [row, colomn]。

23-4-1　建立二维数组

建立二维数组与建立一维数组方法相同，可以使用 array( )，具体请参考下列实例。

实例 1：建立二维数组，同时列出数组的内容。

```
>>> import numpy as np
>>> x = np.array([[1, 2, 3],[4, 5, 6]])
>>> print(type(x))
<class 'numpy.ndarray'>
>>> print(x)
[[1 2 3]
 [4 5 6]]
```

实例 2：认识 ndarray 的属性。

```
>>> import numpy as np
>>> x = np.array([[1, 2, 3],[4, 5, 6]])
>>> x.dtype
dtype('int32')
>>> x.itemsize
4
>>> x.ndim
2
>>> x.shape
(2, 3)
>>> x.size
6
```

上述 x.ndim 返回 2，表示这是二维数组。x.shape 返回（2, 3)，表示这是二维，每个维度有 3 个元素。

实例 3：与一维数组概念相同，array( ) 方法也可以接受使用 dtype 参数设置元素的数据形态。

```
>>> import numpy as np
>>> x = np.array([[1, 2, 3],[4, 5, 6]], dtype=np.int8)
>>> x.dtype
dtype('int8')
```

建立一维数组时所使用的 zeros( )、ones( )、empty( ) 方法也可以应用在二维数组。

实例 4：使用 zeros( ) 建立 2×3 数组。

```
>>> import numpy as np
>>> x = np.zeros((2, 3))
>>> print(x)
[[0. 0. 0.]
 [0. 0. 0.]]
```

实例 5：使用 ones( ) 建立 2×3 数组。

```
>>> import numpy as np
>>> x = np.ones((2, 3))
>>> print(x)
[[1. 1. 1.]
 [1. 1. 1.]]
```

23-4-2　二维数组相对位置的四则运算

二维数组四则运算的概念与一维数组相同。

实例 1：二维数组与整数的加法运算。

```
>>> import numpy as np
>>> x = np.array([[1, 2, 3],[4, 5, 6]])
>>> y = x + 10
>>> print(y)
[[11 12 13]
 [14 15 16]]
```

读者可以将上述概念应用在其他数学运算符号。

实例 2：二维数组加法运算。

```
>>> import numpy as np
>>> x = np.array([[1, 2],[3, 4]])
>>> y = np.array([[5, 6],[7, 8]])
>>> z = x + y
>>> print(z)
[[ 6  8]
 [10 12]]
```

实例 3：二维数组相对位置乘法运算。

```
>>> import numpy as np
>>> x = np.array([[1, 2],[3, 4]])
>>> y = np.array([[5, 6],[7, 8]])
>>> z = x * y
>>> print(z)
[[ 5 12]
 [21 32]]
```

需要留意，上述的“二维数组相对位置乘法”，与数学领域的矩阵乘法定义不一样，笔者将在 23-3-10 节说明矩阵乘法。

实例 4：二维数组除法运算。

```
>>> import numpy as np
>>> x = np.array([[10,20],[30,40]])
>>> y = np.array([[1,2],[3,4]])
>>> z = x / y
>>> print(z)
[[10. 10.]
 [10. 10.]]
```

23-4-3　二维数组的关系运算符运算

我们也可以将关系运算符应用在二维数组运算。

实例：关系运算符应用在二维数组的运算。

```
>>> import numpy as np
>>> x = np.array([[1, 2],[3, 4]])
>>> y = np.array([[5, 6],[7, 8]])
>>> z = x > y
>>> print(z)
[[False False]
 [False False]]
>>> z = x < y
>>> print(z)
[[ True  True]
 [ True  True]]
```

23-4-4　取得与设置二维数组元素

在 23-4 节笔者已经说明取得二维数组元素的方法，基本概念是用 [row,cloumn] 索引方式处理，下列是实例。

实例 1：取得二维数组某元素内容。

```
>>> import numpy as np
>>> x = np.array([[1, 2, 3],[4, 5, 6]])
>>> print(x[0,2])
3
>>> print(x[1,1])
5
```

实例 2：设置二维数组某元素内容。

```
>>> import numpy as np
>>> x = np.array([[1, 2, 3],[4, 5, 6]])
>>> x[1,2] = 10
>>> print(x)
[[ 1  2  3]
 [ 4  5 10]]
```

取得特定 row 的元素，例如，row=0 的元素可以写成 [0]、[0,]、[0,:]。

实例 3：取得特定 row=0 的元素。

```
>>> import numpy as np
>>> x = np.array([[1, 2, 3],[4, 5, 6]])
>>> print(x[0])
[1 2 3]
>>> print(x[0,])
[1 2 3]
>>> print(x[0,:])
[1 2 3]
```

取得特定 column 的元素，例如，column=0 的元素可以写成 [:,0]。

实例 4：取得特定 column=0 的元素。

```
>>> import numpy as np
>>> x = np.array([[1, 2, 3],[4, 5, 6]])
>>> print(x[:,0])
[1 4]
```

23-4-5　二维数组切片

切片的概念可以应用在二维数组。

实例 1：将切片应用在二维数组，取得 row=0 的前 3 个元素。

```
>>> import numpy as np
>>> x = np.array([[1, 2, 3, 4],[2, 3, 4, 5], [3, 4, 5, 6]])
>>> print(x[0:3,0])
[1 2 3]
```

实例 2：将切片应用在二维数组，取得 row=0:2，column=2:4 的元素。

```
>>> import numpy as np
>>> x = np.array([[1, 2, 3, 4],[2, 3, 4, 5],[3, 4, 5, 6]])
>>> print(x[0:2,2:4])
[[3 4]
 [4 5]]
```

实例 3：取得前 2 个 row 的元素。

```
>>> import numpy as np
>>> x = np.array([[1, 2, 3, 4],[2, 3, 4, 5],[3, 4, 5, 6]])
>>> print(x[:2])
[[1 2 3 4]
 [2 3 4 5]]
```

实例 4：取得索引是 1 以后的 row 的元素。

```
>>> import numpy as np
>>> x = np.array([[1, 2, 3, 4],[2, 3, 4, 5],[3, 4, 5, 6]])
>>> print(x[1:])
[[2 3 4 5]
 [3 4 5 6]]
```

23-4-6　更改数组外形

reshape(row, column) 方法可以更改数组的维度。

实例 1：将一维数组转成二维 2×3 数组，然后将 2×3 数组转成 3×2 数组。

```
>>> import numpy as np
>>> x = np.array([1, 2, 3, 4, 5, 6])
>>> y = x.reshape(2, 3)
>>> print(y)
[[1 2 3]
 [4 5 6]]
>>> z = y.reshape(3, 2)
>>> print(z)
[[1 2]
 [3 4]
 [5 6]]
```

ravel( ) 可以将多维数组转成一维数组。

实例 2：将 2×3 数组转成一维数组。

```
>>> import numpy as np
>>> x = np.array([[1, 2, 3], [4, 5, 6]])
>>> y = x.ravel()
>>> print(y)
[1 2 3 4 5 6]
```

上述使用 reshape( ) 与 ravel( ) 方法执行数组外形更改时，不会更改原数组外形。如果使用 resize(row, column) 方法，则可以更改数组外形。

实例 3：二维 2×3 数组改为 3×2 数组，同时观察原数组外形。

```
>>> import numpy as np
>>> x = np.array([[1, 2, 3], [4, 5, 6]])
>>> x.resize(3, 2)
>>> print(x)
[[1 2]
 [3 4]
 [5 6]]
```

23-4-7　转置矩阵

所谓的转置矩阵是指将 n×m 矩阵转成 m×n 矩阵，transpose( ) 可以执行矩阵的转置。transpose( ) 也可以使用 T 取代，执行矩阵转置。

实例 1：矩阵转置的应用。

```
>>> import numpy as np
>>> x = np.arange(8).reshape(4, 2)
>>> print(x)
[[0 1]
 [2 3]
 [4 5]
 [6 7]]
>>> y = x.transpose()
>>> print(y)
[[0 2 4 6]
 [1 3 5 7]]
```

实例 2：使用 T 执行矩阵转置。

```
>>> import numpy as np
>>> x = np.arange(8).reshape(4,2)
>>> y = x.T
>>> print(y)
[[0 2 4 6]
 [1 3 5 7]]
```

23-4-8 将数组分割成子数组

hsplit( ) 可以将数组依水平方向分割，vsplit( ) 可以将数组依垂直方向分割。经此分割所返回的数组以列表方式存在。

实例 1：使用 hsplit( ) 方法依水平方向分割数组为 2 个子数组。

```
>>> import numpy as np
>>> x = np.arange(16).reshape(4, 4)
>>> print(x)
[[ 0  1  2  3]
 [ 4  5  6  7]
 [ 8  9 10 11]
 [12 13 14 15]]
>>> y1, y2 = np.hsplit(x,2)
>>> print(y1)
[[ 0  1]
 [ 4  5]
 [ 8  9]
 [12 13]]
>>> print(y2)
[[ 2  3]
 [ 6  7]
 [10 11]
 [14 15]]
```

实例 2：使用 vsplit( ) 方法依垂直方向分割数组为 2 个子数组。

```
>>> import numpy as np
>>> x = np.arange(16).reshape(4, 4)
>>> y1, y2 = np.vsplit(x,2)
>>> print(y1)
[[0 1 2 3]
 [4 5 6 7]]
>>> print(y2)
[[ 8  9 10 11]
 [12 13 14 15]]
```

23-4-9 矩阵堆栈

hstack( ) 可以执行矩阵水平方向堆栈，vstack( ) 可以执行矩阵垂直方向堆栈。column_stack( ) 可以将一维数组依 column 方向堆栈到二维数组，row_stack( ) 可以将一维数组依 row 方向堆栈到二维数组。

实例 1：使用 hstack( ) 执行数组依水平方向堆栈。

```
>>> import numpy as np
>>> x = np.arange(4).reshape(2,2)
>>> y = np.arange(4,8).reshape(2,2)
>>> z = np.hstack((x,y))
>>> print(x)
[[0 1]
 [2 3]]
>>> print(y)
[[4 5]
 [6 7]]
>>> print(z)
[[0 1 4 5]
 [2 3 6 7]]
```

实例 2：使用 vstack( ) 执行数组依垂直方向堆栈。

```
>>> import numpy as np
>>> x = np.arange(4).reshape(2,2)
>>> y = np.arange(4,8).reshape(2,2)
>>> z = np.vstack((x,y))
>>> print(z)
[[0 1]
 [2 3]
 [4 5]
 [6 7]]
```

实例 3：使用 column_stack( ) 将一维数组依 column 方向堆栈到二维数组。

```
>>> import numpy as np
>>> x = np.arange(4).reshape(2,2)
>>> y = np.array([5,6])
>>> z = np.column_stack((x,y))
>>> print(z)
[[0 1 5]
 [2 3 6]]
```

实例 4：使用 row_stack( ) 将一维数组依 row 方向堆栈到二维数组。

```
>>> import numpy as np
>>> x = np.arange(4).reshape(2,2)
>>> y = np.array([5,6])
>>> z = np.row_stack((x,y))
>>> print(z)
[[0 1]
 [2 3]
 [5 6]]
```

23-4-10　二维数组矩阵乘法运算

本节所述的矩阵乘法与线性代数的矩阵乘法意义相同，假设有一个 A 矩阵是 i×j 的二维数组，B 矩阵是 j×k 的二维数组，则 A 矩阵与 B 矩阵相乘可以得到 AB 矩阵是 i×k 的二维数组。

AB 矩阵的 AB_{ij} 值相当于是 A 矩阵的第 i 行乘以 B 矩阵的第 j 列，相当于 23-3-9 节所介绍的向量内积（inner product）。

$$ab_{ij} = \sum_{j=0}^{j-1} a_{ij} * b_{jk}$$

可以这样思考上述公式：

$$ab_{ij} = [\, a_{i0} \quad a_{i1} \quad .... \quad a_{i(j-1)} \,] * \begin{bmatrix} b_{0k} \\ b_{1k} \\ \vdots \\ b_{(j-1)k} \end{bmatrix}$$

$$= a_{i0} * b_{0k} + a_{i1} * b_{1k} + ... + a_{i(j-1)} * b_{(j-1)j}$$

下列是以数学领域的观点思考矩阵相乘，在数学领域矩阵左上角索引是（1,1）。

$$\mathbf{A} = \begin{bmatrix} a_{1,1} & a_{1,2} & \cdots \\ a_{2,1} & a_{2,2} & \cdots \\ \vdots & \vdots & \ddots \end{bmatrix} \quad \mathbf{B} = \begin{bmatrix} b_{1,1} & b_{1,2} & \cdots \\ b_{2,1} & b_{2,2} & \cdots \\ \vdots & \vdots & \ddots \end{bmatrix}$$

$$\mathbf{AB} = \begin{bmatrix} a_{1,1}[b_{1,1} \quad b_{1,2} \quad \ldots] + a_{1,2}[b_{2,1} \quad b_{2,2} \quad \ldots] + \cdots \\ a_{2,1}[b_{1,1} \quad b_{1,2} \quad \ldots] + a_{2,2}[b_{2,1} \quad b_{2,2} \quad \ldots] + \cdots \\ \vdots \end{bmatrix}$$

矩阵乘法可以使用 dot( ) 或是 @ 运算符。

实例 1：使用 dot( ) 方法执行 2 个 2×2 的矩阵乘法运算。

```
>>> import numpy as np
>>> x = np.array([[1,2],[3,4]])
>>> y = np.array([[5,6],[7,8]])
>>> z = np.dot(x,y)
>>> print(z)
[[19 22]
 [43 50]]
```

实例 2：使用 @ 运算符执行 2×3 和 3×2 的矩阵乘法运算。

```
>>> import numpy as np
>>> x = np.array([[1,0,2],[-1,3,1]])
>>> y = np.array([[3,1],[2,1],[1,0]])
>>> z = x @ y
>>> print(z)
[[5 1]
 [4 2]]
```

23-4-11 将迭代运算应用在二维数组

程序实例 ch23_2.py：建立一个 1 ～ 100 的 10×10 数组，然后使用迭代做加总运算。

```
1  # ch23_2.py
2  import numpy as np
3
4  A = 0
5  X = np.arange(1,101).reshape(10,10)
6  print(X)
7  for x in X:
8      A += x
9  print(type(A))
10 print("A = ", A)
11
12 sum = 0
13 for a in A:
14     sum += a
15 print(type(sum))
16 print("sum = ", sum)
```

执行结果

```
==================== RESTART: D:/Python/ch23/ch23_2.py ====================
[[  1   2   3   4   5   6   7   8   9  10]
 [ 11  12  13  14  15  16  17  18  19  20]
 [ 21  22  23  24  25  26  27  28  29  30]
 [ 31  32  33  34  35  36  37  38  39  40]
 [ 41  42  43  44  45  46  47  48  49  50]
 [ 51  52  53  54  55  56  57  58  59  60]
 [ 61  62  63  64  65  66  67  68  69  70]
 [ 71  72  73  74  75  76  77  78  79  80]
 [ 81  82  83  84  85  86  87  88  89  90]
 [ 91  92  93  94  95  96  97  98  99 100]]
<class 'numpy.ndarray'>
A =  [460 470 480 490 500 510 520 530 540 550]
<class 'numpy.int32'>
sum =  5050
```

上述第 7 行的 x 是数组 X 的元素，其实是一个子数组，所以所得到的 A 也是数组。第 13 行的 a 则是 A 数组的元素，它是 32 位整数，所以最后可以得到总和。

23-5 简单线性代数运算

23-5-1 一元二次方程式

一元二次方程式的概念可以参考 5-8-4 节，Numpy 有 roots( ) 方法可以解一元二次方程式的根，假设有一个方程式如下：

$$ax^2 + bx + c = 0$$

可以直接带入 roots（[a, b, c]）即可求解。

实例：求 $3x^2 + 5x + 1 = 0$ 的根。

```
>>> import numpy as np
>>> r = np.roots([3,5,1])
>>> print(r)
[-1.43425855 -0.23240812]
```

可以得到与程序实例 ch5_13.py 相同结果。

23-5-2　解联立线性方程式

使用 Numpy 可以处理线性代数的问题。假设有两个线性方程式如下：

3x + 5y = 18

2x + 3y = 11

我们可以建立两个数组储存上述方程式，一个是 x 和 y 的系数数组，另一个是方程式右边值的因变量数组。

然后可以使用 linalg 模块的 solve( ) 函数，最后可以得到下列 x=1 和 y=3。

```
>>> import numpy as np
>>> coeff = np.array([[3,5],[2,3]])
>>> deps = np.array([18,11])
>>> ans = np.linalg.solve(coeff, deps)
>>> print(ans)
[1. 3.]
```

下列是验证这个结果，其中 10.999……是浮点数的问题，可视为是 11。

```
>>> print(3*ans[0] + 5*ans[1])
18.0
>>> print(2*ans[0] + 3*ans[1])
10.999999999999998
```

我们也可以使用内积方式验证此结果：

```
>>> y = np.dot(coeff, ans)
>>> print(y)
[18. 11.]
```

如果上述计算正确，上述 y 将很接近 deps 的数组值，因为可能有浮点数舍去的问题。我们也可以用 allclose( ) 验证此计算：

```
>>> np.allclose(y, deps)
True
```

23-6　Numpy 的广播功能

Numpy 在执行两个数组运算时，原则上数组外形必须兼容才可运算，如果外形不同 Numpy 可以使用广播（broadcast）机制，先将比较小的数组扩大至与较大的数组外形相同，然后再执行运算。

实例 1：将整数 5 或数组 [5] 与数组 [1,2,3] 相加。

```
>>> import numpy as np
>>> x = np.array([1,2,3])
>>> y = 5
>>> z = x + y
>>> print(z)
[6 7 8]
>>> r = [5]
>>> s = x + r
>>> print(s)
[6 7 8]
```

其实对上述实例而言，不论是整数 5 或数组 [5]，与数组 [1,2,3] 相加时，皆会先被扩张为（3,）的数组 [5,5,5]，然后再执行运算。

假设有一个（3,）之一维数组，另有一个（2,3）之二维数组，则（3,）之一维数组会先被扩张为（2,3）之二维数组然后执行运算。

实例 2：将（3,）之一维数组 [1,2,3] 与（2,3）之二维数组 [[1,2,3],[4,5,6]] 相加。

```
>>> import numpy as np
>>> x = np.array([1,2,3])
>>> y = np.array([[1,2,3],[4,5,6]])
>>> z = x + y
>>> print(z)
[[2 4 6]
 [5 7 9]]
```

其实上述是 Numpy 先将 [1,2,3] 扩张为 [[1,2,3],[1,2,3]]，然后才执行运算。

实例 3：两个数组皆扩张的应用。

```
>>> import numpy as np
>>> x = np.array([1,2,3]).reshape(3,1)
>>> print(x)
[[1]
 [2]
 [3]]
>>> y = np.ones(5)
>>> print(y)
[1. 1. 1. 1. 1.]
>>> z = x + y
>>> print(z)
[[2. 2. 2. 2. 2.]
 [3. 3. 3. 3. 3.]
 [4. 4. 4. 4. 4.]]
```

上述相当于在执行 x+y 时，x 会扩张为：

```
[[1 1 1 1 1]
 [2 2 2 2 2]
 [3 3 3 3 3]]
```

y 会扩张为：

```
[[1., 1., 1., 1., 1.],
 [1., 1., 1., 1., 1.],
 [1., 1., 1., 1., 1.]]
```

所以可以得到上述 z 的执行结果。

其实并不是所有数组运算皆可以扩张数组，例如（2,）之一维数组就无法扩张与（3,）之一维数组执行运算。

实例 4：（2,）之一维数组与（3,）之一维数组执行加法运算，产生错误的实例。

```
>>> import numpy as np
>>> x = np.array([1,2])
>>> y = np.array([1,2,3])
>>> z = x + y
Traceback (most recent call last):
  File "<pyshell#511>", line 1, in <module>
    z = x + y
ValueError: operands could not be broadcast together with shapes (2,) (3,)
```

23-7 常用的数学函数

更完整的 Numpy 模块的数学方法可以参考下列网址：

https://docs.scipy.org/doc/numpy/reference/routines.math.html

23-7-1 三角函数相关知识

除了常见的 sin(x)、cos(x)、tan(x)、arcsin(x)、arccos(x)、arctan(x) 外，下列是比较特别的函数：

degrees(x)：将弧度（radians）转成角度。

radians(x)：将角度转成弧度（radians）。

实例 1：将数组弧度转成角度。

```
>>> import numpy as np
>>> rad = np.arange(12)*np.pi/6
>>> x = np.degrees(rad)
>>> print(x)
[  0.  30.  60.  90. 120. 150. 180. 210. 240. 270. 300. 330.]
```

实例 2：将数组角度转成弧度。

```
>>> import numpy as np
>>> deg = np.arange(12)*30
>>> x = np.radians(deg)
>>> print(x)
[0.         0.52359878 1.04719755 1.57079633 2.0943951  2.61799388
 3.14159265 3.66519143 4.1887902  4.71238898 5.23598776 5.75958653]
```

23-7-2　和 sum( )、积 prod( )、差 diff( ) 函数

下列是常见的函数：

prod(a, axis=None)：返回指定轴（axis）的数组 a 元素的乘积。

实例 1：如果是空数组，结果是 1.0。

```
>>> np.prod([])
1.0
```

实例 2：如果是一维数组，则是元素的乘积。

```
>>> np.prod([1,2,3])
6
```

实例 3：如果是二维数组，也是返回所有元素的乘积。

```
>>> np.prod([[1,2],[3,4]])
24
```

实例 4：返回指定轴的元素乘积。

```
>>> np.prod([[1,2],[3,4]], axis=1)
array([ 2, 12])
```

sum(a, axis=None)：返回指定轴（axis）的数组 a 元素的总和。

实例 5：如果是空数组，结果是 0.0。

```
>>> np.sum([])
0.0
```

实例 6：如果是一维数组，则是元素的加总。

```
>>> np.sum([1,2,3])
6
```

实例 7：元素是浮点数，但是设置数据是 int32。

```
>>> np.sum([1.2,1.5,3.1],dtype=np.int32)
5
```

实例 8：使用不同轴，执行二维数组元素的加总。

```
>>> np.sum([[1,2],[3,4]])
10
>>> np.sum([[1,2],[3,4]], axis=0)
array([4, 6])
>>> np.sum([[1,2],[3,4]], axis=1)
array([3, 7])
```

程序实例 ch23_3.py：使用 sum( ) 函数重新设计 ch23_2.py。

```
1  # ch23_3.py
2  import numpy as np
3
4  X = np.arange(1,101).reshape(10,10)
5  A = np.sum(X, axis=0)
6  print("A = ", A)
7  sum = np.sum(X)
8  print("sum = ", sum)
```

执行结果

```
===================== RESTART: D:/Python/ch23/ch23_3.py =====================
A =  [460 470 480 490 500 510 520 530 540 550]
sum =  5050
```

diff(a, n, axis)：返回指定轴的元素差（后一个元素值减去前一个元素值），n 代表执行几次。

实例 9：一维数组执行 1 次与执行 2 次的结果。

```
>>> x = np.array([1, 4, 7, 0, 5])
>>> np.diff(x)
array([ 3,  3, -7,  5])
>>> np.diff(x, n=2)
array([  0, -10,  12])
```

实例 10：使用不同轴，执行二维数组元素差的计算。

```
>>> x = np.array([[1, 4, 6, 10], [0, 2, 5, 9]])
>>> np.diff(x)
array([[3, 2, 4],
       [2, 3, 4]])
>>> np.diff(x, axis=0)
array([[-1, -2, -1, -1]])
```

23-7-3 舍去函数

around(a, decimals=0)：可以舍至最接近的偶数整数，decimals 则是指定小数位数。

实例 1：系列数组的 around( ) 操作。

```
>>> np.around([0.49, 1.82])
array([0., 2.])
>>> np.around([0.49, 1.82], decimals=1)
array([0.5, 1.8])
>>> np.around([0.5, 1.5, 2.5, 3.5, 4.5, 5.4])
array([0., 2., 2., 4., 4., 5.])
```

rint(x)：返回最接近的整数。

实例 2：系列数组元素的 rint( ) 操作。

```
>>> np.rint([1.4, 1.5, 1.6, 2.5])
array([1., 2., 2., 2.])
```

floor(x)：返回小于或等于对象的最大整数。

实例 3：系列数组元素的 floor( ) 运作。

```
>>> np.floor([-1.5, 0.8, 1.2])
array([-2.,  0.,  1.])
```

ceil(x)：返回大于或等于对象的最小整数。

实例 4：系列数组元素的 ceil( ) 运作。

```
>>> np.ceil([-1.5, 0.8, 1.2])
array([-1.,  1.,  2.])
```

trunc(x)：舍去小数的 trunc( ) 操作。

实例 5：系列数组元素小数的 trunc( ) 操作。

```
>>> np.trunc([-1.3, -2.8, 0.5, 2.9])
array([-1., -2.,  0.,  2.])
```

23-7-4　最大公因子与最小公倍数

gcd(x)：返回数组元素的最大公因子（greatest common divisor）。

实例 1：最大公因子 gcd( ) 的应用。

```
>>> np.gcd(12, 20)
4
>>> np.gcd.reduce([15, 35, 55])
5
```

lcm(x1, x2)：返回数组元素的最小公倍数（lowest common multiple）。

实例 2：最小公倍数 lcm( ) 的应用。

```
>>> np.lcm(12, 20)
60
>>> np.lcm.reduce([6, 12, 60])
60
```

23-7-5　指数与对数

exp(x)：返回数组元素 x 自然对数 e 的次方。

实例 1：exp( ) 的应用。

```
>>> np.exp([1,2,3])
array([ 2.71828183,  7.3890561 , 20.08553692])
```

exp2(x)：返回数组元素 x 的 2 的次方。

实例 2：exp2( ) 的应用。

```
>>> np.exp2([1,2,3])
array([2., 4., 8.])
```

log(x)：返回数组元素 x 的自然对数值。

实例 3：log( ) 的应用。

```
>>> np.log([1, np.e, np.e**2, 0])
array([  0.,   1.,   2., -inf])
```

log2(x)：返回数组元素 x 的自然对数值。

实例 4：log2( ) 的应用。

```
>>> np.log2([0, 1, 2, 2**5])
array([-inf,   0.,   1.,   5.])
```

log10(x)：返回数组元素 x 的自然对数值。

实例 5：log10( ) 的应用。

```
>>> np.log10([10, 1000, 5])
array([1.      , 3.      , 0.69897])
```

23-7-6　算术运算

add(x1, x2)：相当于“+”加法运算。

subtract(x1, x2)：相当于“-”减法运算。

multiply(x1, x2)：相当于“*”乘法运算。

divide(x1, x2)：相当于“/”除法运算。

mod(x1, x2)：相当于“%”求余数运算。

remainder(x1, x2)：相当于“%”求余数运算。

negative(x1)：相当于正号变为负号，负号变为正号。

实例 1：negative( ) 的应用。

```
>>> np.negative([1, -1])
array([-1,  1])
```

divmod(x1, x2)：x1 除以 x2，返回商与余数，返回是含 2 个元素的元组（tuple），第 1 个元素是商，第 2 个元素是余数。

实例 2：divmod( ) 的应用。

```
>>> np.divmod(np.arange(5), 2)
(array([0, 0, 1, 1, 2], dtype=int32), array([0, 1, 0, 1, 0], dtype=int32))
```

23-7-7　其他函数

absolute(x)：返回绝对值。

实例 1：absolute( ) 的应用。

```
>>> np.negative([-3, 3])
array([ 3, -3])
```

square(x)：返回平方值。

实例 2：square( ) 的应用。

```
>>> np.square([1, 3])
array([1, 9], dtype=int32)
```

sqrt(x)：返回平方根。

实例 3：sqrt( ) 的应用。

```
>>> np.sqrt([1, 4, 9, 15])
array([1.        , 2.        , 3.        , 3.87298335])
```

sign(x)：小于 0 返回 -1，等于 0 返回 0，大于 0 返回 1。

实例 4：sign( ) 的应用。

```
>>> np.sign([-1, -0.5,  0, 0.5, 1])
array([-1., -1.,  0.,  1.,  1.])
```

max(x)：返回数组最大元素。

实例 5：max( ) 的应用。

```
>>> np.max([1,2,3])
3
>>> np.max(np.arange(100).reshape(10,10))
99
```

maximum(x1, x2)：返回数组中相同位置较大的元素值。

实例 6：maximum( ) 的应用。

```
>>> np.maximum([1, 5, 10], [3, 4, 9])
array([ 3,  5, 10])
```

min(x)：返回数组最小元素。

实例 7：min( ) 的应用。

```
>>> np.min([1,2,3])
1
>>> np.min(np.arange(100).reshape(10,10))
0
```

minimum(x1, x2)：返回数组中相同位置较小的元素值。

实例 8：minimum( ) 的应用。

```
>>> np.minimum([1, 5, 10], [3, 4, 9])
array([1, 4, 9])
```

interp(x, xp, fp)：一维数组的线性插入，xp 是 x 轴的坐标，yp 是 y 轴的坐标，x 则是 x 轴的插入值，然后可以由此计算出 y 轴的值。

程序实例 ch23_4.py：线性插入 interp( ) 的应用，这个程序会在 x 轴 0 ～ 10 之间建立均分的 20 个点，这些点用 o 做标记然后是依 sin(x) 计算相对应的 y 轴值，然后采用 interp( ) 插入 100 个点，这 100 个点使用 x 标记，同时将 100 点连接。

```
1  # ch23_4.py
2  import numpy as np
3  import matplotlib.pyplot as plt
4
5  x = np.linspace(0, 10, 20)
6  y = np.sin(x)
7
8  xvals = np.linspace(0, 10, 100)
9  yinterp = np.interp(xvals, x, y)
10
11 plt.plot(x, y, 'o')
12 plt.plot(xvals, yinterp, '-x')
13 plt.show()
```

执行结果

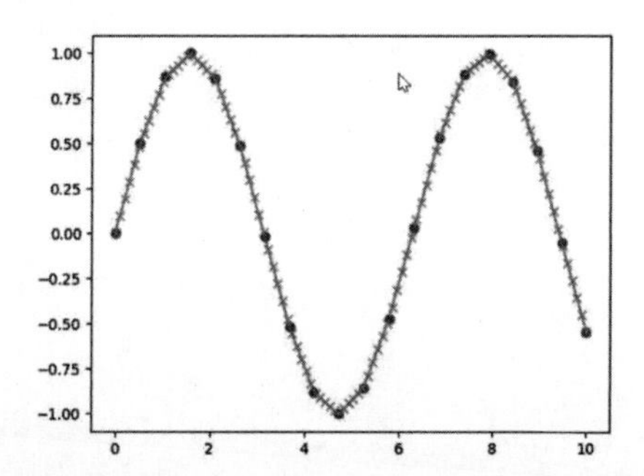

23-8 随机数函数

更完整的 Numpy 模块的随机数函数可以参考下列网址：

https://docs.scipy.org/doc/numpy/reference/routines.random.html

23-8-1 简单随机数据

rand(d0, d1, … dn)：返回指定外形的数组元素，值在 [0, 1）间，[0, 1）表示含 0 不含 1。由于是随机，所以每次执行结果皆不相同。

实例 1：rand( ) 的应用。

```
>>> np.random.rand(3)
array([0.47164429, 0.82153141, 0.41865045])
>>> np.random.rand(3,2)
array([[0.74758203, 0.13709832],
       [0.97030083, 0.7928294 ],
       [0.34886091, 0.4641032 ]])
```

randn(d0, d1, … dn)：所返回的随机数是标准常态分布（standard normal distribution），0 是均值，1 是标准偏差的正态分布。

实例 2：randn( ) 的应用。

```
>>> np.random.randn()
0.86833652406693
>>> np.random.randn(2, 3)
array([[-0.34099598,  0.24438972,  0.56923048],
       [-1.05048661, -0.00602095,  3.55042135]])
```

randint(low[,high, size, dtype])：返回介于 low 和 high 之间的随机整数 [low, high)，包含 low 不包含 high。如果省略 high，则所产生的随机整数在 [0, low）间。

实例 3：randint( ) 的应用。

```
>>> np.random.randint(5)
0
>>> np.random.randint(0, 10, size=5)
array([9, 6, 8, 4, 9])
```

程序实例 ch23_5.py：骰子 2 颗各掷 1000 次，然后以直方图列出 2 颗加总所产生数值的直方图。

```
1  # ch23_5.py
2  import numpy as np
3  import matplotlib.pyplot as plt
4
5  d1 = np.random.randint(1,6+1,1000)
6  d2 = np.random.randint(1,6+1,1000)
7  dsums = d1 + d2
8
9  plt.hist(dsums, bins=11)
10 plt.show()
```

执行结果

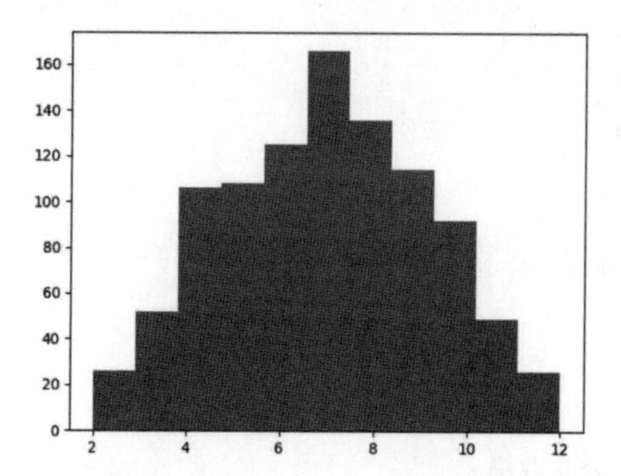

random_integers(low,[,high,size])：返回介于 low 和 high 之间的随机整数 [low, high]，包含 low 也包含 high。如果省略 high，则所产生的随机整数在 [1, low] 间。其实建议可以使用 randint( ) 取代此函数。

实例 4：random_integers( ) 的应用。

```
>>> np.random.random_integers(5)
3
>>> np.random.random_integers(5, size=(2,3))
array([[3, 5, 2],
       [2, 1, 1]])
```

choice(a[,size=None,replace=True,p=None])：从指定数组中随机返回元素，如果 a 是整数，相当于是 np.arange(a)，size 是返回数量。

实例 5：choice( ) 的应用。

```
>>> np.random.choice([1,2,3,4,5],3)
array([5, 5, 3])
>>> np.random.choice(6,3)
array([3, 1, 5])
```

23-8-2　顺序变更

shuffle(x)：将数组元素位置随机重新排列。

实例 1：shuffle( ) 的应用。

```
>>> x = np.arange(10)
>>> np.random.shuffle(x)
>>> x
array([2, 6, 7, 4, 5, 3, 9, 1, 8, 0])
>>> y = np.arange(9).reshape(3,3)
>>> np.random.shuffle(y)
>>> y
array([[3, 4, 5],
       [0, 1, 2],
       [6, 7, 8]])
```

permutation(x)：返回随机重排元素的数组，原数组元素位置没有更改。如果 x 是整数，相当于是 np.arange(x)。

实例 2：permutation(x) 的应用。

```
>>> x = np.arange(9)
>>> y = np.random.permutation(x)
>>> print(y)
[6 3 5 1 2 7 8 4 0]
>>> a = np.arange(15).reshape(3,5)
>>> b = np.random.permutation(a)
>>> print(b)
[[ 0  1  2  3  4]
 [10 11 12 13 14]
 [ 5  6  7  8  9]]
>>> np.random.permutation(10)
array([2, 3, 4, 1, 8, 9, 5, 7, 6, 0])
```

23-8-3 分布

beta(a, b[,size])：Beta 分布取样。

binomial(n, p[,size])：二项分布取样。

chisquare(df[,size])：卡方（chi-square）分布取样。

normal([loc, scale, size])：从常态分布取样。loc 是平均值（mean），scale 是标准偏差（standard deviation），size 是样本数。

程序实例 ch23_6.py：normal( ) 的应用，绘制常态分布，bins 数量是 30。

```
1  # ch23_6.py
2  import numpy as np
3  import matplotlib.pyplot as plt
4
5  mean, sigma = 0, 0.2
6  s = np.random.normal(mean, sigma, 1000)
7
8  plt.hist(s, bins=30)
9  plt.show()
```

执行结果

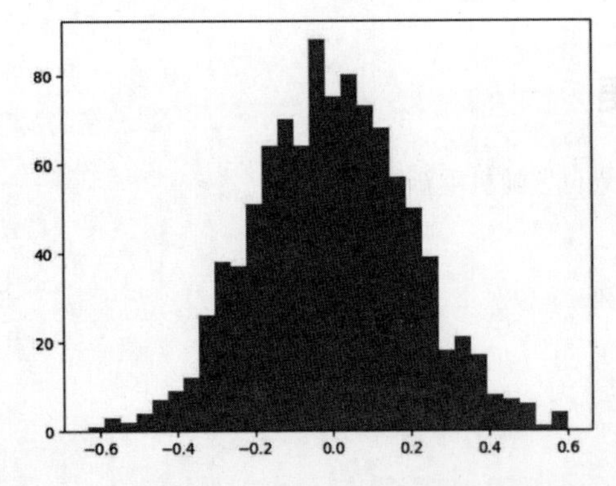

triangular(left, mode, right, size=None)：三角形分布取样，left 是最小值，mode 是尖峰值，right 是最大值，size 是样本数。

程序实例 ch23_7.py：三角形分布取样的实例，这个程序在呼叫 hist( ) 方法时，增加设置 density=True，此时 y 轴不再是次数，而是概率值。

```
1  # ch23_7.py
2  import numpy as np
3  import matplotlib.pyplot as plt
4
5  s = np.random.triangular(-2, 0, 10, 10000)
6  plt.hist(s, bins=200, density=True)
7  plt.show()
```

执行结果

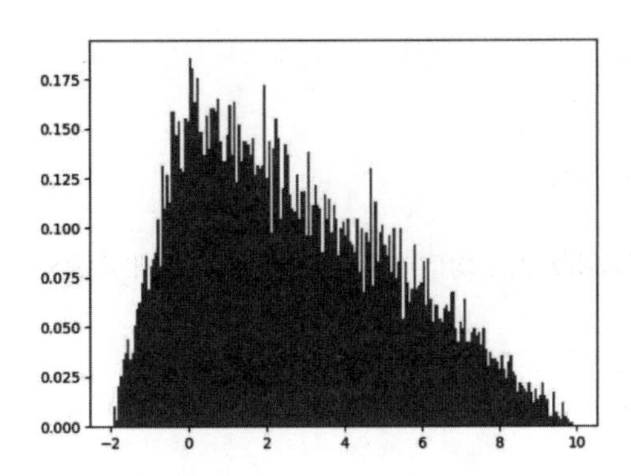

更多细节读者可参考 23-8 节提到的网站。

23-9 统计函数

更完整的 Numpy 模块的统计函数可以参考下列网址：

https://docs.scipy.org/doc/numpy/reference/routines.statistics.html

23-9-1 统计

amin(a[,axis])：返回数组最小元素或是指定轴的最小元素。

nanmin(a[,axis])：返回数组最小元素或是指定轴的最小元素，忽略 NaN。

实例 1：amin( ) 的应用。

```
>>> x = np.arange(4).reshape((2,2))
>>> np.amin(x)
0
>>> np.amin(x, axis=0)
array([0, 1])
>>> np.amin(x, axis=1)
array([0, 2])
```

amax(a[,axis])：返回数组最大元素或是指定轴的最大元素。

nanmax(a[,axis])：返回数组最大元素或是指定轴的最大元素，忽略 NaN。

实例 2：amax( ) 的应用。

```
>>> x = np.arange(4).reshape((2,2))
>>> np.amax(x)
3
>>> np.amax(x, axis=0)
array([2, 3])
>>> np.amax(x, axis=1)
array([1, 3])
```

23-9-2 平均和变异数

在 8-15-2 节笔者有说明基础统计平均值、变异数、标准偏差的计算方式，学会本节，未来读者可以直接套用，省去许多时间。

average(a[,axis,weights])：如果省略 weights 返回数组的平均，如果有 weights 则返回数组的加权平均。

实例 1：average( ) 的应用。

```
>>> x = np.arange(1,5)
>>> np.average(x)
2.5
>>> np.average(x,weights=range(4,0,-1))
2.0
```

mean(a[,axis])：返回数组元素平均值或指定轴的数组元素平均值。

实例 2：mean( ) 的应用。

```
>>> x = np.array([[1,2],[3,4]])
>>> np.mean(x)
2.5
>>> np.mean(x, axis=0)
array([2., 3.])
>>> np.mean(x, axis=1)
array([1.5, 3.5])
```

median(a[,axis])：计算数组的中位数或指定轴的中位数。

实例 3：median( ) 的应用。

```
>>> x = np.array([[12,7,4],[3,2,6]])
>>> np.median(x)
5.0
>>> np.median(x, axis=0)
array([7.5, 4.5, 5. ])
>>> np.median(x, axis=1)
array([7., 3.])
```

std(a[,axis])：计算数组的标准偏差或指定轴的标准偏差。

实例 4：std( ) 的应用。

```
>>> x = np.arange(1,5).reshape(2,2)
>>> np.std(x)
1.118033988749895
>>> np.std(x, axis=0)
array([1., 1.])
>>> np.std(x, axis=1)
array([0.5, 0.5])
```

var(a[,axis])：计算数组的变异数或指定轴的变异数。

实例 5：var( ) 的应用。

```
>>> x = np.arange(1,5).reshape(2,2)
>>> np.var(x)
1.25
>>> np.var(x, axis=0)
array([1., 1.])
>>> np.var(x, axis=1)
array([0.25, 0.25])
```

23-10 文件的输入与输出

更多文件的输入与输出知识可以参考下列网址：

https://docs.scipy.org/doc/numpy/reference/routines.io.html

在真实的应用中，我们必须从文件读取数据，或是将数据写入文件，这些文件可能是文本文件（.txt 或 .csv）或是二进制文件，这将是本节的主题。

23-10-1 读取文本文件

Numpy 有提供 loadtxt( ) 可以执行读取文件，存入数组，它的语法如下：

```
loadtxt(fname, dtype=<class 'float'>, comments='#', delimiter=None, skiprows=0,
        usecols=None, encoding='bytes', … 其他参数)
```

fname 文件名，dtype 数据形态，comments 文件注释，delimiter 分隔字符，skiprows 忽略前几 rows，usecols 读取那些 columns，encoding 文件编码。

程序实例 ch23_8.py：有一个 txt 文件内容如下，请读取此文件 ch23_8.txt，然后打印文件内的数组。

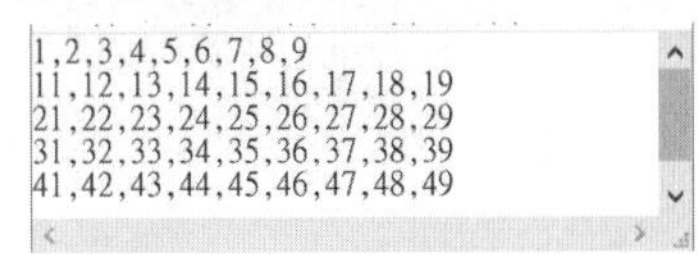
1,2,3,4,5,6,7,8,9
11,12,13,14,15,16,17,18,19
21,22,23,24,25,26,27,28,29
31,32,33,34,35,36,37,38,39
41,42,43,44,45,46,47,48,49

```
1  # ch23_8.py
2  import numpy as np
3
4  x = np.loadtxt("ch23_8.txt",delimiter=',')
5  print(x)
```

执行结果

```
===================== RESTART: D:/Python/ch23/ch23_8.py =====================
[[ 1.  2.  3.  4.  5.  6.  7.  8.  9.]
 [11. 12. 13. 14. 15. 16. 17. 18. 19.]
 [21. 22. 23. 24. 25. 26. 27. 28. 29.]
 [31. 32. 33. 34. 35. 36. 37. 38. 39.]
 [41. 42. 43. 44. 45. 46. 47. 48. 49.]]
```

程序实例 ch23_9.py：忽略前 2 row，只取第 (1, 3, 5)column，留意 column 是从 0 开始计数。

```
1  # ch23_9.py
2  import numpy as np
3
4  x = np.loadtxt("ch23_8.txt",delimiter=',', skiprows=2, usecols=(1,3,5))
5  print(x)
```

执行结果

```
===================== RESTART: D:/Python/ch23/ch23_9.py =====================
[[22. 24. 26.]
 [32. 34. 36.]
 [42. 44. 46.]]
```

23-10-2 写入文本文件

Numpy 有提供 savetxt( )，可以执行将数组写入文件，它的语法如下：

savetxt(fname, fmt='%.18e', comments='#', delimiter=None, header='', footer='', encoding='bytes', … 其他参数)

上述参数 header 是配置文件开头字符串，footer 是设置文件尾字符串，fmt 是格式化数据。

程序实例 ch23_10.py：写入数组数据。

```
1  # ch23_10.py
2  import numpy as np
3
4  x = np.arange(16).reshape(4,4)
5  np.savetxt('ch23_10.txt',x,delimiter=',', header='ch23_10.txt',
6             footer='bye',fmt="%d")
7  np.savetxt('out23_10.txt',x,delimiter=',', header='out23_10.txt',
8             footer='bye',fmt="%4.2f")
```

执行结果

```
# ch23_10.txt
0,1,2,3
4,5,6,7
8,9,10,11
12,13,14,15
# bye
```

```
# out23_10.txt
0.00,1.00,2.00,3.00
4.00,5.00,6.00,7.00
8.00,9.00,10.00,11.00
12.00,13.00,14.00,15.00
# bye
```

习题

1. 在 0 ～ 5 之间产生 20 个等距数组。(20-3 节)

```
===================== RESTART: D:/Python/ex/ex23_1.py =====================
[0.         0.26315789 0.52631579 0.78947368 1.05263158 1.31578947
 1.57894737 1.84210526 2.10526316 2.36842105 2.63157895 2.89473684
 3.15789474 3.42105263 3.68421053 3.94736842 4.21052632 4.47368421
 4.73684211 5.        ]
```

2. 请建立 1 ～ 50 的 5×10 矩阵。(20-3 节)

```
===================== RESTART: D:/Python/ex/ex23_2.py =====================
[[ 1  2  3  4  5  6  7  8  9 10]
 [11 12 13 14 15 16 17 18 19 20]
 [21 22 23 24 25 26 27 28 29 30]
 [31 32 33 34 35 36 37 38 39 40]
 [41 42 43 44 45 46 47 48 49 50]]
```

3. 请建立下列 2 个 A, B 矩阵。(20-4 节)

$$A = \begin{bmatrix} 2 & 2 \\ 2 & 2 \\ 2 & 2 \end{bmatrix} \qquad B = \begin{bmatrix} 1 & 4 \\ 2 & 5 \\ 3 & 6 \end{bmatrix}$$

然后分别列出加、减、乘、除、求余数以及 A 和 B 的转矩阵。

```
==================== RESTART: D:\Python\ex\ex23_3.py ====================
A  =
 [[2 2]
 [2 2]
 [2 2]]
B  =
 [[1 4]
 [2 5]
 [3 6]]
A+B =
 [[3 6]
 [4 7]
 [5 8]]
A-B =
 [[ 1 -2]
 [ 0 -3]
 [-1 -4]]
A*B =
 [[ 2  8]
 [ 4 10]
 [ 6 12]]
A/B =
 [[2.         0.5       ]
 [1.         0.4       ]
 [0.66666667 0.33333333]]
A%B =
 [[0 2]
 [0 2]
 [2 2]]
A转置 =
 [[2 2 2]
 [2 2 2]]
B转置 =
 [[1 2 3]
 [4 5 6]]
```

4. 请解下列方程式。（20-4 节）

6x + 5y = 100

9x + 2y = 50

```
====================== RESTART: D:/Python/ex/ex23_4.py ======================
x =  1.5151515151515156
y =  18.181818181818
```

5. 请分别计算下列数组的最大公因子与最小公倍数。（23-6 节）

A：[88 108]

B：[25 35 45 55]

```
====================== RESTART: D:\Python\ex\ex23_5.py ======================
[88 108]最大公因子  4
[25 35 45 55]最大公因子  5
[88 108]最小公倍数  2376
[25 35 45 55]最小公倍数  17325
```

6. 请修改 ch23_4.py 线性插入问题，请将 sin( ) 函数改为 cos( ) 函数，x 轴数值区间是在 0 ～ 2*np.pi 之间。（23-7 节）

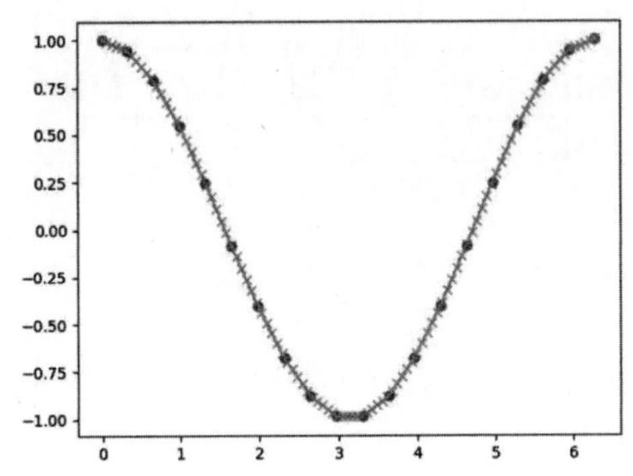

7. 请修改 ch23_5.py，改为 3 颗骰子，同时各掷 10000 次。（23-8 节）

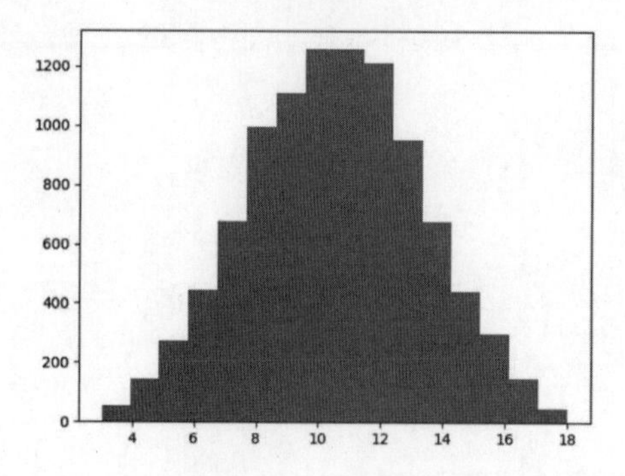

8. 请修改 ch23_6.py，将均值 mean 改为 100，将标准偏差 sigma 改为 15，取样改为 10000 次，箱子数 bins 改为 50。（23-8 节）

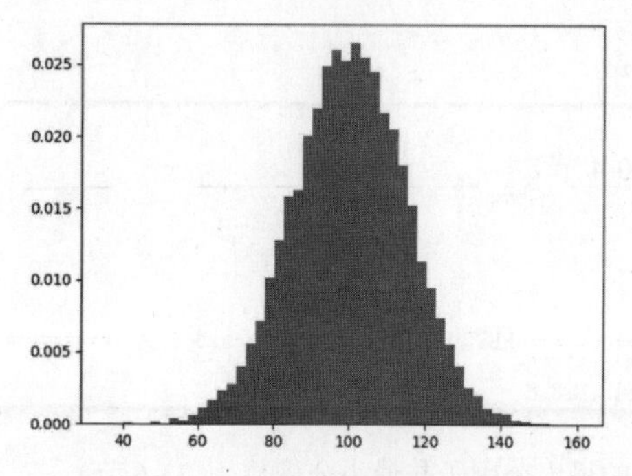

9. 在 ch23 文件夹有一个 weatherTaipei.txt，这个 txt 文件有台北 2020 年 1 月每天最高温度、平均温度与最低温度。请读取此文件建立最高温度、平均温度与最低温度的折线图。（23-10 节）

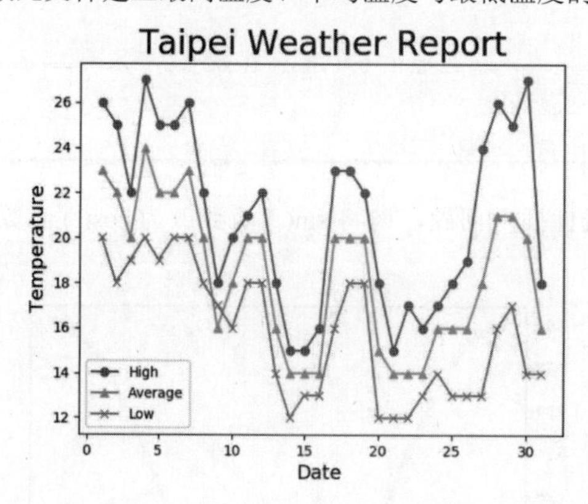

24

第 2 4 章

Scipy 模块

本章摘要

Scipy（可以读成 sigh pie）所代表的是 Scientific Python，这是一个架构在 Numpy 之上的模块，有了这个模块，可以很顺利地执行统计、优化运算、插值、线性代数、积分、讯号处理、图像处理、常微分方程、快速傅立叶变换等。有一些软件与它的功能类似，例如 Matlab、GNU Octave 和 Scilab。

使用前需安装此模块，方法如下：

```
pip install scipy
```

Scipy 的子模块有许多，本章将介绍最常用的 4 个子模块，读者若想了解更多可以参考下列网址：

https://docs.scipy.org/doc/scipy/reference/

24-1 线性代数 scipy.linalg

更多有关 scipy 内子模块 linalg 的相关知识可以参考下列网址：

https://docs.scipy.org/doc/scipy/reference/linalg.html

在 23-5 节笔者有介绍线性代数运算，当时是使用 numpy.linalg 模块，本节将讲解 scipy.linalg 模块，其实 scipy.linalg 拥有更多进阶的功能与支持。

24-1-1 解联立线性方程式

假设有一个联立方程式如下：

```
3x + 2y = 8
x - y = 1
5y + z = 10
```

如果想要解上述方程式，首先建立 2 个数组，一个是 x、y 和 z 系数的数组，另一个是方程式右边的因变量数组，然后再使用 scipy.linalg 模块的 solve( ) 即可获得 x、y 和 z 的值。

程序实例 ch24_1.py：计算上述联立方程式的值。

```
1  # ch24_1.py
2  import numpy as np
3  from scipy import linalg
4
5  # 定义数组
6  coeff = np.array([[3,2,0],[1,-1,0],[0,5,1]])
7  deps = np.array([8,1,10])
8
9  # 求解
10 ans = linalg.solve(coeff, deps)
11
12 print(ans)
```

执行结果

```
==================== RESTART: D:/Python/ch24/ch24_1.py ====================
[2. 1. 5.]
```

24-1-2　计算行列式 Determinant

行列式（Determinant）的函数式为 det( )，主要是计算正方形矩阵的特别数值，其实这个特性在解联立线性方程式时很有用，同时对于逆矩阵的处理也很有用。通常用 |A| 代表矩阵的行列式。如果是 2×2 的矩阵，行列式的计算方式如下：

$$A = \begin{bmatrix} a & b \\ c & d \end{bmatrix} \qquad |A| = ad - bc$$

如果是 3×3 的矩阵，行列式的计算如下：

$$A = \begin{bmatrix} a & b & c \\ d & e & f \\ g & h & i \end{bmatrix} \qquad |A| = a(ei - fh) - b(di - fg) + c(dh - eg)$$

可以将公式想成如下形式：

$$|A| = a \cdot \begin{vmatrix} e & f \\ h & i \end{vmatrix} - b \cdot \begin{vmatrix} d & f \\ g & i \end{vmatrix} + c \cdot \begin{vmatrix} d & e \\ g & h \end{vmatrix}$$

程序实例 ch24_2.py：求 [[1,2],[3,4]] 的行列式。

```
1  # ch24_2.py
2  import numpy as np
3  from scipy import linalg
4
5  A = np.array([[1,2],[3,4]])       # 定义数组
6  x = linalg.det(A)                 # 求解
7  print(x)
```

执行结果

```
==================== RESTART: D:/Python/ch24/ch24_2.py ====================
-2.0
```

24-1-3　特征值和特征向量

特征值（Eigenvalues）和特征向量（Eigenvectors）问题是最常使用的线性代数运算，有一个正方形矩阵 A，可以用下列方式了解特征值（λ）和相对应的特征向量（v）。

Av = λv

scipy.linalg 模块内有 eig( ) 可以返回特征值（l，笔者在程序用 l 代替）与特征向量（v），语法如下：

```
l, v = linalg.eig(A)
```

程序实例 ch24_3.py：计算 [[1,2],[3,4]] 的特征值与特征向量。

```
1  # ch24_3.py
2  import numpy as np
3  from scipy import linalg
4
5  A = np.array([[1,2],[3,4]])       # 定义数组
6  l, v = linalg.eig(A)
7  print("特征值   : ", l)
8  print("特征向量 : \n", v)
```

执行结果

```
==================== RESTART: D:\Python\ch24\ch24_3.py ====================
特征值  :  [-0.37228132+0.j  5.37228132+0.j]
特征向量 :
 [[-0.82456484 -0.41597356]
 [ 0.56576746 -0.90937671]]
```

24-2 统计 scipy.stats

更多有关 SciPi 内子模块 stats 的相关知识可以参考下列网址：

https://docs.scipy.org/doc/scipy/reference/stats.html

24-2-1 离散均匀分布 Uniform discrete distribution

在 scipy.stats 模块内有 randint( ) 函数可以建立指定区间均匀分布的随机整数，它的语法如下：

```
stats.randint(low, high, size, options)    # options 是其他不常用的参数
```

上述 low 和 high 是形状变量，实质是最低与最高值，包含 low，但是不包含 high。上述 randint( ) 方法的质量概率函数（probability mass function，pmf）概念如下：

```
pmf(k) = 1/(high - low)                    # for k in low, …,high-1
```

实例 1：建立一个 [0,11) 的概率模型。

```
>>> import scipy.stats as st
>>> rv = st.randint(low=1, high=11)
```

在 scipy.stats 有一个方法是 rvs( ) 可以返回随机数，语法如下：

```
rvs(low, high, loc=0, size=1)              # loc 是均值 mean
```

实例 2：在自建的概率模型 rv 中，产生 6 个随机数。

```
>>> x = rv.rvs(size=6)
>>> print(x)
[5 1 8 2 3 7]
```

其实如果你已经熟悉统计运算，也可以使用下列方式直接产生 6 笔在此模型中的随机数。

实例 3：产生 [0,11) 间的 6 笔随机数。

```
>>> x = st.randint.rvs(low=1, high=11, size=6)
>>> print(x)
[ 5  6  7  4 10  9]
```

在继续说明更多概念前，笔者要介绍几个函数，方便更进一步解说。

质量概率函数（probability mass function）：离散随机数在特定值上的概率，所有特定值的概率总和是 1，参数名称与语法如下：

```
pmf(k, low, high, loc=0)                   # k 是数组
```

实例 4：产生实例 3 的质量概率。

```
>>> rv.pmf(x)
array([0.1, 0.1, 0.1, 0.1, 0.1, 0.1])
```

累积分布函数（cumulative density function）：离散随机数在特定值上的概率累积的值，参数名称与语法如下：

```
cdf(k, low, high, loc=0)                # k 是数组
```

实例 5：产生 [1,2,3,4,5,6,] 的累积分布。

```
>>> rv.cdf([1,2,3,4,5,6])
array([0.1, 0.2, 0.3, 0.4, 0.5, 0.6])
```

百分比函数（percent point function）：返回特定百分比位置的值，相当于是逆 cdf( ) 函数，参数名称与语法如下：

```
ppf(p, low, high, loc=0)                # p 是百分比数组
```

实例 6：延续实例 5，列出百分比位置的值。

```
>>> rv.ppf([0.1, 0.2, 0.3, 0.4, 0.5, 0.6])
array([1., 2., 3., 4., 5., 6.])
```

在 scipy.stats 模块中，对于离散均匀分布的随机数数组模型，可以使用下列统计概念中最常见的函数：

mean(low, high, loc=0)：算术平均数。

var(low, high, loc=0)：变异数。

std(low, high, loc=0)：标准偏差。

median(low, high, loc=0)：中位数。

实例 7：延续先前实例，列出 mean( )、var( )、std( )、median( ) 之值。

```
>>> rv.mean()
5.5
>>> rv.var()
8.25
>>> rv.std()
2.8722813232690143
>>> rv.median()
5.0
```

程序实例 ch24_4.py：绘制 [0,11] 间均匀分布的概率模型。

```
1  # ch24_4.py
2  import numpy as np
3  import matplotlib.pyplot as plt
4  import scipy.stats as st
5
6  rv = st.randint(low=1, high=11)
7  x = np.arange(1, 11)
8  plt.plot(x, rv.pmf(x), 'o')
9  plt.vlines(x, 0, rv.pmf(x), linestyles='dashed')
10 plt.show()
```

执行结果

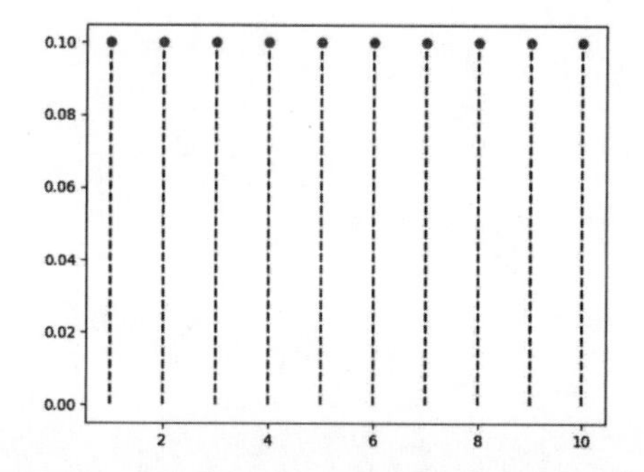

24-2-2 二项分布 Binomial distribution

如果有一个试验，结果只有成功与失败两个结果，同时每次实验均不会受到前一次实验影响，则我们称这是二项分布试验。在这个试验中假设成功概率是 p，则失败概率是 1-p，如果实验次数是 n 次，则成功次数是 np。

假设实验次数 n_trials 次，实验成功概率是 p，则可以使用下列方式获得二项分布的概率质量与概率累积数组。

```
binom(n_trials, p).pmf(x)              # x 是 0-(n_trials) 之数组
binom(n_trials, p).cdf(x)              # x 是 0-(n_trials) 之数组
```

程序实例 ch24_5.py：绘制 n_trials 是 50 次时，p=0.5, 0.3, 0.7 时二项分布之概率质量函数图。

```
1  # ch24_5.py
2  import numpy as np
3  import matplotlib.pyplot as plt
4  import scipy.stats as st
5
6  n_trials = 50
7  x = np.arange(n_trials)
8
9  plt.plot(x, st.binom(n_trials, 0.5).pmf(x), '-o', label='p=0.5, n=50')
10 plt.plot(x, st.binom(n_trials, 0.3).pmf(x), '-o', label='p=0.3, n=50')
11 plt.plot(x, st.binom(n_trials, 0.7).pmf(x), '-o', label='p=0.7, n=50')
12 plt.title("Binomial Distribution")
13 plt.xlabel("Probability Mass Function")
14 plt.legend()
15 plt.show()
```

执行结果

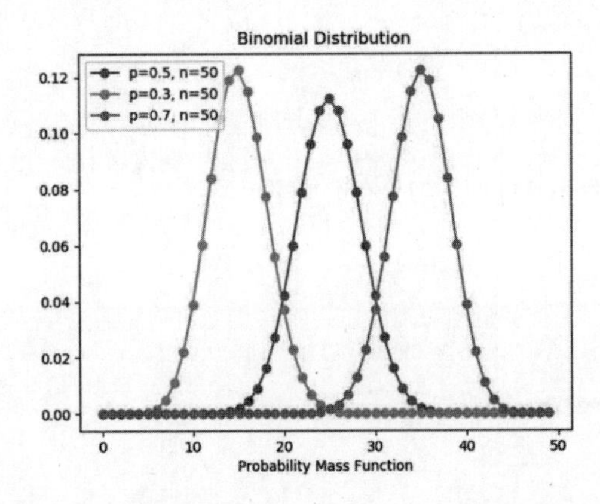

程序实例 ch24_6.py：绘制 n_trials 是 50 次时，p=0.5, 0.6, 0.7 时二项分布之概率累积函数图。

```
1  # ch24_6.py
2  import numpy as np
3  import matplotlib.pyplot as plt
4  import scipy.stats as st
5
6  n_trials = 50
7  x = np.arange(n_trials)
8
9  plt.plot(x, st.binom(n_trials, 0.5).cdf(x), '-o', label='p=0.5, n=50')
10 plt.plot(x, st.binom(n_trials, 0.6).cdf(x), '-o', label='p=0.6, n=50')
11 plt.plot(x, st.binom(n_trials, 0.7).cdf(x), '-o', label='p=0.7, n=50')
12 plt.title("Binomial Distribution")
13 plt.xlabel("Cumulative Distribution Function")
14 plt.legend()
15 plt.show()
```

执行结果

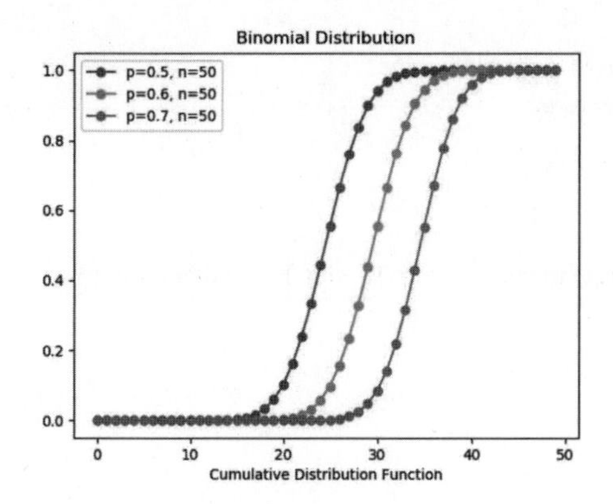

24-2-3　连续常态分布

在 scipy 的 stats 统计模块中，可以使用 norm( ) 建立常态分布模型，语法如下：

```
norm(loc=0, scale=1)   # loc 是 mean 预设是 0，scale 是标准偏差 std 预设是 1
```

如果 loc 是 0，scale 是 1，上述也可省略，直接使用 norm( )。另外，也可以使用 rvs( )，依据上述模型产生随机数。

实例 1：依据 norm( ) 常态分布模型产生 5 个随机数。

```
>>> import scipy.stats as st
>>> rv = st.norm()
>>> x = rv.rvs(size=5)
>>> print(x)
[-1.35197044 -0.12241552  1.2869465   0.60628621 -0.10141583]
```

有了常态分布模型的随机数数组，就可以使用这些数据建立下列相关的函数值：

概率密度函数（Probability density function）：参数名称与语法如下：

```
pdf(x, loc=0, scale=1)
```

实例 2：延续先前实例，建立 5 笔随机数的概率密度函数值。

```
>>> rv.pdf(x)
array([0.15995695, 0.39596426, 0.17428661, 0.33196358, 0.39689595])
```

累积分布函数（Cumulative distribution function）：参数名称与语法如下：

```
cdf(x, loc=0, scale=1)
```

实例 3：延续先前实例，建立 5 笔随机数的累积分布函数值。

```
>>> rv.cdf(x)
array([0.08819239, 0.45128497, 0.90094353, 0.72783764, 0.45961018])
```

百分比函数（Percent point function）：参数名称与语法如下：

```
ppf(x, loc=0, scale=1)
```

实例 4：产生 [0.5, 0.75] 的百分比值的值。

```
>>> rv.ppf([0.5,0.75])
array([0.        , 0.67448975])
```

在 scipy.stats 模块中，对于连续常态分布的随机数数组模型，可以使用下列统计概念中最常见的函数：

mean(loc=0, scale=1)：算术平均数。

var(loc=0, scale=1)：变异数。

std(loc=0, scale=1)：标准偏差。

median(loc=0, scale=1)：中位数。

实例 5：延续先前实例，列出 mean( )、var( )、std( )、median( ) 之值。

```
>>> rv.mean()
0.0
>>> rv.var()
1.0
>>> rv.std()
1.0
>>> rv.median()
0.0
```

程序实例 ch24_7.py：使用 norm( ) 产生 1000 个随机数，同时使用直方图 hist( ) 打印结果，请留意 y 轴是纪录次数。

```
1  # ch24_7.py
2  import matplotlib.pyplot as plt
3  import scipy.stats as st
4
5  x = st.norm.rvs(size=1000)
6  plt.hist(x)
7  plt.ylabel("Times")
8  plt.show()
```

执行结果

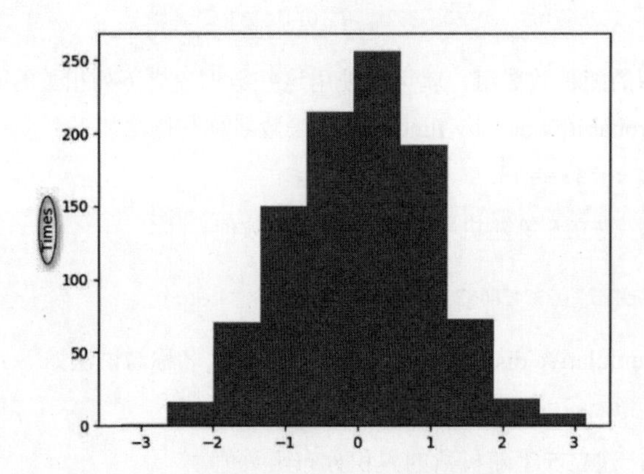

程序实例 ch24_8.py：重新设计上一个程序，将 y 轴改为出现频率，同时将 bins 长条数改为 20。

```
1  # ch24_8.py
2  import matplotlib.pyplot as plt
3  import scipy.stats as st
4
5  x = st.norm.rvs(size=1000)
6  plt.hist(x, bins=20, density=True)
7  plt.ylabel("Frequency")
8  plt.show()
```

执行结果

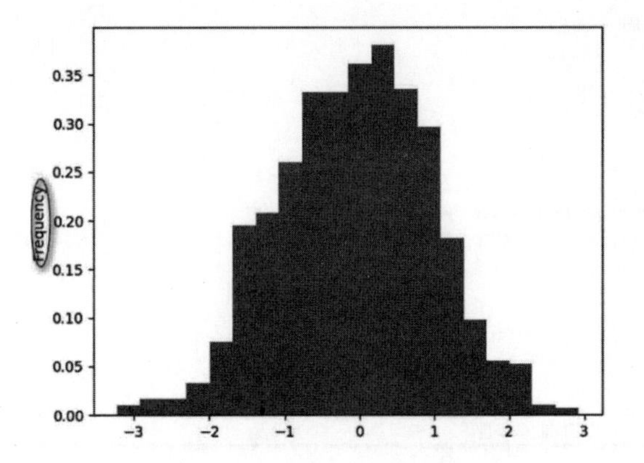

程序实例 ch24_9.py：扩充设计 ch24_8.py，以红线绘制概率密度函数产生的值与直方图比较。

```
1  # ch24_9.py
2  import matplotlib.pyplot as plt
3  import scipy.stats as st
4  import numpy as np
5
6  x = st.norm.rvs(size=1000)
7  plt.hist(x, bins=20, density=True)
8  plt.ylabel("Frequency")
9
10 xs = np.linspace(-3,3,100)
11 plt.plot(xs,st.norm.pdf(xs), 'r-')
12
13 plt.show()
```

执行结果

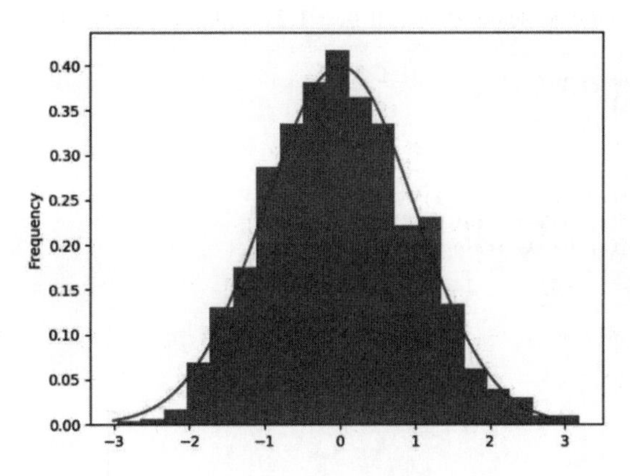

我们也可以使用积分 scipy.integrate 计算落在某个区间的概率值，有关积分的使用可以参考第 4 行和 11 行 trapz( )。

程序实例 ch24_10.py：计算落在 −2 和 2 之间的概率值。

```
1  # ch24_10.py
2  import matplotlib.pyplot as plt
3  import scipy.stats as st
4  from scipy.integrate import trapz
5  import numpy as np
6
7  x = np.linspace(-3,3,100)
8  plt.plot(x, st.norm.pdf(x), 'r-')
9
10 xs = np.linspace(-2,2,100)
11 p = trapz(st.norm.pdf(xs), xs)
12 print("落在-2与2之间的概率是 %4.2f" % (100*p) + "%")
13 plt.fill_between(xs, st.norm.pdf(xs), color="yellow")
14
15 plt.show()
```

执行结果

```
==================== RESTART: D:\Python\ch24\ch24_10.py ====================
落在-2与2之间的概率是 95.45%
```

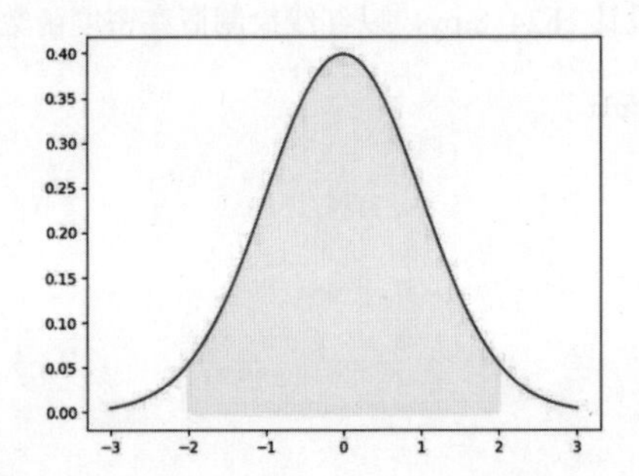

其实上述是以均值 loc 是 1，标准偏差 scale 是 1 的情况解说，适度更改 loc 和 scale，将看到不同的连续常态分布曲线。

程序实例 ch24_11.py：loc 和 scale 分别是 0,1、-1,2、1,0.5，绘制连续常态分布曲线。

```
1  # ch24_11.py
2  import matplotlib.pyplot as plt
3  import scipy.stats as st
4  import numpy as np
5
6  x = np.linspace(-3,3,100)
7  plt.plot(x, st.norm.pdf(x, loc=0, scale=1))
8  plt.plot(x, st.norm.pdf(x, loc=-1, scale=1.5))
9  plt.plot(x, st.norm.pdf(x, loc=1, scale=0.5))
10 plt.show()
```

执行结果

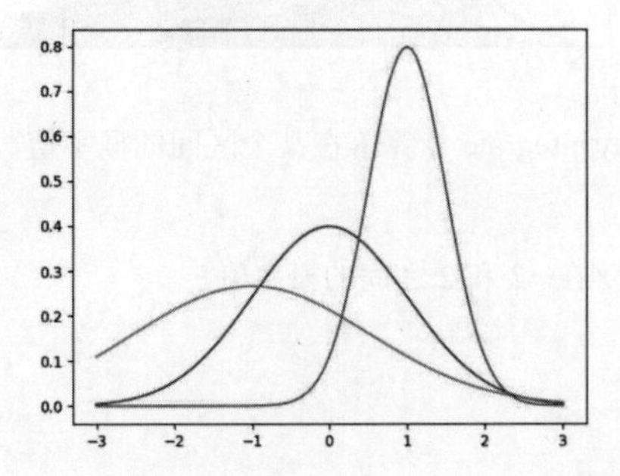

24-3 优化 scipy.optimize

更多有关 SciPi 内子模块 optimize 的相关知识可以参考下列网址：

https://docs.scipy.org/doc/scipy/reference/optimize.html#module-scipy.optimize

optimize 模块内有许多功能，如处理优化、找最小值、曲线拟合、解方程式的根等。其实这些概念需有线性代数（Linear Algebra）和优化（Optimization）基础，在此笔者将简单介绍解方程式方面的问题。

24-3-1 解一元二次方程式的根

在 5-7-4 节笔者有介绍使用 Python 基本功解方程式的根，其实我们也可以使用 optimization.root( ) 解方程式的根，它的语法如下：

```
root(fun, x0, options, …)            # options 是较少用的参数
```

fun 是要解的函数名称，x0 是初始迭代值（可以用不同的参数值，会有不同的结果）。

程序实例 ch24_12.py：计算下列一元二次方程式的根。

$$3x^2 + 5x + 1 = 0$$

```
1  # ch24_12.py
2  from scipy.optimize import root
3  def f(x):
4      return (a*x**2 + b*x + c)
5
6  a = 3
7  b = 5
8  c = 1
9  r1 = root(f,0)          # 初始迭代值0
10 print(r1.x)
11 r2 = root(f,-1)         # 初始迭代值-1
12 print(r2.x)
```

执行结果

```
==================== RESTART: D:/Python/ch24/ch24_12.py ====================
[-0.23240812]
[-1.43425855]
```

24-3-2 解联立线性方程式

我们也可以使用 root( ) 方法解联立方程式问题，可以参考下列实例。

程序实例 ch24_13.py：计算下列联立线性方程式的值。

```
2x + 3y = 13              # 相当于 2x + 3y - 13 = 0
x - 2y = -4               # 相当于 x - 2y + 4 = 0
```

在套用 root( ) 方法中，x 相当于 x[0]，y 相当于 x[1]。

```
1  # ch24_13.py
2  from scipy.optimize import root
3  def fun(x):
4      return (a*x[0]+b*x[1]+c, d*x[0]+e*x[1]+f)
5
6  a = 2
7  b = 3
8  c = -13
9  d = 1
10 e = -2
11 f = 4
12 r =  root(fun,[0,0])      # 初始迭代值0, 0
13 print(r.x)
```

执行结果

```
===================== RESTART: D:/Python/ch24/ch24_13.py =====================
[2. 3.]
```

24-3-3 计算 2 个线性方程式的交叉点

root( ) 方法也可以寻找 2 个线性方程式的交叉点。

程序实例 24_14.py：例如有 2 个线性方程式如下，请找出交叉点。

$$f(x) = x^2 - 5x + 7$$

$$f(x) = 2x + 1$$

```
1  # ch24_14.py
2  from scipy.optimize import root
3  import matplotlib.pyplot as plt
4  import numpy as np
5  def fx(x):
6      return (x**2-5*x+7)
7
8  def fy(x):
9      return (2*x+1)
10
11 # 计算交叉点
12 r1 =  root(lambda x:fx(x)-fy(x), 0)     # 初始迭代值0
13 r2 =  root(lambda x:fx(x)-fy(x), 5)     # 初始迭代值5
14 print("x1 = %4.2f,  y1 = %4.2f" % (r1.x,fx(r1.x)))
15 print("x2 = %4.2f,  y2 = %4.2f" % (r2.x,fx(r2.x)))
16 # 绘制fx函数图形
17 x1 = np.linspace(0, 10, 40)
18 y1 = x1**2-5*x1+7                       # fx
19 plt.plot(r1.x, fx(r1.x), 'o')
20 plt.plot(x1, y1, '-', label='x**2-5*x+7')
21 # 绘制fy函数图形
22 x2 = np.linspace(0, 10, 40)
23 y2 = 2*x2+1                             # fy
24 plt.plot(r2.x, fy(r2.x), 'o')
25 plt.plot(x2, y2, '-', label='2*x+1')
26 plt.legend(loc='best')
27 plt.show()
```

执行结果

```
===================== RESTART: D:\Python\ch24\ch24_14.py =====================
x1 = 1.00,  y1 = 3.00
x2 = 6.00,  y2 = 13.00
```

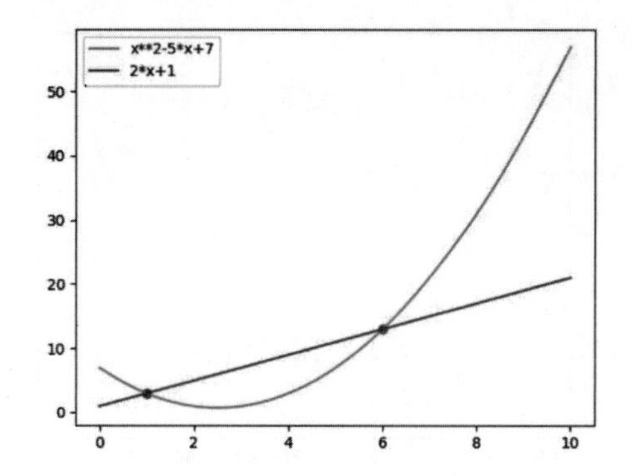

24-3-4　找出线性方程式的最小值和最大值

一元二次方程式表达如下：

$f(x) = ax^2 + bx + c$

如果 a > 0，代表函数曲线开口向上，所以可以找到此线性函数 f(x) 的最小值。如果 a < 0，代表函数曲线开口向下，所以可以找到此线性函数 f(x) 的最大值。

在 optimize 模块内有 minimize_scalar( ) 方法可以找出 f(x) 函数的最小值，也可以由此导入函数找出最小值的（x,y）坐标，语法如下：

```
minimize_scalar(fun)
```

程序实例 ch24_15.py：找出下列函数的最小值与其坐标，同时绘制此函数图形。

$f(x) = 3(x-2)^2 - 2$

```
1  # ch24_15.py
2  from scipy.optimize import root
3  from scipy.optimize import minimize_scalar
4  import matplotlib.pyplot as plt
5  import numpy as np
6  def f(x):
7      return (3*(x-2)**2 - 2)
8
9  # 计算最小值
10 r = minimize_scalar(f)
11 print("当x是 %4.2f 时, 有函数最小值" % r.x)
12 print("坐标是 ", r.x, f(r.x))
13 # 绘制此函数图形
14 x = np.linspace(0, 4, 40)
15 y = 3*(x-2)**2 - 2
16 plt.plot(r.x, f(r.x), 'o')
17 plt.plot(x, y, '-')
18 plt.show()
```

执行结果

```
==================== RESTART: D:\Python\ch24\ch24_15.py ====================
当x是 2.00 时, 有函数最小值
坐标是  2.0 -2.0
```

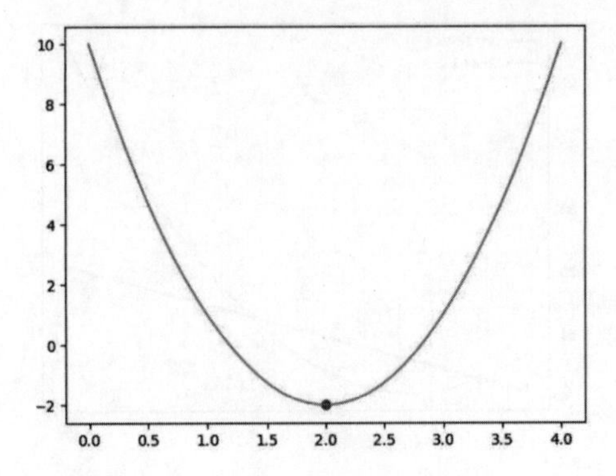

使用 minimize_scalar( ) 是可以找出 f(x) 函数最小值的方法，只要此 f(x) 在返回时乘以 -1，即可找出 f(x) 函数的最大值。

程序实例 ch24_16.py：找出下列函数的最大值与其坐标。

$$f(x) = -3(x-2)^2 + 3$$

```
1  # ch24_16.py
2  from scipy.optimize import root
3  from scipy.optimize import minimize_scalar
4  import matplotlib.pyplot as plt
5  import numpy as np
6  def fmax(x):
7      return (-1*(-3*(x-2)**2 + 3))
8
9  def f(x):
10     return (-3*(x-2)**2 + 3)
11
12 # 计算最大值
13 r = minimize_scalar(fmax)
14 print("当x是 %4.2f 时，有函数最大值" % r.x)
15 print("坐标是 ", r.x, f(r.x))
16 # 绘制此函数图形
17 x = np.linspace(0, 4, 40)
18 y = -3*(x-2)**2 + 3
19 plt.plot(r.x, f(r.x), 'o')
20 plt.plot(x, y, '-')
21 plt.show()
```

执行结果

```
===================== RESTART: D:\Python\ch24\ch24_16.py =====================
当x是 2.00 时，有函数最大值
坐标是  2.0 3.0
```

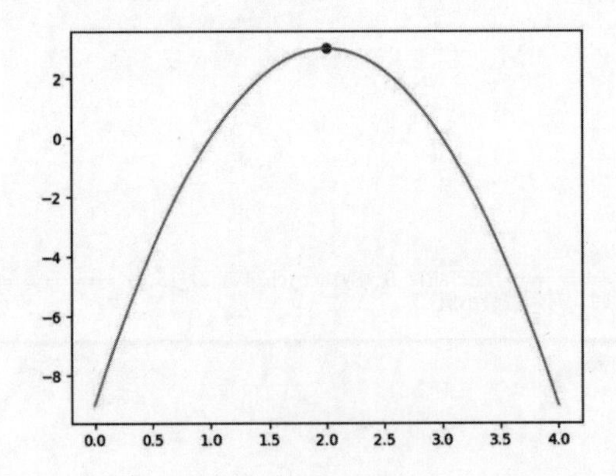

24-4 插值 scipy.interpolate

更多有关 SciPi 内子模块 interpolate 的相关知识可以参考下列网址：

https://docs.scipy.org/doc/scipy/reference/tutorial/interpolate.html

本节将只介绍差值中最简单的 1-D 插值，更多的应用读者可以参考相关书籍。在科学运算领域 interpolate 可以翻译为插值或内插，本书翻译为插值，它的概念是在一些已知的数据（可以从实验或采样取得，如已知的离散的点）中，使用插入方法推算新的点。

程序实例 ch24_17.py：有一些采样所得的散点共计 21 个，这些散点可用函数 f(x) 公式表示，此例中在 0 和 20 之间产生 21 个点，本程序将绘出这些点。

$$f(x) = \sin(x^2/5)$$

```
1  # ch24_17.py
2  import numpy as np
3  import matplotlib.pyplot as plt
4  from scipy.interpolate import interp1d
5
6  x = np.linspace(0,20,21)
7  y = np.sin(x**2/5.0)
8  plt.plot(x,y,'o',label='data')
9  plt.legend(loc='best')
10 plt.show()
```

执行结果

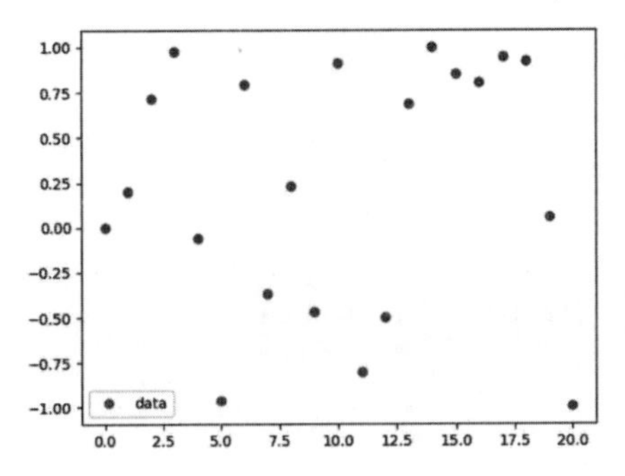

现在我们可以使用下列 Linear 方法（线性插值法），将上述（x,y）数据导入 interp1d( )，产生新的函数 fLinear( )。

```
flinear = interp1d(x, y)                    # 预设是 linear 方法
```

程序实例 ch24_18.py：使用 Linear 插入方法扩充程序实例 ch24_17.py，同时将 x 的点扩充至 61 个。

```
1  # ch24_18.py
2  import numpy as np
3  import matplotlib.pyplot as plt
4  from scipy.interpolate import interp1d
5
6  x = np.linspace(0,20,21)
7  y = np.sin(x**2/5.0)
8
9  fLinear = interp1d(x,y)                              # Linear插值函数
10 xnew = np.linspace(0,20,61)                          # 扩充的x轴数据
11
12 plt.plot(x,y,'o',label='data')
13 plt.plot(xnew,fLinear(xnew),'-',label='linear')      # Linear
14
15 plt.legend(loc='best')
16 plt.show()
```

执行结果

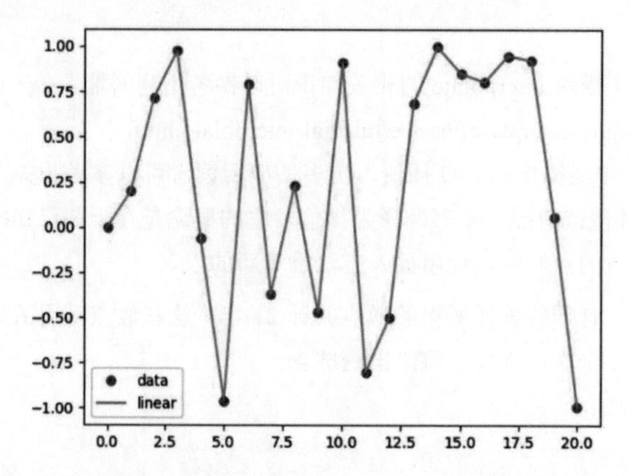

现在我们可以使用下列 Cubic 方法（三次插值法），将上述（x,y）数据导入 interp1d( )，产生新的 fCubic 对象。

```
fCubic = interp1d(x, y, kind='cubic')
```

程序实例 ch24_19.py：使用 Cubic 插入方法扩充程序实例 ch24_18.py。

```
1  # ch24_19.py
2  import numpy as np
3  import matplotlib.pyplot as plt
4  from scipy.interpolate import interp1d
5
6  x = np.linspace(0,20,21)
7  y = np.sin(x**2/5.0)
8
9  fLinear = interp1d(x,y)                                  # Linear插值函数
10 fCubic = interp1d(x,y,kind='cubic')                      # Cubic插值函数
11 xnew = np.linspace(0,20,61)                              # 扩充的x轴数据
12
13 plt.plot(x,y,'o',label='data')
14 plt.plot(xnew,fLinear(xnew),'-',label='linear')          # Linear
15 plt.plot(xnew,fCubic(xnew),'--',label='cubic')           # Cubic
16
17 plt.legend(loc='best')
18 plt.show()
```

执行结果

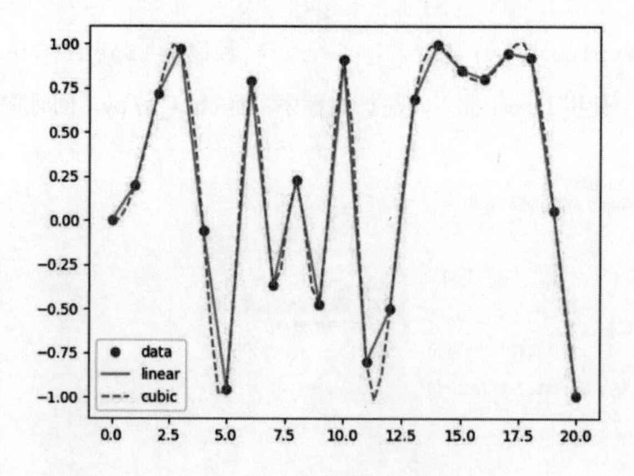

习题

1. 请使用 linalg 模块解下列联立方程式。（24-1 节）

$x + 3y + 5z = 20$

$2x + 5y + z = 12$

$2x + 3y + 8z = 6$

```
====================== RESTART: D:/Python/ex/ex24_1.py ======================
[-20.  10.   2.]
```

2. 请参考 ch24_6.py 绘制 n_trials 是 50 次时，p=0.2, 0.5, 0.8 时二项分布之概率累积函数图。（24-2 节）

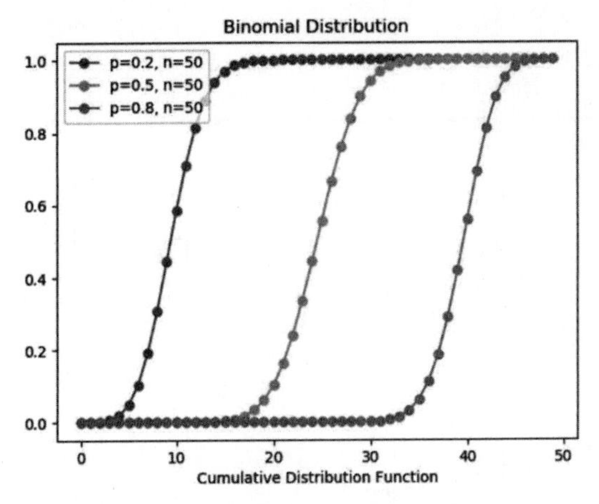

3. 请重新设计 ch24_10.py，将标准偏差改为 1.5，同时计算落在 -1 和 1 之间的概率值。（24-2 节）

```
====================== RESTART: D:\Python\ex\ex24_3.py ======================
落在-1与1之间的概率是 49.50%
```

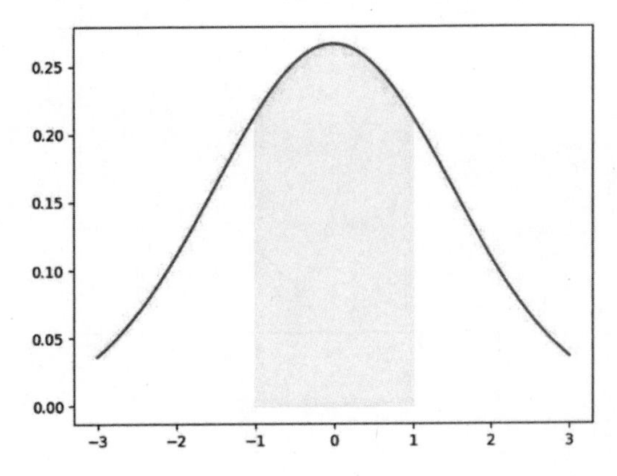

4. 计算下列一元二次方程式的根，同时绘制此函数图形。（24-3 节）

$x^2 + 7x = 0$

```
====================== RESTART: D:/Python/ex/ex24_4.py ======================
[0.]
[-7.]
```

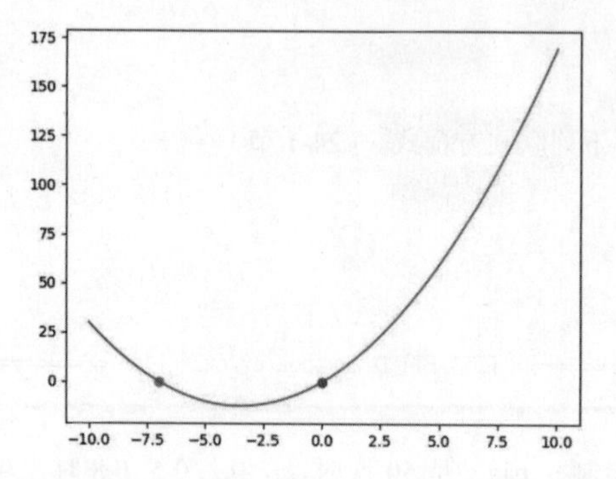

5. 找出下列函数的最小值与其坐标，同时绘制此函数图形。（24-3 节）

$f(x)=2(x-2)^2+4x-5$

```
===================== RESTART: D:\Python\ex\ex24_5.py =====================
当x是 1.00 时，有函数最小值
坐标是（1.00, 1.00）
```

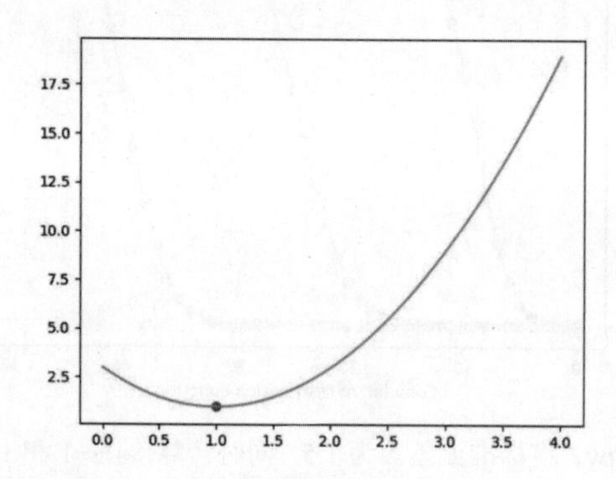

6. 请修改程序实例 ch24_19.py，将原始数据函数改为 cos（$x^2/9$），同时最初在 1 ～ 10 取 11 个点，在执行 linear 和 cubic 插入时，在 0 ～ 10 取 51 个点。（24-4 节）

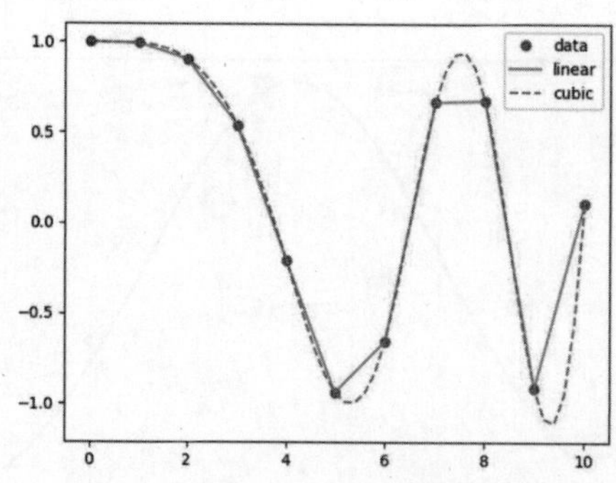

25

第 2 5 章

Pandas 模块

本章摘要

Pandas 是一个建构在 Numpy 之上，专为 Python 编写的外部模块，主要是整合了 Numpy、Scipy 和 Matplotlab 的功能，可以很方便地执行数据处理与分析。它的名称主要是来自 panel、dataframe 与 series，而这 3 个单词也是 Pandas 的 3 个数据结构 Panel、DataFrame 和 Series。

有时候 Panda 也被称为“熊猫”，使用此模块前请使用下列方式安装：

```
pip install panda
```

安装完成后可以使用下列方式导入模块，了解目前的 Pandas 版本。

```
>>> import pandas as pd
>>> pd.__version__
'0.24.1'
```

本章将介绍 Pandas 最基础与最常用的部分，读者若想了解更多可以参考下列网址：

https://pandas.pydata.org

25-1 Series

Series 是一种一维的数组数据结构，在这个数组内可以存放整数、浮点数、字符串、Python 对象（例如字符串 list、字典 dist 等）以及 Numpy 的 ndarray、纯量等。虽然是一维数组数据，可是看起来却好像是二维数组数据，因为一个是索引（index）或称标签（label），另一个是实际的数据。

Series 结构与 Python 的 list 类似，不过程序设计师可以为 Series 的每个元素自行命名索引。可以使用 pd.Series( ) 建立 Series 对象，语法如下：

```
pandas.Series(data=None, index=None, dtype=None, name=None, options, …)
```

25-1-1 使用列表 list 建立 Series 对象

最简单的建立 Series 对象的方式是在 data 参数使用列表。

实例 1：在 data 参数使用列表建立 Series 对象 s1，然后列出结果。

```
>>> import pandas as pd
>>> s1 = pd.Series([11,22,33,44,55])
>>> s1
0    11
1    22
2    33
3    44
4    55
dtype: int64
```

我们只有建立 Series 对象 s1 内容，可是打印时看到左边字段有系统自建的索引，Pandas 的索引也是从 0 开始计数，这也是为什么我们说 Series 是一个一维数组，可是看起来像是二维数组的原因。有了这个索引，可以使用索引存取对象内容。

实例 2：延续先前实例，列出 Series 特定索引内容与修改内容。

```
>>> s1[1]
22
>>> s1[1] = 20
>>> s1
0    11
1    20
2    33
3    44
4    55
dtype: int64
```

25-1-2　使用 Python 字典 dict 建立 Series 对象

如果我们使用 Python 的字典建立 Series 对象时，字典的键（key）就会被视为 Series 对象的索引，字典键的值（value）就会被视为 Series 对象的值。

实例：使用 Python 字典 dict 建立 Series 对象，同时列出结果。

```
>>> import pandas as pd
>>> mydict = {'北京':'Beijing', '东京':'Tokey'}
>>> s2 = pd.Series(mydict)
>>> s2
北京    Beijing
东京      Tokey
dtype: object
```

25-1-3　使用 Numpy 的 ndarray 建立 Series 对象

实例：使用 Numpy 的 ndarray 建立 Series 对象，同时列出结果。

```
>>> import pandas as pd
>>> import numpy as np
>>> s3 = pd.Series(np.arange(0, 7, 2))
>>> s3
0    0
1    2
2    4
3    6
dtype: int32
```

25-1-4　建立含索引的 Series 对象

目前为止我们了解在建立 Series 对象时，默认情况索引是从 0 开始计数，若是我们使用字典建立 Series 对象，字典的健（key）就是索引。其实在建立 Series 对象时，也可以使用 index 参数自行建立索引。

实例 1：建立索引不是从 0 开始计数。

```
>>> myindex = [3, 5, 7]
>>> price = [100, 200, 300]
>>> s4 = pd.Series(price, index=myindex)
>>> s4
3    100
5    200
7    300
dtype: int64
```

实例 2：建立含自定义索引的 Series 对象，同时列出结果。

```
>>> fruits = ['Orange', 'Apple', 'Grape']
>>> price = [30, 50, 40]
>>> s5 = pd.Series(price, index=fruits)
>>> s5
Orange    30
Apple     50
Grape     40
dtype: int64
```

上述有时候也可以用下列方式建立一样的 Series 对象。

```
s5 = pd.Series([30, 50, 40], index=['Orange', 'Apple', 'Grape'])
```

由上述内容读者应该体会到，Series 对象有一个很大的特色，那就是可以使用任意方式的索引。

25-1-5 使用纯量建立 Series 对象

实例：使用纯量建立 Series 对象，同时列出结果。

```
>>> s6 = pd.Series(9, index=[1,2,3])
>>> s6
1    9
2    9
3    9
dtype: int64
```

虽然只有一个纯量搭配 3 个索引，Pandas 会主动将所有索引值用此纯量补上。

25-1-6 列出 Series 对象索引与值

从前面实例可以知道，我们可以直接用 print（对象名称），打印 Series 对象，其实也可以使用下列方式得到 Series 对象索引和值：

```
obj.values                # 假设对象名称是 obj，Series 对象值
obj.index                 # 假设对象名称是 obj，Series 对象索引
```

实例：打印 Series 对象索引和值。

```
>>> s5 = pd.Series([30, 50, 40], index=['Orange', 'Apple', 'Grape'])
>>> print(s5.values)
[30 50 40]
>>> print(s5.index)
Index(['Orange', 'Apple', 'Grape'], dtype='object')
```

25-1-7 Series 的运算

Series 的运算方法许多与 Numpy 的 ndarray 或是 Python 的列表相同，但是有一些更好用的功能，本小节会做解说。

实例 1：可以将切片概念应用在 Series 对象。

```
>>> s = pd.Series([0, 1, 2, 3, 4, 5])
>>> s[2:4]
2    2
3    3
dtype: int64
>>> s[:3]
0    0
1    1
2    2
dtype: int64
>>> s[2:]
2    2
3    3
4    4
5    5
dtype: int64
>>> s[-1:]
5    5
dtype: int64
```

四则运算与求余数的概念也可以应用在 Series 对象。

实例 2：Series 物件相加。

```
>>> x = pd.Series([1, 2])
>>> y = pd.Series([3, 4])
>>> x + y
0    4
1    6
dtype: int64
```

实例 3：Series 物件相乘。

```
>>> x = pd.Series([1, 2])
>>> y = pd.Series([3, 4])
>>> x * y
0    3
1    8
dtype: int64
```

逻辑运算的概念也可以应用在 Series 对象。

实例 4：逻辑运算应用在 Series 对象。

```
>>> x = pd.Series([1, 5, 9])
>>> y = pd.Series([2, 4, 8])
>>> x > y
0    False
1     True
2     True
dtype: bool
```

有两个 Series 对象拥有相同的索引，这时也可以将这两个对象相加。

实例 5：Series 对象拥有相同索引，执行相加的应用。

```
>>> fruits = ['Orange', 'Apple', 'Grape']
>>> x1 = pd.Series([20, 30, 40], index=fruits)
>>> x2 = pd.Series([25, 38, 55], index=fruits)
>>> y = x1 + x2
>>> y
Orange    45
Apple     68
Grape     95
dtype: int64
```

在执行相加时，如果两个索引不相同，也可以执行相加，这时不同索引的索引内容值会填上 NaN（Not a Number），可以解释为非数字或无定义数字。

实例 6：Series 对象拥有不同索引，执行相加的应用。

```
>>> fruits1 = ['Orange', 'Apple', 'Grape']
>>> fruits2 = ['Orange', 'Banana', 'Grape']
>>> x1 = pd.Series([20, 30, 40], index=fruits1)
>>> x2 = pd.Series([25, 38, 55], index=fruits2)
>>> y = x1 + x2
>>> y
Apple      NaN
Banana     NaN
Grape     95.0
Orange    45.0
dtype: float64
```

当索引是非数值而是字符串时，可以使用下列方式取得元素内容。

实例 7：Series 的索引是字符串，取得元素内容的应用。

```
>>> fruits = ['Orange', 'Apple', 'Grape']
>>> x = pd.Series([20, 30, 40], index=fruits)
>>> print(x['Apple'])
30
>>> print(x[['Apple', 'Orange']])
Apple     30
Orange    20
dtype: int64
>>> print(x[['Orange', 'Apple', 'Grape']])
Orange    20
Apple     30
Grape     40
dtype: int64
```

我们也可以将纯量与 Series 对象做运算，甚至也可以将函数应用在 Series 对象。

实例 8：将纯量与和函数应用在 Series 对象上。

```
>>> fruits = ['Orange', 'Apple', 'Grape']
>>> x = pd.Series([20, 30, 40], index=fruits)
>>> print((x + 10) * 2)
Orange     60
Apple      80
Grape     100
dtype: int64
>>> print(np.sin(x))
Orange    0.912945
Apple    -0.988032
Grape     0.745113
dtype: float64
```

25-2 DataFrame

DataFrame 是一种二维的数组数据结构，逻辑上而言可以视为是类似 Excel 的工作表，在这个二维数组内可以存放整数、浮点数、字符串、Python 对象（例如字符串 list、字典 dist 等）以及 Numpy 的 ndarray、纯量等。

可以使用 DataFrame( ) 建立 DataFrame 对象，语法如下：

pandas.DataFrame(data=None,index=None,dtype=None,name=None)

25-2-1 建立 DataFrame 使用 Series

我们可以使用组合 Series 对象成为二维数组的 DataFrame。组合的方式是使用 pandas.concat ([Series1, Series2, …], axis=1)。

程序实例 ch25_1.py：建立 Beijing、HongKong、Singapore 2020—2022 年 3 月的平均温度，成为 3 个 Series 对象。笔者设置 concat( ) 方法不设置 axis，结果不是我们预期。

```
1  # ch25_1.py
2  import pandas as pd
3  years = range(2020, 2023)
4  beijing = pd.Series([20, 21, 19], index = years)
5  hongkong = pd.Series([25, 26, 27], index = years)
6  singapore = pd.Series([30, 29, 31], index = years)
7  citydf = pd.concat([beijing, hongkong, singapore])  # 预设axis=0
8  print(type(citydf))
9  print(citydf)
```

执行结果

```
==================== RESTART: D:\Python\ch25\ch25_1.py ====================
<class 'pandas.core.series.Series'>
2020    20
2021    21
2022    19
2020    25
2021    26
2022    27
2020    30
2021    29
2022    31
dtype: int64
```

很明显上述不是我们的预期，经过 concat( ) 方法组合后，citydf 数据形态仍是 Series，问题出现在使用 concat( ) 组合 Series 对象时 axis 的默认是 0，如果将第 7 行改为增加 axis=1 参数即可。

程序实例 ch25_2.py：重新设计 ch25_1.py 建立 DataFrame 对象。

```
1  # ch25_2.py
2  import pandas as pd
3  years = range(2020, 2023)
4  beijing = pd.Series([20, 21, 19], index = years)
5  hongkong = pd.Series([25, 26, 27], index = years)
6  singapore = pd.Series([30, 29, 31], index = years)
7  citydf = pd.concat([beijing, hongkong, singapore],axis=1)  # axis=1
8  print(type(citydf))
9  print(citydf)
```

执行结果

```
==================== RESTART: D:/Python/ch25/ch25_2.py ====================
<class 'pandas.core.frame.DataFrame'>
       0   1   2
2020  20  25  30
2021  21  26  29
2022  19  27  31
```

从上述执行结果我们已经得到所要的 DataFrame 对象了。

25-2-2 字段 columns 属性

上述 ch25_2.py 的执行结果不完美是因为字段 columns 没有名称，在 pandas 中可以使用 columns 属性设置域名。

程序实例 ch25_3.py：扩充 ch25_2.py，使用 columns 属性设置域名。

```
1  # ch25_3.py
2  import pandas as pd
3  years = range(2020, 2023)
4  beijing = pd.Series([20, 21, 19], index = years)
5  hongkong = pd.Series([25, 26, 27], index = years)
6  singapore = pd.Series([30, 29, 31], index = years)
7  citydf = pd.concat([beijing, hongkong, singapore],axis=1)  # axis=1
8  cities = ["Beijing", "HongKong", "Singapore"]
9  citydf.columns = cities
10 print(citydf)
```

执行结果

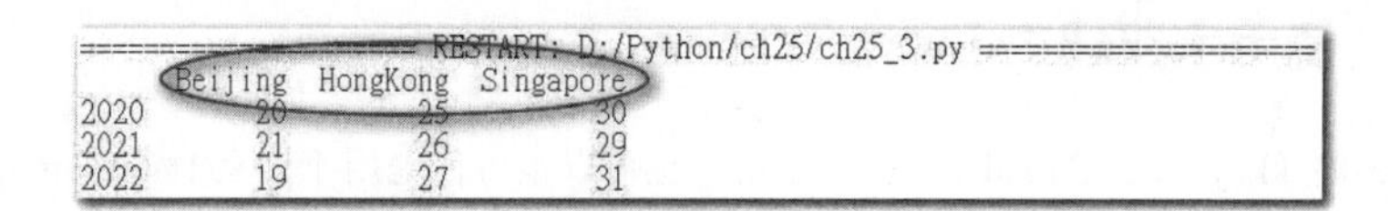

```
==================== RESTART: D:/Python/ch25/ch25_3.py ====================
      Beijing  HongKong  Singapore
2020       20        25         30
2021       21        26         29
2022       19        27         31
```

25-2-3 Series 对象的 name 属性

Series 对象有 name 属性，我们可以在建立对象时，在 Series( ) 内建立此属性，也可以等对象建立好了后再设置此属性，如果有 name 属性，在打印 Series 对象时就可以看到此属性。

实例：建立 Series 对象时，同时建立 name。

```
>>> beijing = pd.Series([20, 21, 19], name='Beijing')
>>> beijing
0    20
1    21
2    19
Name: Beijing, dtype: int64
```

程序实例 ch25_4.py：更改 ch25_3.py 的设计方式，使用 name 属性设置 DataFrame 的 columns 域名。

```
1  # ch25_4.py
2  import pandas as pd
3  years = range(2020, 2023)
4  beijing = pd.Series([20, 21, 19], index = years)
5  hongkong = pd.Series([25, 26, 27], index = years)
6  singapore = pd.Series([30, 29, 31], index = years)
7  beijing.name = "Beijing"
8  hongkong.name = "HongKong"
9  singapore.name = "Singapore"
10 citydf = pd.concat([beijing, hongkong, singapore],axis=1)
11 print(citydf)
```

执行结果 与 ch25_3.py 相同。

25-2-4 使用元素是字典的列表建立 DataFrame

有一个列表它的元素是字典时，可以使用此列表建立 DataFrame。

程序实例 ch25_5.py：使用元素是字典的列表建立 DataFrame 对象。

```
1  # ch25_5.py
2  import pandas as pd
3  data = [{'apple':50,'Orange':30,'Grape':80},{'apple':50,'Grape':80}]
4  fruits = pd.DataFrame(data)
5  print(fruits)
```

执行结果

```
==================== RESTART: D:/Python/ch25/ch25_5.py ====================
   Grape  Orange  apple
0     80    30.0     50
1     80     NaN     50
```

上述如果碰上字典健（key）没有对应，该位置将填入 NaN。

25-2-5 使用字典建立 DataFrame

一个字典健（key）的值（value）是列表时，也可以很方便地用于建立 DataFrame。

程序实例 ch25_6.py：使用字典建立 DataFrame 对象。

```
1  # ch25_6.py
2  import pandas as pd
3  cities = {'country':['China', 'Japan', 'Singapore'],
4            'town':['Beijing','Tokyo','Singapore'],
5            'population':[2000, 1600, 600]}
6  citydf = pd.DataFrame(cities)
7  print(citydf)
```

执行结果

```
===================== RESTART: D:\Python\ch25\ch25_6.py =====================
     country       town  population
0      China    Beijing        2000
1      Japan      Tokyo        1600
2  Singapore  Singapore         600
```

25-2-6　index 属性

对于 DataFrame 对象而言，我们可以使用 index 属性设置对象的 row 卷标，例如，若是以 ch25_6.py 的执行结果而言，0,1,2 索引就是 row 卷标。

程序实例 ch25_7.py：重新设计 ch25_6.py，将 row 标签改为 first, second, third。

```
1  # ch25_7.py
2  import pandas as pd
3  cities = {'country':['China', 'Japan', 'Singapore'],
4            'town':['Beijing','Tokyo','Singapore'],
5            'population':[2000, 1600, 600]}
6  rowindex = ['first', 'second', 'third']
7  citydf = pd.DataFrame(cities, index=rowindex)
8  print(citydf)
```

执行结果

```
===================== RESTART: D:\Python\ch25\ch25_7.py =====================
          country       town  population
first       China    Beijing        2000
second      Japan      Tokyo        1600
third   Singapore  Singapore         600
```

25-2-7　将 columns 字段当作 DataFrame 对象的 index

另外，以字典方式建立 DataFrame，如果字典内某个元素被当作 index 时，这个元素就不会在 DataFrame 的字段 columns 上出现。

程序实例 ch25_8.py：重新设计 ch25_7.py，这个程序会将 country 当作 index。

```
1  # ch25_8.py
2  import pandas as pd
3  cities = {'country':['China', 'Japan', 'Singapore'],
4            'town':['Beijing','Tokyo','Singapore'],
5            'population':[2000, 1600, 600]}
6  citydf = pd.DataFrame(cities, columns=["town","population"],
7                        index=cities["country"])
8  print(citydf)
```

执行结果

```
===================== RESTART: D:/Python/ch25/ch25_8.py =====================
                town  population
China        Beijing        2000
Japan          Tokyo        1600
Singapore  Singapore         600
```

25-3 基本 Pandas 数据分析与处理

Series 和 DataFrame 对象建立完成后，下一步就是执行数据分析与处理，Pandas 提供了许多函数或方法，用户可以执行许多数据分析与处理，本节将讲解基本概念，读者若想更进一步学习可以参考 Pandas 专业书籍，或是参考 Pandas 官方网站。

25-3-1 索引参照属性

本小节将说明下列属性的用法：

at：使用 index 和 columns 内容取得或设置单一元素内容或数组内容。

iat：使用 index 和 columns 编号取得或设置单一元素内容。

loc：使用 index 或 columns 内容取得或设置整个 row 或 columns 数据或数组内容。

iloc：使用 index 或 columns 编号取得或设置整个 row 或 columns 数据。

程序实例 ch25_9.py：在说明上述属性用法前，笔者先建立一个 DataFrame 对象，然后用此对象做解说。

```
1  # ch25_9.py
2  import pandas as pd
3  cities = {'Country':['China','China','Thailand','Japan','Singapore'],
4            'Town':['Beijing','Shanghai','Bangkok', 'Tokyo','Singapore'],
5            'Population':[2000, 2300, 900, 1600, 600]}
6  df = pd.DataFrame(cities, columns=["Town","Population"],
7                    index=cities["Country"])
8  print(df)
```

执行结果 下列是 Python Shell 窗口的执行结果，下列实例请在此窗口执行。

```
==================== RESTART: D:/Python/ch25/ch25_9.py ====================
                Town  Population
China        Beijing        2000
China       Shanghai        2300
Thailand     Bangkok         900
Japan          Tokyo        1600
Singapore  Singapore         600
```

实例 1：使用 at 属性 row 是 'Japan'，column 是 'Town'，并列出结果。

```
>>> df.at['Japan','Town']
'Tokyo'
```

如果观察可以看到有两个索引是 'China'，如果 row 是 'China' 时，这时可以获得数组数据，可以参考下列实例。

实例 2：使用 at 属性取得 row 是 'China'，column 是 'Town'，并列出结果。

```
>>> df.at['China', 'Town']
array(['Beijing', 'Shanghai'], dtype=object)
```

实例 3：使用 iat 属性取得 row 是 2，column 是 0，并列出结果。

```
>>> df.iat[2,0]
'Bangkok'
```

实例 4：使用 loc 属性取得 row 是 'Singapore'，并列出结果。

```
>>> df.loc['Singapore']
Town          Singapore
Population          600
Name: Singapore, dtype: object
```

实例 5：使用 loc 属性取得 row 是 'Japan' 和 'Thailand'，并列出结果。

```
>>> df.loc[['Japan', 'Thailand']]
             Town  Population
Japan       Tokyo        1600
Thailand  Bangkok         900
```

实例 6：使用 loc 属性取得 row 是 'China':'Thailand'，column 是 'Town':'Population'，并列出结果。

```
>>> df.loc['China':'Thailand','Town':'Population']
              Town  Population
China      Beijing        2000
China     Shanghai        2300
Thailand   Bangkok         900
```

实例 7：使用 iloc 属性取得 row 是 0 的数据，并列出结果。

```
>>> df.iloc[0]
Town          Beijing
Population       2000
Name: China, dtype: object
```

25-3-2　直接索引

除了上一节的方法可以取得 DataFrame 的对象内容，也可以使用直接索引方式取得内容，这一小节仍将继续使用 ch25_9.py 所建的 DataFrame 物件 df。

实例 1：直接索引取得 'Town' 的数据并打印。

```
>>> df['Town']
China          Beijing
China         Shanghai
Thailand       Bangkok
Japan            Tokyo
Singapore    Singapore
Name: Town, dtype: object
```

实例 2：取得 column 是 'Town'，row 是 'Japan' 的数据并打印。

```
>>> df['Town']['Japan']
'Tokyo'
```

实例 3：取的 column 是 'Town' 和 'Population' 的数据并打印。

```
>>> df[['Town','Population']]
                Town  Population
China        Beijing        2000
China       Shanghai        2300
Thailand     Bangkok         900
Japan          Tokyo        1600
Singapore  Singapore         600
```

实例 4：取得 row 编号 3 之前的数据并打印。

```
>>> df[:3]
              Town  Population
China      Beijing        2000
China     Shanghai        2300
Thailand   Bangkok         900
```

实例 5：取得 Population 大于 1000 的数据并打印。

```
>>> df[df['Population'] > 1000]
           Town  Population
China   Beijing        2000
China  Shanghai        2300
Japan     Tokyo        1600
```

25-3-3 四则运算方法

下列是适用 Pandas 的四则运算方法：

add( )：加法运算。

sub( )：减法运算。

mul( )：乘法运算。

div( )：除法运算。

实例 1：加法与减法运算。

```
>>> s1 = pd.Series([1,2,3])
>>> s2 = pd.Series([4,5,6])
>>> x = s1.add(s2)
>>> print(x)
0    5
1    7
2    9
dtype: int64
>>> y = s1.sub(s2)
>>> print(y)
0   -3
1   -3
2   -3
dtype: int64
```

实例 2：乘法与除法运算。

```
>>> data1 = [{'a':10,'b':20}, {'a':30, 'b':40}]
>>> df1 = pd.DataFrame(data1)
>>> data2 = [{'a':1,'b':2}, {'a':3, 'b':4}]
>>> df2 = pd.DataFrame(data2)
>>> x = df1.mul(df2)
>>> print(x)
    a    b
0  10   40
1  90  160
>>> y = df1.div(df2)
>>> print(y)
      a     b
0  10.0  10.0
1  10.0  10.0
```

25-3-4 逻辑运算方法

下列是适用 Pandas 的逻辑运算方法：

gt( )、lt( )：大于、小于运算。

ge( )、le( )：大于或等于、小于或等于运算。

eq( )、ne( )：等于、不等于运算。

实例：逻辑运算 gt( ) 和 eq( ) 的应用。

```
>>> s1 = pd.Series([1,5,9])
>>> s2 = pd.Series([2,4,8])
>>> x = s1.gt(s2)
>>> print(x)
0    False
1     True
2     True
dtype: bool
>>> y = s1.eq(s2)
>>> print(y)
0    False
1    False
2    False
dtype: bool
```

25-3-5　Numpy 的函数应用在 Pandas

实例：将 Numpy 的函数 square( ) 应用在 Series。

```
>>> import numpy as np
>>> import pandas as pd
>>> s = pd.Series([1,2,3])
>>> x = np.square(s)
>>> print(x)
0    1
1    4
2    9
dtype: int64
```

程序实例 ch25_10.py：将 Numpy 的随机值函数 randint( ) 应用在建立 DataFrame 对象的元素内容，假设有一门课程，第一次 first、第二次 second 和最后成绩 final 皆是使用随机数给予，分数是 60 ～ 99。

```
1  # ch25_10.py
2  import pandas as pd
3  import numpy as np
4  name = ['Frank', 'Peter', 'John']
5  score = ['first', 'second', 'final']
6  df = pd.DataFrame(np.random.randint(60,100,size=(3,3)),
7                    columns=name,
8                    index=score)
9  print(df)
```

执行结果

```
===================== RESTART: D:/Python/ch25/ch25_10.py =====================
        Frank  Peter  John
first      86     60    76
second     76     76    88
final      96     70    99
```

25-3-6　NaN 相关的运算

在大数据的数据收集中，常常因为执行者疏忽，漏了收集某一时间的数据，这些可用 NaN 代替。在先前四则运算中，我们没有对 NaN 的值做运算实例，其实凡与 NaN 做运算，所获得的结果也是 NaN。

实例：与 NaN 相关的运算

```
>>> s1 = pd.Series([1, np.nan, 5])
>>> s2 = pd.Series([np.nan, 6, 8])
>>> x = s1.add(s2)
>>> print(x)
0     NaN
1     NaN
2    13.0
dtype: float64
```

25-3-7 NaN 的处理

下列是适合处理 NaN 的方法：

dropna( )：将 NaN 删除，然后返回新的 Series 或 DataFrame 对象。

fillna(value)：将 NaN 由特定 value 值取代，然后返回新的 Series 或 DataFrame 对象。

isna( )：判断是否为 NaN，如果是返回 True，如果否返回 False。

notna( )：判断是否为 NaN，如果是返回 False，如果否返回 True。

实例 1：isna( ) 和 notna( ) 的应用。

```
>>> df = pd.DataFrame([[1,2,3],[4,np.nan,6],[7,8,np.nan]])
>>> df
   0    1    2
0  1  2.0  3.0
1  4  NaN  6.0
2  7  8.0  NaN
>>> x = df.isna()
>>> print(x)
       0      1      2
0  False  False  False
1  False   True  False
2  False  False   True
>>>
>>> y = df.notna()
>>> print(y)
      0      1      2
0  True   True   True
1  True  False   True
2  True   True  False
```

实例 2：沿用先前实例在 NaN 位置填上 0。

```
>>> z = df.fillna(0)
>>> print(z)
   0    1    2
0  1  2.0  3.0
1  4  0.0  6.0
2  7  8.0  0.0
```

实例 3：dropna( ) 如果不含参数，会删除含 NaN 的 row。

```
>>> a = df.dropna()
>>> print(a)
   0    1    2
0  1  2.0  3.0
```

实例 4：删除含 NaN 的 columns。

```
>>> b = df.dropna(axis='columns')
>>> print(b)
   0
0  1
1  4
2  7
```

25-3-8 几个简单的统计函数

cummax(axis=None)：返回指定轴累积的最大值。

cummin(axis=None)：返回指定轴累积的最小值。

cumsum(axis=None)：返回指定轴累积的总和。

max(axis=None)：返回指定轴的最大值。

min(axis=None)：返回指定轴的最小值。

sum(axis=None)：返回指定轴的总和。

mean(axis=None)：返回指定轴的平均数。

median(axis=None)：返回指定轴的中位数。

std(axis=None)：返回指定轴的标准偏差。

实例 1：请再执行一次 ch25_9.py，方便取得 DataFrame 对象 df 的数据，然后使用此数据，列出这些城市的人口总计 sum( ) 和累积人口总计 cumsum( )。

```
==================== RESTART: D:\Python\ch25\ch25_9.py ====================
                Town  Population
China        Beijing        2000
China       Shanghai        2300
Thailand     Bangkok         900
Japan          Tokyo        1600
Singapore  Singapore         600
>>> x = df['Population'].sum()
>>> print(x)
7400
>>> y = df['Population'].cumsum()
>>> print(y)
China        2000
China        4300
Thailand     5200
Japan        6800
Singapore    7400
Name: Population, dtype: int64
```

实例 2：延续前一个实例，在 df 对象内插入人口累积总数 Sum_Population 字段。

```
>>> df['Cum_Population'] = y
>>> print(df)
                Town  Population  Cum_Population
China        Beijing        2000            2000
China       Shanghai        2300            4300
Thailand     Bangkok         900            5200
Japan          Tokyo        1600            6800
Singapore  Singapore         600            7400
```

实例 3：列出最多与最小人口数。

```
>>> df['Population'].max()
2300
>>> df['Population'].min()
600
```

程序实例 ch25_11.py：有几位学生大学学测分数如下：

	语文	英文	数学	自然	社会
1	14	13	15	15	12
2	12	14	9	10	11
3	13	11	12	13	14
4	10	10	8	10	9
5	13	15	15	15	14

请建立此 DataFrame 对象，同时打印。

```
1  # ch25_11.py
2  import pandas as pd
3
4  course = ['Chinese', 'English', 'Math', 'Natural', 'Society']
5  chinese = [14, 12, 13, 10, 13]
6  eng = [13, 14, 11, 10, 15]
7  math = [15, 9, 12, 8, 15]
8  nature = [15, 10, 13, 10, 15]
9  social = [12, 11, 14, 9, 14]
10
11 df = pd.DataFrame([chinese, eng, math, nature, social],
12                   columns = course,
13                   index = range(1,6))
14 print(df)
```

执行结果

```
==================== RESTART: D:\Python\ch25\ch25_11.py ====================
   Chinese  English  Math  Natural  Society
1       14       12    13       10       13
2       13       14    11       10       15
3       15        9    12        8       15
4       15       10    13       10       15
5       12       11    14        9       14
```

实例 4：列出每位学生的总分。

```
>>> total = [df.iloc[i].sum() for i in range(0, 5)]
>>> print(total)
[62, 63, 59, 63, 60]
```

实例 5：增加总分字段，然后列出 DataFrame。

```
>>> df['Total'] = total
>>> print(df)
   Chinese  English  Math  Natural  Society  Total
1       14       12    13       10       13     62
2       13       14    11       10       15     63
3       15        9    12        8       15     59
4       15       10    13       10       15     63
5       12       11    14        9       14     60
```

实例 6：列出各科平均分数，同时也列出平均分数的总分。

```
>>> ave = df.mean()
>>> print(ave)
Chinese    13.8
English    11.2
Math       12.6
Natural     9.4
Society    14.4
Total      61.4
dtype: float64
```

25-3-9 增加 index

可以使用 loc 属性为 DataFrame 增加平均分数。

实例：在 df 下方增加 Average 平均分数。

```
>>> df.loc['Average'] = ave
>>> print(df)
         Chinese  English  Math  Natural  Society  Total
1           14.0     12.0  13.0     10.0     13.0   62.0
2           13.0     14.0  11.0     10.0     15.0   63.0
3           15.0      9.0  12.0      8.0     15.0   59.0
4           15.0     10.0  13.0     10.0     15.0   63.0
5           12.0     11.0  14.0      9.0     14.0   60.0
Average     13.8     11.2  12.6      9.4     14.4   61.4
```

25-3-10　删除 index

若是想删除 index 是 Average，可以使用 drop( )，可以参考下列实例。

实例：删除 Average。

```
>>> df = df.drop(index=['Average'])
>>> print(df)
   Chinese  English  Math  Natural  Society  Total
1     14.0     12.0  13.0     10.0     13.0   62.0
2     13.0     14.0  11.0     10.0     15.0   63.0
3     15.0      9.0  12.0      8.0     15.0   59.0
4     15.0     10.0  13.0     10.0     15.0   63.0
5     12.0     11.0  14.0      9.0     14.0   60.0
```

25-3-11　排序

排序可以使用 sort_values( )，可以参考下列实例。

实例 1：将 DataFrame 对象 Total 字段从大排到小。

```
>>> df = df.sort_values(by='Total', ascending=False)
>>> print(df)
   Chinese  English  Math  Natural  Society  Total
2     13.0     14.0  11.0     10.0     15.0   63.0
4     15.0     10.0  13.0     10.0     15.0   63.0
1     14.0     12.0  13.0     10.0     13.0   62.0
5     12.0     11.0  14.0      9.0     14.0   60.0
3     15.0      9.0  12.0      8.0     15.0   59.0
```

上述预设是从小排到大，所以 sort_values( ) 增加参数 ascending=False，改为从大排到小。

实例 2：增加名次字段，然后填入名次（Ranking）。

```
>>> rank = range(1,6)
>>> df['Ranking'] = rank
>>> print(df)
   Chinese  English  Math  Natural  Society  Total  Ranking
2     13.0     14.0  11.0     10.0     15.0   63.0        1
4     15.0     10.0  13.0     10.0     15.0   63.0        2
1     14.0     12.0  13.0     10.0     13.0   62.0        3
5     12.0     11.0  14.0      9.0     14.0   60.0        4
3     15.0      9.0  12.0      8.0     15.0   59.0        5
```

上述有一个地方不完美，第 2 行与第 1 行的总分一样是 63 分，但是名次是第 2 名，我们可以使用下列方式解决。

实例 3：设置同分数应该有相同名次。

```
>>> for i in range(1,5):
        if df.iat[i,5] == df.iat[i-1,5]:
            df.iat[i,6] = df.iat[i-1,6]


>>> print(df)
   Chinese  English  Math  Natural  Society  Total  Ranking
2     13.0     14.0  11.0     10.0     15.0   63.0        1
4     15.0     10.0  13.0     10.0     15.0   63.0        1
1     14.0     12.0  13.0     10.0     13.0   62.0        3
5     12.0     11.0  14.0      9.0     14.0   60.0        4
3     15.0      9.0  12.0      8.0     15.0   59.0        5
```

实例 4：依 index 重新排序，这时可以使用 sort_index( )。

```
>>> df = df.sort_index()
>>> print(df)
   Chinese  English  Math  Natural  Society  Total  Ranking
1     14.0     12.0  13.0     10.0     13.0   62.0        3
2     13.0     14.0  11.0     10.0     15.0   63.0        1
3     15.0      9.0  12.0      8.0     15.0   59.0        5
4     15.0     10.0  13.0     10.0     15.0   63.0        1
5     12.0     11.0  14.0      9.0     14.0   60.0        4
```

25-4 文件的输入与输出

Pandas 可以读取的文件有许多，如 TXT、CSV、JSON、Excel 等，也可以将文件以上述资料格式写入文件。本节将说明读写 CSV 格式的文件。

CSV 是一个缩写，它的英文全名是 Comma-Separated Values，由字面意义可以理解为“逗号分隔值”，当然逗号是主要数据字段间的分隔值，不过目前也有非逗号的分隔值。这是一个纯文本格式的文件，没有图片，也不用考虑字形、大小、颜色等。

简单地说，CSV 数据是指同一行的资料彼此用逗号（或其他符号）隔开，同时每一行数据是一笔（record）数据。几乎所有电子表格与数据库文件均支持这个格式，所以也可以用 Excel 打开此文件。

25-4-1 写入 CSV 格式文件

Pandas 可以使用 to_csv( ) 将 DataFrame 对象写入 CSV 文件，它的语法如下：

```
to_csv(path=None, sep=',', header=True, index=True, encoding=None, … )
```

path：文件路径（名称）。

sep：分隔字符，默认是‘,’。

header：是否保留 columns，预设是 True。

index：是否保留 index，预设是 True。

encoding：文件编码方式。

程序实例 ch25_12.py：将 ch25_11.py 所建立的 DataFrame 对象，用有保留 header 和 index 方式存储至 out15_12a.csv，然后也用没有保留的方式存入 out15_12b.csv。

```
1  # ch25_12.py
2  import pandas as pd
3  import numpy as np
4
5  course = ['Chinese', 'English', 'Math', 'Natural', 'Society']
6  chinese = [14, 12, 13, 10, 13]
7  eng = [13, 14, 11, 10, 15]
8  math = [15, 9, 12, 8, 15]
9  nature = [15, 10, 13, 10, 15]
10 social = [12, 11, 14, 9, 14]
11
12 df = pd.DataFrame([chinese, eng, math, nature, social],
13                   columns = course,
14                   index = range(1,6))
15 df.to_csv("out25_12a.csv")
16 df.to_csv("out25_12b.csv", header=False, index=False)
```

执行结果

下列是 out25_12a.csv 与 out25_12b.csv 的结果。

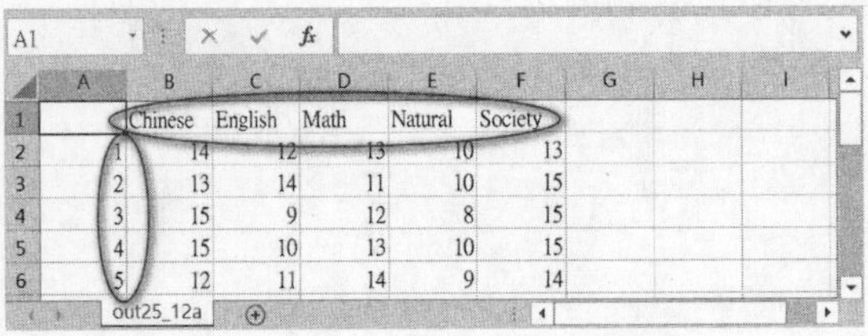

	A	B	C	D	E	F	G	H	I
1		Chinese	English	Math	Natural	Society			
2	1	14	12	13	10	13			
3	2	13	14	11	10	15			
4	3	15	9	12	8	15			
5	4	15	10	13	10	15			
6	5	12	11	14	9	14			

out25_12a

	A	B	C	D	E	F	G	H	I
1	14	12	13	10	13				
2	13	14	11	10	15				
3	15	9	12	8	15				
4	15	10	13	10	15				
5	12	11	14	9	14				

out25_12b

25-4-2　读取 CSV 格式文件

Pandas 可以使用 read_csv( ) 读取 CSV 文件（也可以读取 TXT 文件），它的语法如下：

read_csv(path=None, sep=',', header=True, index_col=None, names=None,encoding=None, userows=None, usecols=None, …)

path：文件路径 (名称)。

sep：分隔字符，默认是 ‘,’。

header：设置那一行为字段标签，默认是 0。当参数有 names 时，此为 None。如果所读取的文件有字段标签时，就需设置此 header 值。

index_col：指出第几字段 column 是索引，默认是 None。

encoding：文件编码方式。

nrows：设置读取前几行。

usecols：设置读取那几字段。

程序实例 ch25_13.py：分别读取 ch25_12.py 所建立的 CSV 文件，然后打印。

```
1  # ch25_13.py
2  import pandas as pd
3
4  course = ['Chinese', 'English', 'Math', 'Natural', 'Society']
5  x = pd.read_csv("out25_12a.csv",index_col=0)
6  y = pd.read_csv("out25_12b.csv",names=course)
7  print(x)
8  print(y)
```

执行结果

```
===================== RESTART: D:/Python/ch25/ch25_13.py =====================
  Chinese  English  Math  Natural  Society
1      14       12    13       10       13
2      13       14    11       10       15
3      15        9    12        8       15
4      15       10    13       10       15
5      12       11    14        9       14
  Chinese  English  Math  Natural  Society
0      14       12    13       10       13
1      13       14    11       10       15
2      15        9    12        8       15
3      15       10    13       10       15
4      12       11    14        9       14
```

25-5　Pandas 绘图

Pandas 内有许多绘图函数，最常使用的是 plot( )，我们可以使用它为 Series 和 DataFrame 对象绘图。基本上这是 Pandas 模块将 matplotlib.pyplot 包装起来的一个绘图方法，所以程序设计时需要

import matplotlib.pyplot。这个 plot( ) 基本语法如下：

```
plot(x=None, y=None, kind="xx", title=None, legend=True, rot=None, …)
```

kind 是选择绘图模式，默认是 line，常见的选项有 bar、barh、hist、box、scatter 等。rot 是旋转刻度。

25-5-1 使用 Series 绘制折线图表

程序实例 ch25_14.py：建立一个 Series 对象 tw，这是纪录 1950—2010 年，每隔 10 年台湾人口的数据，单位是万人。

```
1  # ch25_14.py
2  import pandas as pd
3  import matplotlib.pyplot as plt
4
5  population = [860, 1100, 1450, 1800, 2020, 2200, 2260]
6  tw = pd.Series(population, index=range(1950, 2011, 10))
7  tw.plot(title='Population in Taiwan')
8  plt.xlabel("Year")
9  plt.ylabel("Population")
10 plt.show()
```

执行结果

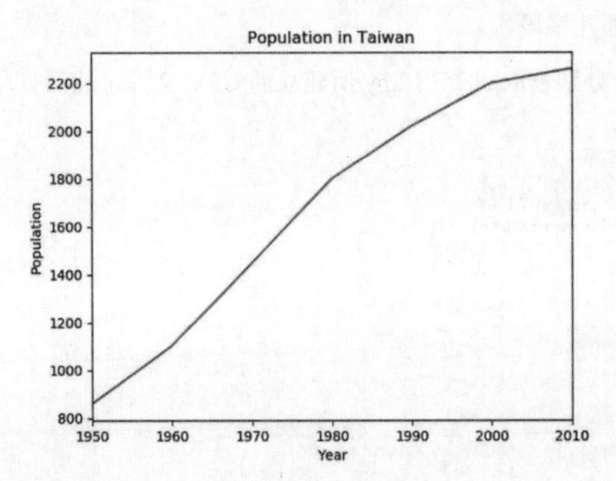

25-5-2 使用 DataFrame 绘制图表的基本知识

程序实例 ch25_15.py：设计一个世界大城市的人口图，制作 DataFrame 对象，然后绘制图表。

```
1  # ch25_15.py
2  import pandas as pd
3  import matplotlib.pyplot as plt
4
5  cities = {'population':[1000, 850, 800, 1500, 600, 800],
6            'town':['New York','Chicago','Bangkok','Tokyo',
7                    'Singapore','HongKong']}
8  tw = pd.DataFrame(cities, columns=['population'],index=cities['town'])
9
10 tw.plot(title='Population in the World')
11 plt.xlabel('City')
12 plt.ylabel("Population")
13 plt.show()
```

执行结果

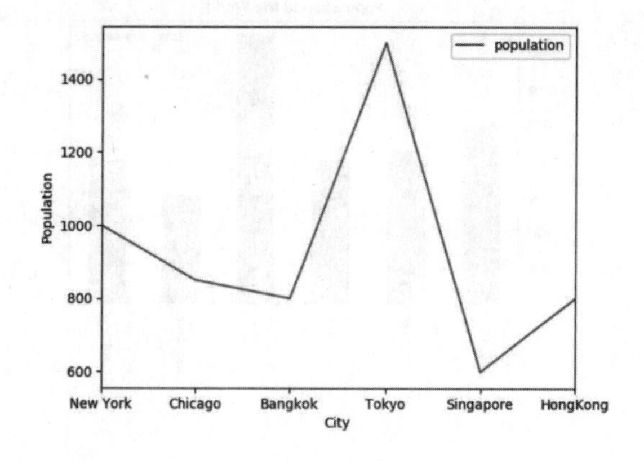

25-5-3　柱形图的设计

我们也可以使用适当的 kind 参数，更改不同的图表设计。

程序实例 ch25_16.py：使用柱形图，重新设计程序实例 ch25_15.py。

```
10  tw.plot(title='Population in the World',kind='bar')
```

执行结果　单击下方左图圈起的图示，再拖曳到 bottom 的位置。

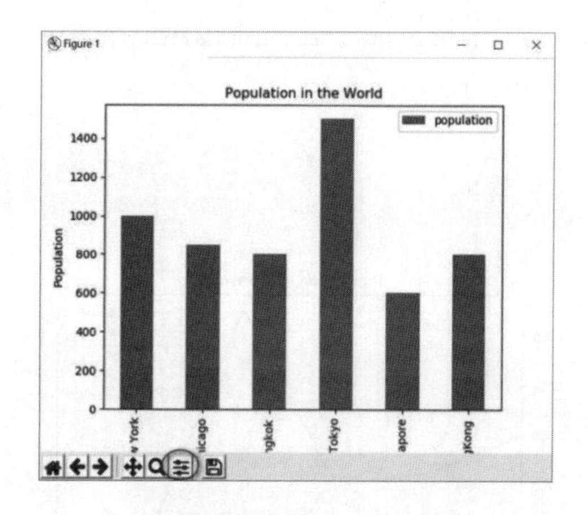

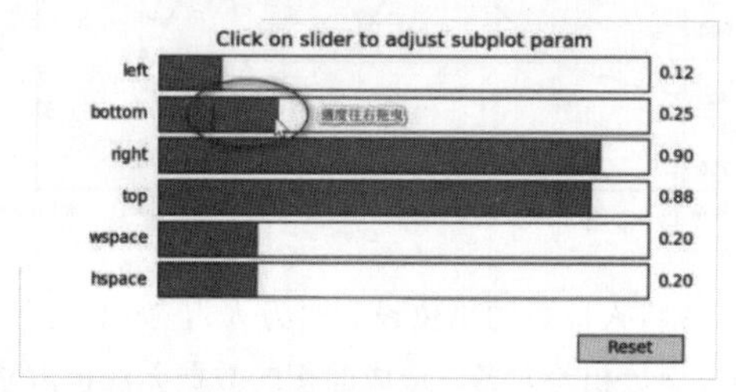

原先 y 轴标签无法完全显示，现在可以了。

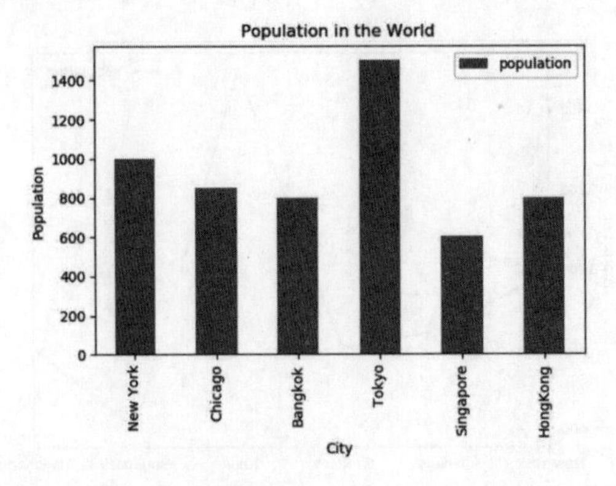

25-5-4 一个图表含不同数值数据

我们也可以使用一张图表建立多个数值数据，例如，下列是增加城市面积的数据实例。

程序实例 ch25_17.py：扩充 DataFrame，增加城市面积数据（平方千米）。

```
1  # ch25_17.py
2  import pandas as pd
3  import matplotlib.pyplot as plt
4
5  cities = {'population':[1000, 850, 800, 1500, 600, 800],
6            'area':[400, 500, 850, 300, 200, 320],
7            'town':['New York','Chicago','Bangkok','Tokyo',
8                    'Singapore','HongKong']}
9  tw = pd.DataFrame(cities, columns=['population','area'],index=cities['town'])
10
11 tw.plot(title='Population in the World')
12 plt.xlabel('City')
13 plt.show()
```

执行结果

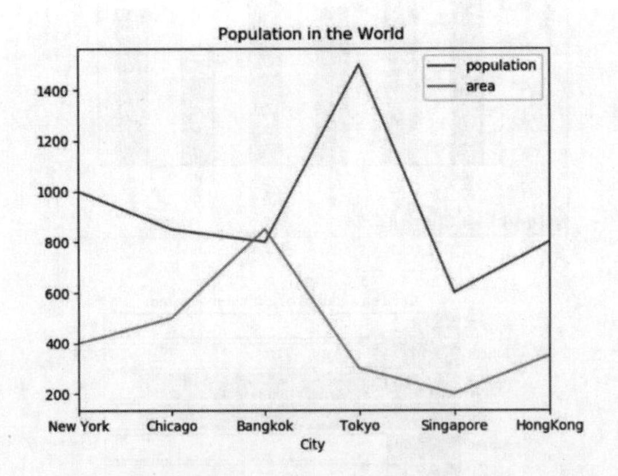

在上述程序设计中，笔者将人口数的单位设为“万人”，如果我们修改单位为“人”重新设计上述程序，则会因为面积与人口数相差太多，造成面积的数据无法正常显示。

程序实例 ch25_18.py：将人口单位改为“人”，重新设计 ch25_17.py。

```
1  # ch25_18.py
2  import pandas as pd
3  import matplotlib.pyplot as plt
4
5  cities = {'population':[10000000,8500000,8000000,15000000,6000000,8000000],
6            'area':[400, 500, 850, 300, 200, 320],
7            'town':['New York','Chicago','Bangkok','Tokyo',
8                    'Singapore','HongKong']}
9  tw = pd.DataFrame(cities, columns=['population','area'],index=cities['town'])
10
11 tw.plot(title='Population in the World')
12 plt.xlabel('City')
13 plt.show()
```

执行结果

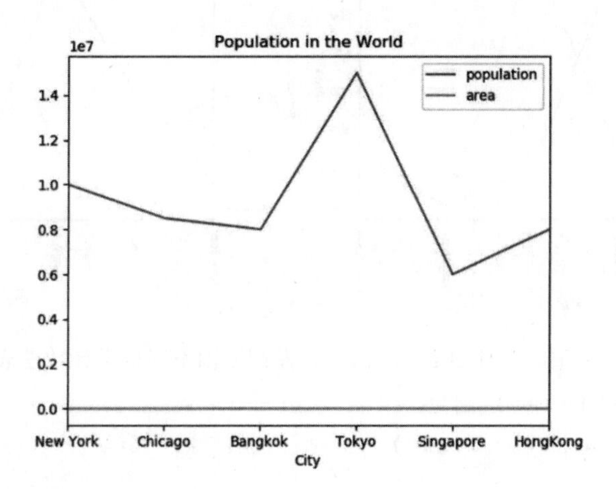

若要解决这类问题，建议增加数值轴，具体做法可以参考下一小节。

25-5-5　多个数值轴的设计

使用 subplots( ) 可以在一个图表内显示多组不同轴的数据。程序第 11 行内容如下所示：

```
fig, ax = subplots( )            # fig 是整体图表对象，ax 是第一个轴
```

第 16 行使用 twinx( ) 可以建立第 2 个数值轴，程序第 16 行内容如下：

```
ax2 = ax.twinx( )                # 建立第 2 个轴对象 ax2
```

程序实例 ch25_19.py：用第 2 个轴的概念重新设计 ch25_18.py。

```
1  # ch25_19.py
2  import pandas as pd
3  import matplotlib.pyplot as plt
4
5  cities = {'population':[10000000,8500000,8000000,15000000,6000000,8000000],
6            'area':[400, 500, 850, 300, 200, 320],
7            'town':['New York','Chicago','Bangkok','Tokyo',
8                    'Singapore','HongKong']}
9  tw = pd.DataFrame(cities, columns=['population','area'],index=cities['town'])
10
11 fig, ax = plt.subplots()
12 fig.suptitle("City Statistics")
13 ax.set_ylabel("Population")
14 ax.set_xlabel("City")
15
```

```
16 ax2 = ax.twinx()
17 ax2.set_ylabel("Area")
18 tw['population'].plot(ax=ax,rot=90)      # 绘制人口数线
19 tw['area'].plot(ax=ax2, style='g-')      # 绘制面积线
20 ax.legend(loc=1)                         # 图例位置在右上
21 ax2.legend(loc=2)                        # 图例位置在左上
22 plt.show()
```

执行结果

下方左图是类似 ch25_16.py 调整的结果。

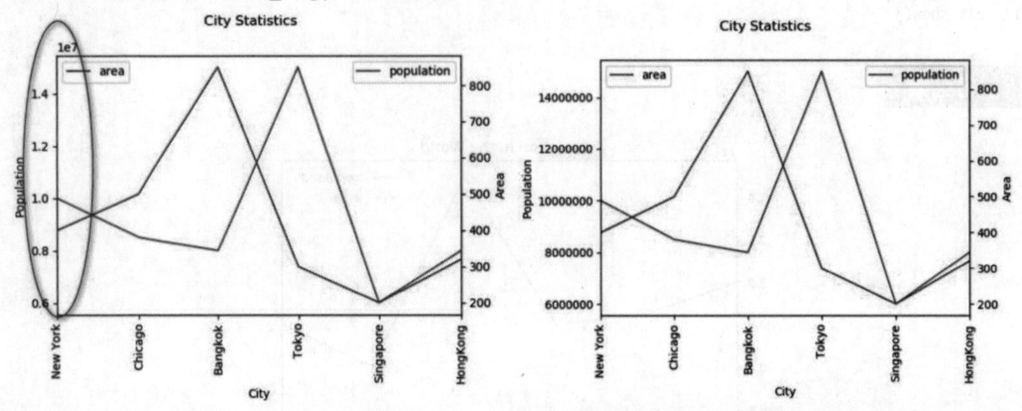

程序实例 ch25_20.py：重新设计 ch25_19.py，在左侧 y 轴不用科学计数法表示人口数，此例在第 15 行增加下列 ticklabel_format( )。

```
15 ax.ticklabel_format(style='plain')      # 不用科学记号表示
```

执行结果

可以参考上方右图。

以上概念也可以用于扩充第 3 个轴，只要设置 ax3 = ax.twinx( )，其余则参照新增轴的方法即可。

25-5-6 使用 Series 对象设计圆饼图

绘制圆饼图可以使用 plot.pie( )，有关 pie( ) 参数的知识可以参考 20-7 节。

程序实例 ch25_21.py：使用 Series 对象绘制圆饼图。

```
1  # ch25_21.py
2  import pandas as pd
3  import matplotlib.pyplot as plt
4
5  fruits = ['Apples', 'Bananas', 'Grapes', 'Pears', 'Oranges']
6  s = pd.Series([2300, 5000, 1200, 2500, 2900], index=fruits,
7                name='Fruits Shop')
8  explode = [0.4, 0, 0, 0.2, 0]
9  s.plot.pie(explode = explode, autopct='%1.2f%%')
10 plt.show()
```

执行结果

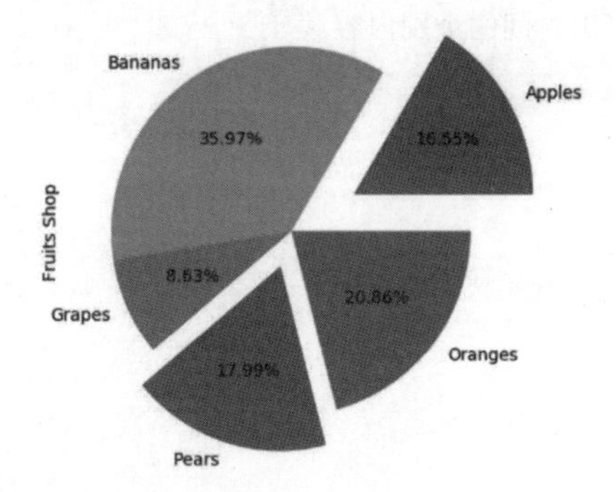

25-6 时间序列（Time Series）

时间序列是指一系列的数据依时间次序列出。时间是指一系列的时间戳（timestamp），这些时间戳是相等间隔的时间点。音乐 mp3 文件或是一些声音文件，其实就是时间序列的应用，因为音频会依时间序列排成数据点，将这些数据点可视化，就可以组织成声音波形。这一节笔者先介绍 Python 的 datetime 模块，将它应用在 Series 对象建立时间序列，然后再介绍 Pandas 处理时间序列的工具。

25-6-1 时间模块 datetime

在 13-6 节笔者讲解过时间模块 time，这一节将讲解另一个时间模块 datetime，在使用前需要导入此模块：

```
from datetime import datetime
```

1. datetime 模块的数据形态 datetime

datetime 模块内有一个数据形态 datetime，可以用它代表一个特定时间，有一个 now( ) 方法可以列出现在时间。

程序实例 ch25_21_1.py：列出现在时间。

```
1  # ch25_21_1.py
2  from datetime import datetime
3
4  timeNow = datetime.now()
5  print(type(timeNow))
6  print("现在时间 : ", timeNow)
```

执行结果

```
==================== RESTART: D:\Python\ch25\ch25_21_1.py ====================
<class 'datetime.datetime'>
现在时间 :  2019-06-12 16:39:19.732434
```

我们也可以使用属性 year、month、day、hour、minute、second、microsecond（百万分之一秒），

获得上述时间的个别内容。

程序实例 ch25_21_2.py：列出时间的个别内容。

```
1  # ch25_21_2.py
2  from datetime import datetime
3
4  timeNow = datetime.now()
5  print(type(timeNow))
6  print("现在时间 : ", timeNow)
7  print("年 : ", timeNow.year)
8  print("月 : ", timeNow.month)
9  print("日 : ", timeNow.day)
10 print("时 : ", timeNow.hour)
11 print("分 : ", timeNow.minute)
12 print("秒 : ", timeNow.second)
```

执行结果

```
==================== RESTART: D:\Python\ch25\ch25_21_2.py ====================
<class 'datetime.datetime'>
现在时间 :  2019-06-12 16:41:20.104197
年 :  2019
月 :  6
日 :  12
时 :  16
分 :  41
秒 :  20
```

另一个属性百万分之一秒 microsecond，一般在程序中比较少用。

2. 设置特定时间

当你了解了获得现在时间的方式后，其实可以用下列方法设置一个特定时间：

xtime = datetime.datetime（年，月，日，时，分，秒）

上述 xtime 就是一个特定时间。

程序实例 ch25_21_3.py：设置程序循环执行到 2019 年 3 月 11 日 22 点 271 分 0 秒将苏醒停止打印 program is sleeping，然后打印 Wake up。

```
1  # ch25_21_3.py
2  from datetime import datetime
3
4  timeStop = datetime(2019,3,11,22,27,10)
5  while datetime.now() < timeStop:
6      print("Program is sleeping.", end="")
7  print("Wake up")
```

执行结果

```
===================== RESTART: D:/Python/ch25/ch25_21_3.py =====================
Program is sleeping.Program is sleeping.Program is sleeping.Program is sleeping.
Program is sleeping.Program is sleeping.Program is sleeping.Program is sleeping.
Program is sleeping.Program is sleeping.Program is sleeping.Program is sleeping.
Program is sleeping.Program is sleeping.Program is sleeping.Program is sleeping.
Program is sleeping.Program is sleeping.Program is sleeping.Program is sleeping.
Program is sleeping.Program is sleeping.Program is sleeping.Program is sleeping.
Program is sleeping.Program is sleeping.Program is sleeping.Program is sleeping.
Program is sleeping.Program is sleeping.Program is sleeping.Program is sleeping.
Program is sleeping.Program is sleeping.Program is sleeping.Program is sleeping.
Program is sleeping.Program is sleeping.Program is sleeping.Program is sleeping.
Program is sleeping.Program is sleeping.Program is sleeping.Program is sleeping.
Program is sleeping.Program is sleeping.Program is sleeping.Program is sleeping.
Program is sleeping.Program is sleeping.Program is sleeping.Program is sleeping.
Program is sleeping.Program is sleeping.Program is sleeping.Program is sleeping.
Program is sleeping.Program is sleeping.Program is sleeping.Program is sleeping.
Program is sleeping.Program is sleeping.Program is sleeping.Program is sleeping.
Program is sleeping.Program is sleeping.Program is sleeping.Program is sleeping.
Program is sleeping.Program is sleeping.Program is sleeping.Program is sleeping.
Program is sleeping.Program is sleeping.Program is sleeping.Program is sleeping.
Program is sleeping.Wake up
```

3. 一段时间 timedelta

这是 datetime 的数据类型，代表的是一段时间，可以用下列方式指定一段时间。

deltaTime=datetime.timedelta(weeks=xx,days=xx,hours=xx,minutes=xx, seocnds=xx)

上述 xx 代表设置的单位数。

一段时间的对象只有 3 个属性，days 代表日数、seconds 代表秒数、microseconds 代表百万分之一秒。

程序实例 ch25_21_4.py：打印一段时间的日数、秒数和百万分之几秒。

```
1  # ch25_21_4.py
2  from datetime import datetime, timedelta
3
4  deltaTime = timedelta(days=3,hours=5,minutes=8,seconds=10)
5  print(deltaTime.days, deltaTime.seconds, deltaTime.microseconds)
```

执行结果

```
==================== RESTART: D:/Python/ch25/ch25_21_4.py ====================
3 18490 0
```

上述 5 小时 8 分 10 秒被总计为 18940 秒。有一个方法 total_second( ) 可以将一段时间转成秒数。

程序实例 ch25_21_5.py：重新设计 ch25_21_4.py，将一段时间转成秒数。

```
1  # ch25_21_5.py
2  from datetime import datetime, timedelta
3
4  deltaTime = timedelta(days=3,hours=5,minutes=8,seconds=10)
5  print(deltaTime.total_seconds())
```

执行结果

```
==================== RESTART: D:/Python/ch25/ch25_21_5.py ====================
277690.0
```

25-6-2　使用 Python 的 datetime 模块建立含时间戳的 Series 对象

对于时间序列（Time Series）而言，基本上就是将索引（index）用日期取代。

程序实例 ch25_21_6.py：使用 datetime 建立含 5 天的 Series 对象和打印，这 5 天数据则是使用列表 [34, 44, 65, 53, 39]，同时列出时间序列对象的数据类型。

```
1  # ch25_21_6.py
2  import pandas as pd
3  from datetime import datetime, timedelta
4
5  ndays = 5
6  start = datetime(2019, 3, 11)
7  dates = [start + timedelta(days=x) for x in range(0, ndays)]
8  data = [34, 44, 65, 53, 39]
9  ts = pd.Series(data, index=dates)
10 print(type(ts))
11 print(ts)
```

执行结果

```
==================== RESTART: D:/Python/ch25/ch25_21_6.py ====================
<class 'pandas.core.series.Series'>
2019-03-11    34
2019-03-12    44
2019-03-13    65
2019-03-14    53
2019-03-15    39
dtype: int64
```

我们也可以使用 ts.index 列出此时间序列的索引，以了解 Series 的索引结构。

```
>>> ts.index
DatetimeIndex(['2019-03-11', '2019-03-12', '2019-03-13', '2019-03-14',
               '2019-03-15'],
              dtype='datetime64[ns]', freq=None)
```

时间序列是允许相同索引执行加法或代数运算的。

程序实例 ch25_21_7.py：扩充前一个程序建立相同时间戳的 Series 对象，然后计算两个 Series 对象的相加与计算平均。

```
1  # ch25_21_7.py
2  import pandas as pd
3  from datetime import datetime, timedelta
4
5  ndays = 5
6  start = datetime(2019, 3, 11)
7  dates = [start + timedelta(days=x) for x in range(0, ndays)]
8  data1 = [34, 44, 65, 53, 39]
9  ts1 = pd.Series(data1, index=dates)
10
11 data2 = [34, 44, 65, 53, 39]
12 ts2 = pd.Series(data2, index=dates)
13
14 addts = ts1 + ts2
15 print("ts1+ts2")
16 print(addts)
17
18 meants = (ts1 + ts2)/2
19 print("(ts1+ts2)/2")
20 print(meants)
```

执行结果

```
==================== RESTART: D:/Python/ch25/ch25_21_7.py ====================
ts1+ts2
2019-03-11     68
2019-03-12     88
2019-03-13    130
2019-03-14    106
2019-03-15     78
dtype: int64
(ts1+ts2)/2
2019-03-11    34.0
2019-03-12    44.0
2019-03-13    65.0
2019-03-14    53.0
2019-03-15    39.0
dtype: float64
```

在上述 ch25_21_7.py 的计算过程中，如果时间戳不一样，将产生 NaN 数值。

程序实例 ch25_21_8.py：重新设计前一个程序，执行两个 Series 对象相加，但是部分时间戳是不同。

```
1  # ch25_21_8.py
2  import pandas as pd
3  from datetime import datetime, timedelta
4
5  ndays = 5
6  start = datetime(2019, 3, 11)
7  dates1 = [start + timedelta(days=x) for x in range(0, ndays)]
8  data1 = [34, 44, 65, 53, 39]
9  ts1 = pd.Series(data1, index=dates1)
10
11 dates2 = [start - timedelta(days=x) for x in range(0, ndays)]
12 data2 = [34, 44, 65, 53, 39]
13 ts2 = pd.Series(data2, index=dates2)
14
15 addts = ts1 + ts2
16 print("ts1+ts2")
17 print(addts)
```

执行结果

```
==================== RESTART: D:/Python/ch25/ch25_21_8.py ====================
ts1+ts2
2019-03-07     NaN
2019-03-08     NaN
2019-03-09     NaN
2019-03-10     NaN
2019-03-11    68.0
2019-03-12     NaN
2019-03-13     NaN
2019-03-14     NaN
2019-03-15     NaN
dtype: float64
```

25-6-3　Pandas 的时间区间方法

Pandas 的 date_range( ) 可以产生时间区间，我们可以更方便地将此方法应用在前一小节的程序中。

程序实例 ch25_21_9.py：使用 date_range( ) 重新设计 ch25_21_6.py。

```
1  # ch25_21_9.py
2  import pandas as pd
3
4  dates = pd.date_range('3/11/2019', '3/15/2019')
5  data = [34, 44, 65, 53, 39]
6  ts = pd.Series(data, index=dates)
7  print(type(ts))
8  print(ts)
```

执行结果

```
==================== RESTART: D:/Python/ch25/ch25_21_9.py ====================
<class 'pandas.core.series.Series'>
2019-03-11    34
2019-03-12    44
2019-03-13    65
2019-03-14    53
2019-03-15    39
Freq: D, dtype: int64
```

结果基本上与 ch25_21_6.py 相同，但是多了 Freq: D，表示索引是日期。如果这时我们输入 ts.index 也将获得一样的结果。

```
>>> ts.index
DatetimeIndex(['2019-03-11', '2019-03-12', '2019-03-13', '2019-03-14',
               '2019-03-15'],
              dtype='datetime64[ns]', freq='D')
```

上述我们使用 date_range( ) 方法时，是放了起始日期与终止日期，我们也可以用起始日期（start=）再加上期间（periods=），或是终止日期（end=）再加上期间（periods=）设置时间戳。

实例 1：使用起始日期，加上期间设置时间索引。

```
>>> dates = pd.date_range(start='2019-03-11', periods=5)
>>> dates
DatetimeIndex(['2019-03-11', '2019-03-12', '2019-03-13', '2019-03-14',
               '2019-03-15'],
              dtype='datetime64[ns]', freq='D')
```

实例 2：使用终止日期，加上期间设置时间索引。

```
>>> dates = pd.date_range(end='2019-03-15', periods=5)
>>> dates
DatetimeIndex(['2019-03-11', '2019-03-12', '2019-03-13', '2019-03-14',
               '2019-03-15'],
              dtype='datetime64[ns]', freq='D')
```

此外在设置 data_range( ) 时，如果设置参数 freq='B'，可以让时间索引只包含工作日（work day），相当于假日（周六与周日）不包含在时间索引内。

实例 3：设置 2019 年 3 月 1 日—3 月 7 日的时间索引，设置参数 freq='B' 并观察执行结果。

```
>>> dates = pd.date_range('2019-03-01', '2019-03-07', freq='B')
>>> dates
DatetimeIndex(['2019-03-01', '2019-03-04', '2019-03-05', '2019-03-06',
               '2019-03-07'],
              dtype='datetime64[ns]', freq='B')
```

由于 3 月 2 日是周六，3 月 3 日是周日，所以最后皆不在时间索引内。若是设置 freq='M'，代表时间索引是两个时间点之间的月底。

实例 4：观察 freq='M' 的执行结果。

```
>>> dates = pd.date_range('2020-01-05', '2020-04-08', freq='M')
>>> dates
DatetimeIndex(['2020-01-31', '2020-02-29', '2020-03-31'], dtype='datetime64[ns]',
freq='M')
```

也可以使用 freq=W-Mon，Mon 是周一的缩写，两个时间点之间，代表每周一皆是时间索引，可以应用在其他日。

实例 5：观察 freq='W-Mon' 的执行结果。

```
>>> dates = pd.date_range('2019-03-01', '2019-03-31', freq='W-Mon')
>>> dates
DatetimeIndex(['2019-03-04', '2019-03-11', '2019-03-18', '2019-03-25'], dtype='d
atetime64[ns]', freq='W-MON')
```

其他常见的 freq 设置如下：

A：年末

AS：年初

Q：季末

QS：季初

H：小时

T：分钟

S：秒

25-6-4　将时间序列绘制折线图

实例 ch25_21_10.py：将 ch25_21_9.py 的时间序列绘制折线图。

```
1  # ch25_21_10.py
2  import pandas as pd
3  import matplotlib.pyplot as plt
4
5  dates = pd.date_range('3/11/2019', '3/15/2019')
6  data = [34, 44, 65, 53, 39]
7  ts = pd.Series(data, index=dates)
8  ts.plot(title='Data in Time Series')
9  plt.xlabel("Date")
10 plt.ylabel("Data")
11 plt.show()
```

执行结果

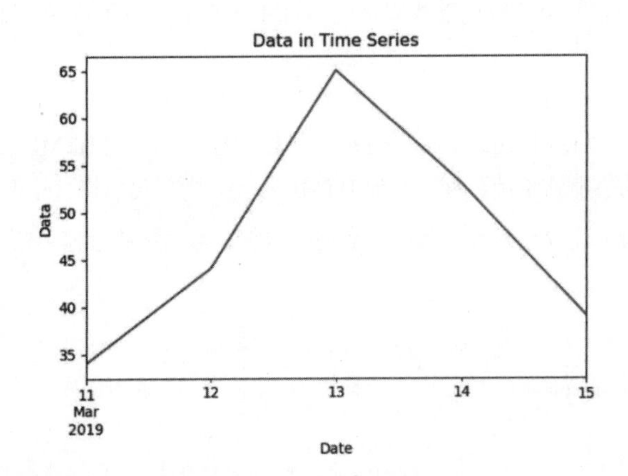

25-7　专题——鸢尾花

在数据分析领域有一组很有名的数据集 iris.csv，这是加州大学尔湾分校机器学习中常被应用的数据，这些数据是由美国植物学家艾德加安德森（Edgar Anderson）在加拿大 Gaspesie 半岛实际测量鸢尾花所采集的，读者可以由下列网页了解此数据集：

http://archive.ics.uci.edu/ml/machine-learning-databases/iris/

进入后将看到下列部分内容：

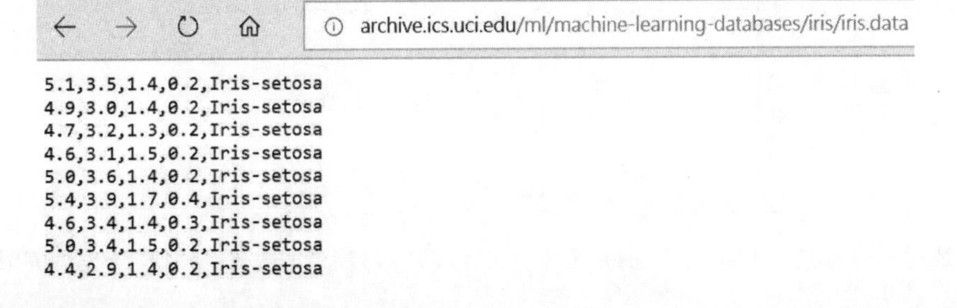


```
5.1,3.5,1.4,0.2,Iris-setosa
4.9,3.0,1.4,0.2,Iris-setosa
4.7,3.2,1.3,0.2,Iris-setosa
4.6,3.1,1.5,0.2,Iris-setosa
5.0,3.6,1.4,0.2,Iris-setosa
5.4,3.9,1.7,0.4,Iris-setosa
4.6,3.4,1.4,0.3,Iris-setosa
5.0,3.4,1.5,0.2,Iris-setosa
4.4,2.9,1.4,0.2,Iris-setosa
```

总共有 150 笔数据，在这个数据集中总共有 5 个字段，从左到右分别代表的意义如下：

花萼长度（sepal length）

花萼宽度（sepal width）

花瓣长度（petal length）

花瓣宽度（petal width）

鸢尾花类别（species, 有 setosa、versicolor、virginica）

这一个专题中，笔者将教导读者使用 Python 网络爬虫功能下载、存储成 iris.txt 与 iris.csv，然后一步一步使用此数据并配合 Pandas 功能执行分析。

25-7-1 网络爬虫

其实网络爬虫的知识可以用整本书做解说，此小节笔者将解说最基本的部分。所谓的网络爬虫其实就是下载网页信息，甚至可以说下载网页的 HTML 文件，在 Python 可以使用模块 requests，使用下列指令下载此模块：

```
pip install requests
```

在这个模块内，可以使用 request.get(url) 取得指定网址（url）的 HTML 文件，由鸢尾花资料及网页可以发现此网页内容非常单纯，没有其他 HTML 标签，所以可以直接读取然后储存。

程序实例 ch25_22.py：读取加州大学鸢尾花数据集网页，然后将此数据集储存成 iris.csv。

```
1  # ch25_22.py
2  import requests
3
4  url = 'http://archive.ics.uci.edu/ml/machine-learning-databases/iris/iris.data'
5  try:
6      htmlfile = requests.get(url)                              # 将文件下载至htmlfile
7      print('下载成功')
8  except Exception as err:
9      print('下载失败')
10
11 fn = 'iris.csv'                                               # 未来存储鸢尾花的文件
12 with open(fn, 'wb') as fileobj:                               # 打开iris.csv
13     for diskstorage in htmlfile.iter_content(10240):
14         size = fileobj.write(diskstorage)                     # 写入
```

执行结果

```
==================== RESTART: D:\Python\ch25\ch25_22.py ====================
下载成功
```

这时在 ch25 文件夹可以看到 iris.csv，打开后可以得到下列结果。

A1 | fx 5.1

	A	B	C	D	E	F	G	H	I
1	5.1	3.5	1.4	0.2	Iris-setosa				
2	4.9	3	1.4	0.2	Iris-setosa				
3	4.7	3.2	1.3	0.2	Iris-setosa				
4	4.6	3.1	1.5	0.2	Iris-setosa				
5	5	3.6	1.4	0.2	Iris-setosa				
6	5.4	3.9	1.7	0.4	Iris-setosa				
7	4.6	3.4	1.4	0.3	Iris-setosa				
8	5	3.4	1.5	0.2	Iris-setosa				

iris

上述程序的第 13 行中，笔者用 for 循环一次写入 10240 字节的数据，直到全部写入完成。

25-7-2　将鸢尾花数据集转成 DataFrame

程序实例 ch25_23.py：读取 iris.csv，为此数据集加上域名，然后列出此数据集的长度和内容。

```
1  # ch25_23.py
2  import pandas as pd
3
4  colName = ['sepal_len','sepal_wd','petal_len','petal_wd','species']
5  iris = pd.read_csv('iris.csv', names = colName)
6  print('数据集长度 : ', len(iris))
7  print(iris)
```

执行结果

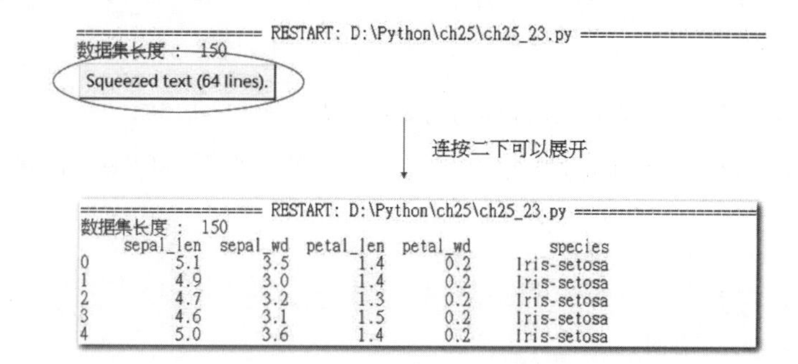

建立好上述 DataFrame 后，也可以使用 describe( ) 获得数据的数量、均值、标准偏差值、最小值、最大值、各分位数的值。

实例：使用 describe( ) 列出 iris 的相关数据。

```
>>> iris.describe()
        sepal_len    sepal_wd   petal_len    petal_wd
count  150.000000  150.000000  150.000000  150.000000
mean     5.843333    3.054000    3.758667    1.198667
std      0.828066    0.433594    1.764420    0.763161
min      4.300000    2.000000    1.000000    0.100000
25%      5.100000    2.800000    1.600000    0.300000
50%      5.800000    3.000000    4.350000    1.300000
75%      6.400000    3.300000    5.100000    1.800000
max      7.900000    4.400000    6.900000    2.500000
```

25-7-3　散点图的制作

绘制散点图可以使用 plot(….,kind='scatter')，另外还要给予 x 轴和 y 轴坐标数组，由于是由 DataFrame 呼叫 plot( )，所以可以直接使用字段 column 名称即可。

程序实例 ch25_24.py：绘制（Sepal Length, Sepal Width）之散点图。

```
1  # ch25_24.py
2  import pandas as pd
3  import matplotlib.pyplot as plt
4
5  colName = ['sepal_len','sepal_wd','petal_len','petal_wd','species']
6  iris = pd.read_csv('iris.csv', names = colName)
7
8  iris.plot(x='sepal_len',y='sepal_wd',kind='scatter')
9  plt.xlabel('Sepal Length')
10 plt.ylabel('Sepal Width')
11 plt.title('Iris Sepal length and width anslysis')
12 plt.show()
```

执行结果

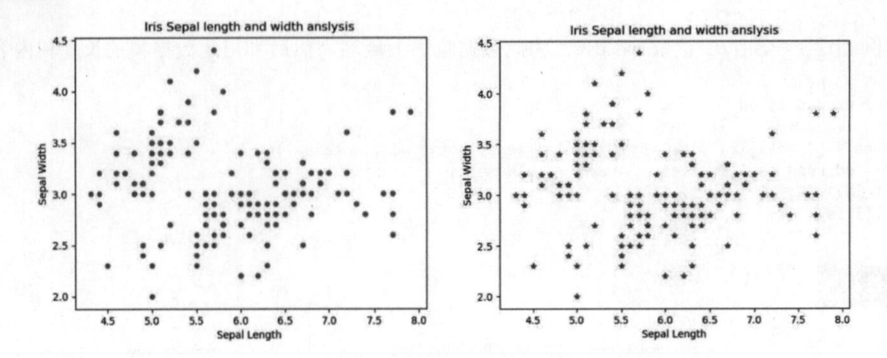

其实绘制这类图表，也可以用绘点 plot( ) 方式完成。

程序实例 ch25_25.py：使用 plot( ) 方式完成，笔者尝试用不同颜色和点标记，这个程序只修改下列内容：

```
8  plt.plot(iris['sepal_len'],iris['sepal_wd'],'*',color='g')
```

执行结果 可参考上方右图。

对于这类数据分析而言，如果想要了解各品种鸢尾花的花萼长度与宽度之间的关系，需要将鸢尾花数据集依据品种（species）先分离，然后将不同品种的鸢尾花数据绘制在同一图表内，这样就可以一目了然。下列是将不同品种鸢尾花数据提取出来的方法。

实例：延续先前实例，提取品种是 versicolor 的鸢尾花。

```
>>> iris_versicolor = iris[iris['species'] == 'Iris-versicolor']
>>> print(iris_versicolor)
    sepal_len  sepal_wd  petal_len  petal_wd          species
50        7.0       3.2        4.7       1.4  Iris-versicolor
51        6.4       3.2        4.5       1.5  Iris-versicolor
52        6.9       3.1        4.9       1.5  Iris-versicolor
53        5.5       2.3        4.0       1.3  Iris-versicolor
54        6.5       2.8        4.6       1.5  Iris-versicolor
55        5.7       2.8        4.5       1.3  Iris-versicolor
```

程序实例 ch25_26.py：将不同的鸢尾花的花萼使用不同的标记绘制散点图。

```
1  # ch25_26.py
2  import pandas as pd
3  import matplotlib.pyplot as plt
4
5  colName = ['sepal_len','sepal_wd','petal_len','petal_wd','species']
6  iris = pd.read_csv('iris.csv', names = colName)
7
8  # 撷取不同品种的鸢尾花
9  iris_setosa = iris[iris['species'] == 'Iris-setosa']
10 iris_versicolor = iris[iris['species'] == 'Iris-versicolor']
11 iris_virginica = iris[iris['species'] == 'Iris-virginica']
12 # 绘制散点图
13 plt.plot(iris_setosa['sepal_len'],iris_setosa['sepal_wd'],
14          '*',color='g',label='setosa')
15 plt.plot(iris_versicolor['sepal_len'],iris_versicolor['sepal_wd'],
16          'x',color='b',label='versicolor')
17 plt.plot(iris_virginica['sepal_len'],iris_virginica['sepal_wd'],
18          '.',color='r',label='virginica')
19 # 标注轴和标题
20 plt.xlabel('Sepal Length')
21 plt.ylabel('Sepal Width')
22 plt.title('Iris Sepal length and width anslysis')
23 plt.legend()
24 plt.show()
```

执行结果

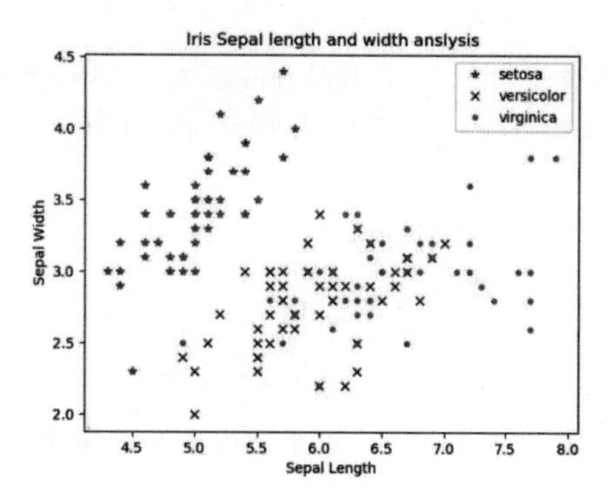

25-7-4　鸢尾花分类统计与柱形图

如果我们想要获得不同品种鸢尾花的花瓣与花蕊的均值柱形图，首先需要统计不同品种鸢尾花的资料，这时可以使用 groupby( ) 方法。

实例：延续先前实例，统计不同品种鸢尾花的花萼与花瓣的长与宽。

```
>>> iris_mean = iris.groupby('species', as_index=False).mean()
>>> print(iris_mean)
           species  sepal_len  sepal_wd  petal_len  petal_wd
0      Iris-setosa      5.006     3.418      1.464     0.244
1  Iris-versicolor      5.936     2.770      4.260     1.326
2   Iris-virginica      6.588     2.974      5.552     2.026
```

程序实例 ch25_27.py：以均值和柱形图方式绘制不同品种花萼与花瓣的长与宽。

```
1  # ch25_27.py
2  import pandas as pd
3  import matplotlib.pyplot as plt
4
5  colName = ['sepal_len','sepal_wd','petal_len','petal_wd','species']
6  iris = pd.read_csv('iris.csv', names = colName)
7
8  # 鸢尾花分组统计均值
9  iris_mean = iris.groupby('species', as_index=False).mean()
10 # 绘制柱形图
11 iris_mean.plot(kind='bar')
12 # 刻度处理
13 plt.xticks(iris_mean.index,iris_mean['species'], rotation=0)
14
15 plt.show()
```

执行结果 可以参考下方左图。

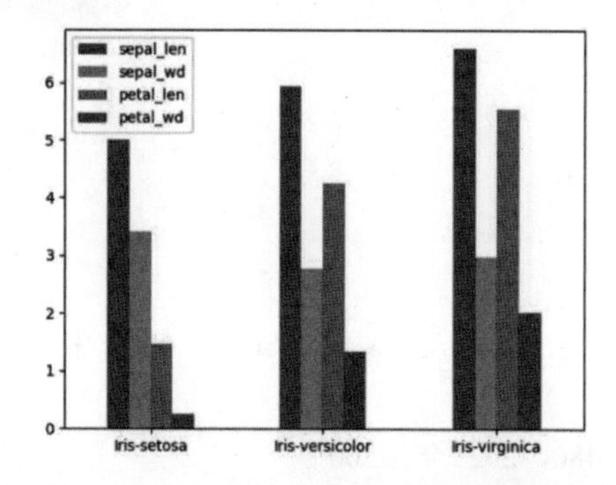

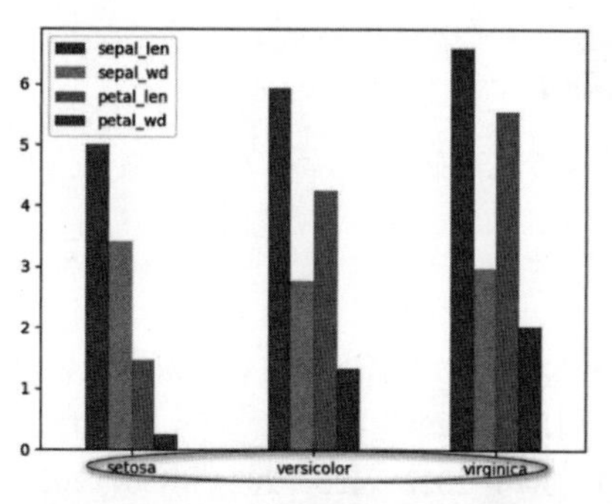

可以看到，目前品种前方字符串是 iris-，我们可以使用 apply( ) 方法将此部分字符串删除，只留下品种名称。

程序实例 ch25_28.py：重新设计上述程序，将品种前方字符串 Iris- 删除，增加下列程序代码：

```
7  iris['species'] = iris['species'].apply(lambda x: x.replace("Iris-",""))
```

执行结果

可以参考上方右图。

我们也可以使用堆栈方式处理上述直方图，方法是在 plot( ) 方法内增加 stacked=True。

程序实例 ch25_29.py：重新设计上述实例，但是使用堆栈方式处理数据，这个程序只有下列需修改：

```
11  iris_mean.plot(kind='bar',stacked=True)
```

执行结果

可以参考下方左图。

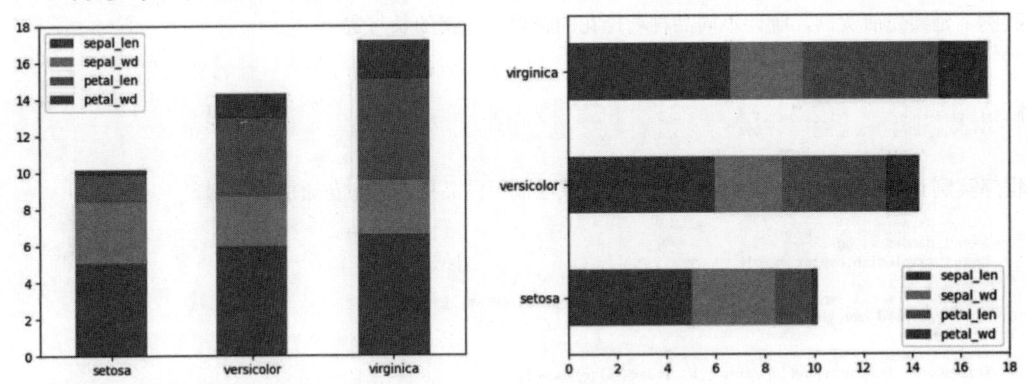

柱形图与条形图，差别是 bar 与 barh，可以参考下列实例。

程序实例 ch25_30.py：将前一个程序的柱形图改为条形图，这个程序只有下列需修改：

```
10  # 绘制堆栈条形图
11  iris_mean.plot(kind='barh',stacked=True)
12  # 刻度处理
13  plt.yticks(iris_mean.index,iris_mean['species'], rotation=0)
```

执行结果

可以参考上方右图。

习题

1. 以下是 2021—2025 年来台旅游统计信息，单位是万人，请做成 Series 对象，索引值必须是年份，然后打印。（25-1 节）

2021：400，2022：420，2023：450，2024：480，2025 年：500

```
===================== RESTART: D:/Python/ex/ex25_1.py =====================
2021    400
2022    420
2023    450
2024    480
2025    500
dtype: int64
```

2. 假设全球各大洲人口如下所示：(25-2 节)

North America：3.8 亿人　　South America：6.2 亿人　　Europe：7.4 亿人

Africa：12.28 亿人　　Asia：45.45 亿人

请列出下列 DataFrame 的结果。

```
===================== RESTART: D:/Python/ex/ex25_2.py =====================
               population
North America        3.80
South America        6.20
Europe               7.40
Africa              12.28
Asia                45.45
```

3. 请扩充 ex25_2.py，增加累积字段。(25-3 节)

```
===================== RESTART: D:/Python/ex/ex25_3.py =====================
               population  Cumulative
North America        3.80        3.80
South America        6.20       10.00
Europe               7.40       17.40
Africa              12.28       29.68
Asia                45.45       75.13
```

4. 请参考 20-9-4 节，将台积电实时数据最佳五档买进卖出表，改成 DataFrame 输出。注意：不同时间点获得的答案是不一样的。(25-3 节)

```
===================== RESTART: D:\Python\ex\ex25_4.py =====================
台积电最佳五档价量表
  BVolumn     Buy    Sell  SVolumn
1     454  245.50  246.00      124
2    1088  245.00  246.50      324
3    1132  244.50  247.00     1004
4     899  244.00  247.50     1046
5     452  243.50  248.00     1157
```

5. 请参考 ch25_11.py 的数据，然后建立下列 DataFrame，在 Python Shell 窗口打印，同时将此 DataFrame 结果存入 ex25_5.csv。(25-4 节)

```
===================== RESTART: D:/Python/ex/ex25_5.py =====================
         Chinese  English  Math  Natural  Society  Total  Ranking
1           14.0     12.0  13.0     10.0     13.0   62.0      3.0
2           13.0     14.0  11.0     10.0     15.0   63.0      1.0
3           15.0      9.0  12.0      8.0     15.0   59.0      5.0
4           15.0     10.0  13.0     10.0     15.0   63.0      1.0
5           12.0     11.0  14.0      9.0     14.0   60.0      4.0
Average     13.8     11.2  12.6      9.4     14.4   61.4      NaN
```

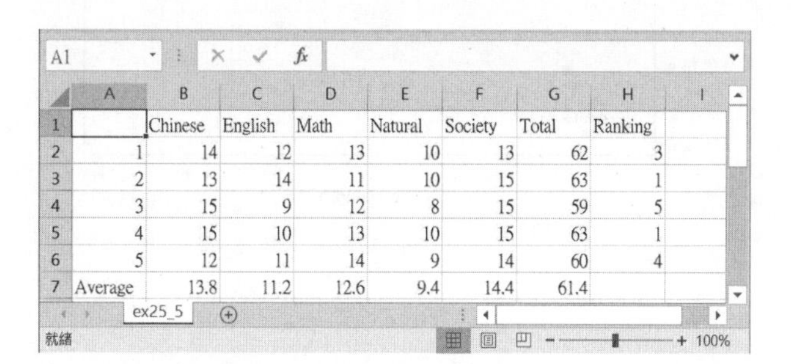

	A	B	C	D	E	F	G	H
1		Chinese	English	Math	Natural	Society	Total	Ranking
2	1	14	12	13	10	13	62	3
3	2	13	14	11	10	15	63	1
4	3	15	9	12	8	15	59	5
5	4	15	10	13	10	15	63	1
6	5	12	11	14	9	14	60	4
7	Average	13.8	11.2	12.6	9.4	14.4	61.4	

需留意 Excel 窗口（7,H）位置显示空白，这是因为 NaN 无法在 Excel 窗口显示，实际读取此 CSV 文件时，这个位置是 NaN。

6. 请参考 ch25_19.py，扩充修改方式是将 area 字段的折线图参照左边的 y 轴，增加设计 density 字段，这是 population/area 的结果，意义是每平方千米多少万人，同时 density 是使用右边自创第 2 个轴。（25-5 节）

```
======================= RESTART: D:/Python/ex/ex25_6.py =======================
           population  area   density
New York         1000   400  2.500000
Chicago           850   500  1.700000
Bangkok           800   850  0.941176
Tokyo            1500   300  5.000000
Singapore         600   200  3.000000
HongKong          800   320  2.500000
```

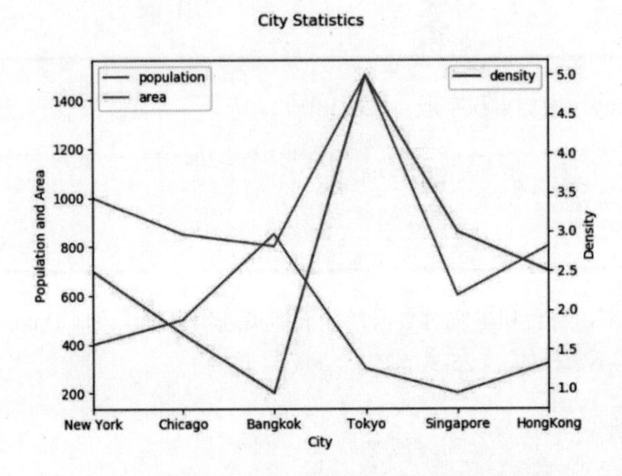

7. 鸢尾花专题中的 ch25_26.py 是针对花萼数据处理的散点图，请针对花瓣重新设计 ch25_26.py。（25-7 节）

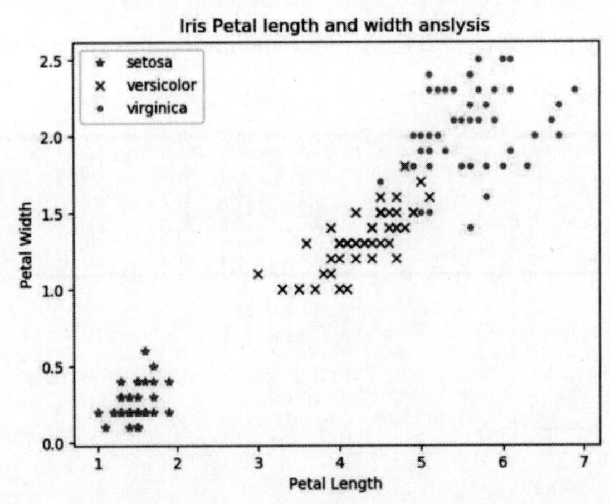

附 录 A

安装 Python

Python 安装程序在安装前会先侦测用户的计算机使用环境，然后自动协助选择安装程序。请先进入下列网页：

www.python.org

然后选择 Downloads 选项卡，接着可以看到 Download 按钮，笔者撰写此书时是下载的 3.7.0 版。

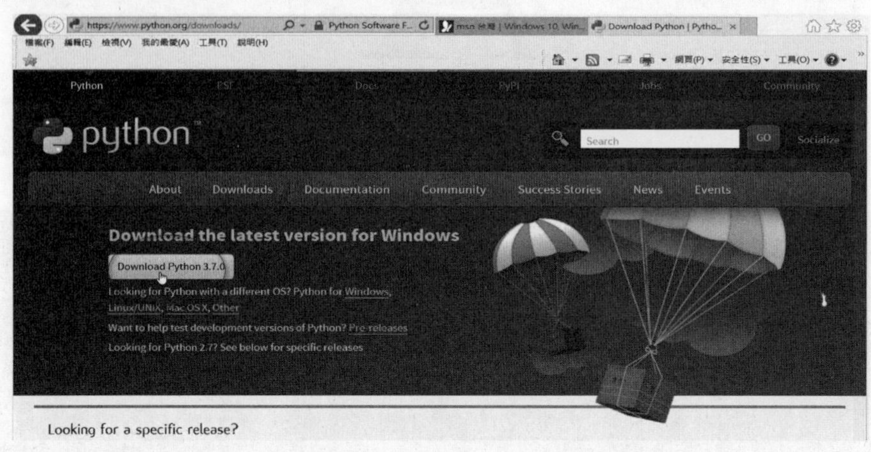

在 Windows 操作系统中安装 Python

读者可以选择下载哪一个版本，此例选择下载 3.7.0 版，笔者使用 Internet Explorer 浏览器然后单击“**执行**”按钮，计算机将直接执行位于下载区的 python-3.7.exe 文件，进行安装，然后将看到下列安装画面。

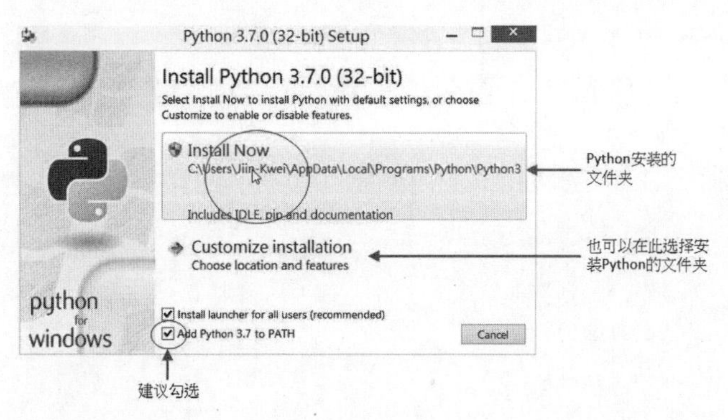

注1 如果勾选 Add Python 3.7 to PATH 复选框，不论是在哪一个文件夹均可以执行 Python 可执行文件，非常方便。默认是未勾选状态，建议勾选。

注2 上述默认安装路径是在比较深层的 C:\ 文件夹路径，如果想安装在比较浅层的路径，建议选择 Customize installation，然后再选择路径，例如，选择 C:\ 即可。

在上述界面如果单击 Install Now 选项可以直接进行安装，下方也显示了未来 Python 所在的文件夹。安装完成后将看到下列画面。

安装完成后，请进入所安装的文件夹，找到 idle 文件，这是 Python 3.7 版的整合环境程序，未来可以使用它编辑与执行 Python。

1. 查找 Python3 文件夹

如果可以顺利进入安装 Python 的文件夹，恭喜你；如果找不到，可以打开 Windows 文件管理器，然后查找 C 文件夹，查找字符串 Python37。

Windows 操作系统会去查找与 Python3 有关的文件或文件夹，上述是找到的画面，然后单击 Python37-32（这是笔者目前的版本）。接下来是查找 Python 整合环境的 idle 程序，请在进入 Python37-32 后，在查找字段输入 idle。当找到以后，可以将此 Python 整合环境的 idle 程序拖曳至桌面。

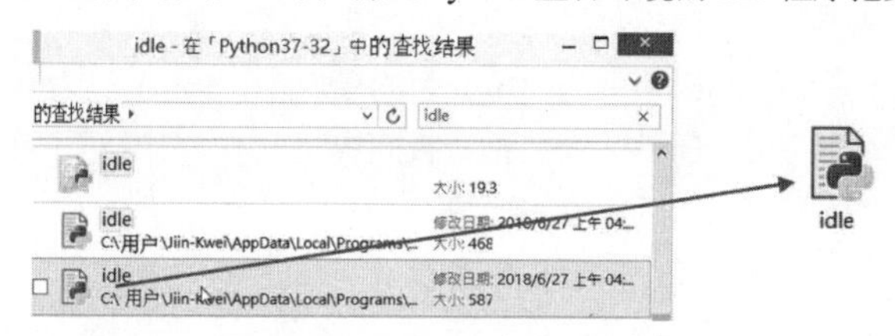

未来只要双击 idle 图标，即可启动 Python 整合环境。

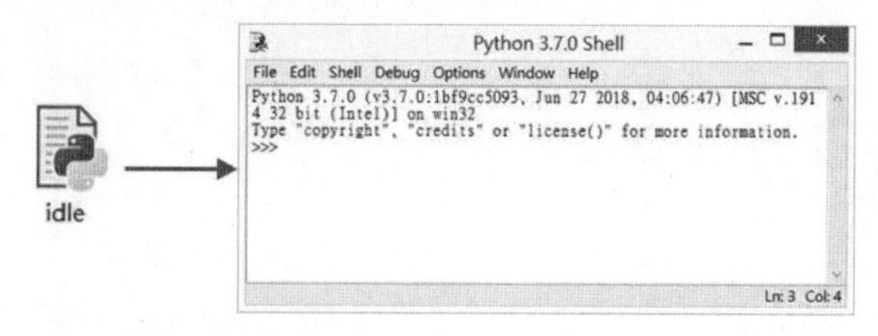

2. 查找 Python 可执行文件的路径

```
>>> import sys
>>> sys.executable
'C:\\Users\\Jiin-Kwei\\AppData\\Local\\Programs\\Python\\Python37-32\\pythonw.exe'
>>>
```

B

附 录 B

安装第三方模块

本章摘要

Python 是一个免费的软件，因此吸引了许多公司以它作为公司的官方开发语言，同时也吸引了很多公司或个人将所开发的模块放到网页上供其他人下载使用。通常我们将这些放在网络上可以下载使用的模块称为第三方模块。

B-1 pip 工具

在 Windows 操作系统中安装第三方模块需使用 pip 工具，如果是 Mac OS 或 Linux 则使用 pip3 工具。安装 Python 完成后，这些工具是放在 Scripts 目录内。

B-1-1 在 Windows 系统中将 Python 3.7 安装在 C:\

例如，如果你的 Python 3.7 版是建立在 C:\Python37-32 则非常简单，pip 工具是在下列位置。

```
C:\Python37-32\Scripts\pip.exe
```

B-1-2 将 Python 3.7 安装在硬盘更深层

如果你的 Python 不是安装在 C:\，例如，笔者计算机是 Windows 8，安装 Python 时，在默认安装模式下 Python 是安装在下列文件夹：

这样的话整个系统会有一点儿复杂，需在查找字段输入 python37，查找此数据字符串，找到后单击 Python37-32 进入此文件夹。

单击上述 Scripts 文件夹可以进入此文件夹，然后可以看到 pip.exe 文件。

由于我们未来需进入 DOS 模式安装第三方模块，此时最好是用复制路径方式将 pip.exe 文件路径复制到 DOS 提示信息。首先单击 pip.exe 文件，单击鼠标右键执行“内容”指令，会出现 pip- 内容对话框，请选取此文件路径，如下所示。

单击鼠标右键执行“复制”指令，这时路径已经复制了，如下所示。

```
C:\Users\Jiin-Kwei\AppData\Local\Programs\Python\Python37-32\
Scripts\pip.exe
```

上述 Jiin-Kwei 是笔者的路径，读者应该有自己的名字路径，与笔者不同。另外，最右边的 \pip.exe 是笔者加上去的。

B-2 启动 DOS 与安装模块

B-2-1 DOS 环境

1. 安装 Python 时没有设置 Add Python x.x to PATH

在 Windows 7 之前在“开始”菜单内可以看到“运行 ...”功能进入 DOS 环境，在 Windows 8 系统中可以按窗口键 + R 键打开 DOS 环境。接着将看到下列 DOS 的执行对话框。

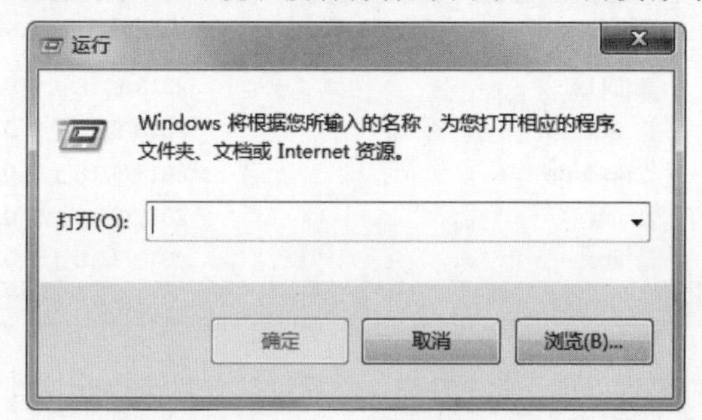

这时必须将启动安装第三方模块的指令输入到“打开”字段，首先读者可以将鼠标光标移至“打开”字段，单击鼠标右键打开快捷菜单，执行“粘贴”命令，就可以将 pip.exe 的路径复制。

此时请先粘贴路径，然后在 \Scripts\ 右边输入下列指令。

```
pip install send2trash                # Windows 系统
sudo pip3 install send2trash          # Mac OS 或 Linux 系统
```

单击“**确定**”按钮，就可以看到 Windows 系统会另外打开 DOS 窗口执行下载安装第三方模块的画面，这个窗口会在安装完成后自动关闭。

2. 安装 Python 时有设置 Add Python x.x to PATH

若是有设置 Add Python x.x（版本）to PATH，可以直接输入下列指令安装相同的模块。

```
pip install send2trash                # Windows 系统
```

B-2-2　DOS 命令提示字符

将鼠标光标移至窗口左下角，单击鼠标右键将看到“**命令提示字符**”，选择“命令提示字符”可以进入此环境。

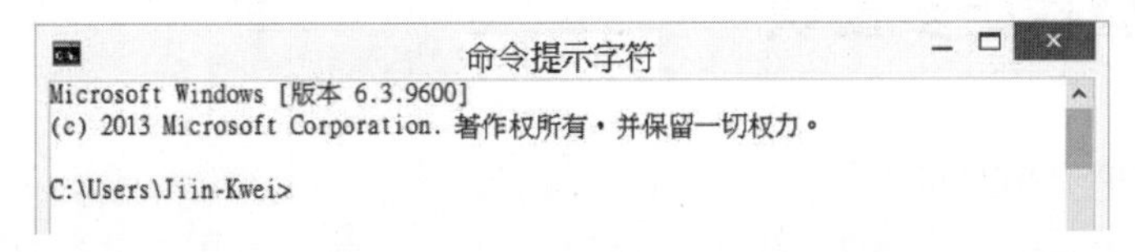

可参考 B-2-1-1 节将 pip.exe 的路径复制，再执行 pip install send2trash，即可安装第三方模块。

B-3　导入模块安装更新版模块

模块安装完成后，未来可以在程序前面执行 import 指令导入模块，同时可以测试是否安装成功，如果没有错误消息就表示安装成功了。

```
import 模块名称
import send2trash                          # 导入 send2trash 为实例
```

B-4 列出所安装的模块

可以使用 list 列出所安装的模块，如果使用‘-0’可列出有新版本的模块。

```
pip list                              # 列出所安装的模块
pip list-0                            # 列出有新版本的模块
```

B-5 安装更新版模块

未来如果有更新版，可用下列方式更新至最新版模块。

```
pip install -U 模块名称                       # 更新至最新版模块
```

B-6 删除模块

安装了模块之后，若是想删除可以使用 uninstall，例如，若是想删除 basemap，可以使用下列指令。

```
pip uninstall basemap
```

B-7 查找更多模块

可以进入 https://pypi.org。

B-8 安装新版 pip

安装好 Python 后，pip 会被自动安装，如果不小心删除可以到下列网址下载。

https://pypi.org/project/pip/

附　录　C

函数或方法索引表

注：索引编号是列出方法或函数所出现的章节。

D

附　录　D

RGB 色彩表

色彩名称	十六进制	色彩样式
AliceBlue	#F0F8FF	
AntiqueWhite	#FAEBD7	
Aqua	#00FFFF	
Aquamarine	#7FFFD4	
Azure	#F0FFFF	
Beige	#F5F5DC	
Bisque	#FFE4C4	
Black	#000000	
BlanchedAlmond	#FFEBCD	
Blue	#0000FF	
BlueViolet	#8A2BE2	
Brown	#A52A2A	
BurlyWood	#DEB887	
CadetBlue	#5F9EA0	
Chartreuse	#7FFF00	
Chocolate	#D2691E	
Coral	#FF7F50	
CornflowerBlue	#6495ED	
Cornsilk	#FFF8DC	
Crimson	#DC143C	
Cyan	#00FFFF	
DarkBlue	#00008B	
DarkCyan	#008B8B	
DarkGoldenRod	#B8860B	
DarkGray	#A9A9A9	
DarkGrey	#A9A9A9	
DarkGreen	#006400	
DarkKhaki	#BDB76B	
DarkMagenta	#8B008B	
DarkOliveGreen	#556B2F	
DarkOrange	#FF8C00	
DarkOrchid	#9932CC	

（续表）

色彩名称	十六进制	色彩样式
DarkRed	#8B0000	
DarkSalmon	#E9967A	
DarkSeaGreen	#8FBC8F	
DarkSlateBlue	#483D8B	
DarkSlateGray	#2F4F4F	
DarkSlateGrey	#2F4F4F	
DarkTurquoise	#00CED1	
DarkViolet	#9400D3	
DeepPink	#FF1493	
DeepSkyBlue	#00BFFF	
DimGray	#696969	
DimGrey	#696969	
DodgerBlue	#1E90FF	
FireBrick	#B22222	
FloralWhite	#FFFAF0	
ForestGreen	#228B22	
Fuchsia	#FF00FF	
Gainsboro	#DCDCDC	
GhostWhite	#F8F8FF	
Gold	#FFD700	
GoldenRod	#DAA520	
Gray	#808080	
Grey	#808080	
Green	#008000	
GreenYellow	#ADFF2F	
HoneyDew	#F0FFF0	
HotPink	#FF69B4	
IndianRed	#CD5C5C	
Indigo	#4B0082	
Ivory	#FFFFF0	
Khaki	#F0E68C	

（续表）

色彩名称	十六进制	色彩样式
Lavender	#E6E6FA	
LavenderBlush	#FFF0F5	
LawnGreen	#7CFC00	
LemonChiffon	#FFFACD	
LightBlue	#ADD8E6	
LightCoral	#F08080	
LightCyan	#E0FFFF	
LightGoldenRodYellow	#FAFAD2	
LightGray	#D3D3D3	
LightGrey	#D3D3D3	
LightGreen	#90EE90	
LightPink	#FFB6C1	
LightSalmon	#FFA07A	
LightSeaGreen	#20B2AA	
LightSkyBlue	#87CEFA	
LightSlateGray	#778899	
LightSlateGrey	#778899	
LightSteelBlue	#B0C4DE	
LightYellow	#FFFFE0	
Lime	#00FF00	
LimeGreen	#32CD32	
Linen	#FAF0E6	
Magenta	#FF00FF	
Maroon	#800000	
MediumAquaMarine	#66CDAA	
MediumBlue	#0000CD	
MediumOrchid	#BA55D3	
MediumPurple	#9370DB	
MediumSeaGreen	#3CB371	
MediumSlateBlue	#7B68EE	
MediumSpringGreen	#00FA9A	

（续表）

色彩名称	十六进制	色彩样式
MediumTurquoise	#48D1CC	
MediumVioletRed	#C71585	
MidnightBlue	#191970	
MintCream	#F5FFFA	
MistyRose	#FFE4E1	
Moccasin	#FFE4B5	
NavajoWhite	#FFDEAD	
Navy	#000080	
OldLace	#FDF5E6	
Olive	#808000	
OliveDrab	#6B8E23	
Orange	#FFA500	
OrangeRed	#FF4500	
Orchid	#DA70D6	
PaleGoldenRod	#EEE8AA	
PaleGreen	#98FB98	
PaleTurquoise	#AFEEEE	
PaleVioletRed	#DB7093	
PapayaWhip	#FFEFD5	
PeachPuff	#FFDAB9	
Peru	#CD853F	
Pink	#FFC0CB	
Plum	#DDA0DD	
PowderBlue	#B0E0E6	
Purple	#800080	
RebeccaPurple	#663399	
Red	#FF0000	
RosyBrown	#BC8F8F	
RoyalBlue	#4169E1	
SaddleBrown	#8B4513	
Salmon	#FA8072	

（续表）

色彩名称	十六进制	色彩样式
SandyBrown	#F4A460	
SeaGreen	#2E8B57	
SeaShell	#FFF5EE	
Sienna	#A0522D	
Silver	#C0C0C0	
SkyBlue	#87CEEB	
SlateBlue	#6A5ACD	
SlateGray	#708090	
SlateGrey	#708090	
Snow	#FFFAFA	
SpringGreen	#00FF7F	
SteelBlue	#4682B4	
Tan	#D2B48C	
Teal	#008080	
Thistle	#D8BFD8	
Tomato	#FF6347	
Turquoise	#40E0D0	
Violet	#EE82EE	
Wheat	#F5DEB3	
White	#FFFFFF	
WhiteSmoke	#F5F5F5	
Yellow	#FFFF00	
YellowGreen	#9ACD32	

附　录　E

ASCII 码值表

本码值表取材至 www.lookup.com 网页。

Dec	Hx	Oct	Char		Dec	Hx	Oct	Html	Chr	Dec	Hx	Oct	Html	Chr	Dec	Hx	Oct	Html	Chr
0	0	000	NUL	(null)	32	20	040		Space	64	40	100	@	@	96	60	140	`	`
1	1	001	SOH	(start of heading)	33	21	041	!	!	65	41	101	A	A	97	61	141	a	a
2	2	002	STX	(start of text)	34	22	042	"	"	66	42	102	B	B	98	62	142	b	b
3	3	003	ETX	(end of text)	35	23	043	#	#	67	43	103	C	C	99	63	143	c	c
4	4	004	EOT	(end of transmission)	36	24	044	$	$	68	44	104	D	D	100	64	144	d	d
5	5	005	ENQ	(enquiry)	37	25	045	%	%	69	45	105	E	E	101	65	145	e	e
6	6	006	ACK	(acknowledge)	38	26	046	&	&	70	46	106	F	F	102	66	146	f	f
7	7	007	BEL	(bell)	39	27	047	'	'	71	47	107	G	[illegible]	103	67	147	g	g
8	8	010	BS	(backspace)	40	28	050	(	(	72	48	110	H	[illegible]	104	68	150	h	h
9	9	011	TAB	(horizontal tab)	41	29	051	)	)	73	49	111	I	I	105	69	151	i	i
10	A	012	LF	(NL line feed, new line)	42	2A	052	*	*	74	4A	112	J	J	106	6A	152	j	j
11	B	013	VT	(vertical tab)	43	2B	053	+	+	75	4B	113	K	[illegible]	107	6B	153	k	k
12	C	014	FF	(NP form feed, new page)	44	2C	054	,		76	4C	114	L	L	108	6C	154	l	l
13	D	015	CR	(carriage return)	45	2D	055	-		77	4D	115	M	M	109	6D	155	m	m
14	E	016	SO	(shift out)	46	2E	056	.	.	78	4E	116	N	N	110	6E	156	n	n
15	F	017	SI	(shift in)	47	2F	057	/	/	79	4F	117	O	O	111	6F	157	o	o
16	10	020	DLE	(data link escape)	48	30	060	0	0	80	50	120	P	P	112	70	160	p	p
17	11	021	DC1	(device control 1)	49	31	061	1	1	81	51	121	Q	Q	113	71	161	q	q
18	12	022	DC2	(device control 2)	50	32	062	2	2	82	52	122	R	R	114	72	162	r	r
19	13	023	DC3	(device control 3)	51	33	063	3	3	83	53	123	S	S	115	73	163	s	s
20	14	024	DC4	(device control 4)	52	34	064	4	4	84	54	124	T	T	116	74	164	t	t
21	15	025	NAK	(negative acknowledge)	53	35	065	5	5	85	55	125	U	U	117	75	165	u	u
22	16	026	[illegible]	(synchronous idle)	54	36	066	6	6	86	56	126	V	V	118	76	166	v	v
23	17	027	[illegible]	(end of trans. block)	55	37	067	7	7	87	57	127	W	W	119	77	167	w	w
24	18	030	[illegible]	(cancel)	56	38	070	8	8	88	58	130	X	X	120	78	170	x	x
25	19	031	[illegible]	(end of medium)	57	39	071	9	9	89	59	131	Y	Y	121	79	171	y	y
26	1A	032	[illegible]	(substitute)	58	3A	072	:	:	90	5A	132	Z	Z	122	7A	172	z	z
27	1B	033	ESC	(escape)	59	3B	073	;	;	91	5B	133	[	[	123	7B	173	{	{
28	1C	034	FS	(file separator)	60	3C	074	<	<	92	5C	134	\	\	124	7C	174			|
29	1D	035	GS	(group separator)	61	3D	075	=	=	93	5D	135	]	]	125	7D	175	}	}
30	1E	036	RS	(record separator)	62	3E	076	>	>	94	5E	136	^	^	126	7E	176	~	~
31	1F	037	US	(unit separator)	63	3F	077	?	?	95	5F	137	_	_	127	7F	177		DEL

习题及答案

第1章

一、是非题

1（X）：使用 Python 时需付费买授权。（1-1 节）

2（X）：Python 在执行前需要先编译，将程序转成可执行文件然后才可以执行。（1-1 节）

3（O）：Python 是面向对象的程序语言。（1-1 节）

4（X）：所有使用 Python 2 开发的软件都可以在 Python 3 上执行。（1-1 节）

5（X）：Python 在 3.0 版开始支持垃圾回收和 Unicode 功能。（1-3 节）

6（O）：可以使用 Python 设计动画游戏、动态网页设计、网络爬虫。（1-4 节）

7（X）：Python 语言的变量在使用前需要先声明。（1-4 节）

8（O）：Python 是一种动态语言，也可以称为胶水码（glue code）语言。（1-4 节）

9（O）：Python 是一种跨平台语言。（1-6 节）

二、选择题

1（D）：下列哪一个不是 Python 的特色？（1-1 节）

A. 垃圾回收　　B. 直译式语言　　C. 开放原始码　　D. 适合简报制作

2（A）：Python 的发明与哪一个人有关？（1-2 节）

A. Guido van Rossum　　B. Ross Ihaka　　C. Tim Cook　　D. Steve Job

3（C）：下列哪一项不是 Python 的主要应用范围？（1-4 节）

A. 设计动画游戏　　B. 执行大数据分析　　C. 文书编辑　　D. 设计网络爬虫

4（A）：下列哪一项有关 Python 的叙述错误？（1-5 节）

A. 静态语言　　B. 动态语言　　C. 胶水码　　D. 文字码语言

5（D）：Python 无法在下列哪一个作业环境执行？（1-6 节）

A. Windows　　B. Mac OS

C. Linux　　D. 以上操作系统都可以执行 Python

6（A）：下列哪一个符号不可当作 Python 的注释功能？（1-10 节）

A. @　　B. #　　C. '　　D. "

第2章

一、是非题

1（O）：设计一个好的变量名称，可以方便自己与他人未来阅读程序。（2-2 节）

2（O）：为程序加上注释是程序设计的好习惯。（2-4 节）

3（O）：Python 的变量会针对所给的内容自行设置数据类型。（2-5 节）

4（X）：Python 的变量名称不可用非英文字符的其他语言。（2-6 节）

5（X）：对 Python 而言 John 与 john 算是相同的变量名称。（2-6 节）

6（O）：_5z 是 Python 合法的变量名称。（2-6 节）

7（X）：有一个函数名称是 str( )，如果使用 str 作为变量名称，将造成程序错误，然后终止执行。（2-6 节）

8（O）："%" 是用于求余数。（2-7 节）

9（X）：“//" 是用于求次方。（2-7 节）

10（X）：乘法、除法、次方的运算优先级相同，会依照出现顺序由左到右运算。（2-7 节）

11（X）："x %= y" 相当于 "x = y % x"。（2-8 节）

12（O）：下列两个公式的意义相同。（2-8 节）

```
a  /=  b
```

与

```
a  =  a  /  b
```

13（X）：有一个语句 "x, y, z = 10, 20, 30"，最后得到 x 值是 30。（2-9 节）

14（X）：有一个语句 "z = divmod（9, 5）"，可以得到 z 是 4。（2-9 节）

15（X）：del 既可当作删除变量，也可将它设为变量名称使用。（2-10 节）

16（X）：Python 允许一个语句分多行撰写，方法是在未完成语句右边加上 / 符号，Python 解释器会将下一行语句视为这一行的延伸。（2-11 节）

二、选择题

1（A）：有一程序如下：（2-2 节）

```
>>> x = 150
>>> y = 150 * 3 + 450
>>> z = 1000
>>> a = z - y
>>> a
```

上述可以得到什么输出？

A. 100　　B. 0　　C. 900　　D. 叙述语法错误

2（B）：下列哪一个是合法的变量名称？（2-6 节）

A. return　　B. _5x　　C. 9x　　D. x$d

3（C）：下列哪一个不是合法的变量名称？（2-6 节）

A. 总计　　B. _k2　　C. k,3　　D. AAA

4（C）：使用下列哪一个字符串当变量将造成程序 SyntaxError 无法执行？（2-6 节）

A. abc　　B. abs　　C. and　　D. _abc

5（D）：计算下列的 x 值。（2-7 节）

```
>>> x = 10
>>> x //= 10
>>> print(x)
```

A. 10　　B. 100　　C. 90　　D. 1

6（C）：计算下列的 x 值。（2-7 节）

```
>>> x = 11
>>> x %= 9
>>> print(x)
```

A. 10　　B. 100　　C. 2　　D. 1

7（A）：计算下列的 x 值。（2-7 节）

```
>>> x = 9 + 3 * 9 * 2 ** 2 - 30
>>> print(x)
```

A. 87　　B. 2895　　C. 46626　　D. 1

8（D）：下列指令执行结果为何？（2-9 节）

```
>>> x, y = 10, 20
>>> x, y = y, x
```

A. x=10 和 y=10　　B. x=10 和 y=10

C. x=20 和 y=20　　D. x=20 和 y=10

第 3 章

一、是非题

1（X）：如果有一个变量 x，当执行 type(x) 后得到 float，由此可以判断变量 x 是整数。（3-1 节）

2（X）：Python 语言的整数限制在 -2147483648 ～ 2147483647。（3-2 节）

3（O）：带有小数点的数字称为浮点数。（3-2 节）

4（O）：程序设计时可能发生某个变量在某一程序代码运算阶段是整数数据类型，后来在另外一个程序代码运行阶段变成字符串数据类型。（3-2 节）

5（X）：int( ) 函数可以强制将所有的字符串转成整数。（3-2 节）

6（X）：x 值是 100.5，经过 round(x) 处理，可以返回 101。（3-2 节）

7（X）：pow(x,y) 可以获得 x 开根号 y 的值。（3-2 节）

8（O）：布尔值的可能值有两种，分别是 True 和 False。（3-3 节）

9（X）：如果布尔值变量是 False，经强制 int(x) 转换，可以得到 1。（3-3 节）

10（O）：如果字符串太长想分成不同行输出，可以使用 3 个单引号包夹此字符串。（3-4 节）

11（X）：Python 允许执行字符串相加，产生新字符串。也允许字符串相减，产生新字符串。（3-4 节）

12（O）：含有 \ 的字符称为转义字符（Escape Character）。（3-4 节）

13（O）：str( ) 除了可以将数值数据转成字符串，也可以设置一个空字符串。（3-4 节）

14（X）：字符串和整数相乘将产生语法错误。（3-4 节）

15（O）：计算器内部最小的存储单位是位（bit）。（3-5 节）

16（X）：chr(x) 函数可以返回 x 的 Unicode 值。（3-5 节）

17（X）：英文大写的 ASCII 码值比英文小写的 ASCII 码值多 32。（3-5 节）

18（O）：ord(x) 函数可以返回 x 的 Unicode 值。（3-5 节）

19（O）：将 Unicode 字符串转成 bytes 数据称为编码（encode）。（3-6 节）

20（X）：utf-8 是最常使用的编码格式，这是一种固定长度的编码格式。（3-6 节）

21（O）：相同的字符串内容，应用在 bytes 数据与 Unicode 字符串使用 len( ) 函数计算长度时，可能相同也可能不相同。（3-6 节）

22（O）：将 bytes 数据转成 Unicode 字符串称为译码（decode）。（3-6 节）

23（O）："** 0.5" 具有开根号的数学效果。（3-7 节）

二、选择题

1（A）：如果有一个整数变量 x，当执行 type(x) 后可以得到什么返回值？（3-1 节）

A. int　　B. float　　C. str　　D. bool

2（B）：如果有一个浮点数变量 x，当执行 type(x) 后可以得到什么返回值？（3-1 节）

A. int　　B. float　　C. str　　D. array

3（C）：0xAA 的十进制值是多少？（3-2 节）

A. 99　　B. 100　　C. 170　　D. 200

4（D）：0b1001 的十进制值是多少？（3-2 节）

A. 3　　B. 5　　C. 7　　D. 9

5（B）：0o12 的十进制值是多少？（3-2 节）

A. 8　　B. 10　　C. 12　　D. 3

6（B）：下列哪一个函数可以将一般整数转成八进制整数？（3-2 节）

A. bin( )　　B. oct( )　　C. hex( )　　D. int( )

7（A）：下列哪一个函数可以将一般整数转成二进制整数？（3-2 节）

A. bin( )　　B. oct( )　　C. hex( )　　D. int( )

8（C）：下列哪一个函数可以将一般整数转成十六进制整数？（3-2 节）

A. bin( )　　B. oct( )　　C. hex( )　　D. int( )

9（A）：round(4.5) 的值是多少？（3-2 节）

A. 4　　B. 5　　C. True　　D. False

10（D）：有一个科学记数是 1.2E+5，它的值是多少？（3-2 节）

A. 120.0　　B. 1.2　　C. 12000.0　　D. 120000.0

11（C）：987.653 的科学记数表示是什么？（3-2 节）

A. 987.653E+2　　B. 9.87e+2　　C. 9.87653E+2　　D. 9.87653e-2

12（D）：如果有一个布尔值变量 x，当执行 type(x) 后可以得到什么返回值？（3-3 节）

A. int　　B. float　　C. str　　D. bool

13（C）：如果有一个字符串变量 x，当执行 type(x) 后可以得到什么返回值？（3-4 节）

A. int　　B. float　　C. str　　D. array

14（A）：下列哪一个转义字符（Escape Character）可以让下次输出时跳到下一行输出？（3-4 节）

A. \n　　B. \f　　C. \t　　D. \b

15（B）：哪一个转义字符（Escape Character）可以让下次输出时跳到下一页输出？（3-4 节）

A. \n　　B. \f　　C. \t　　D. \b

16（C）：在字符串前加上什么字符可以防止转义字符（Escape Character）被转译？（3-4 节）

A. a　　B. n　　C. r　　D. t

17（C）：可以在字符串与整数间用下列哪一个符号达到字符串复制效果？（3-4 节）

A. + B. - C. * D. /

18（C）：Unicode 码值是用什么开头？（3-5 节）

A. \m B. \h C. \u D. \b

19（B）：下列哪一个函数可以返回字符的 Unicode 码值？（3-5 节）

A. chr( ) B. ord( ) C. hex( ) D. id( )

20（C）：bytes 数据是用什么开头？（3-6 节）

A. r' B. a' C. b' D. 'h

21（A）：哪个函数可以将 Uncode 字符串转成 bytes 数据？（3-6 节）

A. encode( ) B. decode( ) C. zip( ) D. unzip( )

22（B）：哪个函数可以将 bytes 数据转成 Uncode 字符串？（3-6 节）

A. encode( ) B. decode( ) C. zip( ) D. unzip( )

第 4 章

一、是非题

1（O）：help( ) 函数可以列出其他函数的使用说明。（4-1 节）

2（X）：%o 是格式化二进制输出。（4-2 节）

3（O）：%h 是格式化十六进制输出。（4-2 节）

4（O）：%e 与 %E 都是用于格式化科学记数的输出。（4-2 节）

5（X）：%-5d，其中负号（-）主要是格式化整数输出时，碰上负数需要输出负号（-）。（4-2 节）

6（O）：%+5d，其中正号（+）主要是格式化整数输出时，碰上正数需要输出正号（+）。（4-2 节）

7（O）：print( ) 函数内配合使用 format( ) 时，输出格式区内的变量使用 { } 表示。（4-2 节）

8（X）：print( ) 函数只能将数据输出至屏幕。（4-2 至 4-3 节）

9（X）：使用 input( ) 函数读取数字数据时，用 type( ) 函数列出所读取的数据，可以得到 int 的结果。（4-4 节）

二、选择题

1（A）：下列哪一个函数可以列出特定函数的使用说明？（4-1 节）

A. help( ) B. print( ) C. input( ) D. dir( )

2（B）：print( ) 函数的哪一个参数可以设置各个数据间的分隔字符？（4-2 节）

A. value B. sep C. end D. file

3（C）：print( ) 函数的哪一个参数可以设置下次 print( ) 数据输出时不要换行输出？（4-2 节）

A. value B. sep C. end D. file

4（A）：下列哪一个可用于格式化整数输出？（4-2 节）

A. %d B. %f C. %s D. %h

5（B）：下列哪一个可用于格式化浮点数输出？（4-2 节）

A. %d B. %f C. %s D. %h

6（C）：下列哪一个可用于格式化字符串输出？（4-2 节）

A. %d　　B. %f　　C. %s　　D. %h

7（A）：使用 print( ) 配合 format( ) 时，哪一个参数可以设置靠右对齐输出？（4-2 节）

A. >　　B. <　　C. ^　　D. !

8（B）：使用 print( ) 配合 format( ) 时，哪一个参数可以设置靠左对齐输出？（4-2 节）

A. >　　B. <　　C. ^　　D. !

9（C）：使用 print( ) 配合 format( ) 时，哪一个参数可以设置居中对齐输出？（4-2 节）

A. >　　B. <　　C. ^　　D. !

10（D）：print( ) 函数的哪一个参数可以设置输出至一般文件？（4-3 节）

A. value　　B. sep　　C. end　　D. file

11（A）：使用 open( ) 打开文件时，mode 参数是下列哪一个，可以设置所打开文件只能读取？（4-3 节）

A. "r"　　B. "w"　　C. "a"　　D. "x"

12（B）：使用 open( ) 打开文件时，mode 参数是下列哪一个，可打开文件供写入，如果原先文件有内容将被覆盖？（4-3 节）

A. "r"　　B. "w"　　C. "a"　　D. "x"

13（C）：使用 open( ) 打开文件时，mode 参数是下列哪一个，可打开文件供写入，如果原先文件有内容，新写入数据将附加在后面。（4-3 节）

A. "r"　　B. "w"　　C. "a"　　D. "x"

14（D）：使用 open( ) 打开文件时，mode 参数是下列哪一个，可打开一个新的文件供写入，如果所打开的文件已经存在会产生错误？（4-3 节）

A. "r"　　B. "w"　　C. "a"　　D. "x"

15（B）：哪一个函数可以计算字符串 5*100-30，然后返回 120 ？（4-5 节）

A. exec( )　　B. eval( )　　C. input( )　　D. print( )

16（D）：下列哪一个函数可以列出所有 Python 所提供的内建函数？（4-6 节）

A. help( )　　B. print( )　　C. input( )　　D. dir( )

第 5 章

一、是非题

1（X）："=" 是关系运算符的等于。（5-1 节）

2（X）："&&" 是逻辑运算符的 AND。（5-2 节）

3（O）：下列变量 x 会返回 True。（5-2 节）

```
>>> x = (10 < 8) or (10 < 20)
```

4（O）：下列变量 x 会返回 False。（5-2 节）

```
>>> x = (10 > 8) and (10 > 20)
```

5（X）：Python 是使用内缩方式表达 if 语句内的程序区块，一定要内缩 4 格字符空间程序才可以运行。（5-3 节）

6（O）：Python 的 if … else 语句最大的特色是，条件判断不论是 True 或 False 均可设计一个程序代码区块供执行。（5-4 节）

7（O）：今天是星期日，假设要读者设计输入 N 天后，然后程序可以输出星期几信息，这类问题适合使用 if … elif … else 语句。（5-5 节）

8（O）：所谓的嵌套 if 语句是指 if 语句内有其他 if 语句。（5-6 节）

二、选择题

1（D）：下列哪一个是不等于关系运算符？（5-1 节）

A. >= B. <> C. <= D. !=

2（B）：有一个运算如下：

```
x = A op B
```

如果 A 是 True，B 是 False，结果打印 x 是 True，则 op 是什么？（5-2 节）

A. and B. or C. not D. ==

3（A）：哪一个语句可以用一行完成撰写？（5-3 节）

A. if 语句 B. if … else 语句

C. if … elif … else 语句 D. 以上皆非

4（B）：如果设计一个程序读取输入数字，如果数字大于或等于 100 输出大，如果数字小于 100 输出小，下列哪一个语句最适合设计这个程序？（5-4 节）

A. if B. if … else C. if … elif … else D. 嵌套 if

5（C）：如果设计一个程序读取输入 3 个苹果的重量，如果大于或等于 1.5kg 输出“A 级货”，如果小于 1.5kg 但是大于或等于 1.0kg 输出“B 级货”，其他则输出“C 级货”，下列哪一个语句最适合设计这个程序？（5-5 节）

A. if B. if … else C. if … elif … else D. 嵌套 if

第 6 章

一、是非题

1（X）：列表（list）是由相同数据类型的元素所组成的。（6-1 节）

2（X）：在列表（list）中元素是从索引值 1 开始配置的。（6-1 节）

3（O）：下列两个列表定义，意义相同。（6-1 节）

```
x = [1, 3, 5]
```

或

```
x = [1,3,5,]
```

4（O）：列表切片（list slices）的概念中，[:n] 可以取得列表前 n 名元素。（6-1 节）

5（X）：列表切片（list slices）的概念中，[n:] 可以取得列表后 n 名元素。（6-1 节）

6（O）：如果列表的索引是 -1，代表这是最后一个元素。（6-1 节）

7（X）：max( ) 和 min( ) 不可应用在列表元素为字符串的情况。（6-1 节）

8（O）：sum( ) 不可应用在列表元素为字符串的情况。（6-1 节）

9（O）：有两个列表 x 和 y，可以执行 x + y。（6-1 节）

10（X）：有两个列表 x 和 y，可以执行 x * y。（6-1 节）

11（O）：有一个 Python 程序内容如下：(6-1 节)

```
x = ['big', 'small', 'medium']
del x[0]
print(x)
```

可以得到下列结果。

```
['small', 'medium']
```

12（O）：del 可以用于删除列表元素，也可以删除整个列表。(6-1 节)

13（x）：有一个 Python 指令片段如下：(6-2 节)

```
>>> x = "i love python"
>>> y = x.title( )
```

若是打印 y，可以得到 "I love python"。

14（O）：有一个 Python 程序如下：(6-2 节)

```
x = ['big', 'small', 'medium']
y = x[0].lower( )
print(y)
```

可以得到下列结果。

```
big
```

15（O）：strip( ) 可以删除字符串头尾两边多余的空白。(6-2 节)

16（X）：append( ) 可以在列表开头增加元素。(6-4 节)

17（X）：insert( ) 主要是在列表末端插入元素。(6-4 节)

18（O）：pop( ) 除了可以删除元素，也可以将所删除的元素返回。(6-4 节)

19（X）：remove( ) 可以删除指定索引位置的元素。(6-4 节)

20（X）：sort( ) 排序是由大排到小。(6-5 节)

21（X）：sorted( ) 排序可以造成列表元素顺序永久更改。(6-5 节)

22（O）：有一个 Python 程序如下：(6-6 节)

```
str = ['2', '2', '3', '3', '2']
search_str = '2'
i = str.index(search_str)
print(i)
```

可以得到 i 是 0。

23（X）：有一个 Python 程序如下：(6-7 节)

```
num = [[1,2,3,4],[5,6,7,8]]
i = num[1][1]
print(i)
```

可以得到 i 是 2。

24（O）：len( ) 方法除了可以计算列表（list）元素个数，也可以用于计算字符串（string）长度。(6-9 节)

25（X）：将字符串转成列表时，原先字符串的空格符部分将被舍去。(6-9 节)

26（X）：list( ) 可以将字符串转成列表，split( ) 也可以将字符串转成列表，它们的用法是相同的，结果也是相同的。(6-9 节)

27（X）：Python 的 in 表达式主要是比较两个对象是否相同。（6-10 节）

28（O）：在 Python 语言中，两个不同地址的对象，即使内容相同，使用 is 指令时，会被视为不同的对象。（6-11 节）

二、选择题

1（A）：使用列表（list）时，如果索引值是下列哪一个，代表这是列表的最后一个元素？（6-1 节）

A. -1　　B. 0　　C. 1　　D. max

2（B）：有一个 Python 程序如下：（6-1 节）

```
x = ['big', 'small']
x = x * 3
print(x)
```

可以得到下列哪一个结果？

A. 程序错误

B. ['big', 'small', 'big', 'small', 'big', 'small']

C. ['big', 'small']

D. ['big', 'big', 'big', 'small', 'small', 'small']

3（D）：有一个 Python 程序如下：（6-1 节）

```
x = ['big', 'small', 'medium']
x[1] = 'size'
print(x)
```

可以得到下列哪一个结果？

A. ['big', 'small', 'medium']　　B. ['big', 'small', 'size']

C. ['size', 'small', 'medium']　　D. ['big', 'size', 'medium']

4（D）：有一个 Python 程序如下：（6-1 节）

```
x = ['big', 'small', 'medium']
y = len(x)
print(y)
```

可以得到下列哪一个结果？

A. 0　　B. 1　　C. 2　　D. 3

5（B）：有一个 Python 程序如下：（6-2 节）

```
x = ['big', 'small', 'medium']
y = x[2].title()
print(y)
```

可以得到下列哪一个结果？

A. BIG　　B. Medium　　C. Small　　D. MEDIUM

6（C）：有一个 Python 程序如下：（6-2 节）

```
x = ' Silicon Stone '
y = x.rstrip()
print("/%s/" % y)
```

可以得到下列哪一个结果？

A. / Silicon Stone /　　B. /Silicon Stone/

C. / Silicon Stone/　　D. /Silicon Stone /

7（A）：下列哪一个指令可以列出对象的所有方法？（6-2 节）

A. dir　　B. help　　C. display　　D. list

8（C）：有一程序如下：（6-2 节）

```
>>> n = 4
>>> y = n.bit_length()
```

上述 y 的值是多少？

A. 1　　B. 2　　C. 3　　D. 4

9（C）：有一个 Python 程序如下：（6-4 节）

```
x = [ ]
x.append('big')
x.append('small')
print(x)
x.append('medium')
```

可以得到下列哪一个结果？

A. ['big', 'small', 'medium']　　B. ['big']

C. ['big', 'small']　　D. []

10（D）：有一个 Python 程序如下：（6-4 节）

```
x = ['big', 'small', 'medium', 'large']
y = x.pop( )
print(y)
```

可以得到下列哪一个结果？

A. big　　B. small　　C. medium　　D. large

11（A）：有一个 Python 程序如下：（6-4 节）

```
x = ['big', 'small', 'medium', 'large']
y = 'big'
x.remove(y)
print(x)
```

可以得到下列哪一个结果？

A. ['small', 'medium', 'large']　　B. ['big', 'medium', 'large']

C. ['big', 'size', 'medium']　　D. ['big', 'small', 'medium']

12（A）：有一个 Python 程序如下：（6-5 节）

```
x = ['big', 'small', 'medium', 'large']
x.reverse()
print(x)
```

可以得到下列哪一个结果？

A. ['large', 'medium', 'small', 'big']

B. ['big', 'small', 'medium', 'large']

C. ['big', 'large', 'medium', 'small']

D. ['small', 'medium', 'large', 'big']

13（B）：[::-1] 的意义。（6-5 节）

A. sort( )　　B. reverse( )　　C. sort(reverse=True)　　D. sorted( )

14（C）：有一个 Python 程序如下：（6-5 节）

```
x = ['big', 'small', 'medium', 'large']
x.sort( )
print(x)
```

可以得到下列哪一个结果？

A. ['large', 'medium', 'small', 'big']

B. ['big', 'small', 'medium', 'large']

C. ['big', 'large', 'medium', 'small']

D. ['small', 'medium', 'large', 'big']

15（D）：有一个 Python 程序如下：（6-5 节）

```
x = ['big', 'small', 'medium', 'large']
x.sort(reverse=True)
print(x)
```

可以得到下列哪一个结果？

A. ['large', 'medium', 'small', 'big']

B. ['big', 'small', 'medium', 'large']

C. ['big', 'large', 'medium', 'small']

D. ['small', 'medium', 'large', 'big']

16（B）：有一个 Python 程序如下：（6-5 节）

```
x = ['big', 'small', 'medium', 'large']
y = sorted(x)
print(x)
```

可以得到下列哪一个结果？

A. ['large', 'medium', 'small', 'big']

B. ['big', 'small', 'medium', 'large']

C. ['big', 'large', 'medium', 'small']

D. ['small', 'medium', 'large', 'big']

17（B）：有一个 Python 程序如下：（6-6 节）

```
x = [1,2,3,4]
y = x.index(3)
```

y 的内容为何？

A. 1　　B. 2　　C. 3　　D. 4

18（B）：有一个 Python 程序如下：（6-7 节）

```
x = [[1,2,3],[4,5,6],[7,8,9]]
y = x[1][1]
```

y 的内容为何？

A. 2　　B. 5　　C. 8　　D. 1

19（C）：有一个 Python 程序如下：（6-7 节）

```
str1 = ['small', 'medium', 'large']
str2 = ['fast', 'slow']
str1.append(str2)
print(str1)
```

可以得到下列哪一个结果？

A. [['small', 'medium', 'large'], 'fast', 'slow']

B. ['small', 'medium', 'large', 'fast', 'slow']

C. ['small', 'medium', 'large', ['fast', 'slow']]

D. ['fast', 'large', 'medium', 'slow', 'small']

20（B）：有一个 Python 程序如下：(6-7 节)

```
str1 = ['small', 'medium', 'large']
str2 = ['fast', 'slow']
str1.extend(str2)
print(str1)
```

可以得到下列哪一个结果？

A. [['small', 'medium', 'large'], 'fast', 'slow']

B. ['small', 'medium', 'large', 'fast', 'slow']

C. ['small', 'medium', 'large', ['fast', 'slow']]

D. ['fast', 'large', 'medium', 'slow', 'small']

21（C）：有一个 Python 程序片段如下：(6-8 节)

```
>>> x = [1,2,3]
>>> y = x
>>> x.append(4)
>>> y.append(5)
```

上述 x 的内容为何？

A. [1,2,3] B. [1,2,3,4] C. [1,2,3,4,5] D. []

22（B）：有一个 Python 程序片段如下：(6-8 节)

```
x = [1,2,3]
y = x[:]
x.append(4)
y.append(5)
```

上述 x 的内容为何？

A. [1,2,3] B. [1,2,3,4] C. [1,2,3,4,5] D. []

23（C）：有一个 Python 指令片段如下：(6-9 节)

```
x = '123456789'
y = x[1:9:3]
```

上述 y 的内容为何？

A. '123' B. '159' C. '258' D. '369'

24（D）：有一个 Python 指令片段如下：(6-9 节)

```
>>> x = ['1','2','3']
>>> y = '4'
>>> z = y.join(x)
```

上述 z 的内容为何。

A. '1234' B. '123' C. '4123' D. '14243'

第 7 章

一、是非题

1（O）：列表（list）是一种可迭代对象（iterable object）。（7-1 节）

2（O）：下述语句可以产生含 'C'，'D'，'E'，'F'4 个元素的列表。（7-1 节）

```
alphabets = ['A', 'B', 'C', 'D', 'E', 'F']
for alphabet in alphabets[2:]:
    print(alphabet)
```

3（X）：delall( ) 可以删除列表内所有元素。（7-1 节）

4（X）：range( ) 函数所产生的可迭代对象称为列表（list）。（7-2 节）

5（O）：下述语句可以列出 1 ～ 9 的元素。（7-2 节）

```
for i in range(1, 10):print(i)
```

6（X）：下述语句可以列出 10 ～ 2 的元素。（7-2 节）

```
for i in range(10,1):print(i)
```

7（X）：当 range( ) 函数有 3 个参数时，第 2 个参数值是间隔值。（7-2 节）

8（X）：当 range( ) 函数有 3 个参数时，第 3 个参数值是终止值。（7-2 节）

9（X）：下列程序可以列出 9×9 乘法表。（7-3 节）

```
for i in range(1, 9):
    for j in range(1, 9):
        result = i * j
        print("%d*%d=%-3d" % (i, j, result), end=" ")
    print()
```

10（O）：break 指令可以让 for 或 while 循环中断。（7-3 和 7-4 节）

11（X）：凡是使用 for 语句的循环，只要直接将 for 改为 while，都可正常执行，而获得相同的结果。（7-3 和 7-4 节）

12（X）：有一个列表如下：

```
numlist = [1, 2, 3, 4, 5]
```

如果想要分行列出此列表的所有元素，最佳方式是使用 while 循环。（7-4 节）

13（X）：下列程序可以列出 1 ～ 9 的元素。（7-4 节）

```
while i in range(1, 10):
    print(i)
```

14（O）：下列是无限循环。（7-4 节）

```
while 1:
    pass
```

15（O）：enumerate 对象的每个元素都是索引与数据值所组成的。（7-5 节）

二、选择题

1（A）：下列哪一项目不是可迭代对象？（7-1 节）

A. 整数　　B. 列表（list）　　C. 元组（tuple）　　D. range

2（D）：请列出下列程序的执行结果。（7-1 节）

```
alphabets = ['A', 'B', 'C', 'D', 'E', 'F']
for alphabet in alphabets[-2:]:
    print(alphabet)
```

A. A
B　　B. B
C　　C. C
D　　D. E
F

3（A）：请列出下列程序的执行结果。（7-1 节）

```
alphabets = ['A', 'B', 'C', 'D', 'E', 'F']
for alphabet in alphabets[:2]:
    print(alphabet)
```

A. A
B　　B. B
C　　C. C
D　　D. E
F

4（D）：有一个程序片段如下，请列出执行结果。（7-2 节）

```
for x in range(5,1):
    print(x)
```

A. 5
4
3
2　　B. 1
2
3
4　　C. 4
3
2　　D. 空 range 对象

5（A）：有一个程序片段如下：（7-2 节）

```
colors = ["Red", "Green", "Blue"]
shapes = ["Circle", "Square"]
result = [[color, shape] for color in colors for shape in shapes]
for color, shape in result:
    print(color, shape)
```

第一个输出为何？

A. Red Circle　　B. Red Square　　C. Blue Square　　D. Green Circle

6（C）：有一个程序片段如下：（7-2 节）

```
colors = ["Red", "Green", "Blue"]
shapes = ["Circle", "Square"]
result = [[color, shape] for color in colors for shape in shapes]
for color, shape in result:
    print(color, shape)
```

最后一个输出为何？

A. Red Circle　　B. Red Square　　C. Blue Square　　D. Green Circle

7（B）：下列程序执行结果 total 值是多少？（7-2 节）

```
total = 0
for digit in range(1, 11):
    if digit == 5:
        break
    total += digit
print(total)
```

A. 0　　B. 10　　C. 50　　D. 55

8（C）：下列程序执行结果 total 值是多少？（7-2 节）

```
total = 0
for digit in range(1, 11):
    if digit == 5:
        continue
    total += digit
print(total)
```

A. 0　　B. 10　　C. 50　　D. 55

9（A）：下列程序执行结果 n 值是多少。(7-3 节)

```
players = [['James', 202],
           ['Curry', 193],
           ['Durant', 205],
           ['Jordan', 199],
           ['David', 211],
           ['Norton', 220],
           ['Manning', 198]]
n = 0
for player in players:
    if (player[1] <= 210) and (player[1] >= 195):
        n += 1
        continue
print(n)
```

A. 4　　B. 5　　C. 6　　D. 7

10（A）：下列程序执行结果 total 值是多少？（7-4 节）

```
n = 0
total = 0
while n <= 10:
    n += 1
    if ( n % 2 != 0 ):
        break
    total += n
print(total)
```

A. 0　　B. 1　　C. 45　　D. 55

11（D）：下列是一个无限循环，如果要中断此无限循环，可以使用下列哪一个按键？（7-4 节）

```
while True:
    print("True")
```

A. Ctrl + A　　B. Esc　　C. Enter　　D. Ctrl + C

12（A）：下列程序执行结果为何？（7-4 节）

```
index = 0
while index <= 8:
    index += 1
    if ( index % 2 == 0 ):
        continue
    print(index,end=',')
```

A. 1,3,5,7,9,　　B. 1,3,5,7,　　C. 2,4,6,8,　　D. 2,4,6,8,10,

第 8 章

一、是非题

1（X）：元组的元素值不可以更改，但是元素数量可以更改。(8-1 节)

2（O）：元组的定义是将元素放在小括号内“( )”。（8-1 节）

3（X）：设置元组的元素时，如果有多个元素，这些元素彼此用“;”隔开。（8-1 节）

4（O）：读取元组 tuple1 的第一个元素，可以使用下列语法。（8-2 节）

```
value = tuple1[0]
```

上述语句会将元组 tuple1 的第一个元素读入 value。

5（O）：当定义一个元组 x 后，未来可以重新定义此元组 x 的内容，所以下列语法不会有错误。（8-5 节）

```
>>> x = (1,2,3)
>>> x = (4,5,6)
```

6（O）：元组数据可以转成列表，列表数据也可以转成元组。（8-8 节）

7（O）：将 enumerate 对象转成列表时，此列表的元素是元组。（8-10 节）

8（X）：使用 zip( ) 打包对象时，被打包的对象长度必须相同。（8-11 节）

9（X）：使用 zip( ) 打包对象时，被打包的对象数据结构必须相同。（8-11 节）

10（O）：使用元组存储数据，可以提供更安全的保护，避免因疏忽造成数据被更改。（8-14 节）

11（X）：存取元组的元素比存取列表元素要更花时间。（8-14 节）

二、选择题

1（D）：下列哪一个数据类型不可以当作元组的元素？（8-1 节）

A. 整数　　B. 字符
C. 列表　　D. 以上皆可当作元组元素

2（A）：定义元组时是使用小括号 ( )，读取元组索引值时是使用哪一项？（8-2 节）

A. ( )　　B. [ ]　　C. { }　　D. 以上皆可

3（B）：下列哪一项叙述正确？（8-3 ~ 8-7 节）

A. for 循环不可以应用在元组　　B. 元组内容不可修改
C. append( ) 可以应用在元组　　D. pop( ) 可以应用在元组

4（B）：有一个片段指令如下，请列出执行结果。（8-6 节）

```
>>> fruits = ('apple', 'orange', 'banana', 'watermelon', 'grape')
>>> print(fruits[-2:])
```

A. ('apple', 'orange')　　B. ('watermelon', 'grape')
C. ('apple', 'grape')　　D. ('orange', 'watermelon')

5（C）：下列哪一个方法可用在元组？（8-7 节）

A. pop( )　　B. insert( )　　C. len( )　　D. append( )

6（D）：下列哪一个方法不可用在元组？（8-7 节）

A. max( )　　B. min( )　　C. len( )　　D. append( )

7（B）：如果想将列表改为元组，可以使用哪一个方法？（8-8 节）

A. list　　B. tuple　　C. append　　D. dict

8（A）：如果想将元组改为列表，可以使用哪一个方法？（8-8 节）

A. list　　B. tuple　　C. append　　D. dict

9（D）：下列哪一个数据类型不可当作 zip( ) 函数的参数？（8-11 节）

A. 元组　　B. 列表　　C. 字典　　D. 整数

第 9 章

一、是非题

1（O）：字典的元素是用 " 键（key）: 值（value）" 配对方式存储。（9-1 节）

2（X）：字典键（key）的值（value）限定是数值（number）或字符串（string）。（9-1 节）

3（X）：有一段程序内容如下：（9-1 节）

```
fruits = {'apple':20, 'orange':25, 'peach':18, 'banana':10}
print(fruits[peach]
```

上述语句可以输出 18。

4（X）：经 clear( ) 删除字典元素后，字典将不再存在于系统。（9-1 节）

5（O）：属于字典 ' 键 ' 的 ' 值 ' 是可以更改的。（9-1 节）

6（O）：字典是无序的数据结构。（9-1 节）

7（O）：Python 允许列表元素是由字典（dict）组成，也允许字典键（key）的值（value）是列表（list）。（9-1 节）

8（X）：可以用键的值（value）判断该元素是否在字典内。（9-1 节）

9（O）：使用 items( ) 方法可以取得字典的键与值。（9-2 节）

10（X）：items( ) 方法所返回字典的键与值是以字典方式存储。（9-2 节）

11（O）：有一个字典 weeks，下列两个程序片段意义相同。（9-2 节）

```
for week in weeks:
    print(week)
```

与

```
for week in weeks.keys( ):
    print(week)
```

12（X）：sorted( ) 方法主要是将字典依值（value）排序。（9-2 节）

13（O）：列表的元素可以是字典。（9-3 节）

14（O）：字典内可以让列表当作元素键的值。（9-4 节）

15（O）：字典内可以让字典当作元素键的值。（9-5 节）

16（X）：fromkeys 是建立字典 " 键 : 值 " 的方法。（9-7 节）

17（X）：将 get( ) 应用在字典时，get( ) 方法的参数是键，如果字典内有找到此键则返回 True。（9-7 节）

二、选择题

1（B）：有一个元组内容是（'ab', 'cd'），可以利用什么函数将此内容转为字典（'a':'b', 'c':'d'）？（9-1 节）

A. update( )　　B. dict( )　　C. len( )　　D. copy( )

2（A）：下列哪一个方法可以合并两个字典为一个字典？（9-1 节）

A. update( )　　B. dict( )　　C. len( )　　D. copy( )

3（A）：下列哪一个方法可以遍历字典的值？（9-2 节）

A. for x in players.values( ):print(x)　　B. for x in players.items( ):print(x)

C. for x in players.keys( ):print(x)　　D. for x in players:print(x)

4（C）：有一个字典内容如下，它的元素数量有几个？（9-1 节）

```
players = {'John':'Golden State', 'age':30, 'height':192}
```

A. 1　　B. 2　　C. 3　　D. 6

5（B）：下列 persons 是一个字典，有一个 for 循环如下：(9-2 节)

```
for info1, info2 in persons.items( ):
    print(info2)
```

上述 info2 可以得到什么？

A. 键　　B. 值　　C. 键 : 值　　D. 字典

6（A）：下列 persons 是一个字典，有一个 for 循环如下：(9-2 节)

```
for info1, info2 in persons.items( ):
    print(info2)
```

上述 info1 可以得到什么？

A. 键　　B. 值　　C. 键 : 值　　D. 字典

7（A）：下列 persons 是一个字典，有一个 for 循环如下：(9-2 节)

```
for info in persons.keys( ):
    print(info)
```

上述 info 可以得到什么？

A. 键　　B. 值　　C. 键 : 值　　D. 字典

8（A）：下列 persons 是一个字典，有一个 for 循环如下：(9-2 节)

```
for info in persons:
    print(info)
```

上述 info 可以得到什么？

A. 键　　B. 值　　C. 键 : 值　　D. 字典

9（B）：下列 persons 是一个字典，有一个 for 循环如下：(9-2 节)

```
for info in persons.values( ):
    print(info)
```

上述 info 可以得到什么？

A. 键　　B. 值　　C. 键 : 值　　D. 字典

10（D）：有一个程序如下：(9-3 节)

```
enemys = []
for enemy_number in range(30):
    enemy = {'color':'red', 'point':5, 'speed':'slow'}
    enemys.append(enemy)
for enemy in enemys[:3]:
    print(enemy)
```

上述程序最后 enemys 字典内有多少个键 : 值元素？

A. 0　　B. 3　　C. 27　　D. 30

11（C）：有一个 Python 数据定义如下：(9-4 节)

```
sports = {'Peter':['NBA', 'NFL'],
          'Mary':['MLB'],
          'John':['NFL', 'MLB', 'NBA']}
```

上述数据定义为何？

A. 列表　　B. 字典内含字典　　C. 字典内含列表　　D. 字典列表

12（B）：有一个 Python 数据定义如下：(9-5 节)

```
persons = {'user1':{
                'name':'Peter',
                'age':25,
                'salary':5000},
           'user2':{
                'name':'Tom',
                'age':30,
                'salary':6500}}
```

上述数据定义为何？

A. 列表　　B. 字典内含字典　　C. 字典内含列表　　D. 字典列表

13（A）：有一程序如下：(9-5 节)

```
persons = {'user1':{
                'name':'Peter',
                'age':25,
                'salary':5000},
           'user2':{
                'name':'Tom',
                'age':30,
                'salary':6500}}
print(len(persons))
```

上述执行结果为何？

A. 2　　B. 3　　C. 4　　D. 8

14（D）：有一个程序片段如下：(9-7 节)

```
x = {1:'a', 2:'b', 3:'c'}
r = x.get(0)
print(r)
```

上述语句可以得到什么结果？

A. a　　B. b　　C. c　　D. None

15（D）：有一个程序片段如下：(9-9 节)

```
wd = 'aabbccd'
dc = {w:wd.count(w) for w in wd}
print(dc)
```

上述语句可以得到什么结果？

A. {'a':1, 'b':1, 'c':1, 'd':1}　　B. {'a':2, 'b':1, 'c':1, 'd':1}

C. {'a':2, 'b':2, 'c':1, 'd':1}　　D. {'a':2, 'b':2, 'c':2, 'd':1}

第 10 章

一、是非题

1（X）：集合是有序的数据，可以用索引取得集合内容。（10-1 节）

2（O）：集合中每一个元素都是唯一的。（10-1 节）

3（X）：集合内有一个元素内容是 'Nelaon'，但发现拼写错误，正确的是 'Nelson'，可以使用 Python 所提供的集合方法将上述元素内容修改正确。（10-1 节）

4（X）：下列指令是定义空集合。（10-1 节）

```
x = {}
```

5（O）：下列指令是定义空集合。（10-1 节）

```
x = set()
```

6（O）：^ 符号是对称差集。（10-2 节）

7（O）：有一个指令片段如下：（10-2 节）

```
wd = 'aabbcc'
for w in set(wd):
    print(w,end='')
```

可能得到 bca 结果。

8（O）：add( ) 方法可以在集合内增加元素，pop( ) 可以随机删除集合的元素。（10-3 节）

9（X）：使用 discard( ) 删除集合元素时，如果元素不存在会导致 KeyError。（10-3 节）

10（X）：集合 A 内容是 {a, b, c}，集合 B 内容是 {d}，有一个指令如下：（10-3 节）

```
boolean = A.issubset(B)
```

上述 boolean 的结果是 True。

11（X）：冻结集合的元素可以增加或减少。（10-5 节）

二、选择题

1（C）：下列哪一个符号可以建立集合？（10-1 节）

A. ( )　　B. [ ]　　C. { }　　D. " "

2（A）：下列哪一种数据类型不可以是集合元素？（10-1 节）

A. 字典　　B. 元组　　C. 整数　　D. 字符串

3（A）：下列哪一种数据类型不可以是集合元素？（10-1 节）

A. 列表　　B. 元组　　C. 整数　　D. 字符串

4（B）：下列哪一种数据类型可以是集合元素？（10-1 节）

A. 字典　　B. 元组　　C. 列表　　D. 集合

5（D）：有一个指令如下：（10-1 节）

```
x = set('aaa bbb cc d')
print(x)
```

上述执行结果是？

A. {'aaabbbccd'}　　B. {'abcd'}

C. {'a', 'b', 'c', 'd'}　　　　　　　　D. {'d', ' ', 'c', 'b', 'a'}

6（A）：集合 A 是曾经到美国旅游的人，集合 B 是曾经到英国旅游的人，如果现在想要得到曾经到过两个国家旅游的人，可以使用哪一种集合功能？（6-2 节）

A. 交集　　　B. 联集　　　C. 差集　　　D. 对称差集

7（B）：集合 A 是曾经到美国旅游的人，集合 B 是曾经到英国旅游的人，如果现在想要得到曾经到过美国或英国旅游的人，可以使用哪一种集合功能？（6-2 节）

A. 交集　　　B. 联集　　　C. 差集　　　D. 对称差集

8（D）：集合 A 是曾经到美国旅游的人，集合 B 是曾经到英国旅游的人，如果现在想要得到曾经到英国家但是不曾到过美国旅游的人，可以使用哪一种集合功能？（6-2 节）

A. A & B　　　B. A | B　　　C. A – B　　　D. B - A

9（C）：集合 A 是曾经到美国旅游的人，集合 B 是曾经到英国旅游的人，如果现在想要得到曾经到美国家但是不曾到过英国旅游的人，可以使用哪一种集合功能？（6-2 节）

A. A & B　　　B. A | B　　　C. A – B　　　D. B - A

10（D）：有一个集合 A 和 B 运算图如下：(6-2 节)

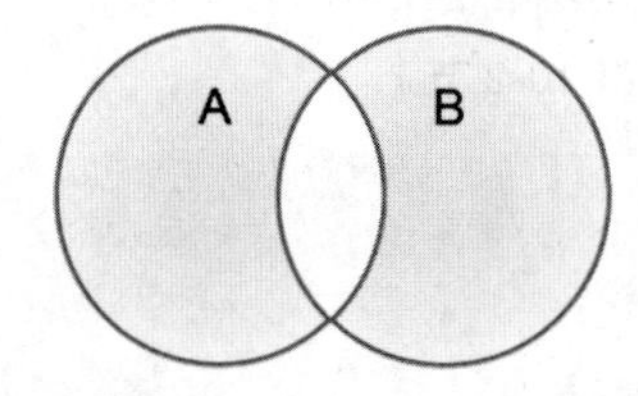

如果想在集合运算中取得上述灰色区块，需使用哪一种运算？

A. A & B　　　B. A | B　　　C. A – B　　　D. A ^ B

11（C）：有一指令如下：(10-3 节)

```
A = {'a', 'b', 'c', 'd'}
B = {'a', 'k', 'c'}
C = {'c', 'f', 'w'}
ret_value = A.intersection_update(B)
print(A)
```

上述 A 的结果为何？

A. {'a', 'b', 'c', 'd'}　　　　　　B. {'b', 'd'}

C. {'a', 'c'}　　　　　　　　　　D. {'a', 'k', 'c'}

12（A）：有一指令如下：(10-3 节)

```
A = {'a', 'b', 'c', 'd'}
B = {'a', 'k', 'c'}
C = {'c', 'f', 'w'}
ret_value = A.intersection_update(B, C)
print(A)
```

上述 A 的结果为何？

A. { 'c', }　　　B. {'b', 'd'}　　　C. {'a', 'c'}　　　D. {'a', 'k', 'c'}

13（B）：有一指令如下：(10-3 节)

```
A = {'a', 'b', 'c', 'd'}
B = {'a', 'k', 'c'}
A.symmetric_difference_update(B)
print(A)
```

上述 A 的结果为何？

A. { 'c', }　　B. {'b', 'd', 'k'}　　C. {'a', 'c'}　　D. {'a', 'k', 'c'}

第 11 章

一、是非题

1（O）：程序设计时可能会有一些指令需要重复出现，这时可以思考将重复出现的指令撰写成函数，未来于需要时再加以调用。(11-1 节)

2（X）：设计函数时，如果函数参数有默认值，必须将此参数放在参数列的最左边。(11-2 节)

3（O）：在调用函数传递参数时，可将参数用 " 参数名称 = 值 " 方式传送，此时若是参数位置错误，程序也可以获得正确结果。(11-2 节)

4（O）：设计函数时若是有返回值，可以使用 return 返回。(11-3 节)

5（X）：Python 限定函数只能返回一个值。(11-3 节)

6（O）：设计函数时如果没有设计 return，Python 直译器也将自动返回 None。(11-3 节)

7（O）：有一个函数调用如下：(11-4 节)

```
myfun(a[:], b)
```

上述调用 myfun( ) 所传递的第一个参数 a[:]，其实是传递一个列表副本。

8（O）：有一个函数设计如下所示：(11-5 节)

```
myfun(x, *y):
```

上述 *y 代表可以接收 0 到多个参数。

9（O）：函数是一种对象，也可以当作列表的元素。(11-6 节)

10（O）：函数也可以当作另一个函数的参数。(11-6 节)

11（O）：一个函数可以调用自己，这种函数设计称为递归函数。(11-7 节)

12（O）：在函数内若是想更改全局变量的值，需在函数内使用 global 声明此全局变量。(11-8 节)

13（X）：匿名函数（anonymous function）的名称是 None。(11-9 节)

14（O）：高阶函数是指它的部分参数是函数。(11-9 节)

二、选择题

1（D）：下列哪一个数据类型不可当作函数的参数？（11-2 节）

A. 字符串　　B. 元组

C. 函数　　D. 以上皆可当作函数的参数

2（B）：设计函数时若没有 return 指令，表示将返回什么？（11-3 节）

A. 没有返回任何资料　　B. None

C. 函数地址　　D. Error

3（D）：某一个函数定义如下：(11-5 节)

```
def fun(*cars):
…
```

调用上述函数时，可以传递多少个参数？

A. 0　　B. 1　　C. 2　　D. 0 到多个

4（B）：有一个函数设计如下所示：（11-5 节）

```
myfun(x, *y):
```

上述 y 的数据类型为何？

A. 列表　　B. 元组　　C. 字典　　D. 集合

5（C）：有一个函数设计如下所示：（11-5 节）

```
myfun(x, **y):
```

上述 y 的数据将是哪一种数据的元素？

A. 列表　　B. 元组　　C. 字典　　D. 集合

6（D）：下列哪一个参数可以接受任意数量的关键词参数？（11-5 节）

A. car　　B. cars　　C. *cars　　D. **cars

7（C）：下列哪一段叙述是错误的？（11-6 节）

A. 函数也是一个对象

B. 函数可以是列表的一个元素

C. 只有函数中的匿名函数可以当作参数传递给其他函数

D. 在函数内可以存在另一个函数

8（C）：下列哪一项不是递归函数的特色？（11-7 节）

A. 函数可以调用自己　　B. 每次函数调用可以使范围越来越少

C. 常用 break 离开函数　　D. 必须要有终止条件

9（D）：下列哪一段叙述是错误的？（11-8 节）

A. 局部变量内容无法在其他函数引用

B. 局部变量内容无法在主程序引用

C. 全局变量内容可以在函数引用

D. 全局变量内容可以随时在函数内更改

10（D）：匿名函数使用下列哪个关键词定义？（11-9 节）

A. def　　B. anonymous　　C. lambda　　D. secret

第 12 章

一、是非题

1（O）：有一个类定义如下：（12-1 节）

```
class A( )
    c = 'silicon stone'
    def d( ):
        pass
```

我们称 c 是属性。

2（O）：有一个类定义如下：（12-1 节）

```
class A( )
    c = 'silicon stone'
    def d( ):
```

```
        pass
```

我们称 d 是方法。

3（X）：在类内初始化方法的名称是依程序语意设置的。（12-1 节）

4（O）：面向对象程序语言的基本精神是类的属性经过封装（encapsulation）后，类外无法直接更改其内容。（12-2 节）

5（O）：在 Python 类中私有属性是名称前面增加 __（两个下画线）。（12-2 节）

6（X）：基类也可称为子类。（12-3 节）

7（X）：衍生类也可称为父类。（12-3 节）

8（X）：有一个基类 X，此类有两个子类 A 和 B，A 类无法取得 B 类的属性。（12-3 节）

9（X）：面向对象的多态（polymorphism）限定彼此是衍生类的关系。（12-4 节）

10（O）：Python 允许一个类有多个衍生类，也允许多个基类有一个衍生类。（12-5 节）

11（O）：在类应用中，可以使用 type( ) 获得某一个类对象的类名称。（12-6 节）

12（O）：Python 的 isinstance( ) 可以判断一个对象是不是属于特定类。（12-6 节）

13（X）：在 Python 的程序执行中 __name__ 一定是 __main__。（12-7 节）

二、选择题

1（D）：以下哪一个是使用 Python 时，自建的数据类型？（12-1 节）

A. 集合（set）　B. 列表（list）　C. 字典（dict）　D. 类（class）

2（B）：以下哪一个是类初始化方法的名称？（12-1 节）

A. init　B. __init__　C. main　D. __main__

3（A）：以下哪一个是初始化方法的第一个参数？（12-1 节）

A. self　B. init　C. constructor　D. begin

4（C）：以下哪一个是私有属性名称前面的字符串？（12-2 节）

A. private　B. **　C. __　D. --

5（C）：衍生类引用基类的初始化方法要用哪一个方法？（12-3 节）

A. __init__( )　B. __iter__( )　C. super( )　D. __getitem__( )

6（A）：有一个程序如下：（12-6 节）

```
class A():
    def fn(self):
        pass

a = A()
print(type(a.fn))
```

输出结果为何？

A. <class 'method'>　B. <class '__main__.A'>

C. <class 'function'>　D. <class 'str'>

7（B）：有一个程序如下：（12-6 节）

```
class A():
    def fn(self):
        pass

a = A()
print(type(a))
```

输出结果为何？

A. <class 'method'>　　B. <class '__main__.A'>

C. <class 'function'>　　D. <class 'str'>

8（A）：有一个程序如下：（12-6 节）

```
class A():
    pass

class B(A):
    pass

class C(B):
    pass

d = B()
print(isinstance(d, C))
```

输出结果为何？

A. True　　B. False　　C. d, C　　D. B

9（B）：有一个程序如下：（12-6 节）

```
class A():
    pass

class B(A):
    pass

class C(B):
    pass

d = B()
print(isinstance(d, A))
```

输出结果为何？

A. True　　B. False　　C. d, A　　D. A

10（B）：如果执行独立的 a.py 程序，打印 __name__ 可以得到？（12-7 节）

A. __name__　　B. __main__　　C. __a__　　D. __doc__

第 13 章

一、是非题

1（X）：Python 模块的扩展名是 mod。（13-1 节）

2（X）：Python 可由程序的扩展名判断这是一般程序或模块程序。（13-1 节）

3（O）：使用 "import 模块名称 " 导入模块时，如果要引用 cooking( ) 函数，语法格式如下：（13-2 节）

```
模块名称 .cooking( )
```

4（O）：假设有一个 Python 程序片段如下：（13-2 节）

```
from car import battery
```

从上述可知，模块名称是 car。

5（X）：假设有一个 Python 程序片段如下：（13-2 节）

```
from car import battery
```

从上述可知，导入模块的函数是 car。

6（O）：Python 允许给导入的模块函数替代名称，也允许给模块替代名称。(13-2 节)

7（X）：一个模块只能放一个类。(13-3 节)

8（O）：程序设计师可以使用随机数的概念控制网络游戏庄家和玩家的输赢比例。(13-5 节)

9（X）：randint(1, 10) 可以产生大于等于 0 和小于 10 的随机数。(13-5 节)

10（O）：random 模块的 random( ) 可以产生随机的浮点数。(13-5 节)

11（X）：sys.time( ) 方法可以返回自 2000 年 1 月 1 日 00:00:00AM 以来的秒数。(13-6 节)

12（O）：sys.executable 可以获得目前设计 Python 程序的文件路径。(13-7 节)

13（O）：sys.stdout 是一个对象，主要是用于 Python Shell 窗口的输出。(13-7 节)

14（O）：calendar 模块的 calendar( ) 可以打印出年历。(13-9 节)

二、选择题

1（B）：在 Python 中使用下列语法导入多个函数时，各函数间可以用什么符号区隔？(13-2 节)

```
from module_name import functions
```

假设上述 functions 是一系列函数。

A. 句号 "."　　B. 逗号 ","　　C. 分号 ";"　　D. 等号 "="

2（D）：Python 语言中在 "from 模块名称 import xx" 右边 xx 是什么符号代表导入所有函数？(13-2 节)

A. 句号 "."　　B. 逗号 ","　　C. 分号 ";"　　D. "*"

3（A）：有一个语法如下：(13-2 节)

```
import module_name xx alternative_name
```

上述 xx 可能是什么关键词？

A. as　　B. for　　C. while　　D. raise

4（B）：下列哪一个方法可以重组列表的顺序？(13-5 节)

A. sample( )　　B. shuffle( )　　C. choice( )　　D. time( )

5（C）：下列哪一个方法可以随机返回列表的元素？(13-5 节)

A. sample( )　　B. shuffle( )　　C. choice( )　　D. time( )

6（A）：下列哪一个方法可以随机返回第 2 个参数数量的列表元素？(13-5 节)

A. sample( )　　B. shuffle( )　　C. choice( )　　D. time( )

7（D）：下列哪一个方法返回的数据无法判断目前系统时间？(13-6 节)

A. time( )　　B. asctime( )　　C. localtime( )　　D. sleep( )

8（B）：下列哪一个方法返回的数据为可清楚阅读的系统时间？(13-6 节)

A. time( )　　B. asctime( )　　C. localtime( )　　D. sleep( )

9（C）：下列哪一个方法返回的数据可用索引 [7] 得到目前系统日期是今年的第几天？(13-6 节)

A. time( )　　B. asctime( )　　C. localtime( )　　D. sleep( )

10（C）：哪一个模块提供 version 属性，可以得到目前 Python 系统版本信息？(13-7 节)

A. time　　B. keyword　　C. sys　　D. random

11（A）：哪一个可以返回目前 Python 的使用平台？(13-7 节)

A. platform　　B. path　　C. executable　　D. version

12（B）：下列哪一个 keyword 模块的属性是 Python 关键词？（13-8 节）

A. iskey　　B. kwlist　　C. name　　D. path

第 14 章

一、是非题

1（X）：在相对路径概念中 ".." 代表根目录。（14-1 节）

2（O）：在相对路径概念中 "." 代表目前工作目录。（14-1 节）

3（O）：使用 Python 可以获得特定文件的大小信息。（14-1 节）

4（O）：使用 with 配合 open( ) 打开文件时，会在不需要此文件时自动关闭文件。（14-2 节）

5（X）：使用 readlines( ) 读取文件时，是一次读取一行，然后用字典（dict）方式存储。（14-2 节）

6（O）：使用 find( ) 查找字符串时，如果没有找到会返回 -1。（14-2 节）

7（X）：使用 rfind( ) 查找字符串时，会返回查找字符串第一次出现的位置。（14-2 节）

8（O）：使用 write( ) 时如果是输出数值数据会产生错误。（14-3 节）

9（O）：open( ) 方法也可以打开二进制文件，未来可以用 read( ) 读取此二进制文件的内容。（14-4 节）

10（X）：读取二进制文件时，必须读取每个字节，才可以读到文件的最后位置。（14-4 节）

11（X）：使用 shutil 模块可以处理文件的复制与移动，但是只限于在目前工作目录下进行。（14-5 节）

12（O）：shutil 模块的 move( ) 方法除了可以执行文件移动与更改，也可以执行目录移动与更改。（14-5 节）

13（O）：有一个文件内含下列指令。（14-6 节）

```
x = zipfile.ZipFile('xout.zip', 'w')
```

上述 xout.zip 是未来储存压缩文件的文件名，x 是压缩文件的文件对象，未来可以调用 write( ) 方法将压缩结果存入 xout.zip。

14（X）：在中文 Windows 操作系统环境，Python 的 open( ) 默认打开文件的编码格式是 utf-8。（14-7 节）

15（O）：BOM（Byte Order Mark）俗称文件前端代码，主要功能是判断文字以 Unicode 表示时，字节的排列方式。（14-7 节）

二、选择题

1（A）：下列哪一个方法可以获得目前工作目录？（14-1 节）

A. getcwd( )　　B. walk( )　　C. mkdir( )　　D. chdir( )

2（C）：下列哪一个模块可以使用通配符 *，列出特定工作目录文件信息？（14-1 节）

A. os　　B. os.path　　C. glob　　D. zipfile

3（B）：下列哪一个方法可以遍历目录树？（14-1 节）

A. getcwd( )　　B. walk( )　　C. mkdir( )　　D. chdir( )

4（A）：open( ) 方法默认 mode=?，请问 ? 是什么？（14-2 节）

A. 'r'　　B. 'w'　　C. 'a'　　D. 'c'

5（C）：open( ) 在哪一关键词内使用，未来不需要时可以不必使用 close( )？（14-2 节）

A. raise　　B. assert　　C. with　　D. break

6（C）：如果打开文件是要将文件输出到文件的末端，open( ) 内需要加上哪一个参数？（14-3 节）

A. 'r'　　B. 'w'　　C. 'a'　　D. 'c'

7（D）：下列哪一个 mode 参数是打开供写入？（14-4 节）

A. 'r'　　B. 'w'　　C. 'rb'　　D. 'wb'

8（B）：下列哪一个方法可以返回目前读取二进制文件时，读写指针从文件开头算起的指针位置？（14-4 节）

A. seek( )　　B. tell( )　　C. origin( )　　D. walk( )

9（A）：下列哪一个方法可以移动读取二进制文件时，读写指针位置？（14-4 节）

A. seek( )　　B. tell( )　　C. origin( )　　D. walk( )

10（D）：shutil 模块的 move( ) 无法执行下列哪一个工作？（14-5 节）

A. 文件名的更改　　B. 目录名称的更改

C. 文件或目录的移动　　D. 目录的删除

11（A）：下列哪一个方法可以执行目录名称的更改？（14-5 节）

A. move( )　　B. rmtree( )　　C. send2trash( )　　D. copytree( )

12（B）：下列哪一个方法删除文件或目录后可以在资源回收站找回？（14-5 节）

A. del( )　　B. send2trash( )　　C. rmdir( )　　D. rmtree( )

13（C）：下列哪一个模块可以执行压缩或解压缩 zip 文件？（14-6 节）

A. zipfile　　B. os　　C. shutil　　D. send2trash

14（C）：下列哪一个是多语系的编码规则，使用可变长度字节方式存储字符？（14-7 节）

A. cp-950　　B. gb2312　　C. utf-8　　D. ANSI

15（D）：下列哪一个模块的 copy( ) 方法可以将字符串数据复制至剪贴板？（14-8 节）

A. zipfile　　B. shutil　　C. os　　D. pyperclip

第 15 章

一、是非题

1（X）：在 try – except 指令中，如果 try 下面的指令是有错误的，一定会执行 except 的错误处理程序。(15-1 节)

2（O）：在 try – except 指令中，如果 try 下面的指令是正常的，一定会跳开 except 的错误处理程序。(15-1 节)

3（O）：在 try – except 的使用中，可以使用多个 except 捕捉多个异常。(15-2 节)

4（O）：在 try – except 的使用中，可以使用一个 except 捕捉多个异常。(15-2 节)

5（X）：使用 Python 设计程序时，异常的判定由直译器判定，无法自行建立异常的标准。(15-3 节)

6（O）：traceback 模块内有 traceback.format_exc( ) 方法，可以记录 Traceback 字符串。(15-4 节)

7（O）：真实计算机上的第一只虫是蛾（moth）。（15-6 节）

二、选择题

1（C）：Python 程序错误消息的标注字符串是什么？（15-1 节）

A. Error　　B. Message　　C. Traceback　　D. Warning

2（A）：抛出除数为 0 的异常消息是什么？（15-1 节）

A. ZeroDivisionError　　B. FileNotFoundError

C. TypeError　　D. ValueError

3（B）：找不到所打开文件的异常消息是什么？（15-1 节）

A. ZeroDivisionError　　B. FileNotFoundError

C. TypeError　　D. ValueError

4（C）：以字符当作除数或被除数运算时，所产生的异常是什么？（15-1 节）

A. ZeroDivisionError　　B. FileNotFoundError

C. TypeError　　D. ValueError

5（D）：在 try – except 的使用中，哪一个可捕捉一般的异常？（15-2 节）

A. ZeroDivisionError　　B. FileNotFoundError

C. TypeError　　D. Exception

6（D）：使用 Python 程序设计时，我们自行定义异常时同时丢出异常的关键词？（15-3 节）

A. except　　B. try　　C. finally　　D. raise

7（A）：在 write( ) 内放哪一个参数可以将 Traceback 字符串写入文件？（15-4 节）

A. traceback.format_exc( )　　B. raise.exc( )

C. data.format_exc( )　　D. file.exc( )

8（C）：下列哪一个关键词需要与 try 配合使用，同时不论是否有异常发生一定会执行这个关键词内的程序代码？（15-5 节）

A. except　　B. else　　C. finally　　D. raise

第 16 章

一、是非题

1（X）：Python 使用正则表达式时，re.compile( ) 是必需的，将正则表达式放在方法内当参数，这个程序不可省略。（16-2 节）

2（X）：re.search( ) 查找失败时，会返回空字符串。（16-2 节）

3（O）：re.search( ) 查找时，如果成功只返回第一个查找到的字符串。（16-2 节）

4（X）：re.findall( ) 查找时，如果成功只返回第一个查找到的字符串。（16-2 节）

5（O）：re.findall( ) 查找失败时，会返回空列表。（16-2 节）

6（X）：使用 re.search( ) 时，如果正则表达式有分组，group（0）可以返回比对括号的第一组文字。（16-3 节）

7（O）：当我们使用 re.search( ) 查找字符串时，可以使用 groups( ) 方法取得分组的内容。（16-3 节）

8（X）：管道在逻辑概念中，可想成是 AND 的概念。（16-3 节）

9（X）：Python 默认的查找模式是非贪婪模式。（16-4 节）

10（X）：有一个 pattern = '^Mary'，msg = "She is Mary'，执行下列指令后

```
txt = re.findall(pattern, msg)
```

最后 txt 的内容是 ['Mary'] 。（16-5 节）

11（O）："." 是通配符，但是只限定一个字符，同时不可当作换行字符。（16-5 节）

12（O）：re.DOTALL 参数允许查找时碰上换行字符将继续执行。（16-5 节）

13（O）：re.match( ) 重要概念是如果开始字符比对失败，整个查找就算失败。（16-6 节）

14（O）：span( ) 可想成是 start( ) 和 end( ) 的组合。（16-6 节）

15（O）：sub( ) 除了可以执行字符串替代，也可以用隐藏方式执行字符串替代。例如，用 *** 替代一些符合比对的字符串。（16-7 节）

二、选择题

1（C）：有一个正则表达式是 "r'\d{3}"，下列哪一个字符串符合规定？（16-2 节）

A. a12　　B. 13a　　C. 123　　D. abc

2（D）：如果所查找的正则表达式字符串有用小括号分组时，若是使用 findall( ) 方法处理，会返回列表，列表内的元素是哪一种数据类型？（16-3 节）

A. 字符串　　B. 列表　　C. 字典　　D. 元组

3（A）：下列哪一个符号在正则表达式的查找比对时，代表前方括号的正则表达式或字符串是可有可无？（16-3 节）

A. ?　　B. +　　C. .　　D. *

4（D）：下列哪一个符号在正则表达式的查找比对时，代表前方括号的正则表达式或字符串是可从 0 到多次？（16-3 节）

A. ?　　B. +　　C. .　　D. *

5（B）：下列哪一个符号在正则表达式的查找比对时，代表前方括号的正则表达式或字符串是可从 1 到多次？（16-3 节）

A. ?　　B. +　　C. .　　D. *

6（B）：下列哪一个参数可以让正则表达式的查找比对时忽略大小写？（16-3 节）

A. re.NONECASE　　B. re.IGNORECASE

C. re.DOTALL　　D. re.VERBOSE

7（A）：哪一个符号可以将正则表达式的查找由贪婪模式改成非贪婪模式？（16-4 节）

A. ?　　B. +　　C. .　　D. *

8（B）：在正则表达式中，哪一个是代表 0 ～ 9 的数字？（16-5 节）

A. \s　　B. \d　　C. \w　　D. \k

9（B）：空格符是哪一种正则表达式的字符？（16-5 节）

A. \d　　B. \s　　C. \w　　D. \b

10（D）：有一个正则表达式是 [^aeiouAEIOU]，下列哪一个字符符合查找条件？（16-5 节）

A. a　　B. O　　C. u　　D. z

11（D）：下列哪一个参数可以让正则表达式内部有注释文字？（16-8 节）

A. re.NONECASE　　B. re.IGNORECASE

C. re.DOTALL　　D. re.VERBOSE

第 17 章

一、是非题

1（X）：在 Pillow 模块的 RGBA 概念中，A 是 Alpha，此值越大代表透明度越高。（17-1 节）

2（O）：使用 Pillow 模块可以将 jpg 文件转存成 png 文件格式。（17-3 节）

3（X）：Pillow 模块的 RGBA 模式一般建议是建立 jpg 文件格式的图像对象。（17-3 节）

4（O）：Pillow 模块允许为图像的一个像素编辑。（17-4 节）

5（O）：Pillow 模块允许在某一张图片内，插入另一张图片，达到图像合成的效果。（17-5 节）

6（O）：Pillow 模块内有 ImageFilter 模块，这个模块内有功能可以为图片加上滤镜效果。（17-6 节）

7（O）：Pillow 模块内有 ImageDraw 模块，这个模块内有功能可以在图片内绘制图形或是书写文字。（17-7 和 17-8 节）

8（X）：ImageDraw 模块允许在图像内填写英文，但是不支持填写中文。（17-8 节）

9（X）：词云（Word Cloud）是 Python 内建的模块。（17-10 节）

10（O）：建立矩形的词云（Word Cloud）时，也可以自行设置词云图像文件的大小。（17-10 节）

11（O）：有许多方法可以产生词云（Word Cloud）的图像文件。（17-10 节）

二、选择题

1（C）：在 Pillow 模块中，由 size 属性可以获得图像的哪些信息？（17-3 节）

A. 只有宽度　B. 只有高度　C. 宽度和高度　D. 面积

2（A）：在 Pillow 模块中，图像对象的哪一个属性可以返回图像对象文件的扩展名？（17-3 节）

A. format　B. filename　C. size　D. save

3（C）：下列哪一个方法可以让图像翻转？（17-4 节）

A. rotate( )　B. copy( )　C. transpose( )　D. paste( )

4（D）：下列哪一个方法可以合成图像？（17-5 节）

A. rotate( )　B. copy( )　C. transpose( )　D. paste( )

5（B）：在 Pillow 模块的 ImageFilter 模块中下列图片是哪一种滤镜效果？（17-6 节）

A. BLUR　B. CONTOUR　C. EMBOSS　D. FIND_EDGES

6（A）：Pillow 模块内的哪一个模块支持在图像内填写文字？（17-8 节）

A. ImageDraw　B. ImageFilter　C. ImageColor　D. ImageWord

7（D）：下列哪一个模块支持建立 QR code 信息？（17-9 节）

A. ImageDraw　　B. Pillow　　C. ImageFont　　D. qrcode

8（B）：下列哪一个模块可以建立中文分词？（17-10 节）

A. wordcloud　　B. jieba　　C. matplotlib　　D. PIL

9（C）：建立非矩形外观的词云，需增加下列哪一个参数？（17-10 节）

A. font_path　　B. background_color　　C. mask　　D. width

第 18 章

一、是非题

1（X）：使用 tkinter 所设计的 GUI 程序限定只能在 Windows 操作系统下执行。（18-1 节）

2（O）：在 Python 程序中使用 resizeable(0,0) 表示无法更改窗口的宽度与高度。（18-1 节）

3（X）：tkinter 的标签 Label 目前只可以有文字功能。（18-2 节）

4（X）：使用 pack( ) 方法做窗口组件定位时默认是从左到右排列。（18-3 节）

5（O）：使用 tkinter 在窗口建立功能按钮时，可以将文字或是图像应用在功能按钮上。（18-4 节）

6（X）：tkinter 的文字区域 Text 组件限定只能在此输入 1 行数据。（18-7 节）

7（X）：Radiobutton 是用在系列选项中可以有多个选择。（18-9 节）

8（O）：Checkbutton 是用在系列选项中可以有多个选择。（18-10 节）

二、选择题

1（B）：下列哪一个方法是用 row 和 column 参数执行窗口组件的定位？（18-3 节）

A. pack( )　　B. grid( )　　C. place( )　　D. set( )

2（C）：下列哪一个方法是用 x,y 参数定义窗口组件的位置？（18-3 节）

A. pack( )　　B. grid( )　　C. place( )　　D. set( )

3（C）：下列哪一个方法可以执行窗口组件配置，但是却不鼓励读者使用？（18-3 节）

A. pack( )　　B. grid( )　　C. place( )　　D. set( )

4（B）：下列哪一个方法不是 tkinter 支持的变量类型？（18-5 节）

A. Intvar( )　　B. FloatVar( )　　C. StringVar( )　　D. BeeleanVar( )

5（C）：如果想要建立一个文本编辑器，下列哪一个窗口组件是必要的？（18-6 节）

A. Label　　B. Button　　C. Text　　D. Radiobutton

6（A）：下列哪一个 tkinter 窗口组件适合设计从 5 个兴趣项目中勾选 1 个自己最感兴趣的事物？（18-9 节）

A. Radiobutton　　B. CheckButton　　C. Label　　D. Scale

7（B）：下列哪一个 tkinter 窗口组件适合设计从 5 个兴趣项目中勾选多个自己感兴趣的事物？（18-10 节）

A. Radiobutton　　B. CheckButton　　C. Label　　D. Scale

8（D）：下列哪一个组件不可以当作数值输入？（18-14 节）

A. Scale　　B. Entry　　C. Text　　D. Menu

第 19 章

一、是非题

1（O）：Canvas 是属于 tkinter 模块内的一个组件（widget）。（19-1 节）

2（O）：create_line( ) 可以绘制不同颜色与粗细的线条。（19-1 节）

3（O）：create_oval( ) 方法除了可以绘制圆也可以绘制椭圆。（19-1 节）

4（O）：在赌场用计算机控制的赛马程序，其实庄家可以控制本身的输赢。（19-3 节）

5（X）：设计动画游戏时，物体每次移动的距离与物体的移动速度无关。（19-3 节）

6（X）：反弹球在上下垂直移动时，每次需调整的是球所在的 x 轴位置。（19-3 节）

二、选择题

1（D）：下列哪一个方法与设置画布背景颜色有关？（19-2 节）

A. move( )　　B. update( )　　C. sleep( )　　D. Scale( )

2（D）：下列哪一个方法不是绘制动画的必要方法？（19-3 节）

A. move( )　　B. update( )　　C. sleep( )　　D. Scale( )

3（B）：下列哪一个方法可以重绘画布？（19-3 节）

A. move( )　　B. update( )　　C. sleep( )　　D. Scale( )

第 20 章

一、是非题

1（X）：使用 plot(data) 方法绘制图表时，此方法内有一个列表 data，列表 data 内的值会被视为 x 轴的值。（20-1 节）

2（O）：使用 plot(a,b) 方法绘制图表时，此方法内有两个列表 a 和 b，a 列表代表 x 轴的值，b 列表代表 y 轴的值。（20-1 节）

3（X）：使用 plot(a,b,c,d) 方法绘制图表时，此方法内有 4 个列表 a、b、c 和 d，这是绘制立体图，c 代表 z 轴的值，d 代表时间轴。（20-1 节）

4（O）：使用 matplotlib 模块时，savfig( ) 可以存储图表，show( ) 可以显示图表。（20-1 节）

5（O）：可以使用 scatter( ) 方法绘制三角函数的 sin 或 cos 的波形图。（20-2 节）

6（O）：bar( ) 方法可以建立直方图。（20-6 节）

7（O）：pie( ) 方法可以建立圆饼图。（20-7 节）

8（X）：matplotlib 模块默认是图表可以显示中文。（20-8 节）

二、选择题

1（D）：下列哪一个方法可以设置坐标轴的刻度？（20-1 节）

A. title　　B. xlabel　　C. ylabel　　D. tick_params

2（A）：使用 matplotlib 模块时，下列哪一个方法可以建立图表标题？（20-1 节）

A. title　　B. legend　　C. xlabel　　D. show

3（B）：arrange( ) 可以产生数组，请问这是哪一个模块的方法？（20-3 节）

A. matplotlib　　B. Numpy　　C. tkinter　　D. turtle

4（C）：有一个 subplot（a,b,c）方法，c 方法所代表的意义是什么？（20-5 节）

A. 垂直方向要绘制几张图　　B. 水平方向要绘制几张图

C. 这是第几张图　　D. 总共有几张图

5（B）：下列哪一个参数可以设置圆饼图区块可以分离？（20-7 节）

A. labels　　B. explode　　C. autopct　　D. labeldistance

第 21 章

一、是非题

1（O）：JSON 对象是用大括号表示，内部元素是用键 : 值方式配对存储。（21-1 节）

2（O）：JSON 的 dumps( ) 方法的 indent 参数可以设置缩排，让对象更容易显示。（21-2 节）

3（X）：使用 dumps( ) 将 Python 资料转成 JSON 格式时，如果 Python 数据是 dict，可以转成 string。（21-2 节）

二、选择题

1（A）：下列哪一项是正确的 JSON 对象？（21-1 节）

A. {"Name":"Kevin", "Age":25}　　B. {"Name":"Tomy", 25:32}

C. ["Name":"Kevin", "Age":25]　　D. ["Name", "Kevin", "Age", 25

2（B）：json 模块的 dumps( ) 可以将 Python 数据的 tuple 转成哪一种字符串格式？（21-2 节）

A. object　　B. array　　C. string　　D. number

3（C）：下列哪一项可以将 JSON 格式数据转成 Python 数据？（21-2 节）

A. dumps( )　　B. dump( )　　C. loads( )　　D. load( )

4（B）：下列哪一项可以将 Python 数据转成 JSON 文件？（21-3 节）

A. dumps( )　　B. dump( )　　C. loads( )　　D. load( )

5（D）：下列哪一项可以读取 JSON 文件？（21-3 节）

A. dumps( )　　B. dump( )　　C. loads( )　　D. load( )

第 22 章

一、是非题

1（O）：CSV 文件可以用 Windows 内附的记事本打开，也可以用 Microsoft Excel 打开。（22-1 节）

2（O）：'\t' 也可以当作 CSV 文件的分隔符。（22-5 节）

二、选择题

1（C）：CSV 文件使用记事本打开时，数据字段主要分隔字符是（　　）。（22-1 节）

A. =　　B. @　　C. ,　　D. ^

2（B）：可以将列表资料输出至 CSV 文件。（22-5 节）

A. writer( )　　B. writerow( )　　C. output( )　　D. print( )

3（A）：可以让图表轴坐标的标记旋转。（22-6 节）

A. autofmt_xdate( )　　B. axis( )

C. rotate( )　　D. tick_params( )

第 23 章

一、是非题

1（O）：Numpy 模块处理数组数据，处理速度比 Python 的列表（list）快。（23-1 节）

2（X）：Numpy 模块的 itemsize 属性代表数组元素个数。（23-3 节）

3（X）：Numpy 模块的 zeros( ) 默认是建立 0 的整数数组。（23-3 节）

4（X）：向量内积其实就是数组的乘法。（23-3 节）

5（O）：reshape( ) 可以更改数组外形。（23-4 节）

6（O）：ravel( ) 可以将多维数组转成一维数组。（23-4 节）

7（O）：Numpy 模块的广播（broadcast）机制是将比较小的数组扩大至与较大的数组外形相同，然后再执行运算。（23-5 节）

8（X）：Numpy 模块的 floor( ) 可以返回大于或等于的最小整数。（23-7 节）

9（O）：permutation( ) 返回数据是数组。（23-8 节）

10（X）：mean( ) 主要功能是如果有 weights 则返回数组的加权平均。（23-9 节）

二、选择题

1（D）：下列哪一个不是 Numpy 数组数据类型 ndarry 的特点？（23-1 节）

A. 数组大小固定　　B. 数组内容数据类型相同

C. 支持复数运算　　D. 执行速度比较慢

2（B）：下列哪一个是数组维度属性？（23-3 节）

A. itemsize　　B. ndim　　C. shape　　D. size

3（D）：有一个运算如下：（23-3 节）

```
>>> x = np.array([1,2,3,4,5])
>>> y = np.insert(x, 2, 8)
>>> print(y)
```

可以得到下列哪个结果？

A. [1,2,3,4,5,8]　　B. [8,1,2,3,4,5]　　C. [1,8,2,3,4,5]　　D. [1,2,8,3,4,5]

4（B）：有一个运算如下：（23-3 节）

```
>>> x = np.array([1,2,3,4,5])
>>> y = np.insert(x, [1,3], [7,9])
>>> print(y)
```

可以得到下列哪个结果？

A. [1,2,3,4,5,7,9]　　B. [1,7,2,3,9,4,5]　　C. [1,2,7,3,4,5,9]　　D. [7,1,2,9,3,4,5]

5（C）：有一个运算如下：（23-4 节）

```
>>> x = np.arange(6).reshape(2,3)
>>> print(x[0])
```

可以得到下列哪个结果？

A. 0　　B. [0]　　C. [0 1 2]　　D. [1 2 3]

6（A）：有一个运算如下：（23-4 节）

```
>>> x = np.array([[1,2,3,4],[2,3,4,5],[3,4,5,6]])
>>> print(x[0:3,0])
```

可以得到下列哪个结果？

A. [1 2 3] B. [2 3 4] C. [3 4 5] D. [4 5 6]

7（C）：下列哪一个函数可以返回小于或等于的最大整数？（23-7 节）

A. rint( ) B. around( ) C. floor( ) D. ceil( )

8（B）：有一个运算如下：（23-7 节）

```
>>> x = np.maximum([1, 5, 10],[2, 6, 9])
>>> print(x)
```

可以得到下列哪个结果？

A. [1 5 9] B. [2 6 10] C. [2 5 10] D. [1 5 10]

9（B）：有一个运算如下：（23-9 节）

```
>>> x = np.array([[12,7,4],[3,2,6]])
>>> np.median(x)
```

可以得到下列哪个结果？

A. 4.0 B. 5.0 C. 6.0 D. 7.0

第 24 章

一、是非题

1（O）：质量概率函数（probability mass function）是指离散随机数在特定值上的概率。（24-2 节）

2（X）：使用 scipy.optimize 模块的 root( ) 方法，可以使用一个初始迭代值即可求出一元二次方程式的所有根。（24-3 节）

3（X）：下列函数可以使用 minimize.scalar( ) 函数找出最小值。（24-3 节）

$$f(x) = -3(x-2)^2 + 3$$

4（O）：插值是由一些已知的数据散点，使用插入方法推估新的点。（24-4 节）

二、选择题

1（D）：线性代数模块 scipy.linalg 无法处理下列哪一个数学问题？（24-1 节）

A. 计算行列式 B. 解联立方程式 C. 求特征值 D. 以上皆可

2（A）：ppf( ) 函数是哪一个函数的逆函数？（24-2 节）

A. cdf( ) B. pmf( ) C. rvs( ) D. pdf( )

3（C）：在二项分布实验中，假设成功概率是 p，如果实验 n 次则失败次数是多少？（24-2 节）

A. 1-p B. np C. n(1-p) D. n(1+p)

第 25 章

一、是非题

1（O）：Pandas 是一维数组结构。（25-1 节）

2（O）：使用字典（dict）建立 Series 时，字典的键（key）会被视为 Series 对象的索引。（25-1 节）

3（X）：Series 的索引一定是从 0 开始，无法更改。（25-1 节）

4（X）：DataFrame 是一维的数组结构。（25-2 节）

5（O）：concat( ) 可以将两个 Series 组合成 DataFrame。（25-2 节）

6（X）：如果使用 concat( ) 将多个 Series 组成 DateFrame，参数需设置 axis=0。（25-2 节）

7（O）：使用元素是字典的列表建立 DataFrame，字典的键（key）将是 DataFrame 的域名。（25-2 节）

8（O）：任何数值与 NaN 做运算时，结果都是 NaN。（25-3 节）

9（X）：使用 Pandas 的 sort_values( ) 排序时，默认是从大排到小。（25-3 节）

10（O）：CSV 文件可以用 Microsoft Excel 打开。（25-4 节）

11（X）：to_csv( ) 可以读取 csv 文件。（25-4 节）

12（X）：一个图表只能有 x 和 y 轴。（25-5 节）

二、选择题

1（B）：Pandas 的 Series 架构与 Python 的哪一个数据结构类似？（25-1 节）

A. 字典　　B. 列表　　C. 元组　　D. 集合

2（C）：有一个程序如下，最后输出结果为何？（25-1 节）

```
>>> s = pd.Series([11, 33, 55, 77, 99])
>>> print(s[3])
```

A. 11　　B. 33　　C. 55　　D. 77

3（D）：有一个程序如下，最后输出结果为何？请忽略索引值。（25-1 节）

```
>>> s = pd.Series(np.arange(0, 10, 2))
>>> print(s[-1:])
```

A. 0　　B. 2　　C. 6　　D. 8

4（D）：有一个程序如下，最后输出会有几个 NaN ？请忽略索引值。（25-1 节）

```
>>> index1 = [1, 3, 5, 7, 9]
>>> index2 = [2, 4, 6, 8, 10]
>>> s1 = pd.Series([10, 20, 30, 40, 50], index=index1)
>>> s2 = pd.Series([10, 20, 30, 40, 50], index=index2)
>>> y = s1 + s2
>>> print(y)
```

A. 0　　B. 5　　C. 8　　D. 10

5（B）：要想用 concat( ) 方法将多个 Series 对象组成 DataFrame，其中参数 axis 需设为什么？（25-1 节）

A. 0　　B. 1　　C. 2　　D. 3

6（C）：下列哪一个方法可以使用 index 或 columns 内容取得或设置 DataFrame 整个 row 或 columns 数据或数组内容？（25-2 节）

A. at　　B. iat　　C. loc　　D. iloc

7（A）：下列哪一个方法可以将 NaN 删除？（25-3 节）

A. dropna( )　　B. fillna( )　　C. isna( )　　D. notna( )

8（A）：CSV 文件各字段间的默认分隔字符是什么？（25-4 节）

A. ,　　B. ?　　C. #　　D. @

9（D）：下列哪一个模块与网络爬虫有关？（25-7 节）

A. matplotlib　　B. numpy　　C. pandas　　D. requests